110kV输电线路钻越塔标准化 设计图集

钻越塔加工图

国网河南省电力公司经济技术研究院　组编

中国电力出版社
CHINA ELECTRIC POWER PRESS

图书在版编目（CIP）数据

110kV 输电线路钻越塔标准化设计图集 . 钻越塔加工图／国网河南省电力公司经济技术研究院组编 . —北京：中国电力出版社，2023.6
ISBN 978-7-5198-7615-9

Ⅰ. ①1… Ⅱ. ①国… Ⅲ. ①输电铁塔-工程设计-图集 Ⅳ. ①TM753-64

中国国家版本馆 CIP 数据核字（2023）第 040716 号

出版发行：中国电力出版社
地　　址：北京市东城区北京站西街 19 号（邮政编码：100005）
网　　址：http://www.cepp.sgcc.com.cn
责任编辑：罗　艳　高　芬
责任校对：黄　蓓　王小鹏
装帧设计：张俊霞
责任印制：石　雷

印　　刷：三河市百盛印装有限公司
版　　次：2023 年 6 月第一版
印　　次：2023 年 6 月北京第一次印刷
开　　本：880 毫米×1230 毫米　横 16 开本
印　　张：13.75
字　　数：482 千字
定　　价：198.00 元

《110kV 输电线路钻越塔标准化设计图集　钻越塔加工图》
编　委　会

主　　任　张明亮
副 主 任　齐　涛　胡志华　魏澄宙
委　　员　冯政协　鲍俊立　刘湘莅　邓秋鸽　田春筝　吴炬玮　周　怡　陈　晨　郭　飞
　　　　　张　亮　徐京哲　樊东峰　武东亚　樊庆玲　殷　毅　董平先

《110kV 输电线路钻越塔标准化设计图集　钻越塔加工图》
编　制　组

主　　编　鲍俊立　吴炬玮
副 主 编　周　怡　陈　晨
编写人员　张　亮　郭　飞　徐京哲　武东亚　樊庆玲　殷　毅　董平先　裴浩威　牛　凯
　　　　　唐亚可　郭　伟　李留成　魏荣生　仝　雅　周　正　宋文卓　宋景博　宋晓帆
　　　　　齐桓若　姚　晗　郭　放　翟育新　汪　赟　李　凯　张金凤　赵　冲　王　卿
　　　　　白萍萍　刁　旭　王顺然　郭夫然　薛文杰　康祎龙　黄　茹　李　铮　姚若夫
　　　　　郝　健　吴　豫　王　锐　郭建宇　王　洋　刑瑞朋　杨增涛　王东洋　王玉杰
　　　　　田玉伟　陈军帅　陈小明　杨硕彦　李　捷　候　帅　翟建峰　殷向辉　侯森超
　　　　　陈　旭　朱培杰　贾璐璐　王德弘　白俊峰　曾　聪　田　利　刘俊才　荣坤杰

《110kV 输电线路钻越塔标准化设计图集　钻越塔加工图》

设 计 工 作 组

牵头单位　国网河南省电力公司经济技术研究院

成员单位　河南鼎力铁塔股份有限公司　　东北电力大学　　山东大学

前　言

　　《110kV 输电线路钻越塔标准化设计图集》是国网河南省电力公司标准化建设成果体系的重要组成部分。在省公司领导的关心指导下、在公司建设部和互联网部的大力支持下，国网河南省电力公司经济技术研究院牵头组织相关科研单位和设计院，结合河南"十四五"电网规划，在广泛调研的基础上，经专题研究和专家论证，历时一年编制完成《110kV 输电线路钻越塔标准化设计图集》。

　　本书涵盖了河南省区域钻越塔适用的典型设计气象条件（基本风速 27m/s、覆冰厚度 10mm）、常用导线型号（2×JL/G1A-240/30、2×JL/G1A-300/40）等技术条件，该研究成果具有安全可靠、技术先进、经济适用、协调统一等显著特点，是国网河南省电力公司标准化体系建设的又一重大研究成果，对指导河南省区域乃至全国 110kV 输电线路标准化体系建设、提高电网建设的质量和效率都将发挥积极推动和技术引领作用。

　　本书在编制过程中得到了国网河南省电力公司相关部门的大力支持，在此谨表感谢。

　　由于编者水平有限，书中难免存在不足之处，敬请广大读者给予指正。

编　者

二〇二二年七月

目　　录

第1章 概 述

1.1 目的和意义

根据国家电网有限公司"六精四化"的总体要求，国网河南省电力公司在广泛开展调研的基础上，积极推进电网标准化管理体系建设，以科技创新和标准化管理为着重点，以提高电网建设工作质量和效率为出发点，不断提升理论研究集成创新能力和成果应用转化能力。

为统一输电线路设计技术标准、提高工作效率、降低工程造价，贯彻"资源节约型、环境友好型"的设计理念，推进技术创新成果标准化设计的应用转化，开展110kV输电线路钻越塔标准化设计工作，对强化集约化管理，统一建设标准，统一材料规格，规范设计程序，提高设计、评审、招标、机械化施工的工作效率和工作质量，降低工程造价，实现资源节约、环境友好和全寿命周期建设目标均起到重要的技术支撑作用，是对国家电网有限公司输变电工程标准化设计成果的重要补充。

1.2 总体原则

本标准化设计在研究过程中贯彻执行国家电网有限公司全寿命周期和"两型三新一化"的设计理念，坚持安全可靠、技术先进、资源节约、环境友好、经济合理和全寿命周期成本优化的设计原则，在广泛调研河南省电网区域特点

和110kV输电线路的建设实践经验的基础上，经过设计优化和集成创新，确保形成具有可靠性、先进性、经济性、统一性、适应性和灵活性的110kV输电线路钻越塔标准化设计成果。

（1）可靠性：结合河南省区域自然环境、气象条件和经济社会发展状况，在充分调研的基础上，经技术经济比选，优化塔型设计，确保铁塔安全可靠。

（2）先进性：在全面应用国家电网有限公司现有标准化设计成果的基础上，提高设计集成创新能力，积极采用"新材料、新技术、新工艺"，形成技术先进的标准化研究成果。

（3）经济性：全面贯彻全寿命周期研究理念，综合考虑工程初期投资和长期运行费用，合理规划铁塔型式、塔头布置以及塔腿根开取值范围，确保最佳的经济社会效益和技术水平。

（4）统一性：依据最新规程、规范，参照国家电网有限公司标准化设计成果，统一设计技术标准和设备采购标准。

（5）适应性：本标准化成果主要适用以平地地形（海拔1000m以下）为主且钻越高度受限制地区的110kV输电线路工程。

（6）灵活性：合理划分铁塔模块、转角度数等边界技术条件，设计和施工更加便捷和灵活。

第2章 设计依据

2.1 主要规程规范

本标准化设计主要按照以下规程规范执行：

GB 50009—2012 《建筑结构荷载规范》

GB 50017—2017 《钢结构设计标准》

GB 50545—2010 《110kV～750kV 架空输电线路设计规范》

GB/T 700—2006 《碳素钢结构》

GB/T 1179—2017 《圆线同心绞架空导线》

GB/T 1591—2018 《低合金高强度结构钢》

GB/T 3098.1—2010 《紧固件机械性能 螺栓、螺钉和螺柱》

GB/T 3098.2—2015 《紧固件机械性能 螺母》

GB/T 50064—2014 《交流电气装置的过电压保护和绝缘配合设计规范》

DL/T 284—2021 《输电线路杆塔及电力金具用热浸镀锌螺栓与螺母》

DL/T 5582—2020 《架空输电线路电气设计规程》

DL/T 5486—2020 《架空输电线路铁塔结构设计技术规程》

DL/T 5442—2020 《输电线路铁塔制图和构造规定》

DL/T 5551—2018 《架空输电线路荷载规范》

Q/GDW 1799.2—2013 《电力安全工作规程 线路部分》

Q/GDW 1829—2021 《架空输电线路防舞设计规范》

2.2 国家电网公司有关规定

国家电网基建〔2014〕10 号《国网基建部关于加强新建输变电工程防污闪等设计工作的通知》

国家电网基建技术〔2014〕1131 号《国家电网公司关于明确输变电工程"两型三新一化"建设技术要求的通知》

国网基建〔2018〕387 号《输电线路工程地脚螺栓全过程管控办法（试行）》

国家电网设备〔2018〕979 号《国家电网有限公司十八项电网重大反事故措施（修订版）》

基建技术〔2020〕54 号《国网基建部关于发布线路杆塔通用设计优化技术导则及模块序列清单的通知》

第 3 章　模 块 划 分 和 分 工

3.1　划分原则

结合河南省电网特点、气象条件和地形地貌等区域特点，在充分调研的基础上，确定以下铁塔模块划分原则：

本标准化设计以 30 年重现期、基本风速 27m/s（10m 基准高）、覆冰厚度 10mm、海拔低于 1000m 线路和钻越高度受限区域的平地为主要设计边界条件，针对 110kV 输电线路钻越塔适用的电压等级、回路数、导线截面、铁塔型式、气象条件、地形条件、地线截面、适用档距、挂线点型式以及钻越方式，通过技术经济比较，合理划分塔型模块。

3.1.1　电压等级

本标准化设计仅对 110kV 电压等级的输电线路钻越塔进行研究。

3.1.2　回路数

结合河南省区域电网特点和前期调研情况，按照线路钻越高度受限区域集约化设计原则，本标准化设计考虑 110kV 电压等级的单回和双回架设方式。

3.1.3　导线截面

根据国家电网有限公司标准化设计指导原则，结合河南省电网"十四五"发展规划，经过技术经济综合比选，本标准化设计 110kV 输电线路导线按 2×JL/G1A－240/30、2×JL/G1A－300/40 两种标称截面进行选取。

3.1.4　铁塔型式

本标准化设计采用角钢塔，根据技术先进、安全可靠和经济合理的原则，经技术经济优化比选，角钢选用等边单角钢截面型式，单回路采用酒杯水平排列方式，双回路采用蝶形排列方式。

3.1.5　气象条件

根据调研结果，结合河南省区域气象特征和典型气象区的气象参数，本标准化设计基本风速取 27m/s（10m 基准高），覆冰厚度取 10mm。

3.1.6　地形条件

本标准化设计适用海拔在 1000m 以下的 110kV 输电线路钻越高度受限制的平地区域。

3.1.7　地线截面

本标准化设计地线配合按如下原则选择：

导线截面为 2×JL/G1A－240mm² 的钻越塔，地线选用 JLB20A－100 型铝包钢绞线；导线截面为 2×JL/G1A－300mm² 的钻越塔，地线选用 JLB20A－100 型铝包钢绞线。

3.1.8　适用档距

根据调研和线路档距优化配置结果，结合河南省区域电网发展特点，经过技术经济比较，本标准化设计水平档距取 300m、垂直档距取 400m。

3.1.9　挂线点型式

钻越塔导线挂点按照单挂点设计，地线按照单挂点设计，跳线按照单挂点设计。

3.2　划分和编号

根据钻越塔型使用特点，结合导线截面、气象条件、回路数和适用区域等因素，按照《35kV～750kV 线路杆塔通用设计优化技术导则（试行）》划分原则，本标准化设计共划分为 4 个铁塔子模块，8 种塔型，总模块划分一览表见表 3.2－1。

表 3.2－1　　　　　　　　　总模块划分一览表

序号	模块编号	系统条件	环境条件	杆塔材料	塔型编号
1	110－EC21D	回路数：单回路 导线截面：2×240mm²	基本风速：27m/s 覆冰厚度：10mm 海拔：0～1000m	角钢	110－EC21D－JZY1 110－EC21D－JZY2
2	110－EC21S	回路数：双回路 导线截面：2×240mm²	基本风速：27m/s 覆冰厚度：10mm 海拔：0～1000m	角钢	110－EC21S－JZY1 110－EC21S－JZY2
3	110－FC21D	回路数：单回路 导线截面：2×300mm²	基本风速：27m/s 覆冰厚度：10mm 海拔：0～1000m	角钢	110－FC21D－JZY1 110－FC21D－JZY2
4	110－FC21S	回路数：双回路 导线截面：2×300mm²	基本风速：27m/s 覆冰厚度：10mm 海拔：0～1000m	角钢	110－FC21S－JZY1 110－FC21S－JZY2

杆塔模块编号由 2 个字段组成，第一字段为电压等级，第二字段为技术条件组合，由"导线截面＋基本风速＋覆冰厚度＋海拔＋杆塔材料＋回路数"组

成,杆塔塔型编号由 3 个字段组成,即在杆塔模块编号基础上增加第三字段"杆塔塔型",由"杆塔形式+塔型系列"组成。杆塔塔型编号规则见图 3.2-1。

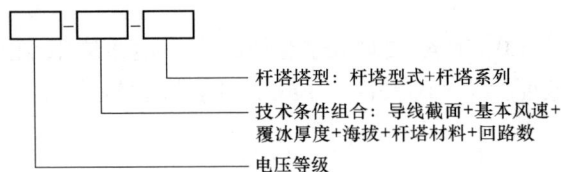

图 3.2-1　杆塔塔型编号规则

编号示例:

110-EC21D-JZY1:表示电压等级为 110kV,导线截面为 2×240mm²,基本风速为 27m/s,覆冰厚度为 10mm,海拔为 0~1000m,转角为 0°~40°的单回路角钢钻越塔。

110-EC21S-JZY2:表示电压等级为 110kV,导线截面为 2×240mm²,基本风速为 27m/s,覆冰厚度为 10mm,海拔为 0~1000m,转角为 40°~90°的双回路角钢钻越塔。

3.3　设计分工

本标准化设计根据导线截面共分 4 个子模块、8 种塔型,具体参与单位及承担设计内容见表 3.3-1。

表 3.3-1　　　　　参与单位及承担设计内容

序号	参编单位	负责内容
1	国网河南省电力公司经济技术研究院	组织策划、技术总负责
2	河南鼎力杆塔股份有限公司	结构设计、制图
3	东北电力大学	节点设计优化
4	山东大学	结构计算研究

4.1　设计气象条件

按照安全可靠、通用适用的原则，结合《110kV～750kV 架空输电线路设计规范》（GB 50545—2010）典型气象区气象参数进行适当归并、制定。

4.1.1　气象条件重现期

依据 GB 50545—2010 中 4.0.1 "110kV～330kV 输电线路及其大跨越重现期应取 30 年"的规定，本标准化气象条件重现期按 30 年设计。

4.1.2　最大风速取值

根据河南省各地市气象站气象资料汇总统计分析，气象记录最大风速为 24～26m/s 的气象站占 90% 以上。依据《建筑结构荷载规范》（GB 50009—2012）全国基本风压分布图，河南省大部分区域位于基本风压 0.3～0.4kN/m² 区间内，换算出河南省最大风速为 24～25.5m/s。

依据 GB 50545—2010 中 4.0.4 "110kV～330kV 输电线路基本风速不宜低于 23.5m/s"的设计规定，本标准化设计基本风速按 27m/s 选取（10m 基准高）。

4.1.3　覆冰厚度取值

依据《河南省 30 年一遇电网冰区分布图（2020 年版）》可知，河南省 0～10mm 覆冰地域约占 85%，10mm 以上覆冰地域占比重 15%（多位于河南省西部和南部山区）。

根据河南省 30 年一遇电网冰区分布图，结合调研情况，本标准化设计覆冰厚度取 10mm。

4.1.4　最高气温

参照河南气象日照站的实际观测数据，全省最高气温月平均气温为 36～38℃，参照 GB 50545—2010 中典型气象区参数，本标准化设计最高气温取 40℃。

4.1.5　年平均气温

河南省年平均气温一般为 12.8～15.5℃，且南部高于北部，东部高于西部。豫西山地和太行山地，因地势较高，气温偏低，年平均气温在 13℃ 以下；南阳盆地因伏牛山阻挡，北方冷空气势力减弱，淮南地区由于位置偏南，年平均气温均在 15℃ 以上，成为全省两个比较稳定的暖温区。

全省冬季寒冷，最冷月（多为 1、2 月）平均气温在 0℃ 左右（南部在 0℃ 以上，如信阳为 2.3℃；北部在 0℃ 以下，如郑州为 -0.3℃）。春季四月气温上升较快，豫西山区升至 13～14℃，黄淮平原可达 15℃ 左右。夏季炎热（多为 7、8 月），平均气温分布比较均匀，除西部山区因垂直高度的影响，平均气温在 26℃ 以下外，其他广大地区都在 27～28℃ 之间。秋季气温开始下降，10 月平均气温山地下降到 13～14℃，平原下降到 15～16℃，而南阳盆地和淮南地区都在 16℃ 以上。河南省各地年平均地温差距不大，一般为 15～17℃。北部略低，南部稍高。

依据 GB 50545—2010 中 4.0.10 "当地区年平均气温在 3～17℃ 时，宜取与年平均气温临近的 5 的倍数值"的规定，本标准化设计年平均气温取 15℃。

4.1.6　结论

综上分析，本标准化设计气象条件重现期按 30 年一遇、设计风速取 27m/s、覆冰厚度取 10mm。各子模块操作过电压和雷电过电压的对应风速按设计规范中的规定进行取值。设计气象条件组合表见表 4.1-1。

表 4.1-1　设计气象条件组合表

冰风组合条件		I
大气温度（℃）	最高	40
	最低	-20
	覆冰	-5
	基本风速	-5
	安装	-10
	雷过电压	15
	操作过电压	15
	年平均气温	15
风速（m/s）	基本风速	27
	覆冰	10
	安装	10

冰风组合条件		I
风速（m/s）	雷过电压	10
	操作过电压	15
覆冰厚度（mm）		10
冰的密度（g/cm³）		0.9

注　铁塔地线支架按导线设计覆冰厚度增加 5mm 工况进行强度校验。

4.2　导线和地线

目前我国导线标准采用《圆线同心绞架空导线》（GB/T 1179—2017），参照国家电网有限公司标准物料导、地线参数及相关技术要求，本标准化设计导线选用 2×JL/G1A－240/30、2×JL/G1A－400/35 型钢芯铝绞线，双分裂设计。依据河南省区域电网特点，110kV 输电线路导线绝大多数采用水平排列方式，故本标准化设计导线排列方式按水平排列方式设计，分裂间距按照 400mm 取值。

同时参照《国家电网有限公司 35～750kV 输变电工程通用设计、通用设备应用目录（2023 年版）》中相关模块设计条件，本次标准化地线选用 JLB20A－100 铝包钢绞线。

输电线路地线应需满足其机械强度和导地线配合等相关技术要求，当采用 OPGW 作为地线时，还应根据系统短路热容量对地线进行校验，并满足铁塔地线支架强度要求。

导、地线技术参数见表 4.2－1 和表 4.2－2。

表 4.2－1　导 线 技 术 参 数

型号		JL/G1A－240/30	JL/G1A－300/40
根数/直径（mm）	钢	7/2.4	7/2.66
	铝	24/3.06	24/3.99
截面积（mm²）	钢	31.67	38.9
	铝	244.29	300.09
	总计	275.96	338.99

型号	JL/G1A－240/30	JL/G1A－300/40
外径（mm）	21.6	23.94
计算拉断力（kN）	75.19	92.36
单位重量（kg/km）	920.7	1131
弹性模量 MPa	73000	73000
综合膨胀系数（10⁻⁶/℃）	19.6	19.6

表 4.2－2　地 线 技 术 参 数

型号	JLB20A－100
根数/直径（mm）	19/3.15
计算截面积（mm²）	100.88
外径（mm）	13.0
单位重量（kg/km）	674.1
计算拉断力（kN）	121.66
弹性模量（MPa）	147200
综合膨胀系数（10⁻⁶/℃）	13

4.3　安全系数选定

导线安全系数的合理选取主要受设计气象条件、地形、档距以及经济性等因素影响，并经技术经济综合比选后确定合理的安全系数取值。

4.3.1　气象条件

气象条件要素取值为最高气温 40℃，最低气温－20℃，年平均气温 15℃，基本风速 27m/s，覆冰厚度 10mm。

4.3.2　地形

海拔为 1000m 以下的 110kV 输电线路钻越高度受限制区域。

4.3.3　档距

本标准化设计水平档距取 300m、垂直档距取 400m。

4.3.4　安全系数

导线安全系数取 2.5，年平均运行张力 25%，地线安全系数法计算荷载，

JLB20A－100 安全系数取 4.0。

4.4 绝缘配合及防雷接地

4.4.1 绝缘配合原则

结合河南省区域经济社会发展情况，依据《国网基建部关于加强新建输变电工程防污闪等设计工作的通知》（国家电网基建技术〔2014〕10 号）中"提高输电线路防污能力，c 级及以下污区均提高一级配置；d 级污区按照上限配置；e 级污区按照实际情况配置，适当留有余度"的要求，参照河南省电力系统污秽区域分布图（2020 年版），本标准化设计按 e 级污秽区（要求爬电比距≥3.2cm/kV）进行设计绝缘配置。

4.4.2 绝缘子选型

采用爬电比距法确定绝缘子型式和数量，绝缘子的片数按下式计算

$$n \geqslant \lambda U/(K_e L_{01}) \qquad (4.4-1)$$

式中　n——钻越塔绝缘子串的绝缘子片数；

　　　U——线路额定电压，kV；

　　　λ——爬电比距，cm/kV；

　　　L_{01}——绝缘子几何爬距距离，cm；

　　　K_e——有效系数，一般取 1.0。

依据《河南电网发展技术及装备原则（2020 年版）》中"35kV～220kV 线路宜全部采用复合绝缘子，500kV 线路跳线串及跳线串宜采用复合绝缘子，耐张串宜采用瓷绝缘子。绝缘子串应具有良好的均压和防电晕性能"的规定，本标准化设计绝缘子按复合绝缘子选取。

参照国家电网有限公司标准物资标准参数，目前最常用的是结构高度为1440mm 的复合绝缘子，复合绝缘子结构高度与爬电距离关系见表 4.4-1。

表 4.4-1　　　　　复合绝缘子结构高度与爬电距离关系

电压等级 （kV）	绝缘子型式	结构高度 （m）	最小爬电距离 （mm）
110	复合绝缘子	1440	3700

结合河南省区域电网建设及运行特点，本标准化设计选用防污性能较好的复合绝缘子进行电气、荷载及结构验算。110kV 复合绝缘子电气参数见表 4.4-2。

表 4.4-2　　　　　110kV 复合绝缘子电气参数

绝缘子型号	额定抗拉 负荷 （kN）	结构 高度 （mm）	最小电弧 距离 （mm）	最小公称 爬电距离 （mm）	雷电全波 冲击耐受 电压 kV （峰值） 不小于	工频 1min 湿耐受电压 kV（有效值） 不小于	质量 （kg）
FXBW－110/120－3	120	1440±15	1244	3700	550	230	4.1

4.4.3 绝缘子串

依据 GB 50545—2010 中 6.0.1 的规定，绝缘子和金具的机械强度需满足下式要求

$$K_I = T_R/T \qquad (4.4-2)$$

式中　K_I——绝缘子的机械强度安全系数，见表 4.4-3；

　　　T_R——绝缘子的额定机械破坏负荷，kN；

　　　T——分别取绝缘承受的最大使用荷载、断线荷载、断联荷载、验算荷载或常年荷载，kN，见表 4.4-4。

表 4.4-3　　　　　绝缘子的机械强度安全系数

项目	最大使用荷载		常年荷载	验算荷载	断线荷载	断联荷载
	盘型绝缘子	棒形绝缘子				
安全系数	2.7	3.0	4.0	1.5	1.8	1.5

表 4.4-4　　　　　金具的机械强度安全系数

项目	最大使用荷载	验算荷载	断线荷载	断联荷载
安全系数	2.5	1.5	1.5	1.5

4.4.3.1 导线耐张绝缘子串

依据国家电网有限公司标准物资参数，结合本标准化设计技术条件，导线耐张绝缘子串选型说明如下：

（1）依据国家电网有限公司标准物资进行选型，坚持"标准统一、余度适当"的原则。

（2）参照《国家电网有限公司 35～750kV 输变电工程通用设计、通用设备应用目录（2023 年版）》，2×JL/G1A－240/30、2×JL/G1A－300/40 型导线选用 1NP21Y－4040－10P（H）、1NP21Y－4040－12P（H）RZ 串型。

（3）合成绝缘子结构高度为 1440mm，2×JL/G1A-240/30 型导线选用 100kN 级，2×JL/G1A-300/40 型导线选用 120kN 级，最小爬电距离为 3700mm。

（4）合成绝缘子两侧均按安装均压环考虑。

（5）耐张串均采用双联单挂点绝缘子串。

（6）40°～90°钻越塔上相外角侧耐张串应加延长杆。

（7）导线耐张绝缘子串组装图见图 4.4-1。

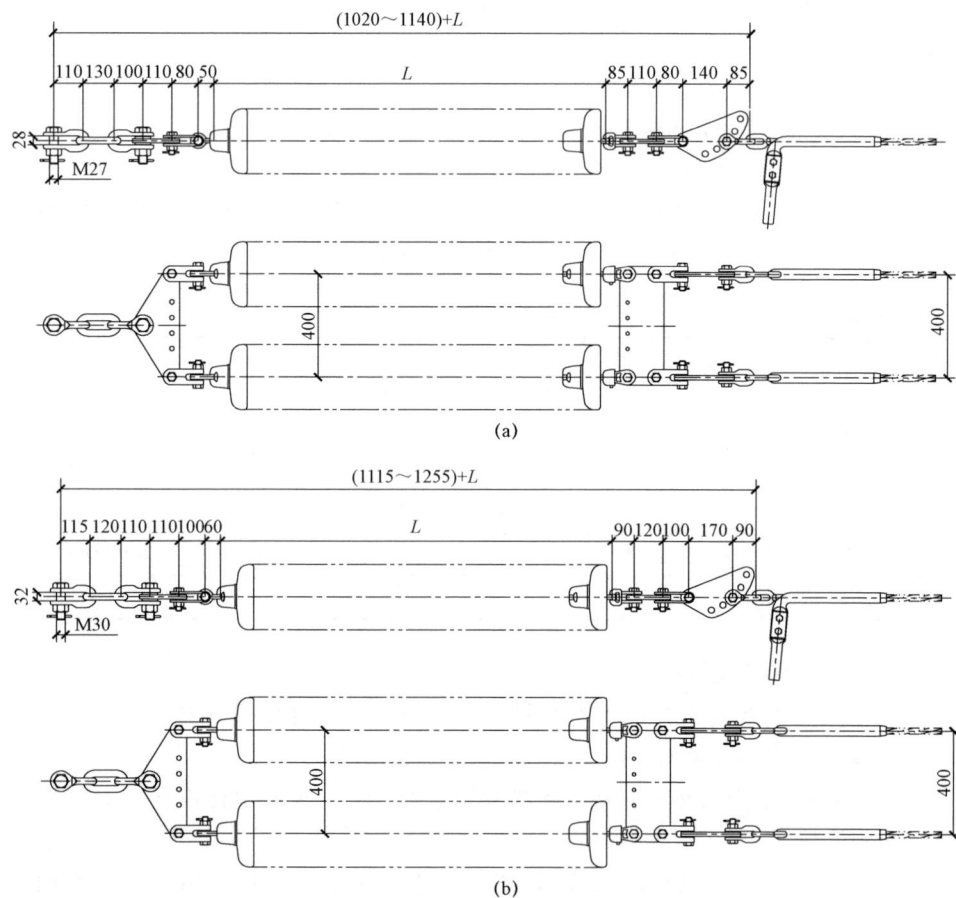

图 4.4-1 导线耐张绝缘子串组装图

（a）1NP21Y-4040-10P（H）；（b）1NP21Y-4040-12P（H）RZ

4.4.3.2 地线耐张绝缘子串

依据国家电网有限公司标准物资参数和《国家电网有限公司 35～750kV 输变电工程通用设计、通用设备应用目录（2023 年版）》，结合本标准化设计技术条件，本标准化设计地线耐张选用 BN2Y-BG-10 串型，质量为 5.7kg。地线耐张串组装图见图 4.4-2。

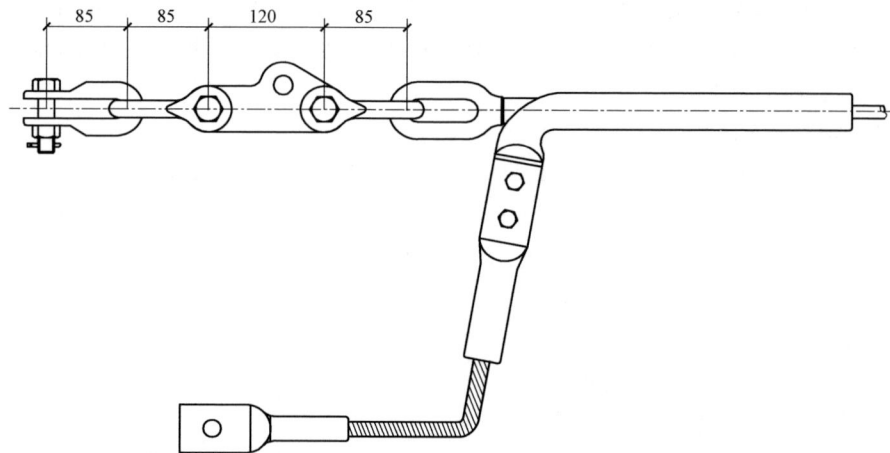

图 4.4-2 地线耐张串组装图

4.4.3.3 跳线绝缘子串

本标准化设计双回路上相使用绕跳跳线串，其他使用直线跳线串。双回路上相选用 1TP-20-07H（P）RS 串型，其他跳线串中，选用 1TP-10-07H（P）Z 串型。

本标准化设计考虑跳线采用并沟线夹，跳线绝缘子串加挂重锤片（3 片）时杆身的间隙和风偏校验情况。

跳线绝缘子串组装图见图 4.4-3 和图 4.4-4。

4.4.4 空气间隙

（1）带电部分与铁塔构件的最小间隙。依据 GB 50545—2010，线路带电部分与铁塔构件的最小间隙见表 4.4-5。

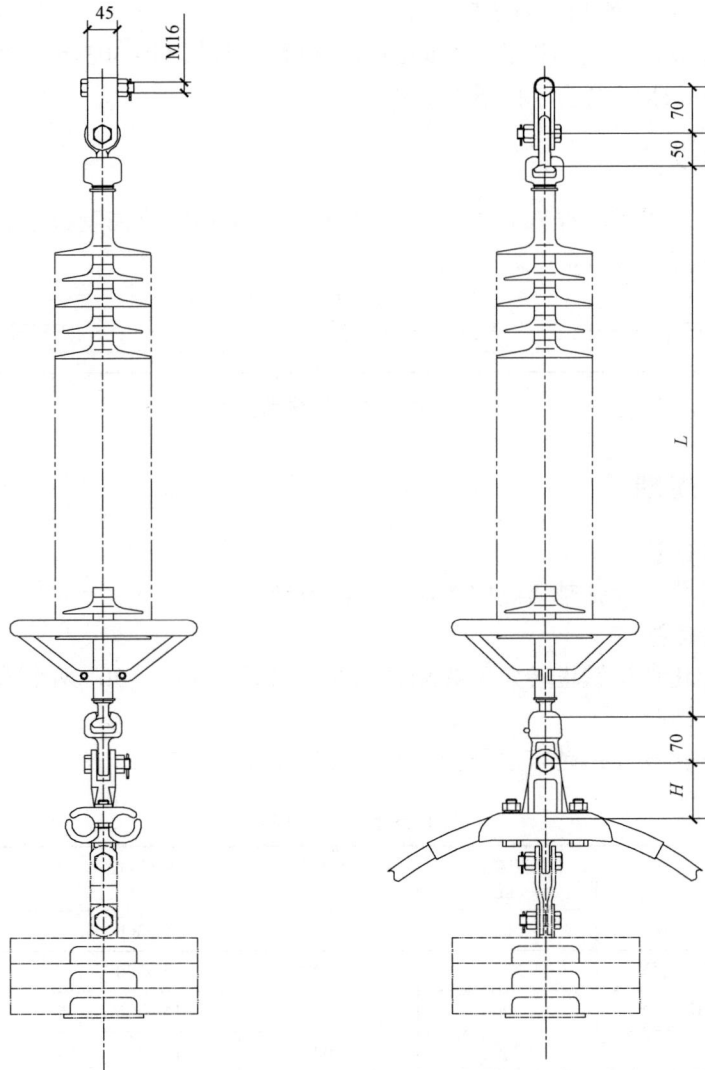

图 4.4-3　直跳跳线绝缘子串组装图

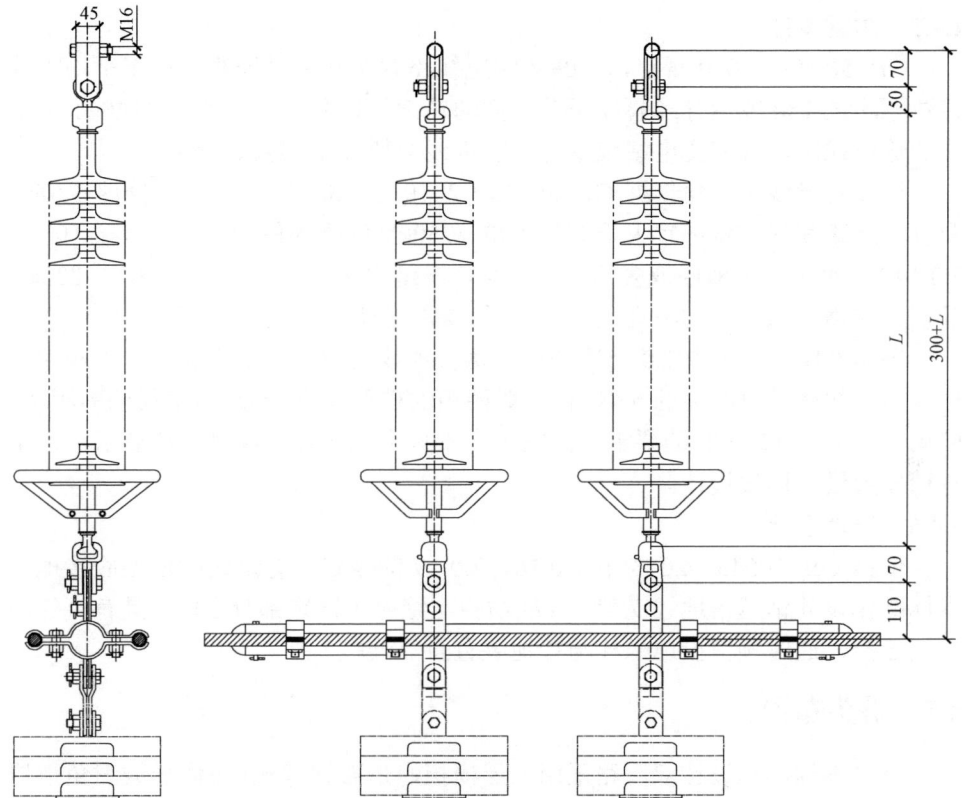

图 4.4-4　绕跳跳线绝缘子串组装图

表 4.4-5　　　　　　　　线路带电部分与铁塔构件的最小间隙

工作情况	最小空气间隙（m）	相应风速（m/s）
内过电压	1.45	15
外过电压	1.9	10
运行电压	0.55	27
带电检修	1.8	10

注　操作部位考虑人活动范围 0.5m。

（2）裕度选取。对于钻越塔在外形布置时，结构裕度对应于角钢准线选取，塔身部位 300mm，其余部位 200mm。

4.4.5 防雷设计

GB 50545—2010 规定，110kV 输电线路宜全线架设地线，在年平均雷暴日数不超过 15d 或运行经验证明雷电活动轻微的地区，可不架设单地线。无地线的输电线路，宜在变电站或发电厂的进线段架设 1～2km 地线。

地线对导线保护角依据 GB 50545—2010 中 7.0.14.1 "对于单回路 330kV 及以下线路和保护角不宜大于 15°，500～750kV 线路的保护角不宜大于 10°"，7.0.14.2 "对于同塔双回或多回路，110kV 线路的保护角不宜大于 10°，220kV 及以上线路的保护角均不宜大于 0°" 的要求设计。

根据 GB 50545 中 7.0.15 "铁塔上两根地线之间的距离应满足，不应超过地线与导线间垂直距离的 5 倍。在一般档距的档距中央，导线与地线间的距离，应满足 $S \geqslant 0.012L+1$ 的要求" 的规定，本标准化设计为满足上述要求，在钻越档按架设双地线设计。

4.4.6 接地设计

依据 GB 50545—2010 中 7.0.16、7.0.19 的规定，有地线的塔型应接地。本标准化设计钻越塔地线支架、导线横担与绝缘子固定部分之间，具有可靠的电气连接，通过预留接地螺栓与接地装置可靠连接。

4.5 塔头布置

（1）本标准化设计双回路采用三层横担蝶形布置方式（每侧导线三角形排列）。单回路酒杯塔布置方式（导线呈水平排列）。

（2）依据 GB 50545—2010，本标准化设计铁塔的导线水平线间距离应按下式计算

$$D \geqslant k_i L_k + \frac{U}{110} + 0.65\sqrt{f_c} \qquad (4.5-1)$$

式中　k_i ——悬垂绝缘子串系数，本标准化设计为耐张塔，取值为 0；

　　　D ——导线水平线间距离，m；

　　　L_k ——悬垂绝缘子串长度，m；

　　　U ——系统标称电压，kV；

　　　f_c ——导线最大弧垂，m。

（3）导线三角形排列的等效水平间线间距离应按下式计算

$$D_x = \sqrt{D_p^2 + (4/3D_z)^2} \qquad (4.5-2)$$

式中　D_x ——导线三角排列的等效水平线间距离，m；

　　　D_p ——导线间水平投影距离，m；

　　　D_z ——导线间垂直投影距离，m。

（4）地线与导线和相邻导线间的水平位移，依据 GB 50545—2010 的规定选取，10mm 冰区水平位移不小于 0.5m。

4.6 挂点设计

导线挂点采用单挂双联的型式，挂线板是否火曲及火曲度数根据电气条件确定。挂线点见图 4.6-1。

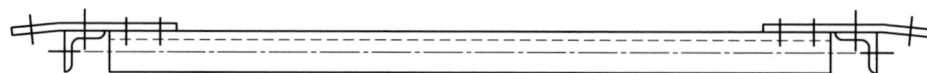

图 4.6-1　挂线点

4.7 铁塔规划

4.7.1 地线配置

本标准化设计钻越塔之间考虑双地线设计。

4.7.2 转角度数

本标准化设计铁塔转角度数划分为 0°～40°、40°～90° 两个系列。

4.7.3 设计档距

本标准化设计钻越塔水平档距及垂直档距见表 4.7-1。

表 4.7-1		水平档距及垂直档距		
使用条件	水平档距（m）	垂直档距（m）	代表档距（m）	K_V 系数
110-EC21D-JZY	300	400	150/300	—
110-EC21S-JZY	300	400	150/300	—
110-FC21D-JZY	300	400	150/300	—
110-FC21S-JZY	300	400	150/300	—

4.8 钻越塔设计的一般规定

（1）为增加铁塔顺线路方向的刚度，简化结构型式，本次钻越塔采用方形

断面。

（2）为保证钻越塔抗扭刚度，隔面设置不大于 4 个主材节间分段且不大于 5 倍的平均宽度。

（3）角钢构件之间的夹角不小于 15°。

4.9　钻越塔的荷载

4.9.1　气象条件重现期

依据 GB 50545，110kV 输电线路重现期取 30 年。

4.9.2　基本风速距地高度

依据 GB 50545，110kV 输电线路统计风速应取离地面 10m。

4.9.3　铁塔荷载分类

（1）作用在塔身的荷载可分为永久荷载和可变荷载。

1）永久荷载：导线及地线、绝缘子及其附件、铁塔结构、各种固定设备等的重力荷载；土压力、拉线或纤绳的初始张力、土压力及预应力等荷载。

2）可变荷载：风和冰（雪）荷载；导线、地线及拉线的张力；安装检修的各种附加荷载；结构变形引起的次生荷载以及各种振动动力荷载。

（2）钻越塔承受的荷载及荷载的作用方向：钻越塔的荷载分解为横向荷载、纵向荷载和垂直荷载。

1）横向荷载：沿横担方向的荷载，如钻越塔导地线水平风力、张力产生的水平横向分力等；钻越塔应计算最不利的风向作用。一般耐张塔只计算 90° 基本风速风向的荷载；终端塔除计算 90° 基本风速的风向外，还应计算 0° 基本风速的风向。

2）纵向荷载：垂直于横担方向的荷载，如导线、地线张力在垂直横担或地线支架方向的分量等。

3）垂直荷载：垂直于地面方向的荷载，如导线、地线的重力等。

4.10　钻越塔结构设计方法

钻越塔的结构设计，采用以概率理论为基础的极限状态设计法。极限状态分为承载能力极限状态和正常使用极限状态。钻越塔设计时，根据使用过程中在结构上可能同时出现的荷载，按照承载能力极限状态和正常使用极限状态分别进行荷载组合，并取各自最不利的组合进行设计。

4.10.1　承载能力极限状态

（1）承载能力极限状态，按照荷载的基本组合或偶然组合计算荷载的组合效应值，其表达式为

$$\gamma_0 \cdot S_d \leqslant R_d \qquad (4.10-1)$$

式中　γ_0——铁塔结构重要性系数，重要线路不应小于 1.1，临时线路取 0.9，其他线路取 1.0；

　　　S_d——荷载组合效应设计值；

　　　R_d——结构构件的抗力设计值，按照 DL/T 5486—2020 确定。

（2）荷载组合效应设计值 S_d，根据各种工况组合的气象条件，从荷载组合值中取用最不利或规定工况效应设计值确定。其表达式为

$$S_d = \gamma_G \cdot S_{GK} + \psi \cdot \gamma_Q \cdot \sum S_{QiR} \qquad (4.10-2)$$

式中　γ_G——永久荷载分项系数，对结构受力有利时不大于 1.0，不利时取 1.2；验算结构抗倾覆或滑移时取 0.9；

　　　S_{GK}——永久荷载效应的标准值；

　　　ψ——可变荷载调整系数，按表 4.10-1 的规定选取；

　　　γ_Q——可变荷载分项系数，取 1.4；

　　　S_{QiR}——第 i 项可变荷载效应的代表值。

表 4.10-1　可变荷载调整系数

设计大风情况	设计覆冰情况	低温情况	不均匀覆冰情况	断线情况	安装情况
1.0	1.0	1.0	0.9	0.9	0.9

（3）荷载偶然组合的效应设计值 S_d，根据各种工况组合的气象条件，从荷载组合值中取用最不利或规定工况效应设计值确定。其表达式为

$$S_d = S_{GK} + S_{AD} + \sum S_{QiR} \qquad (4.10-3)$$

式中　S_{AD}——偶然荷载效应的标准值。

4.10.2　正常使用极限状态

（1）正常使用极限状态，荷载的标准组合效设计值应满足结构规定限值。其表达式为

$$S_d \leqslant C \qquad (4.10-4)$$

式中　C——结构或构件达到正常使用要求的规定限值。

（2）正常使用极限状态下，荷载的标准组合效设计值，根据各工况气象组

合条件计算。其表达式为

$$S_d = S_{GK} + \psi \cdot \sum S_{QiR} \qquad (4.10-5)$$

（3）正常使用极限状态下，钻越塔的挠度计算，荷载的组合效设计值，根据各工况气象组合条件计算。其表达式为

$$S_d = S_{GK+} \sum S_{QiR} \qquad (4.10-6)$$

4.10.3 钻越塔材料

（1）钢材材质为 GB/T 700—2006 中规定的 Q235 系列以及 GB/T 1591—2018 中规定的 Q355、Q420 系列。按照实际使用条件确定钢材级别，钢材的强度设计值见表 4.10-2。

表 4.10-2　　　　　　　　钢 材 的 强 度 设 计 值　　　　　　　（N/mm²）

钢材牌号	厚度或直径（mm）	抗拉、抗压和抗弯	抗剪	孔壁挤压
Q235 钢	≤16	205	125	
	>16，≤40	205	120	
	>40，≤100	200	115	
Q355 钢	≤16	305	175	510
	>16，≤40	295	170	
	>40，≤63	290	165	
	>63，≤80	280	160	
	>80，≤100	270	155	
Q420 钢	≤16	375	215	560
	>16，≤40	355	205	
	>40，≤63	320	185	
	>63，≤100	305	175	
Q460 钢	≤16	410	235	590
	>16，≤40	390	225	
	>40，≤63	355	205	
	>63，≤100	340	195	

（2）钻越塔连接螺栓主要采用 6.8 级、8.8 级；其性能应符合 GB/T 3098.1—2010、GB/T 3098.2—2015、DL/T 284 的有关规定。螺栓强度设计值见表 4.10-3。

表 4.10-3　　　　　　　　螺 栓 强 度 设 计 值

	螺栓、螺母等级	抗拉（N/mm²）	抗剪（N/mm²）
镀锌粗制螺栓 Ca 级	4.8	200	170
	6.8	300	240
	8.8	400	300
地脚螺栓	Q235	160	
	Q355	205	
	35 号优质碳素钢	190	

注　适用于构件上螺栓端距大于或等于 1.5d（d 为螺栓直径）。

4.10.4 钻越塔构件连接方式

钻越塔塔身及横担角钢及钢板构件采用螺栓连接，塔脚及局部结构采用焊接。M16、M20 螺栓采用 6.8 级，M24 及以上规格螺栓采用 8.8 级。

4.10.5 铁塔与基础的连接方式

钻越塔塔腿与基础采用地脚螺栓连接方式。具有安全可靠、经济合理和施工便捷等优点，符合国家电网有限公司标准工艺要求。

钻越塔接地孔为 2 个 φ17.5mm 的孔，竖排，孔间距 50mm，四个腿均设置。位置及高度见图 4.10-1。

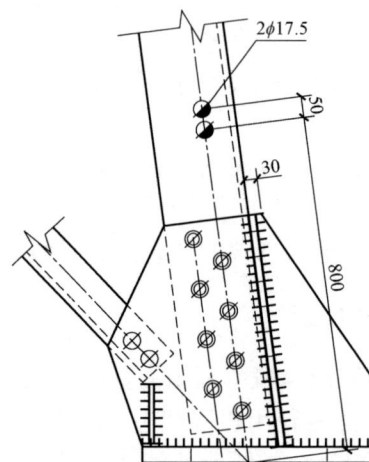

图 4.10-1　接地线孔位置示意图

4.11 其他说明

4.11.1 脚钉安装

转越塔塔身单回路采用一侧主材角钢上安装脚钉方式,双回路采用两侧主材角钢上安装脚钉方式,脚钉统一按 400～450mm 步长配置。特殊情况下,脚钉间距可以适当调整。脚钉布置图见图 4.11－1。

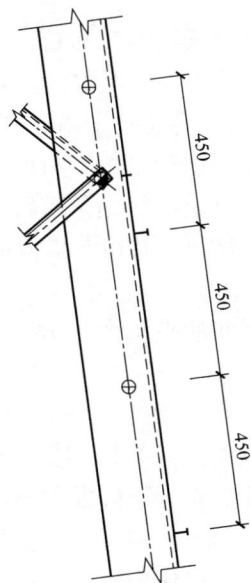

图 4.11－1　脚钉布置图

4.11.2 标识牌安装

标识牌、相位牌、警示牌等的安装位置及防盗螺丝的安装高度应结合国家电网有限公司运行等相关规定执行,根据各地工程实际需要处理。但应符合标识牌安装位置的安全、适当、醒目和统一等要求。

第 5 章　铁塔尺寸及结构优化

铁塔结构及外形优化的总体原则是安全可靠、结构简单、受力均衡、传力清晰、外形美观、经济合理、运维便捷、环境友好、资源节约。

5.1　铁塔优化的主要原则

在铁塔结构的优化设计中，主要遵循以下原则：

（1）结构安全可靠，合理确定边界技术条件，裕度适当。

（2）构件受力均衡，传力清晰，节点处理合理。

（3）构件结构简单，便于加工安装和运行维护。

（4）塔型布局紧凑，外型美观，尽量减少线路钻越高度宽度，节约铁塔占地面积。

（5）选材经济合理，积极应用"新技术、新材料和新工艺"，降低铁塔钢材耗量，确保铁塔整体的技术性和经济性。

5.2　塔头尺寸优化

本标准化设计中钻越塔均采用角钢塔型式，塔头的结构优化是在满足结构安全可靠和电气间隙距离的前提下，依据最新规程规范，以优化铁塔结构型式和减小线路钻越高度、宽度为研究重点，降低钻越塔的耗钢量和工程投资，实现"资源节约"和"环境友好"的铁塔设计目标。

（1）地线保护角的确定。依据 GB 50545—2010 中"对于同塔多回或多回路，110kV 及以上线路的保护角不宜大于 10°"的规定，根据以上导线排列优化结果，本标准化设计地线对中相导线保护角控制在 10°以内。

（2）导线电气间隙圆校验。根据优化后的塔头尺寸进行导线电气三维间隙校验，校验结果满足 GB 50545—2010 相关相求。

5.3　钻越塔结构优化

5.3.1　钻越塔结构优化的主要原则

（1）结构形式简洁，杆件受力明确，结构传力路线清晰。

（2）结构构造简单，节点处理合理，利于加工安装和运行安全。

（3）结构布置紧凑，在满足规范的前提下，尽量压缩塔头尺寸和横担长度，

减少铁塔高度和线路走廊宽度。

（4）结构节间划分及构件布置合理，充分发挥构件的承载能力。

（5）选材合理，降低钢材用量，降低工程造价。

5.3.2　钻越塔头部结构的优化

（1）双回路钻越塔头部塔身采用等口布置，避免横担结构尺寸调整。

（2）双回路钻越塔，为压缩塔头高度方向尺寸，优化了地线、导线横担布置的节间距离。同时，地线横担下平面主材和上导线横担上斜面主材与塔身交于一点，共用一个节点板；上导线横担的水平面主材与下导线横担的上斜面主与塔身交于一点，共用一个节点板；优化了塔头尺寸。

（3）横担采用等口设计，有利于共用节点板的结构优化，传力更清晰，结构更简洁。

（4）为确保钻越塔杆件之间的夹角大于 15°，地线横担下平面采用折线布置的型式，满足规范要求。

5.3.3　钻越塔塔身优化

（1）钻越塔塔身采用变坡设计，塔身上段便于横担的布置。双回路适度加大塔身坡度，采用更大的跟开，有利于降低主材的规格，减轻塔重。

（2）通过对塔身不同坡度和跟开多方案的优化组合，通过重量对比，在保证钻越塔强度和刚度的条件下，优化出塔身的最佳坡度。

5.3.4　钻越塔塔身断面形式

考虑钻越塔特殊的塔型及受力特点，塔身断面采用正方形，可以提高断线冲击及防串级倒塔能力。

5.3.5　钻越塔塔身隔面的设置优化

（1）根据铁塔结构设计技术规定的要求，塔身变坡断面、直接受扭力的断面处、塔顶、腿部断面处应设置横隔面。

（2）同一塔身坡度范围内，横隔面的设置间距，一般不大于平均宽度的 5 倍，也不宜大于 4 个主材间隔。

（3）在满足规范要求的前提下，尽量少布置横隔面，减轻塔重。

（4）横隔面的设置应不影响铁塔的正常传力路线，避免塔身交叉材同时受压的发生。

（5）根据本次钻越塔的结构特点，在塔顶、变坡处，塔腿断面、塔身横担处断面设置横隔面。同时由于塔身断面尺寸较小，仅采用简单的断面型式。

5.3.6 钻越塔主材布置及节间优化

（1）钻越塔结构的特殊性，头部塔身采用整段主材布置，不再分段。塔身下段采用 2～3 段主材分段，受力更合理，塔重更经济。

（2）钻越塔头部塔身，节间高度的布置，由于受横担布置的影响，塔身斜材采用单分式交叉布置和再分式交叉布置型式。

（3）塔身下段斜材采用再分式交叉布置型式，塔腿采用"W"结构型式，避免塔身斜材同时受压，传力更清晰，斜材受力更合理，选材更经济。

第6章 主要技术特点

6.1 安全可靠性高

本标准化设计根据河南省区域的地形特点、气象条件、海拔情况，以输电线路钻越高度受限区域铁塔定位为设计出发点，结合已建线路在防污闪、防冰闪、防雷击等方面的运行经验，通过校验计算，优化铁塔外型尺寸和合理材料选择，以安全可靠、技术先进和经济合理为原则，积极谨慎地选用新型材料，合理确定安全系数、安全裕度，确保铁塔设计安全可靠，具体措施如下：

（1）严格执行最新规程、规范和国家电网有限公司相关文件技术要求，做到依据充分、引用适用、通用适用。

（2）合理确定边界技术条件，确定设计基本风速、导线覆冰厚度、导地线型号、安全系数、档距等设计参数，合理规划塔头布置、合理确定钻越塔挠度和锥度，确保技术安全可靠的同时，最大限度满足塔型的外型美观要求。

（3）综合技术、经济、加工、施工及运行维护等各个环节，积极谨慎地选用新型材料，确保铁塔的全寿命周期设计目标。

（4）采用三避雷线防雷方案，双回路地线对导线的保护角控制在 0°内，导地线线间距离配合经济合理。

（5）结合河南省"十四五"经济社会和电网发展规划，结合本标准化设计按 e 级污秽区进行绝缘配合（要求爬电比距≥3.2cm/kV），确保的标准化设计的适用性和技术性要求。

6.2 适应性好

本标准化设计共包含 4 个子模块 8 种塔型，采用 110kV 输电线路常用的导线型号（2×JL/G1A－240/30、2×JL/G1A－300/40）和典型气象参数，广泛适用海拔 1000m 以内输电线路钻越高度受限区域，标准化设计适应性好。

6.3 铁塔规划合理

根据河南省地形情况，通过调研确定档距，通过分析确定安全系数，提出了铁塔设计档距、计算呼高、塔高系列等合理的方案，同时，钻越塔根据转角度数划分为 0°～40°、40°～90°，使得塔型设计条件更科学、经济、合理。经过计算分析，得出较为经济时的导地线安全系数。

6.4 应用新技术、新材料

本次标准化塔型设计过程中推广采用了近年来成熟适用的新技术成果，经过多次去厂家调研并开会探讨，充分考虑防污闪、防冰闪、防风偏、防雷击、防鸟害等提高运行可靠性措施以及塔段强度综合考虑采用 Q420 高强钢。

6.5 合理优化塔型结构

本标准化设计中对铁塔结构进行全面的优化，主要从横担尺寸、塔头布置、塔段连接方式、基础连接型式等方面进行合理选择并优化，使得标准化设计塔型受力合理，具有更好的可靠性和经济性。

6.6 重视环境保护

全面贯彻落实科学发展观以及国家电网有限公司环境友好型的设计理念，本标准化设计重视环境保护，满足技术安全的前提下进行横担尺寸优化，进一步压缩线路钻越高度宽度及铁塔占地面积，减少房屋拆迁和树木砍伐，社会效益和环保效益显著。

6.7 设计成果

本次编制的标准化设计成果主要分为塔型图集和加工图集两部分，内容涵盖模块说明、塔型一览图、荷载计算、分段加工图。

（1）110kV 输电线路钻越塔标准化设计图集（钻越塔塔型图）。

（2）110kV 输电线路钻越塔标准化设计图集（钻越塔加工图）。

以上两套标准化设计图集应配套对应参照使用。

6.8 提高电网建设和运行质量和效率

本 110kV 钻越塔塔标准化塔型的研究和应用，在提高设计质量和效率方面主要体现在以下几点：

（1）统一 110kV 钻越塔塔型设计图纸，能提高设计、评审、采购、设备加工及施工的质量和进度，有效缩短电网建设周期，提高工作效率。

（2）统一建设标准和材料规格，使 110kV 钻越塔的建造更加便捷高效，能有效提高快速抢修能力。

（3）采用标准化设计成果在确保电网安全运行的同时，可大幅提升电网运行和维护的质量和效率。

（4）本标准化设计成果以资源节约、环境友好、安全可靠、技术先进和经济合理为研究理念，对电网标准化体系建设将发挥积极的推动作用。

第7章 综合效益分析

7.1 影响因素分析

本标准化设计取得较好经济效益，其主要因素如下：

（1）在塔型结构方面，对影响塔型强度的塔身材质、塔段长度等各种因素进行了精心优化，具有良好的经济性。

（2）标准化的塔型品种多，为送电线路工程建设提供了大量可供选择的指标先进的塔型，为设计人员集中精力进行设计方案优化提供了保证。

（3）铁塔规划上比单个工程更完善、合理。

（4）将转角塔的角度划分进行了进一步细化，降低了工程整体造价。

（5）以往 110kV 钻越塔由各设计单位自行设计，没有形成统一的设计标准，该图集为各设计单位提供了标准化的通用的铁塔标准图集。

7.2 投资效益分析

7.2.1 单基铁塔投资分析

为检验标准化设计塔型的经济先进性，将本标准化设计塔型单基指标与以往设计中所采用的铁塔以及各网省公司技术导则中的铁塔单基指标进行对比分析，高强度钻越塔在线路钻越高度受限条件下经技术经济比较，其具有造价低，占地面积少，节约钻越高度等优势，从而节约铁塔投资，充分体现资源节约型、环境友好型的设计理念。

7.2.2 实际工程铁塔投资分析

为了检验整套塔型设计的经济性，利用以前已经完成施工图设计的实际工程，采用标准化的塔型重新排位，对铁塔耗材和铁塔数量进行分析比较，整个工程的钢材耗量均较原耗量有所下降，综合费用投资相比原设计节省 8%。

7.3 社会环保综合效益

标准化的推广使用可以统一电力公司的建设标准，大大节约社会资源、缩短工期、降低造价，并使采购、设计、制造和施工规范化，取得送电线路全寿命周期的效益最大化。

本次标准化采用了多种手段压缩线路钻越高度，节省线路钻越高度资源，为了未来经济的可持续发展，相比之前采用的常规角钢塔，减少了铁塔占地，减少停电时间。

因此随着标准化的推广应用，将会产生巨大的社会效益和环保效益。

第 8 章　标准化设计使用总体说明

8.1　标准化设计文件

本标准化设计中，主要设计内容包括设计说明、塔型使用条件、塔型一览图、荷载计算、塔型单线图、基础作用力、分段加工图等相关资料，在具体的工程设计中，可根据实际需要有选择地使用。

该标准化设计成果可用于基本风速 27m/s（10m 基准高）、覆冰厚度 10mm、海拔低于 1000m 的平原地区钻越高度受限区域内 110kV 线路的可行性研究、初步设计、施工图设计阶段。具体工程设计时，需要结合工程实际情况，选择经济、合理的塔型。

8.2　塔型选用说明

根据实际工程所处气象条件、海拔、地形情况，以及所选用导地线的规格、回路数等设计参数，在确保不超条件使用的基础上，选择相应模块塔型。

需要核对的设计参数有：

（1）实际工程所处的气象条件、海拔、地形情况等。

（2）导地线型号及安全系数、水平档距、垂直档距、转角度数。

（3）绝缘配置是否满足工程实际绝缘配置及串长要求。

（4）塔头间隙校验。

（5）铁塔荷载校验。

（6）施工架线方式。

（7）串长、挂线金具型式和挂孔是否匹配。

（8）中相跳线串需要采用绕跳，且钢管长度不小于 5m。

（9）其他因素。

8.3　塔型选型原则及注意事项

（1）《110kV 输电线路钻越塔标准化设计图集　钻越塔塔型图》《110kV 输电线路钻越塔标准化设计图集　钻越塔加工图》两套图集应配套对应参照使用。

（2）结合工程具体情况，选择经济、合理的塔型模块。

（3）在具体工程设计中，根据实际技术条件，选择符合技术边界条件的相关塔型。

（4）当标准化设计塔型中没有完全匹配使用条件的模块时，可按就近的原则并经校验后代用，或选用标准图集以外的其他铁塔型式。

（5）严禁未经验算或超条件使用本标准化设计塔型。

序号	图号	图名	张数	备注
		110－EC21D－JZY 图纸目录		
1	110－EC21D－JZY－01	110－EC21D－JZY 转角塔总图	1	
2	110－EC21D－JZY－02	110－EC21D－JZY 转角塔材料汇总表	1	
3	110－EC21D－JZY－03	110－EC21D－JZY 转角塔地线支架结构图　①	1	0°～40°塔头
4	110－EC21D－JZY－04	110－EC21D－JZY 转角塔导线横担结构图　②	1	0°～40°塔头
5	110－EC21D－JZY－05	110－EC21D－JZY 转角塔上下曲臂结构图　③	1	0°～40°塔头
6	110－EC21D－JZY－06	110－EC21D－JZY 转角塔地线支架结构图　Ⓐ1	1	40°～90°塔头
7	110－EC21D－JZY－07	110－EC21D－JZY 转角塔导线横担结构图　Ⓐ2	1	40°～90°塔头
8	110－EC21D－JZY－08	110－EC21D－JZY 转角塔上下曲臂结构图　Ⓐ3	1	40°～90°塔头
9	110－EC21D－JZY－09	110－EC21D－JZY 转角塔塔身结构图　④	1	
10	110－EC21D－JZY－10	110－EC21D－JZY 转角塔 9.0m 塔腿结构图　⑤	1	
11	110－EC21D－JZY－11	110－EC21D－JZY 转角塔 12.0m 塔腿结构图　⑥	1	
12	110－EC21D－JZY－12	110－EC21D－JZY 转角塔 15.0m 塔腿结构图　⑦	1	
13	110－EC21D－JZY－13	110－EC21D－JZY 转角塔 18.0m 塔腿结构图　⑧	1	
14	110－EC21D－JZY－14	110－EC21D－JZY 转角塔 21.0m 塔腿结构图　⑨	1	

110－EC21D－JZY－00　110－EC21D－JZY 转角塔图纸目录

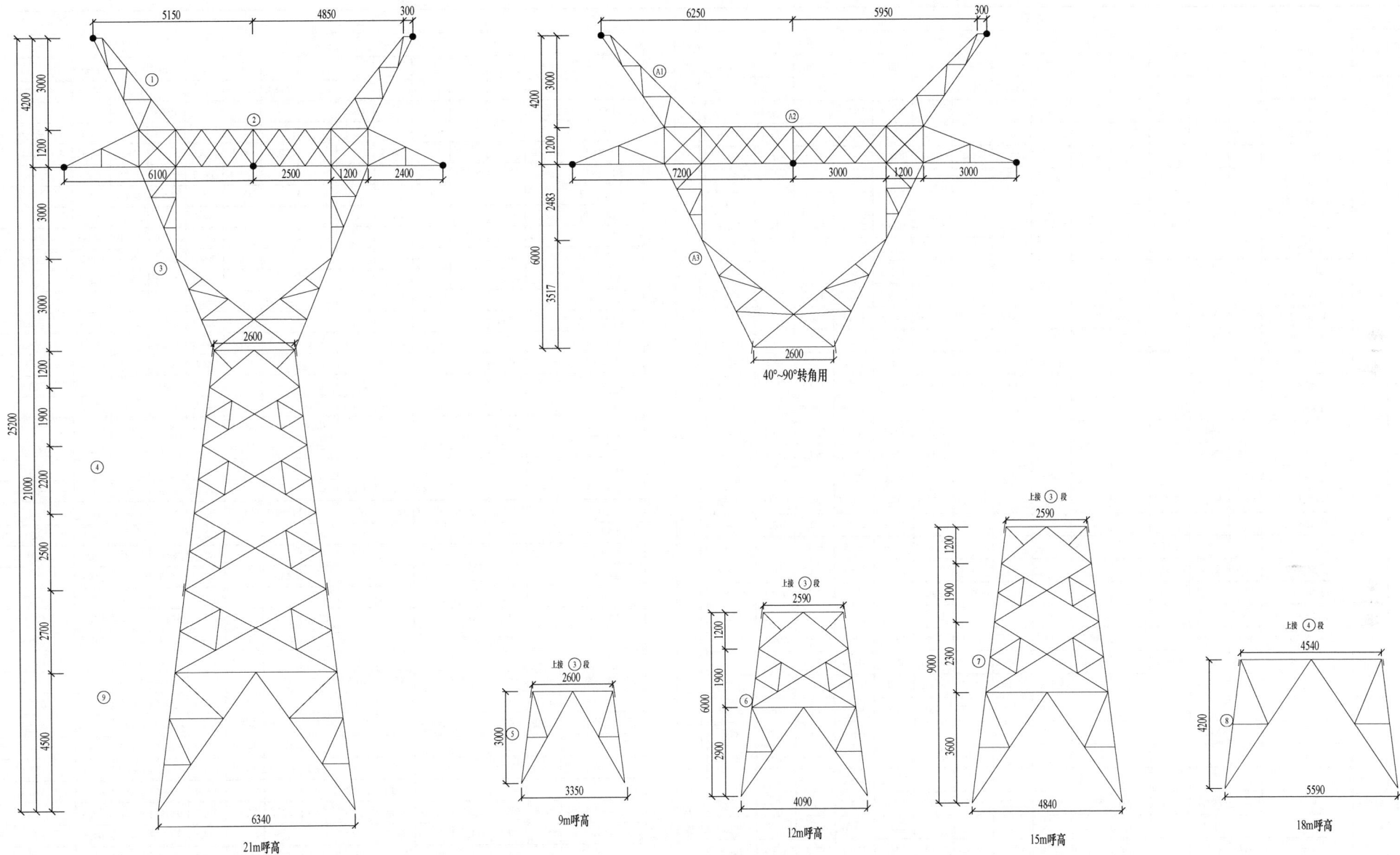

图 9-1　110-EC21D-JZY-01　110-EC21D-JZY 转角塔总图

材料汇总表（左）

材料	材质	规格	1	2	3	4	5	6	7	8	9	9m	12m	15m	18m	21m
角钢	Q355	L180×14							1387.2	749.2	1217.0	1387.2			749.2	1217.0
		L180×12						794.9				794.9				
		L160×14				977.6									977.6	977.6
		L160×12					346.5		95.1	90.4	90.4	346.5		95.1	90.4	90.4
		L160×10						79.9					79.9			
		L140×12				82.7									82.7	82.7
		L140×10		547.1			69.5					616.6	547.1	547.1	547.1	547.1
		L110×8					317.1					317.1				
		L110×7		132.3								132.3	132.3	132.3	132.3	132.3
		L100×10			470.7							470.7	470.7	470.7	470.7	470.7
		L100×7		45.5		101.8	101.8	101.4	434.6	394.4	157.5	147.3	146.8	480.0	541.7	304.8
		L90×8		82.7								82.7	82.7	82.7	82.7	82.7
		L90×7						239.6					239.6			
		L90×6		333.7		114.2		114.0	114.0	105.5	338.2	333.7	447.7	447.7	553.4	786.2
		L80×6	94.4					90.1	107.1	124.8	145.3	94.4	184.5	201.5	219.2	239.7
		L75×5		194.2		607.6		173.4	441.6		252.0	194.2	367.7	635.8	801.8	1053.8
		L70×5	77.9	76.1							57.4	154.0	154.0	154.0	154.0	211.4
		L63×5	13.3			34.8	34.8	80.2	34.8			48.1	93.5	48.1	48.1	48.1
		小计	185.6	864.5	1017.8	1918.7	869.7	1673.5	2614.2	1464.3	2257.9	2937.7	3741.5	4682.2	5451.0	6244.5
	Q235	L63×5		40.9	77.7				44.8			118.6	118.6	118.6	163.4	118.6
		L56×5		25.1	27.5							52.6	52.6	52.6	52.6	52.6
		L56×4	11.5	21.7	153.6			27.8				186.9	186.9	214.7	186.9	186.9
		L50×4	16.5	176.8	11.9				127.8	39.2		205.3	205.3	205.3	333.1	244.5
		L45×5									137.9					137.9
		L45×4		71.0	16.5		48.6	18.9	72.3	17.0	77.4	136.1	106.4	159.8	104.5	164.9
		L40×4	113.6	21.2	188.0	222.3	51.3	180.6	204.3	23.0	128.8	374.1	503.4	527.1	568.0	673.9
		小计	141.6	356.8	475.3	222.3	100.0	199.5	304.4	212.6	383.4	1073.7	1173.2	1278.1	1408.6	1579.3
钢板	Q355	−34					346.9	346.9	346.9	346.9	346.9	346.9	346.9	346.9	346.9	346.9
		−20		160.6								160.6	160.6	160.6	160.6	160.6
		−16						364.9	350.0	341.0				364.9	350.0	341.0
		−14					290.4	309.2				290.4	309.2			
		−12	44.6	601.4	48.1	314.0	350.4	354.0	352.9	92.8	129.2	1044.4	1048.1	1047.0	1100.8	1137.2
		−10		36.9	58.4		60.2					155.5	95.3	95.3	95.3	95.3
		−8	65.0	113.7		103.8		171.6	193.3	66.0	82.4	178.7	350.1	372.0	348.5	364.8
		−6	2.8	5.4								8.2	8.2	8.2	8.2	8.2
		小计	112.4	918.0	106.5	417.8	1047.8	1181.7	1258.0	855.7	899.4	2184.7	2318.6	2394.9	2410.3	2454.1

材料汇总表（右）

材料	材质	规格	A1	A2	A3	4	5	6	7	8	9	9m	12m	15m	18m	21m
角钢	Q355	L180×14							1387.2	749.2	1217.0	1387.2			749.2	1217.0
		L180×12						794.9				794.9				
		L160×14			977.6										977.6	977.6
		L160×12					346.5		95.1	90.4	90.4	346.5		95.1	90.4	90.4
		L160×10		552.7				79.9				552.7	632.6	552.7	552.7	552.7
		L140×12		667.4	82.7							667.4	667.4	667.4	750.0	750.0
		L140×10			69.5							69.5				
		L125×12		217.0								217.0	217.0	217.0	217.0	217.0
		L125×10		209.2								209.2	209.2	209.2	209.2	209.2
		L125×8		456.4								456.4	456.4	456.4	456.4	456.4
		L110×8				317.1						317.1				
		L100×10		255.8								255.8	255.8	255.8	255.8	255.8
		L100×7		45.5		101.8	101.8	101.4	434.6	394.4	157.5	147.3	146.8	480.0	541.7	304.8
		L90×8		82.7								82.7	82.7	82.7	82.7	82.7
		L90×7	153.4				239.6					153.4	393.0	153.4	153.4	153.4
		L90×6	116.0			114.2		114.0	114.0	105.5	338.2	116.0	230.0	230.0	335.8	568.5
		L80×6		295.0				90.1	107.1	124.8	145.3	295.0	385.2	402.1	419.8	440.4
		L75×5		67.8		607.6		173.4	441.6		252.0	67.8	241.2	509.3	675.4	927.4
		L70×5									57.4					57.4
		L63×5	13.3			34.8	34.8	80.2	34.8			48.1	93.5	48.1	48.1	48.1
		小计	282.8	1412.5	1437.0	1918.7	869.7	1673.5	2614.2	1464.3	2257.9	4002.0	4805.8	5746.6	6515.3	7308.9
	Q235	L70×6	22.7									22.7	22.7	22.7	22.7	22.7
		L70×5		60.0								60.0	60.0	60.0	60.0	60.0
		L63×5		68.9	23.3				44.8			92.2	92.2	92.2	136.9	92.2
		L56×5		25.7								25.7	25.7	25.7	25.7	25.7
		L56×4		21.7	149.9			27.8				171.6	171.6	199.4	171.6	171.6
		L50×4	17.6	188.5	31.4				127.8	39.2		237.6	237.6	237.6	365.4	276.8
		L45×5		21.2							137.9	21.2	21.2	21.2	21.2	159.2
		L45×4	10.3	60.1	15.7		48.6	18.9	72.3	17.0	77.4	134.7	105.0	158.4	103.1	163.5
		L40×4	101.6	21.4	170.0	222.3	51.3	180.6	204.3	23.0	128.8	344.4	473.7	497.3	538.3	644.1
		小计	152.2	381.9	476.0	222.3	100.0	199.5	304.4	212.6	383.4	1110.1	1209.6	1314.5	1445.0	1615.7
钢板	Q355	−34					346.9	346.9	346.9	346.9	346.9	346.9	346.9	346.9	346.9	346.9
		−16		131.0				364.9	350.0	341.0		131.0	131.0	495.9	481.0	472.0
		−14		460.0		290.4	309.2					750.4	769.2	460.0	460.0	460.0
		−12	38.8	387.3	153.7	314.0	350.4	354.0	352.9	92.8	129.2	930.2	933.9	932.7	986.6	1023.0
		−10		47.4	17.5		60.2					125.1	64.9	64.9	64.9	64.9
		−8	68.3	120.8		103.8		171.6	193.3	66.0	82.4	189.1	360.7	382.4	358.9	375.2
		−6	2.8	9.9								12.7	12.7	12.7	12.7	12.7
		小计	109.9	1156.4	171.2	417.8	1047.8	1181.7	1258.0	855.7	899.4	2485.4	2619.3	2695.6	2711.1	2754.8

图 9－2　110－EC21D－JZY－02　110－EC21D－JZY 转角塔材料汇总表

材料汇总表

材料	材质	规格	段号									呼高				
			1	2	3	4	5	6	7	8	9	9m	12m	15m	18m	21m
钢板	Q235	−22			2.5				5.0			5.0			2.5	2.5
		−20					2.3						2.3			
		−18				2.0									2.0	2.0
		−16		1.2	2.8							4.0	4.0	4.0	4.0	4.0
		−14		1.6		6.4			3.2			1.6	1.6	4.8	8.0	8.0
		−12		3.7				2.7	1.4	36.4		3.7	6.4	5.0	40.1	3.7
		−10	0.4	1.1	3.6			1.1			1.1	5.1	6.2	5.1	5.1	6.2
		−8		0.3								0.3	0.3	0.3	0.3	0.3
		−6		132.4	25.2		26.7	22.6	23.2	24.1	29.7	184.3	180.1	180.8	181.7	187.3
		−4				11.0			11.0					11.0	11.0	11.0
		−2					5.5	5.5				5.5	5.5			
		小计	0.4	140.3	31.6	21.9	32.2	34.2	43.7	60.5	30.8	204.5	206.5	216.0	254.7	225.0
套管	Q355	φ50.0/28.5		2.4								2.4	2.4	2.4	2.4	2.4
		φ40.0/19.5	0.3									0.3	0.3	0.3	0.3	0.3
		小计	0.3	2.4								2.7	2.7	2.7	2.7	2.7
螺栓	6.8	M16×40	11.5	48.8	3.6	8.6	6.5	11.2	13.5	6.3	20.7	70.4	75.1	77.4	78.8	93.2
		M16×50	8.0	20.2	28.3	9.8	8.3	10.6	13.4	6.1	7.4	64.8	67.1	69.9	72.4	73.7
		M16×60		0.7	2.5			1.4	1.4	1.4		3.2	4.6	4.6	4.6	3.2
		小计	19.5	69.7	34.4	18.4	14.8	23.2	28.3	13.8	28.1	138.4	146.8	151.9	155.8	170.1
	6.8	M20×45	15.1	51.8	3.8	18.4		37.8	37.8	16.5	20.5	70.7	108.5	108.5	105.6	109.6
		M20×55		137.5	17.4	24.8	18.3	38.4	27.7	8.8	27.4	173.2	193.3	182.6	188.5	207.1
		M20×65		1.3	5.8	21.1		5.8	25.6	5.1		7.1	12.9	32.7	33.3	28.2
		小计	15.1	190.6	27.0	64.3	18.3	82.0	91.1	30.4	47.9	251.0	314.7	323.8	327.4	344.9
	8.8	M24×65				8.0	40.0	40.0	40.0	32.0	32.0	40.0	40.0	40.0	40.0	40.0
		M24×75				49.4	49.4	49.4	49.4	50.5	49.4	49.4	49.4	49.4	99.9	98.8
		小计				57.4	89.4	89.4	89.4	82.5	81.4	89.4	89.4	89.4	139.9	138.8
	6.8	M16×60（双帽）	5.7	0.2								5.9	5.9	5.9	5.9	5.9
		M16×70（双帽）		3.5								3.5	3.5	3.5	3.5	3.5
		M20×80（双帽）		23.1								23.1	23.1	23.1	23.1	23.1
		小计	5.7	26.8								32.5	32.5	32.5	32.5	32.5
		螺栓合计	40.3	287.1	61.4	140.1	122.5	194.6	208.8	126.7	157.4	511.3	583.4	597.6	655.6	686.3
脚钉	6.8	M16×180	4.6	0.7	8.5	9.8	2.6	6.5	10.4	4.5	10.4	16.4	20.3	24.2	28.1	34.0
	6.8	M20×200		3.7	0.6	1.2		2.5	3.7	1.2		4.3	6.8	8.0	6.7	5.5
	8.8	M24×240				3.6	3.6	3.6	3.6	1.8	3.6	3.6	3.6	3.6	5.4	7.2
		小计	4.6	4.4	9.1	14.6	6.2	12.6	17.7	7.5	14.0	24.3	30.7	35.8	40.2	46.7
垫圈	Q235	−3（φ17.5）	0.2	0.3	0.1	0.1	0.1	0.1	0.1	0.1	0.2	0.6	0.6	0.6	0.7	0.8
		−4（φ17.5）	0.1	0.2								0.3	0.3	0.3	0.3	0.3
		−3（φ22）		1.6							0.1	1.6	1.6	1.6	1.6	1.7
		−4（φ22）		0.4								0.4	0.4	0.4	0.4	0.4
		小计	0.3	2.5	0.0	0.1	0.1	0.1	0.1	0.1	0.3	2.9	2.9	2.9	3.0	3.2
		合计（kg）	485.5	2576.0	1701.7	2735.4	2178.5	3296.2	4446.9	2727.4	3743.2	6941.8	8059.5	9210.2	10226.1	11241.9

材料汇总表

材料	材质	规格	段号								呼高					
			A1	A2	A3	4	5	6	7	8	9	9m	12m	15m	18m	21m
钢板	Q235	−22			2.5				5.0			5.0			2.5	2.5
		−20					2.3						2.3			
		−18			0.7	2.0						0.7	0.7	0.7	2.7	2.7
		−16		1.8								1.8	1.8	1.8	1.8	1.8
		−14		3.2	1.1	6.4			3.2			4.3	4.3	7.5	10.7	10.7
		−12		1.8	3.8			2.7	1.4	36.4		5.7	8.4	7.0	42.1	5.7
		−10	0.4	1.1	1.8			1.1			1.1	3.3	4.4	3.3	3.3	4.4
		−6	13.6	132.9	11.6		26.7	22.6	23.2	24.1	29.7	184.7	180.6	181.2	182.1	187.7
		−2			5.5		5.5							5.5	5.5	5.5
		小计	14.0	140.9	18.9	16.4	26.7	28.7	38.2	60.5	30.8	200.5	202.5	212.0	250.7	221.0
套管	Q355	φ50.0/28.5		1.6								1.6	1.6	1.6	1.6	1.6
		φ40.0/19.5	0.3									0.3	0.3	0.3	0.3	0.3
		小计	0.3	1.6								1.9	1.9	1.9	1.9	1.9
螺栓	6.8	M16×40	11.2	34.8	0.6	8.6	6.5	11.2	13.5	6.3	20.7	53.1	57.8	60.1	61.5	75.9
		M16×50	12.5	24.6	30.1	9.8	8.3	10.6	13.4	6.1	7.4	75.5	77.8	80.6	83.1	84.4
		M16×60			2.8			1.4	1.4	1.4		2.8	4.2	4.2	4.2	2.8
		小计	23.7	59.4	33.5	18.4	14.8	23.2	28.3	13.8	28.1	131.4	139.8	144.9	148.8	163.1
	6.8	M20×45	18.9	40.0	5.4	18.4		37.8	37.8	16.5	20.5	64.3	102.1	102.1	99.2	103.2
		M20×55		156.9	9.4	24.8	18.3	38.4	27.7	8.8	27.4	184.6	204.7	194.0	199.9	218.5
		M20×65		19.2		21.1		5.8	25.6	5.1		19.2	25.0	44.8	45.4	40.3
		小计	18.9	216.1	14.8	64.3	18.3	82.0	91.1	30.4	47.9	268.1	331.8	340.9	344.5	362.0
	8.8	M24×65		11.0	16.0	8.0	40.0	40.0	40.0	32.0	32.0	67.0	67.0	67.0	67.0	67.0
		M24×75			8.6	49.4	49.4	49.4	49.4	50.5	49.4	58.0	58.0	58.0	108.5	107.4
		M24×85			1.1							1.1	1.1	1.1	1.1	1.1
		小计		11.0	25.7	57.4	89.4	89.4	89.4	82.5	81.4	126.1	126.1	126.1	176.6	175.5
	6.8	M16×60（双帽）	5.7	3.3								9.0	9.0	9.0	9.0	9.0
		M20×70（双帽）		7.7								7.7	7.7	7.7	7.7	7.7
		M20×80（双帽）		14.8								14.8	14.8	14.8	14.8	14.8
		小计	5.7	25.8								31.5	31.5	31.5	31.5	31.5
		螺栓合计	48.3	312.3	74.0	140.1	122.5	194.6	208.8	126.7	157.4	557.1	629.2	643.4	701.4	732.1
脚钉	6.8	M16×180	4.6	0.7	8.5	9.8	2.6	6.5	10.4	4.5	10.4	16.4	20.3	24.2	28.1	34.0
	6.8	M20×200	1.2	3.7	1.2	1.2		2.5	3.7	1.2		6.1	8.6	9.8	8.5	7.3
	8.8	M24×240		1.8		3.6	3.6	3.6	3.6	1.8	3.6	5.4	5.4	5.4	7.2	9.0
		小计	5.8	6.2	9.7	14.6	6.2	12.6	17.7	7.5	14.0	27.9	34.3	39.4	43.8	50.3
垫圈	Q235	−3（φ17.5）	0.2	0.3		0.1	0.1	0.1	0.1	0.1	0.2	0.6	0.6	0.6	0.7	0.8
		−4（φ17.5）	0.1	0.4								0.5	0.5	0.5	0.5	0.5
		−3（φ22）		0.4							0.1	0.4	0.4	0.4	0.4	0.5
		−4（φ22）		2.1								2.1	2.1	2.1	2.1	2.1
		小计	0.3	3.2	0.0	0.1	0.1	0.1	0.1	0.1	0.3	3.6	3.6	3.6	3.7	3.9
		合计（kg）	613.3	3411.8	2186.9	2729.9	2172.9	3290.6	4441.4	2727.3	3742.9	8384.9	9502.6	10653.4	11669.2	12684.8

图 9−2　110−EC21D−JZY−02　110−EC21D−JZY 转角塔材料汇总表（续）

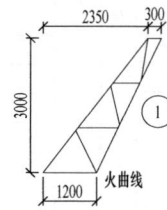

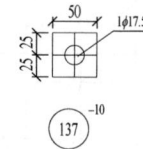

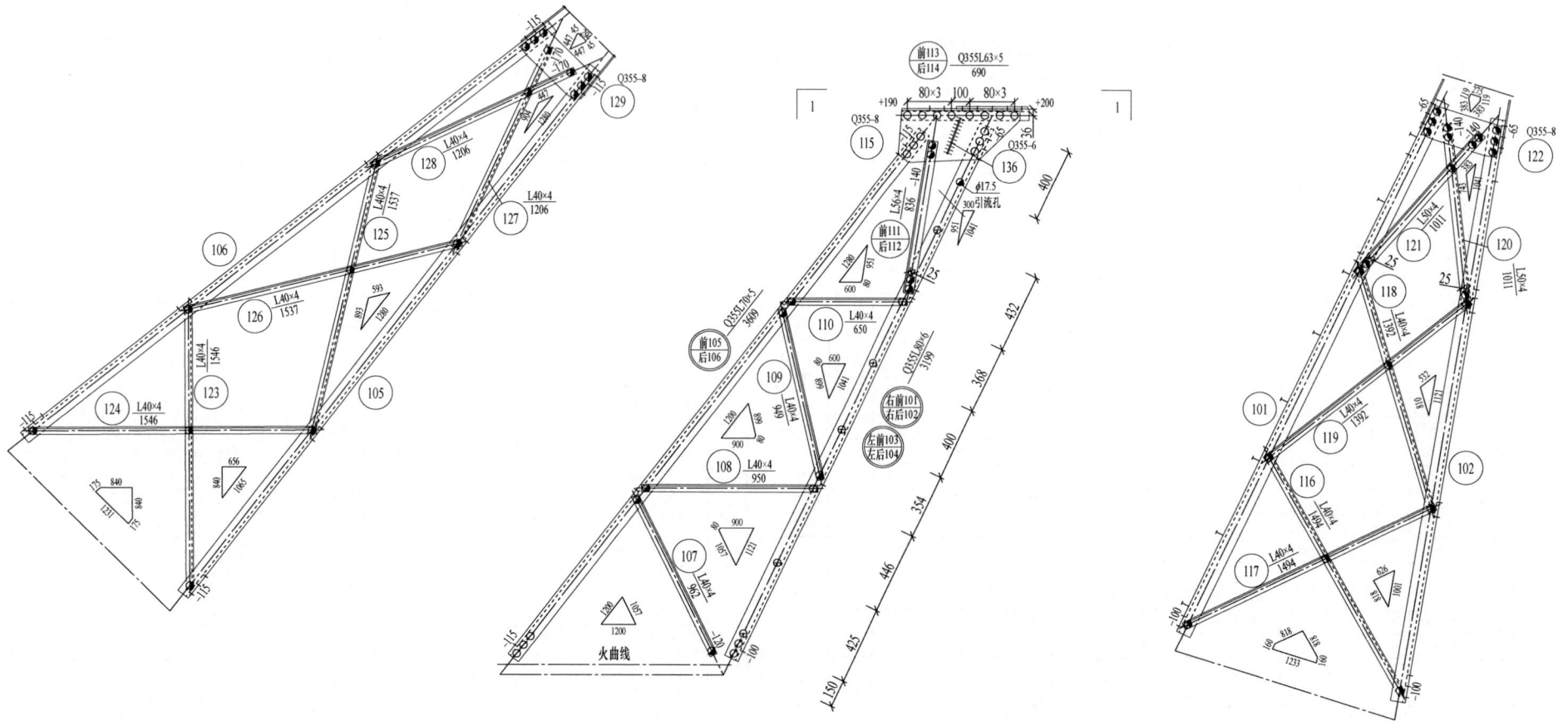

图 9-3　110-EC21D-JZY-03　110-EC21D-JZY 转角塔地线支架结构图 ①

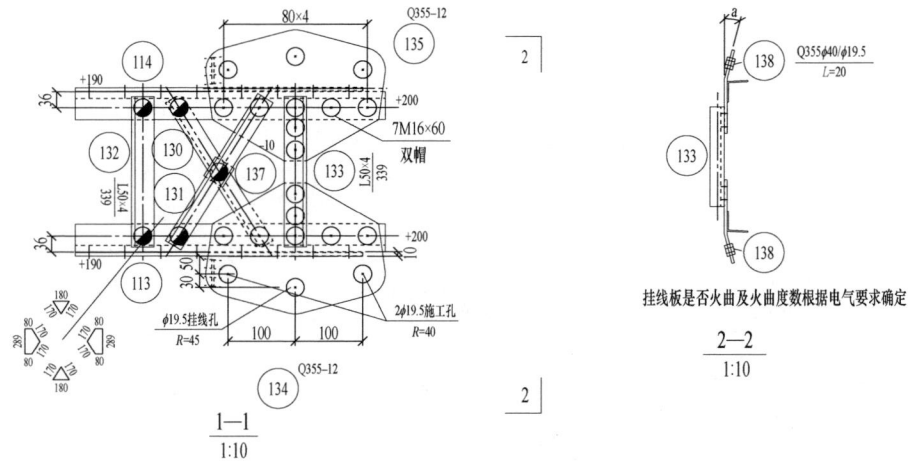

挂线板是否火曲及火曲度数根据电气要求确定

2—2
1:10

1—1
1:10

螺栓、垫圈、脚钉明细表

名称	级别	规格	符号	数量	重量（kg）	备注
螺栓	6.8	M16×40	◐	80	11.5	
		M16×50	◐	50	8.0	
		M16×60	○	28	5.7	双帽
		M20×45	○	56	15.1	
脚钉		M16×180	⊕—	14	4.5	双帽
垫圈	Q235	−3（φ17.5）	规格×个数	16	0.2	
		−4（φ17.5）		4	0.1	
合计					45.1kg	

构件明细表

编号	规格	长度（mm）	数量	重量（kg）一件	重量（kg）小计	备注
101	Q355L80×6	3199	1	23.60	23.6	合角（86.2），脚钉
102	Q355L80×6	3199	1	23.60	23.6	合角（86.2）
103	Q355L80×6	3199	1	23.60	23.6	合角（86.2），脚钉
104	Q355L80×6	3199	1	23.60	23.6	合角（86.2）
105	Q355L70×5	3609	2	19.48	39.0	开角（95.5）
106	Q355L70×5	3609	2	19.48	39.0	开角（95.5）
107	L40×4	962	4	2.33	9.3	
108	L40×4	950	4	2.30	9.2	脚钉
109	L40×4	949	4	2.30	9.2	
110	L40×4	650	4	1.57	6.3	脚钉
	L40×4	650	4	1.57	6.3	
111	L56×4	836	2	2.88	5.8	
112	L56×4	836	2	2.88	5.8	
113	Q355L63×5	690	2	3.33	6.7	开角（98.5）
114	Q355L63×5	690	2	3.33	6.7	开角（98.5）
115	Q355−8×280	658	4	11.60	46.4	电焊
116	L40×4	1494	2	3.62	7.2	切角
117	L40×4	1494	2	3.62	7.2	
118	L40×4	1392	2	3.37	6.7	切角
119	L40×4	1392	2	3.37	6.7	
120	L50×4	1011	2	3.09	6.2	切角
121	L50×4	1011	2	3.09	6.2	
122	Q355−8×177	421	2	4.70	9.4	
123	L40×4	1546	2	3.74	7.5	切角
124	L40×4	1546	2	3.74	7.5	
125	L40×4	1537	2	3.72	7.4	切角
126	L40×4	1537	2	3.72	7.4	
127	L40×4	1206	2	2.92	5.8	
128	L40×4	1206	2	2.92	5.8	
129	Q355−8×175	416	2	4.60	9.2	
130	L40×4	391	2	0.95	1.9	切角
131	L40×4	391	2	0.95	1.9	
132	L50×4	339	2	1.04	2.1	
133	L50×4	339	2	1.04	2.1	
134	Q355−12×297	397	2	11.14	22.3	火曲
135	Q355−12×297	397	2	11.14	22.3	火曲
136	Q355−6×60	250	4	0.71	2.8	电焊
137	−10×50	50	2	0.20	0.4	
138	Q355φ40/φ19.5	20	2	0.15	0.3	套管带电焊
合计					440.4kg	

图 9−3　110−EC21D−JZY−03　110−EC21D−JZY 转角塔地线支架结构图 ①（续）

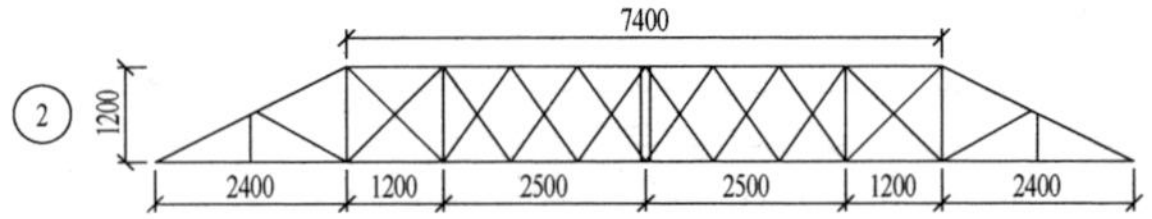

単線図
1:100

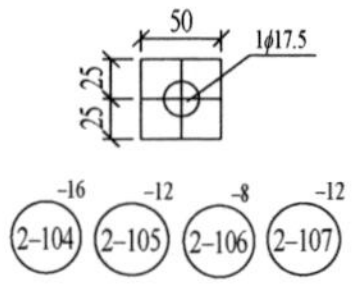

垫块大样图
1:5

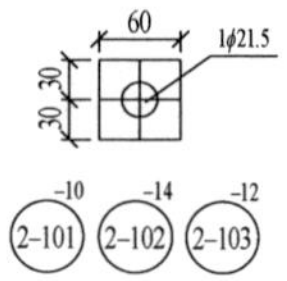

垫块大样图
1:5

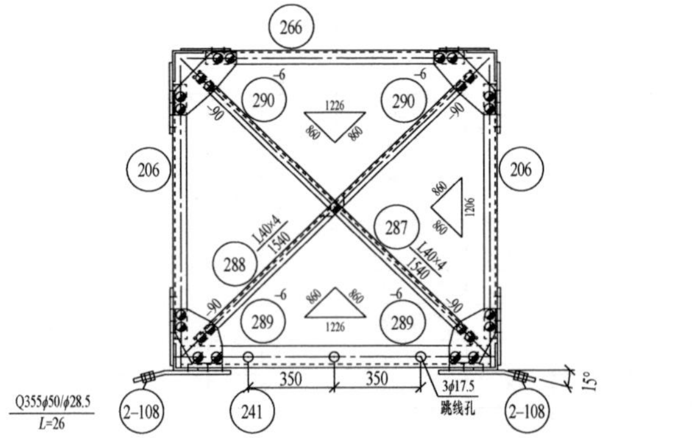

Q355φ50/φ28.5
L=26

挂线板是否火曲及火曲度数据根据电气要求确定

1—1

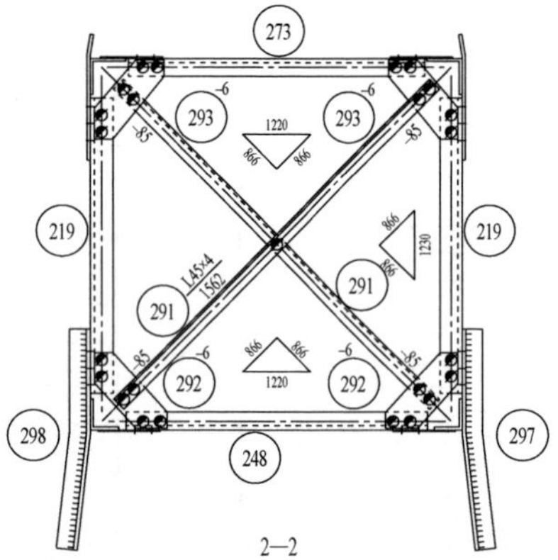

2—2

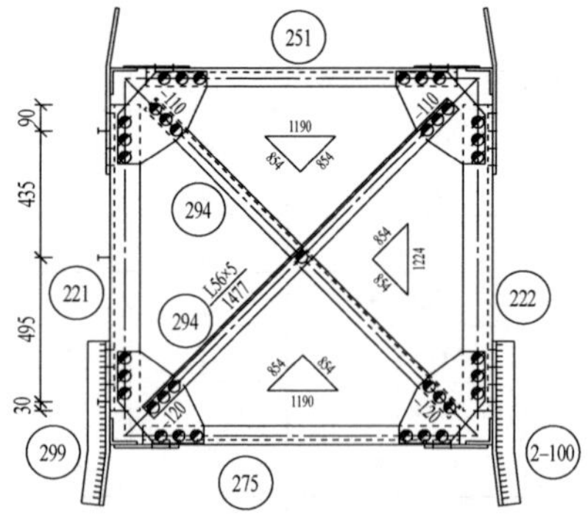

3—3

图 9－4　110－EC21D－JZY－04　110－EC21D－JZY 转角塔导线横担结构图 ②

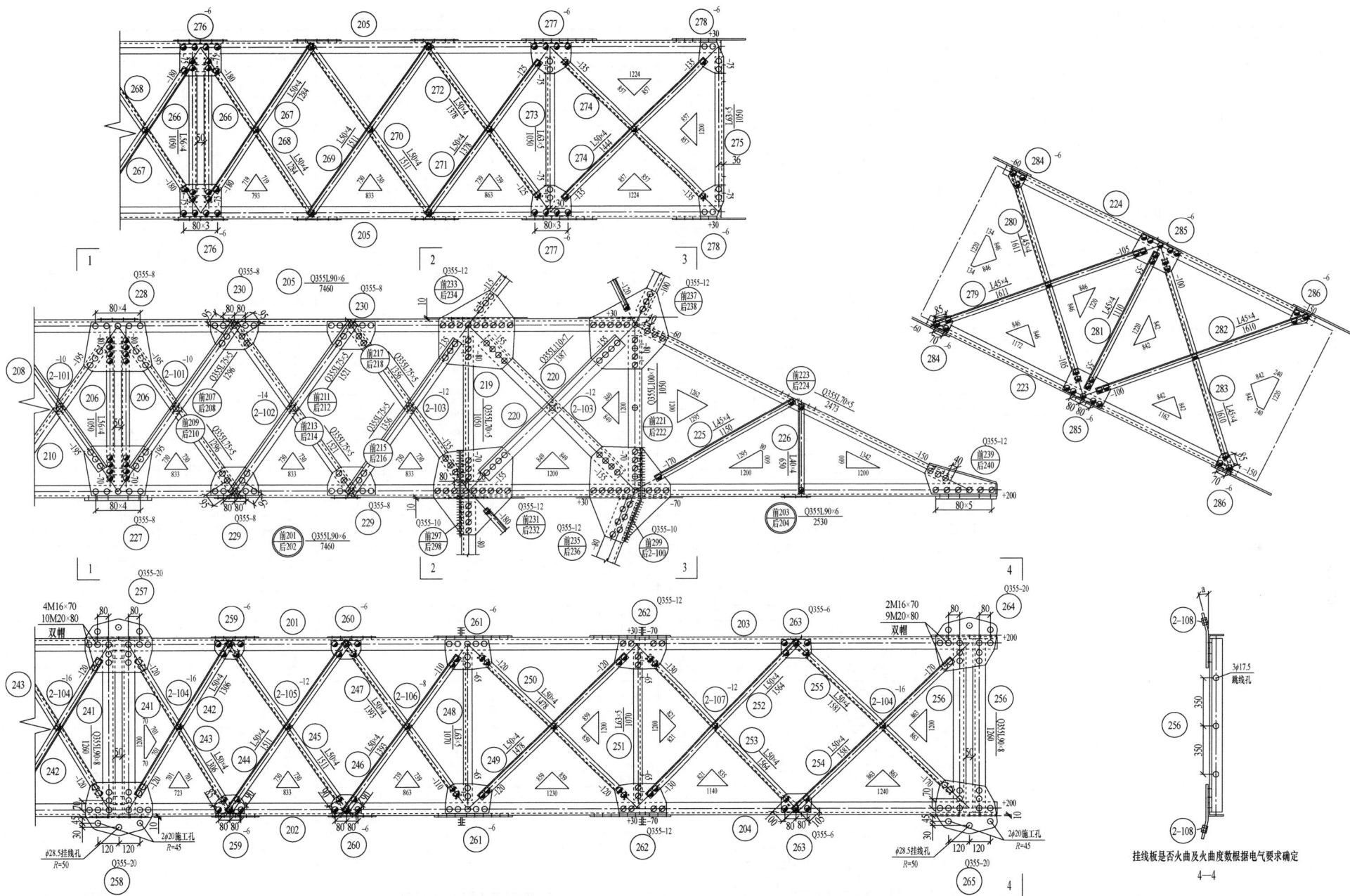

图 9-4 110-EC21D-JZY-04 110-EC21D-JZY 转角塔导线横担结构图 ②（续）

螺栓、垫圈、脚钉明细表

名称	级别	规格	符号	数量	重量（kg）	备注
螺栓	6.8	M16×40	⊙	340	48.8	
		M16×50	⊙	126	20.2	
		M16×60	⊠	4	0.7	
		M16×70	○	16	3.5	双帽
		M20×45	○	192	51.8	
		M20×55	∅	466	137.5	
		M20×65	⊗	4	1.3	
		M20×80	○	56	23.1	双帽
脚钉		M16×180	⊕—	2	0.7	双帽
		M20×200	⊕—	6	3.7	双帽
垫圈	Q235	−3（φ17.5）	规格×个数	30	0.3	
		−4（φ17.5）		24	0.2	
		−3（φ22）		80	1.6	
		−4（φ22）		16	0.4	
合计					293.8kg	

构 件 明 细 表

编号	规格	长度(mm)	数量	一件	小计	备注	编号	规格	长度(mm)	数量	一件	小计	备注
201	Q355L90×6	7460	1	62.29	62.3		256	Q355L90×8	1260	4	13.79	55.2	
202	Q355L90×6	7460	1	62.29	62.3		257	Q355−20×384	480	1	28.99	29.0	火曲
203	Q355L90×6	2530	2	21.13	42.3		258	Q355−20×384	480	1	28.99	29.0	火曲
204	Q355L90×6	2530	2	21.13	42.3		259	−6×133	210	4	1.32	5.3	
205	Q355L90×6	7460	2	62.29	124.6		260	−6×133	210	4	1.32	5.3	
206	L56×4	1050	4	3.62	14.5		261	−6×215	334	4	3.39	13.6	
207	Q355L75×5	1296	2	7.54	15.1		262	Q355−12×215	374	4	7.59	30.4	
208	Q355L75×5	1296	2	7.54	15.1		263	Q355−6×133	215	4	1.35	5.4	
209	Q355L75×5	1296	2	7.54	15.1	切角	264	Q355−6×357	456	2	25.65	51.3	火曲
210	Q355L75×5	1296	2	7.54	15.1	切角	265	Q355−20×357	456	2	25.65	51.3	火曲
211	Q355L75×5	1521	2	8.85	17.7		266	L56×4	1050	2	3.62	7.2	
212	Q355L75×5	1521	2	8.85	17.7		267	L50×4	1284	2	3.93	7.9	
213	Q355L75×5	1521	2	8.85	17.7	切角	268	L50×4	1284	2	3.93	7.9	切角
214	Q355L75×5	1521	2	8.85	17.7	切角	269	L50×4	1511	2	4.62	9.2	
215	Q355L75×5	1356	2	7.89	15.8		270	L50×4	1511	2	4.62	9.2	切角
216	Q355L75×5	1356	2	7.89	15.8		271	L50×4	1378	2	4.22	8.4	
217	Q355L75×5	1356	2	7.89	15.8	切角	272	L50×4	1378	2	4.22	8.4	切角
218	Q355L75×5	1356	2	7.89	15.8	切角	273	L63×5	1050	2	5.06	10.1	
219	Q355L70×5	1050	4	5.67	22.7		274	L50×4	1444	4	4.42	17.7	
220	Q355L110×7	1387	8	16.54	132.4		275	L63×5	1050	2	5.06	10.1	
221	Q355L100×7	1050	2	11.37	22.7	脚钉	276	−6×230	295	2	3.21	6.4	
222	Q355L100×7	1050	2	11.37	22.7		277	−6×220	290	4	3.00	12.0	
223	Q355L70×5	2473	2	13.35	26.7	切角	278	−6×185	225	4	1.97	7.9	
224	Q355L70×5	2473	2	13.35	26.7	切角	279	L45×4	1611	2	4.41	8.8	
225	L45×4	1150	4	3.15	12.6		280	L45×4	1611	2	4.41	8.8	切角
226	L40×4	650	4	1.57	6.3		281	L45×4	1110	2	3.04	6.1	
227	Q355−8×359	488	2	11.04	22.1		282	L45×4	1610	2	4.40	8.8	
228	Q355−8×359	490	2	11.06	22.1		283	L45×4	1610	2	4.40	8.8	切角
229	Q355−8×203	340	8	4.35	34.8		284	−6×120	120	4	0.68	2.7	
230	Q355−8×203	340	8	4.34	34.7		285	−6×188	313	4	2.78	11.1	
231	Q355−12×568	637	2	34.12	68.2	火曲；电焊	286	−6×119	120	4	0.68	2.7	
232	Q355−12×568	637	2	34.12	68.2	火曲；电焊	287	L40×4	1540	2	3.73	7.5	
233	Q355−12×544	567	2	29.11	58.2	火曲	288	L40×4	1540	2	3.73	7.5	压扁
234	Q355−12×544	567	2	29.11	58.2	火曲	289	−6×174	219	4	1.80	7.2	
235	Q355−12×602	643	2	36.56	73.1	火曲；电焊	290	−6×126	340	4	2.02	8.1	
236	Q355−12×602	643	2	36.56	73.1	火曲；电焊	291	L45×4	1562	4	4.27	17.1	
237	Q355−12×502	645	2	30.53	61.1	火曲	292	−6×122	353	4	2.04	8.1	
238	Q355−12×502	645	2	30.53	61.1	火曲	293	−6×119	367	4	2.08	8.3	
239	Q355−12×258	509	2	12.43	24.9	火曲；卷边	294	L56×5	1477	4	6.28	25.1	
240	Q355−12×258	509	2	12.43	24.9	火曲；卷边	295	−6×204	427	4	4.11	16.5	
241	Q355L90×8	1260	2	13.79	27.6		296	−6×208	437	4	4.30	17.2	
242	L50×4	1306	2	4.00	8.0	电焊	297	Q355−10×88	594	2	4.13	8.3	电焊
243	L50×4	1306	2	4.00	8.0	切角	298	Q355−10×88	594	2	4.13	8.3	电焊
244	L50×4	1511	2	4.62	9.2		299	Q355−10×94	682	2	5.08	10.2	火曲；电焊
245	L50×4	1511	2	4.62	9.2	切角	2−100	Q355−10×95	683	2	5.12	10.2	火曲；电焊
246	L50×4	1393	2	4.26	8.5		2−101	−10×60	60	4	0.28	1.1	
247	L50×4	1393	2	4.26	8.5	切角	2−102	−14×60	60	4	0.41	1.6	
248	L63×5	1070	2	5.16	10.3		2−103	−12×60	60	8	0.34	2.7	
249	L50×4	1478	2	4.52	9.0		2−104	−16×50	50	4	0.31	1.3	
250	L50×4	1478	2	4.52	9.0		2−105	−12×50	50	2	0.24	0.5	
251	L63×5	1070	2	5.16	10.3		2−106	−8×50	50	2	0.16	0.3	
252	L50×4	1564	2	4.78	9.6		2−107	−12×50	50	2	0.24	0.5	
253	L50×4	1564	2	4.78	9.6	切角	2−108	Q355φ50/φ28.5	26	6	0.40	2.4	套管带电焊
254	L50×4	1581	2	4.84	9.7		合计					2282.4kg	
255	L50×4	1581	2	4.84	9.7	切角							

图 9−4 110−EC21D−JZY−04 110−EC21D−JZY 转角塔导线横担结构图 ②（续）

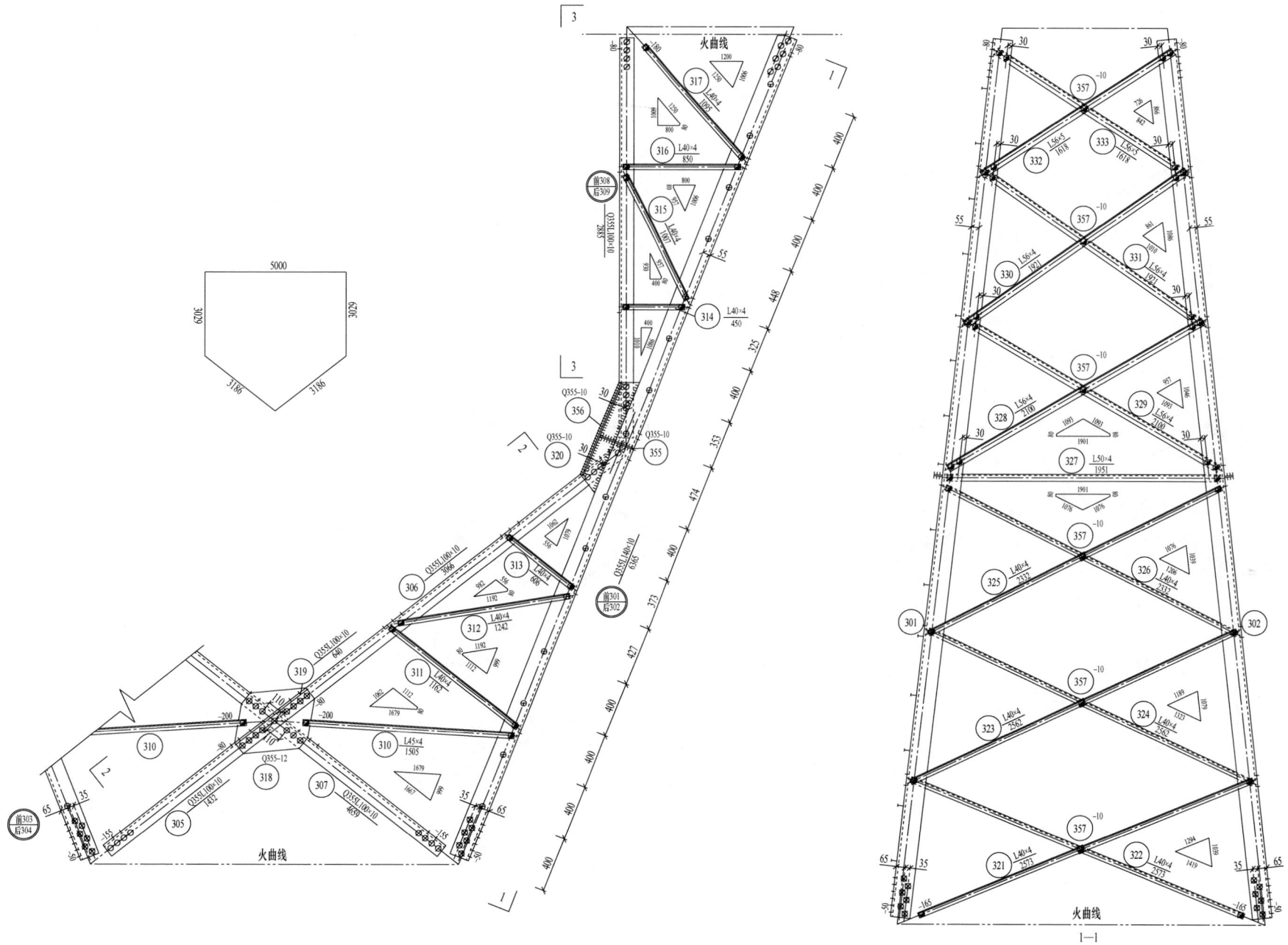

图 9−5 110−EC21D−JZY−05 110−EC21D−JZY 转角塔上下曲臂结构图 ③

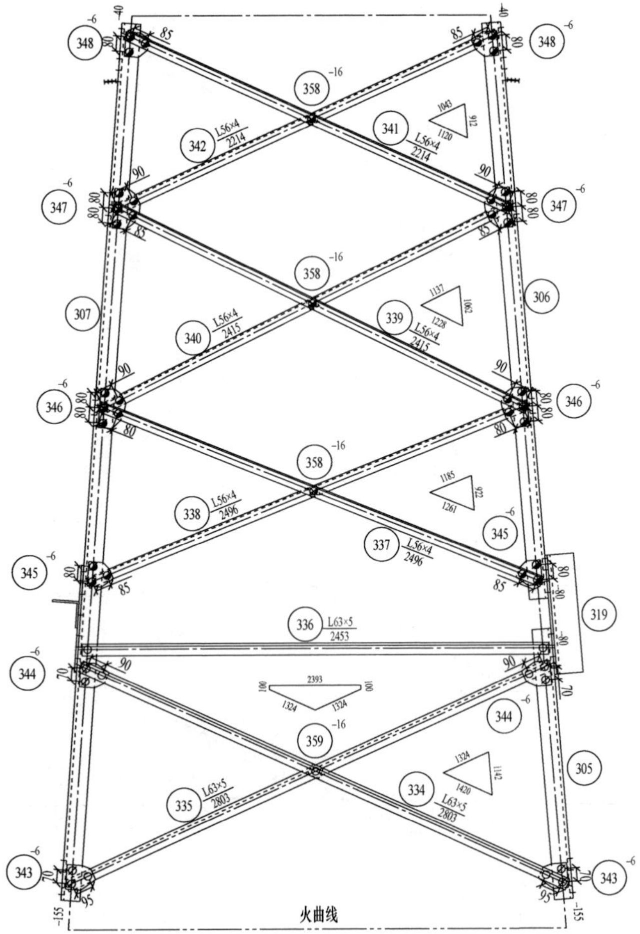

图9-5 110-EC21D-JZY-05 110-EC21D-JZY转角塔上下曲臂结构图 ③（续）

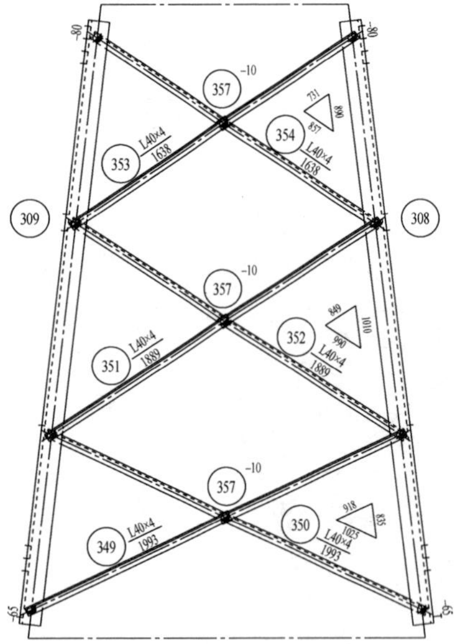

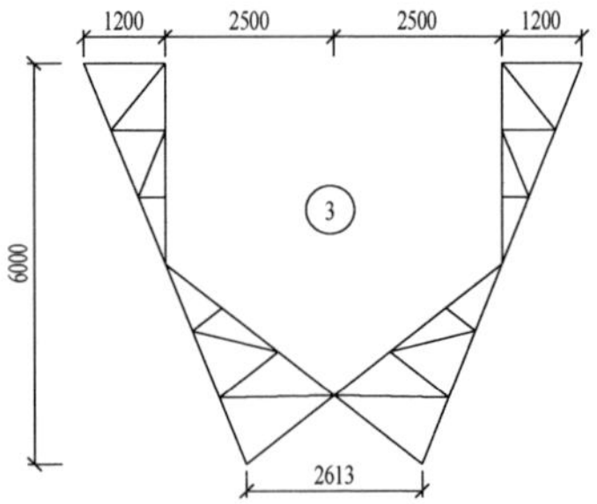

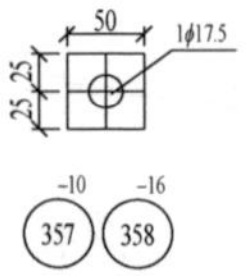

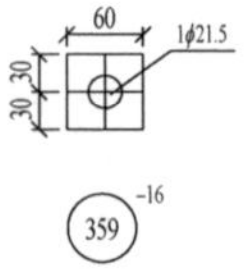

螺栓、垫圈、脚钉明细表

名称	级别	规格	符号	数量	重量（kg）	备注
螺栓	6.8	M16×40	◐	25	3.6	
		M16×50	◑	177	28.3	
		M16×60	⊡	14	2.5	
		M20×45	○	14	3.8	
		M20×55	∅	59	17.4	
		M20×65	⊠	18	5.8	
脚钉		M16×180	⊕⊢	26	8.5	双帽
		M20×200	⊕⊢	1	0.6	双帽
合计					70.4kg	

构件明细表

编号	规格	长度（mm）	数量	重量（kg）一件	小计	备注	编号	规格	长度（mm）	数量	重量（kg）一件	小计	备注
301	Q355L140×10	6365	1	136.77	136.8	切角，电焊，合角（87.4），脚钉	331	L56×4	1921	2	6.62	13.2	切角
302	Q355L140×10	6365	1	136.77	136.8	切角，电焊，合角（87.4）	332	L56×5	1618	2	6.88	13.8	
303	Q355L140×10	6365	1	136.77	136.8	切角，电焊，合角（87.4），脚钉	333	L56×5	1618	2	6.88	13.8	切角
304	Q355L140×10	6365	1	136.77	136.8	切角，电焊，合角（87.4）	334	L63×5	2803	2	13.52	27.0	切角
305	Q355L100×10	1432	2	21.65	43.3	开角（95.4）	335	L63×5	2803	2	13.52	27.0	切角
306	Q355L100×10	3066	2	46.36	92.7	开角（95.4）	336	L63×5	2453	2	11.83	23.7	
307	Q355L100×10	4659	2	70.44	140.9	开角（95.4）	337	L56×4	2496	2	8.60	17.2	
308	Q355L100×10	2885	2	43.62	87.2	脚钉	338	L56×4	2496	2	8.60	17.2	切角
309	Q355L100×10	2885	2	43.62	87.2		339	L56×4	2415	2	8.32	16.6	
310	L45×4	1505	4	4.12	16.5		340	L56×4	2415	2	8.32	16.6	切角
311	L40×4	1162	4	2.81	11.3		341	L56×4	2214	2	7.63	15.3	
312	L40×4	1242	4	3.01	12.0	脚钉	342	L56×4	2214	2	7.63	15.3	切角
313	L40×4	606	4	1.47	5.9		343	−6×130	155	4	0.95	3.8	
314	L40×4	450	4	1.09	4.4		344	−6×130	152	4	0.94	3.7	
315	L40×4	1007	4	2.44	9.8	脚钉	345	−6×130	135	4	0.83	3.3	
316	L40×4	850	4	2.06	8.2		346	−6×137	210	4	1.36	5.5	
317	L40×4	1095	4	2.65	10.6		347	−6×139	210	4	1.38	5.5	
318	Q355−12×431	591	2	24.06	48.1		348	−6×130	137	4	0.84	3.4	
319	Q355L100×10	640	2	9.68	19.4		349	L40×4	1993	2	4.83	9.7	
320	Q355−10×148	856	4	10.01	40.0	电焊	350	L40×4	1993	2	4.83	9.7	
321	L40×4	2573	2	6.23	12.5		351	L40×4	1889	2	4.58	9.2	
322	L40×4	2573	2	6.23	12.5		352	L40×4	1889	2	4.58	9.2	切角
323	L40×4	2562	2	6.21	12.4		353	L40×4	1638	2	3.97	7.9	
324	L40×4	2562	2	6.21	12.4		354	L40×4	1638	2	3.97	7.9	
325	L40×4	2332	2	5.65	11.3		355	Q355−10×60	256	4	1.21	4.8	电焊
326	L40×4	2332	2	5.65	11.3		356	Q355−10×60	717	4	3.38	13.5	电焊
327	L50×4	1951	2	5.97	11.9		357	−10×50	50	18	0.20	3.6	
328	L56×4	2100	2	7.24	14.5		358	−16×50	50	6	0.31	1.9	
329	L56×4	2100	2	7.24	14.5	切角	359	−16×60	60	2	0.45	0.9	
330	L56×4	1921	2	6.62	13.2		合计					1631.4kg	

图 9−5　110−EC21D−JZY−05　110−EC21D−JZY 转角塔上下曲臂结构图 ③（续）

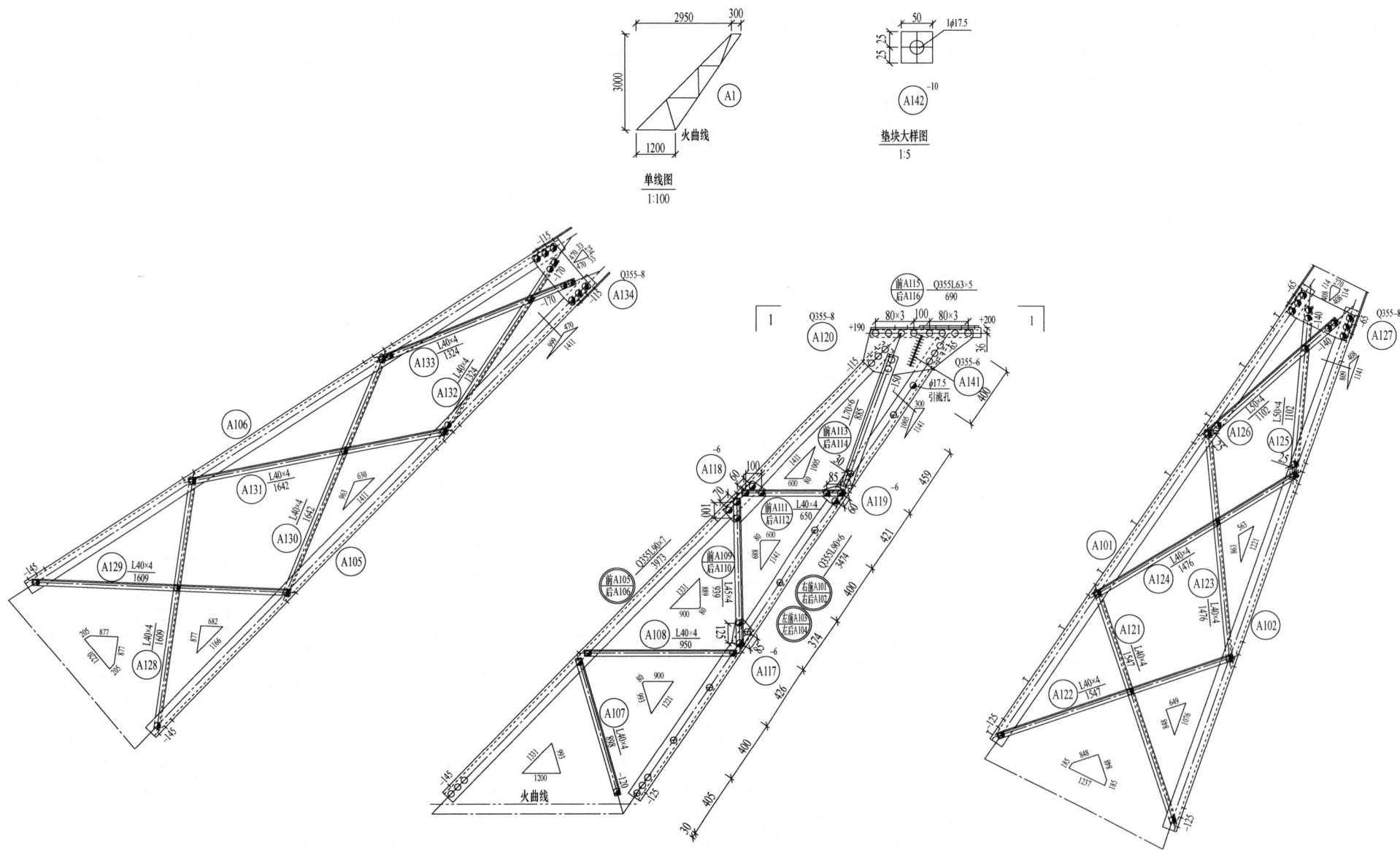

图 9-6　110-EC21D-JZY-06　110-EC21D-JZY 转角塔地线支架结构图 Ⓐ

Q355-12
80×4
A140
Q355φ40/φ19.5 L=20
A116
36
+190
+200
7M16×60 双帽
A137 A135
A142
A136
A138
A115
Ø19.5挂线孔 R=45
100 100
2Ø19.5施工孔 R=40
Q355-12
A139

1—1
1:10

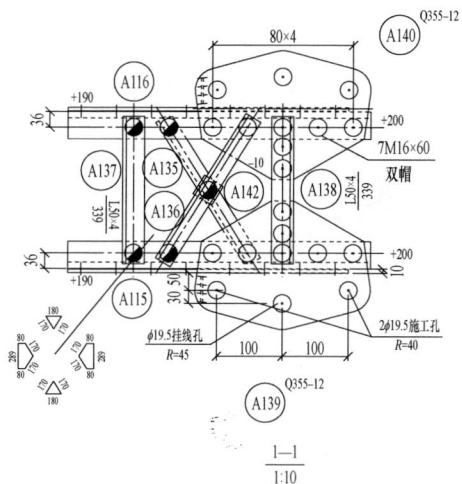

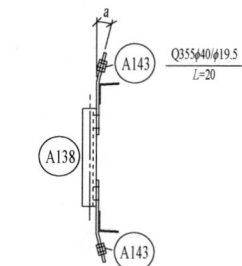

A143
A138
Q355φ40/φ19.5 L=20
A143
挂线板是否火曲及火曲度数根据电气要求确定

2—2
1:10

螺栓、垫圈、脚钉明细表

名称	级别	规格	符号	数量	重量（kg）	备注
螺栓	6.8	M16×40	●	78	11.2	
		M16×50	◗	78	12.5	
		M16×60	○	28	5.7	双帽
		M20×45	○	70	18.9	
脚钉		M16×180	⊕—	14	4.5	双帽
		M20×200	⊕—	2	1.2	双帽
垫圈	Q235	−3（φ17.5）	规格×个数	20	0.2	
		−4（φ17.5）		4	0.1	
合计					54.3kg	

构 件 明 细 表

编号	规格	长度（mm）	数量	重量（kg）一件	重量（kg）小计	备注
A101	Q355L90×6	3474	1	29.01	29.0	切角，合角（84.9），脚钉
A102	Q355L90×6	3474	1	29.01	29.0	切角，合角（84.9）
A103	Q355L90×6	3474	1	29.01	29.0	切角，合角（84.9），脚钉
A104	Q355L90×6	3474	1	29.01	29.0	切角，合角（84.9）
A105	Q355L90×7	3973	2	38.36	76.7	开角（96.3）
A106	Q355L90×7	3973	2	38.36	76.7	开角（96.3）
A107	L40×4	898	4	2.17	8.7	
A108	L40×4	950	4	2.30	9.2	
A109	L45×4	939	2	2.57	5.1	
A110	L45×4	939	2	2.57	5.1	
A111	L40×4	650	2	1.57	3.1	
A112	L40×4	650	2	1.57	3.1	
A113	L70×6	885	2	5.67	11.3	脚钉
A114	L70×6	885	2	5.67	11.3	
A115	Q355L63×5	690	2	3.33	6.7	开角（98.5）
A116	Q355L63×5	690	2	3.33	6.7	开角（98.5）
A117	−6×129	160	4	0.98	3.9	
A118	−6×130	285	4	1.75	7.0	
A119	−6×110	127	4	0.66	2.6	
A120	Q355−8×291	687	4	12.61	50.5	电焊
A121	L40×4	1547	2	3.75	7.5	切角
A122	L40×4	1547	2	3.75	7.5	
A123	L40×4	1476	2	3.57	7.1	
A124	L40×4	1476	2	3.57	7.1	
A125	L50×4	1102	2	3.37	6.7	切角
A126	L50×4	1102	2	3.37	6.7	
A127	Q355−8×177	408	2	4.56	9.1	
A128	L40×4	1609	2	3.90	7.8	
A129	L40×4	1609	2	3.90	7.8	
A130	L40×4	1642	2	3.98	8.0	
A131	L40×4	1642	2	3.98	8.0	
A132	L40×4	1324	2	3.21	6.4	
A133	L40×4	1324	2	3.21	6.4	
A134	Q355−8×176	393	2	4.37	8.7	
A135	L40×4	391	2	0.95	1.9	切角
A136	L40×4	391	2	0.95	1.9	
A137	L50×4	339	2	1.04	2.1	
A138	L50×4	339	2	1.04	2.1	
A139	Q355−12×291	353	2	9.70	19.4	火曲
A140	Q355−12×291	353	2	9.70	19.4	火曲
A141	Q355−6×60	250	4	0.71	2.8	电焊
A142	−10×50	50	2	0.20	0.4	
A143	Q355φ40/φ19.5	20	2	0.15	0.3	套管带电焊
合计					558.8kg	

图 9−6　110−EC21D−JZY−06　110−EC21D−JZY 转角塔地线支架结构图 Ⓐ1（续）

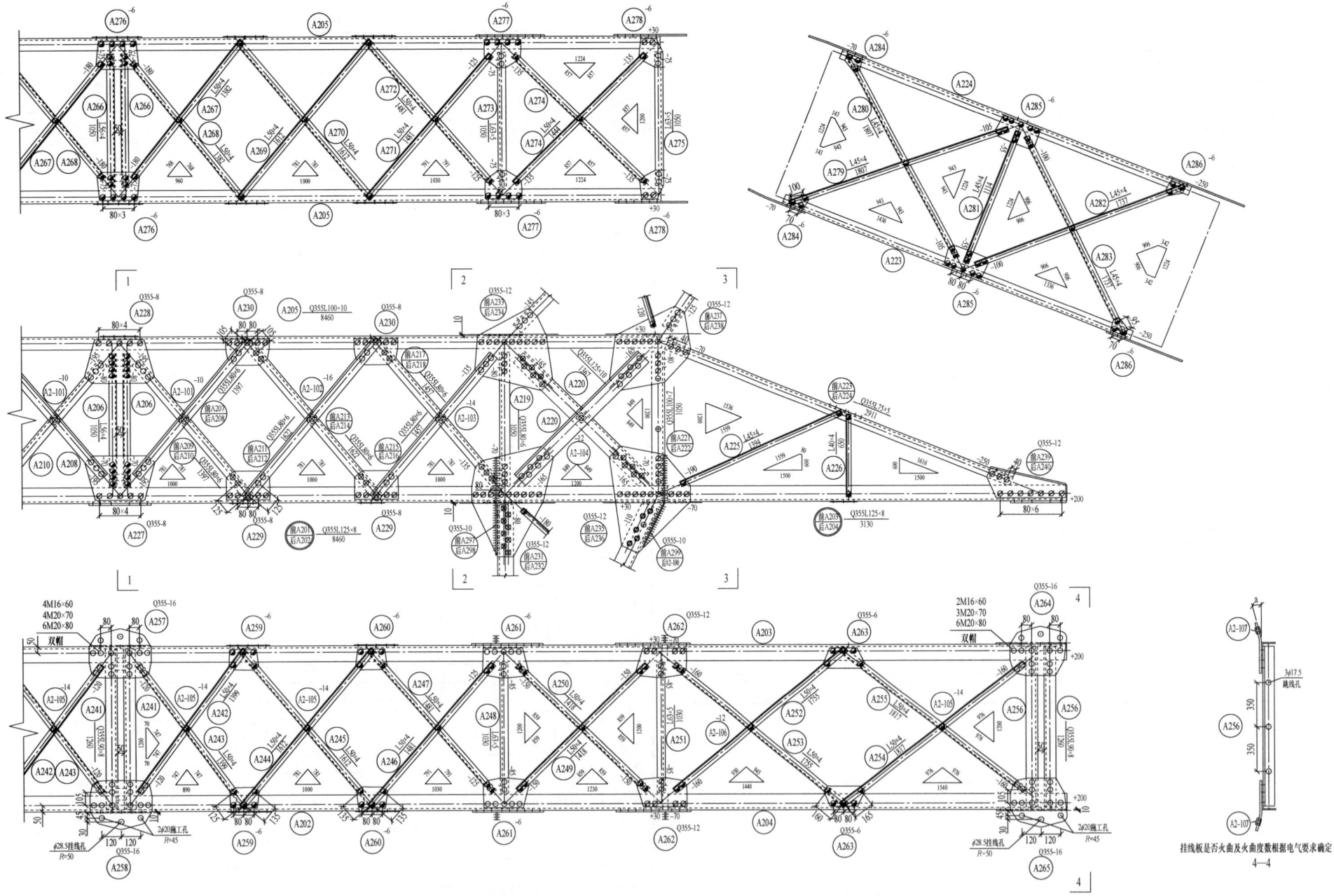

图 9-7 110-EC21D-JZY-07 110-EC21D-JZY 转角塔导线横担结构图 (A2)

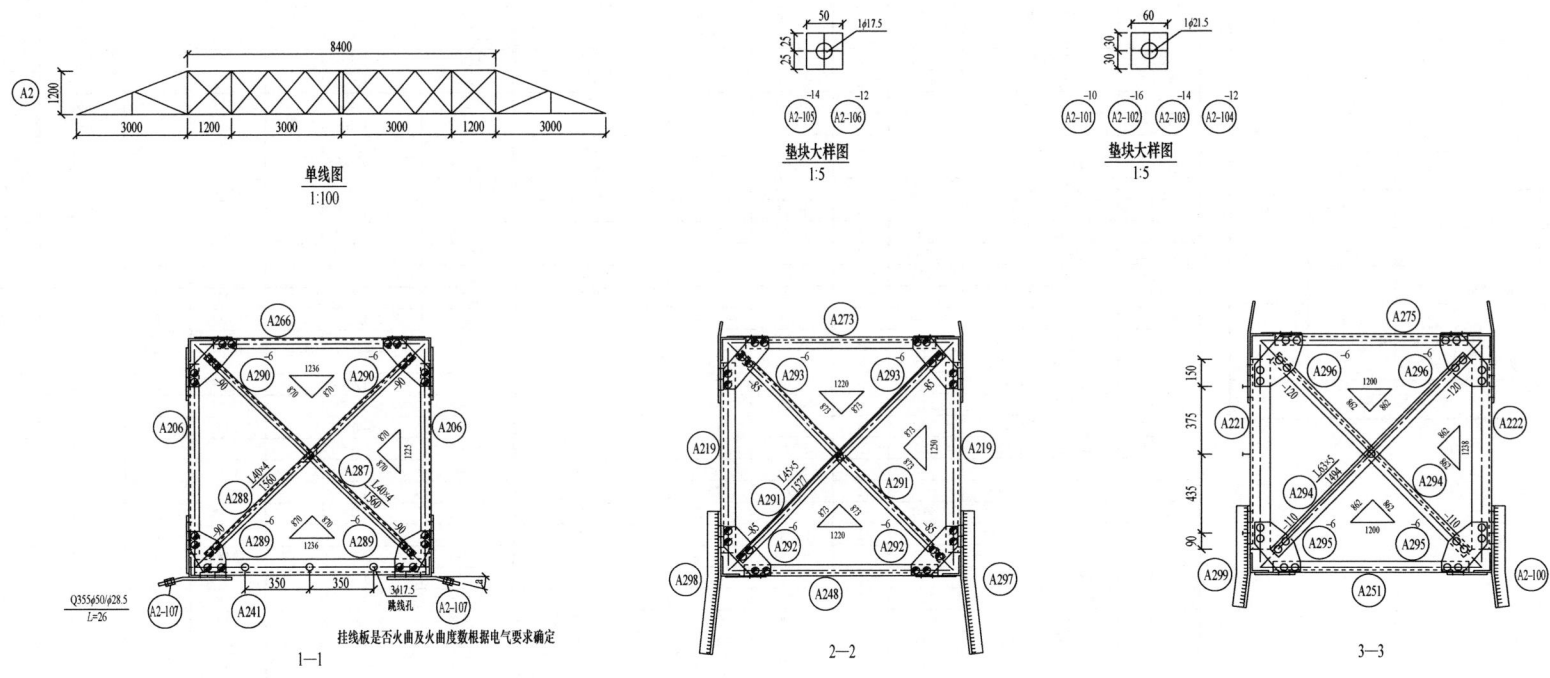

单线图
1:100

垫块大样图
1:5

垫块大样图
1:5

1—1

挂线板是否火曲及火曲度数根据电气要求确定

2—2

3—3

图9-7　110-EC21D-JZY-07　110-EC21D-JZY 转角塔导线横担结构图 A2（续）

螺栓、垫圈、脚钉明细表

名称	级别	规格	符号	数量	重量（kg）	备注
螺栓	6.8	M16×40	●	242	34.8	
		M16×50	◓	154	24.6	
		M16×60	○	16	3.3	双帽
		M20×45	○	148	40.0	
		M20×55	∅	532	156.9	
		M20×65	⊠	60	19.2	
		M20×70	○	20	7.7	双帽
		M20×80	○	36	14.8	双帽
	8.8	M24×65	∅	22	11.0	
脚钉	6.8	M16×180	⊙—	2	0.7	双帽
		M20×200	⊙—	6	3.7	双帽
	8.8	M24×240	⊙—	2	1.8	双帽
垫圈	Q235	-3（φ17.5）		32	0.3	
		-4（φ17.5）	规格×个数	32	0.4	
		-3（φ22）		20	0.4	
		-4（φ22）		96	2.1	
合计					321.7kg	

构 件 明 细 表

编号	规格	长度(mm)	数量	一件	小计	备注	编号	规格	长度(mm)	数量	一件	小计	备注
A201	Q355L125×8	8460	1	131.16	131.2		A255	L50×4	1817	2	5.56	11.1	切角
A202	Q355L125×8	8460	1	131.16	131.2		A256	Q355L90×8	1260	4	13.79	55.2	
A203	Q355L125×8	3130	2	48.53	97.1		A257	Q355-16×383	480	1	23.13	23.1	火曲
A204	Q355L125×8	3130	2	48.53	97.1		A258	Q355-16×383	480	1	23.13	23.1	火曲
A205	Q355L100×10	8460	2	127.92	255.8		A259	-6×163	231	4	1.78	7.1	
A206	L56×4	1050	4	3.62	14.5		A260	-6×163	244	4	1.89	7.6	
A207	Q355L80×6	1397	2	10.30	20.6		A261	-6×225	361	4	3.84	15.3	
A208	Q355L80×6	1397	2	10.30	20.6		A262	Q355-12×230	396	4	8.59	34.4	
A209	Q355L80×6	1397	2	10.30	20.6	切角	A263	Q355-6×161	324	4	2.47	9.9	
A210	Q355L80×6	1397	2	10.30	20.6	切角	A264	Q355-16×383	439	2	21.19	42.4	火曲
A211	Q355L80×6	1622	2	11.96	23.9		A265	Q355-16×383	439	2	21.19	42.4	火曲
A212	Q355L80×6	1622	2	11.96	23.9		A266	L56×4	1050	2	3.62	7.2	
A213	Q355L80×6	1622	2	11.96	23.9	切角	A267	L50×4	1382	2	4.23	8.5	
A214	Q355L80×6	1622	2	11.96	23.9	切角	A268	L50×4	1382	2	4.23	8.5	切角
A215	Q355L80×6	1457	2	10.75	21.5		A269	L50×4	1612	2	4.93	9.9	
A216	Q355L80×6	1457	2	10.75	21.5		A270	L50×4	1612	2	4.93	9.9	切角
A217	Q355L80×6	1457	2	10.75	21.5	切角	A271	L50×4	1481	2	4.53	9.1	
A218	Q355L80×6	1457	2	10.75	21.5	切角	A272	L50×4	1481	2	4.53	9.1	切角
A219	Q355L80×6	1050	4	7.74	31.0		A273	L63×5	1050	2	5.06	10.1	
A220	Q355L125×10	1367	8	26.15	209.2		A274	L50×4	1444	4	4.42	17.7	
A221	Q355L100×7	1050	2	11.37	22.7	脚钉	A275	L63×5	1050	2	5.06	10.1	
A222	Q355L100×7	1050	2	11.37	22.7		A276	-6×220	326	2	3.39	6.8	
A223	Q355L75×5	2911	2	16.94	33.9	切角	A277	-6×220	290	4	3.00	12.0	
A224	Q355L75×5	2911	2	16.94	33.9	切角	A278	-6×185	225	4	1.97	7.9	
A225	L45×4	1394	4	3.81	15.3		A279	L45×4	1807	2	4.94	9.9	
A226	L40×4	650	4	1.57	6.3		A280	L45×4	1807	2	4.94	9.9	切角
A227	Q355-8×348	541	2	11.86	23.7		A281	L45×4	1114	2	3.05	6.1	
A228	Q355-8×343	541	2	11.69	23.4		A282	L45×4	1737	2	4.75	9.5	
A229	Q355-8×225	340	8	4.82	38.6		A283	L45×4	1737	2	4.75	9.5	切角
A230	Q355-8×205	340	8	4.39	35.1		A284	-6×121	134	4	0.77	3.1	
A231	Q355-14×581	925	2	59.11	118.2	火曲;电焊	A285	-6×178	333	4	2.79	11.2	
A232	Q355-14×581	925	2	59.11	118.2	火曲;电焊	A286	-6×120	129	4	0.73	2.9	
A233	Q355-12×616	630	2	36.60	73.2	火曲	A287	L40×4	1560	2	3.78	7.6	
A234	Q355-12×616	630	2	36.60	73.2	火曲	A288	L40×4	1560	2	3.78	7.6	压扁
A235	Q355-14×596	853	2	55.90	111.8	火曲;电焊	A289	-6×203	226	4	2.17	8.8	
A236	Q355-14×596	853	2	55.90	111.8	火曲;电焊	A290	-6×123	348	4	2.03	8.1	
A237	Q355-12×500	756	2	35.65	71.3	火曲	A291	L45×5	1577	4	5.31	21.3	
A238	Q355-12×500	756	2	35.65	71.3	火曲	A292	-6×122	378	4	2.19	8.7	
A239	Q355-12×267	633	2	15.99	32.0	火曲;卷边	A293	-6×121	371	4	2.13	8.5	
A240	Q355-12×267	633	2	15.99	32.0	火曲;卷边	A294	L63×5	1494	4	7.20	28.8	
A241	Q355L90×8	1260	2	13.79	27.6		A295	-6×168	381	4	3.02	12.1	
A242	L50×4	1399	2	4.28	8.6		A296	-6×182	374	4	3.22	12.9	
A243	L50×4	1399	2	4.28	8.6	切角	A297	Q355-10×100	747	2	5.91	11.8	电焊
A244	L50×4	1612	2	4.93	9.9		A298	Q355-10×100	747	2	5.91	11.8	电焊
A245	L50×4	1612	2	4.93	9.9	切角	A299	Q355-10×99	756	2	5.92	11.8	火曲;电焊
A246	L50×4	1481	2	4.53	9.1		A2-100	Q355-10×100	758	2	5.96	11.9	火曲;电焊
A247	L50×4	1481	2	4.53	9.1	切角	A2-101	-10×60	60	4	0.28	1.1	
A248	L63×5	1030	2	4.97	9.9		A2-102	-16×60	60	4	0.45	1.8	
A249	L50×4	1418	2	4.34	8.7		A2-103	-14×60	60	4	0.40	1.6	
A250	L50×4	1418	2	4.34	8.7		A2-104	-12×60	60	4	0.34	1.4	
A251	L63×5	1030	2	4.97	9.9		A2-105	-14×50	50	6	0.27	1.6	
A252	L50×4	1755	2	5.37	10.7		A2-106	-12×50	50	2	0.24	0.5	
A253	L50×4	1755	2	5.37	10.7	切角	A2-107	Q355φ50/φ28.5	26	6	0.27	2.4	套管带电焊
A254	L50×4	1817	2	5.56	11.1		合计					3094.7kg	

图 9-7　110-EC21D-JZY-07　110-EC21D-JZY 转角塔导线横担结构图 Ⓐ²（续）

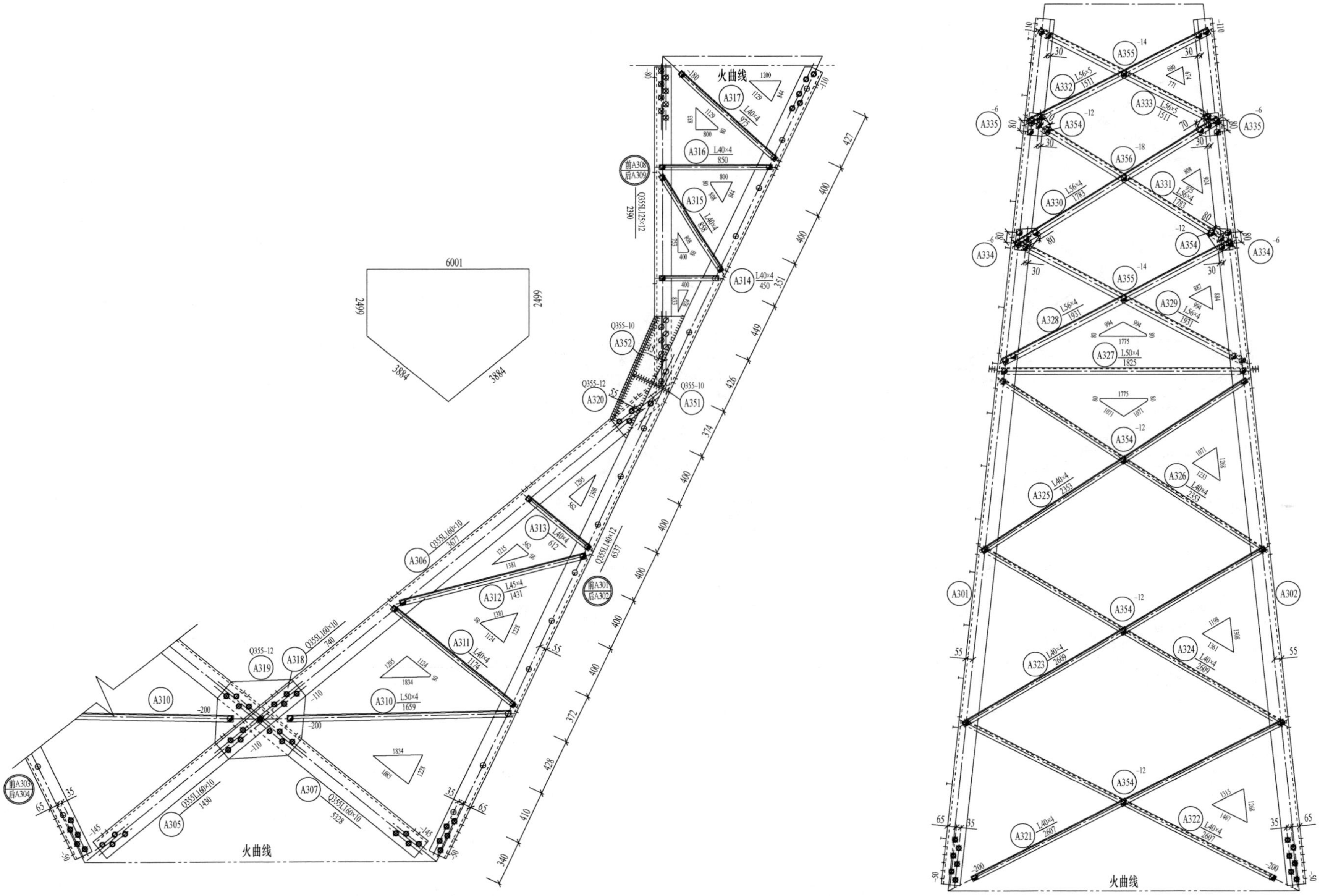

图 9-8　110-EC21D-JZY-08　110-EC21D-JZY 转角塔上下曲臂结构图 Ⓐ3

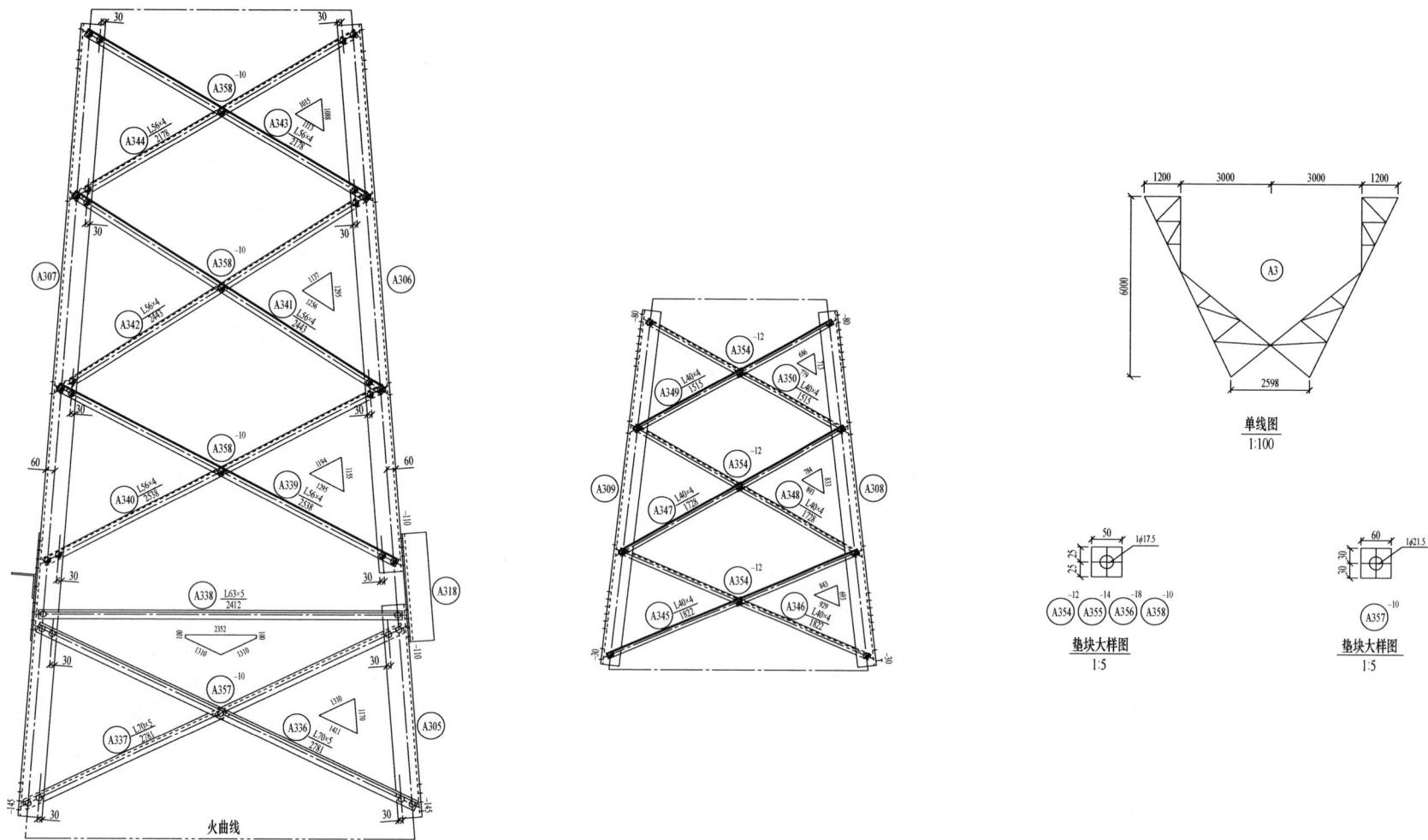

图 9-8 110-EC21D-JZY-08 110-EC21D-JZY 转角塔上下曲臂结构图 Ⓐ3（续）

螺栓、垫圈、脚钉明细表

名称	级别	规格	符号	数量	重量（kg）	备注
螺栓	6.8	M16×40	◉	4	0.6	
		M16×50	⊘	188	30.1	
		M16×60	⊠	16	2.8	
		M20×45	○	20	5.4	
		M20×55	∅	32	9.4	
螺栓	8.8	M24×65	∅	32	16.0	
		M24×75	⊠	16	8.6	
		M24×85	∅	2	1.1	
脚钉	6.8	M16×180	⊕—	26	8.5	双帽
		M20×200	⊕—	2	1.2	双帽
合计					83.7kg	

构 件 明 细 表

编号	规格	长度（mm）	数量	重量（kg）一件	重量（kg）小计	备注	编号	规格	长度（mm）	数量	重量（kg）一件	重量（kg）小计	备注
A301	Q355L140×12	6537	1	166.84	166.8	电焊,合角（87.0),脚钉	A331	L56×4	1783	2	6.14	12.3	切角
A302	Q355L140×12	6537	1	166.84	166.8	电焊,合角（87.0)	A332	L56×5	1511	2	6.42	12.8	
A303	Q355L140×12	6537	1	166.84	166.8	电焊,合角（87.0),脚钉	A333	L56×5	1511	2	6.42	12.8	切角
A304	Q355L140×12	6537	1	166.84	166.8	电焊,合角（87.0)	A334	−6×177	179	4	1.50	6.0	
A305	Q355L160×10	1430	2	35.36	70.7	开角（95.3）	A335	−6×166	177	4	1.39	5.6	
A306	Q355L160×10	3677	2	90.93	181.9	开角（95.3）	A336	L70×5	2781	2	15.01	30.0	
A307	Q355L160×10	5328	2	131.76	263.5	开角（95.3）	A337	L70×5	2781	2	15.01	30.0	切角
A308	Q355L125×12	2390	2	54.24	108.5	切角,脚钉	A338	L63×5	2412	2	11.63	23.3	
A309	Q355L125×12	2390	2	54.24	108.5	切角,脚钉	A339	L56×4	2538	2	8.75	17.5	
A310	L50×4	1659	4	5.07	20.3	脚钉	A340	L56×4	2538	2	8.75	17.5	
A311	L40×4	1174	4	2.84	11.4		A341	L56×4	2443	2	8.42	16.8	
A312	L45×4	1431	4	3.92	15.7		A342	L56×4	2443	2	8.42	16.8	
A313	L40×4	612	4	1.48	5.9		A343	L56×4	2178	2	7.51	15.0	
A314	L40×4	450	4	1.09	4.4	脚钉	A344	L56×4	2178	2	7.51	15.0	
A315	L40×4	858	4	2.08	8.3		A345	L40×4	1822	2	4.41	8.8	
A316	L40×4	850	4	2.06	8.2		A346	L40×4	1822	2	4.41	8.8	
A317	L40×4	975	4	2.36	9.4		A347	L40×4	1728	2	4.19	8.4	
A318	Q355L160×10	740	2	18.30	36.6		A348	L40×4	1728	2	4.19	8.4	
A319	Q355−12×576	684	2	37.21	74.4		A349	L40×4	1515	2	3.67	7.3	
A320	Q355−12×207	1015	4	19.82	79.3	电焊	A350	L40×4	1515	2	3.67	7.3	
A321	L40×4	2607	2	6.31	12.6		A351	Q355−10×60	303	4	1.43	5.7	电焊
A322	L40×4	2607	2	6.31	12.6		A352	Q355−10×60	835	2	3.94	7.9	电焊
A323	L40×4	2609	2	6.32	12.6		A353	Q355−10×60	835	1	3.94	3.9	电焊
A324	L40×4	2609	2	6.32	12.6		A354	−12×50	50	16	0.24	3.8	
A325	L40×4	2353	2	5.70	11.4		A355	−14×50	50	4	0.27	1.1	
A326	L40×4	2353	2	5.70	11.4		A356	−18×50	50	2	0.35	0.7	
A327	L50×4	1825	2	5.58	11.2		A357	−10×60	60	2	0.28	0.6	
A328	L56×4	1931	2	6.65	13.3		A358	−10×50	50	6	0.20	1.2	
A329	L56×4	1931	2	6.65	13.3	切角	合计					2102.8kg	
A330	L56×4	1783	2	6.14	12.3								

图 9－8　110－EC21D－JZY－08　110－EC21D－JZY 转角塔上下曲臂结构图 Ⓐ3（续）

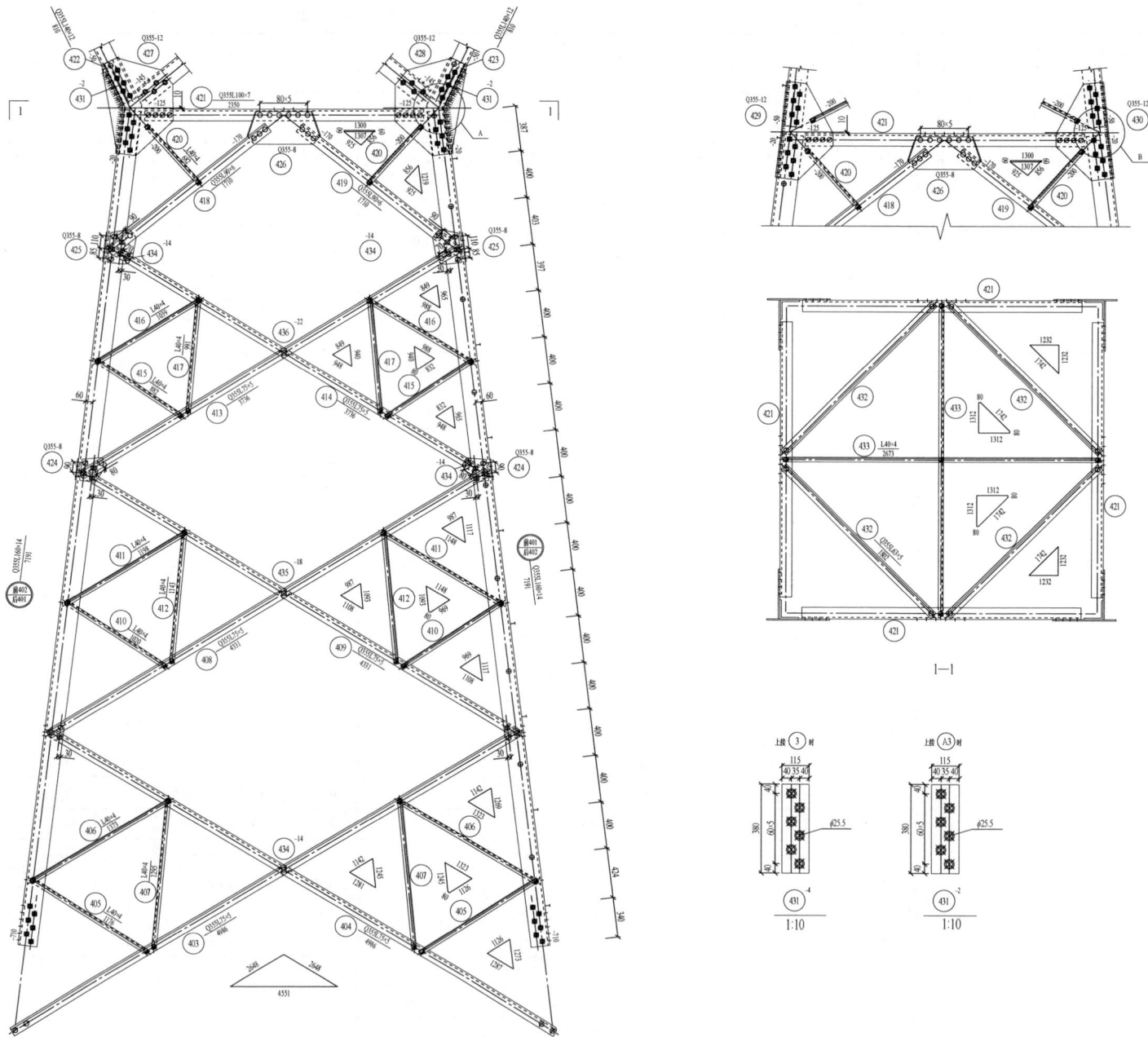

图 9-9　110-EC21D-JZY-09　110-EC21D-JZY 转角塔塔身结构图 ④

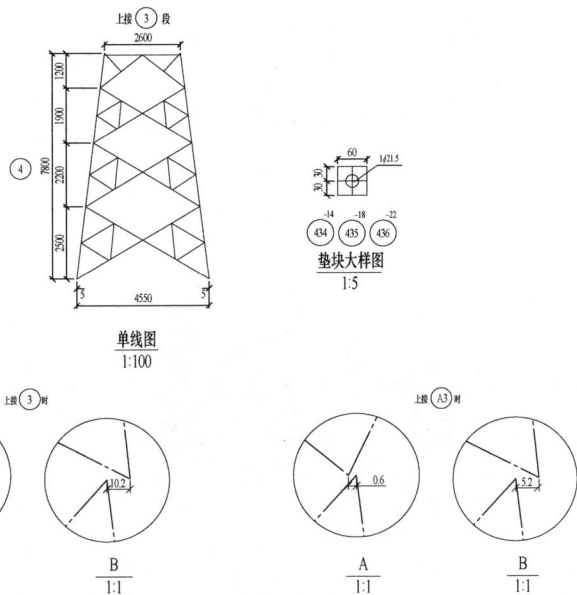

单线图
1:100

垫块大样图
1:5

螺栓、垫圈、脚钉明细表

名称	级别	规格	符号	数量	重量（kg）	备注
螺栓	6.8	M16×40	☻	60	8.6	
		M16×50	⊘	61	9.8	
		M20×45	○	68	18.4	
		M20×55	∅	84	24.8	
		M20×65	⊠	66	21.1	
	8.8	M24×65	⊘	16	8.0	
		M24×75	⊠	92	49.4	
脚钉	6.8	M16×180	⊕—|	30	9.8	双帽
		M20×200	⊕—|	2	1.2	双帽
	8.8	M24×240	⊕—|	4	3.6	双帽
垫圈	Q235	−3（φ17.5）		2	0.1	规格×个数
合计					154.7kg	

构 件 明 细 表

编号	规格	长度（mm）	数量	重量（kg）一件	重量（kg）小计	备注
401	Q355L160×14	7191	2	244.40	488.8	脚钉
402	Q355L160×14	7191	2	244.40	488.8	
403	Q355L75×5	4986	4	29.01	116.0	
404	Q355L75×5	4986	4	29.01	116.0	切角
405	L40×4	1176	8	2.85	22.8	
406	L40×4	1373	8	3.33	26.6	
407	L40×4	1295	8	3.14	25.1	切角
408	Q355L75×5	4331	4	25.20	100.8	
409	Q355L75×5	4331	4	25.20	100.8	切角
410	L40×4	1020	8	2.47	19.8	
411	L40×4	1198	8	2.90	23.2	
412	L40×4	1143	8	2.77	22.1	切角
413	Q355L75×5	3736	4	21.74	86.9	
414	Q355L75×5	3736	4	21.74	86.9	切角
415	L40×4	882	8	2.14	17.1	
416	L40×4	1039	8	2.52	20.1	
417	L40×4	991	8	2.40	19.2	切角
418	Q355L90×6	1710	4	14.28	57.1	
419	Q355L90×6	1710	4	14.28	57.1	切角
420	L40×4	682	8	1.65	13.2	
421	Q355L100×7	2350	4	25.45	101.8	开角（97.1）
422	Q355L140×12	810	2	20.67	41.3	制弯，铲背
423	Q355L140×12	810	2	20.67	41.3	制弯，铲背，脚钉
424	Q355−8×209	215	8	2.83	22.6	
425	Q355−8×216	303	8	4.12	32.9	
426	Q355−8×282	678	4	12.04	48.2	火曲；卷边
427	Q355−12×562	853	2	45.25	90.5	火曲，电焊
428	Q355−12×562	853	2	45.25	90.5	火曲，电焊
429	Q355−12×440	800	2	33.25	66.5	火曲，电焊
430	Q355−12×440	800	2	33.25	66.5	火曲，电焊
431	−4×115	380	8	1.37	11.0	上接 3 段
431	−2×115	380	8	0.69	5.5	上接 A3 段
432	Q355L63×5	1802	4	8.69	34.8	
433	L40×4	2673	2	6.47	12.9	
434	−14×60	60	16	0.40	6.3	
435	−18×60	60	4	0.51	2.0	
436	−22×60	60	4	0.62	2.5	
合计				2580.0kg		上接 3 段
合计				2574.5kg		上接 A3 段

图 9−9 110−EC21D−JZY−09 110−EC21D−JZY 转角塔塔身结构图 ④（续）

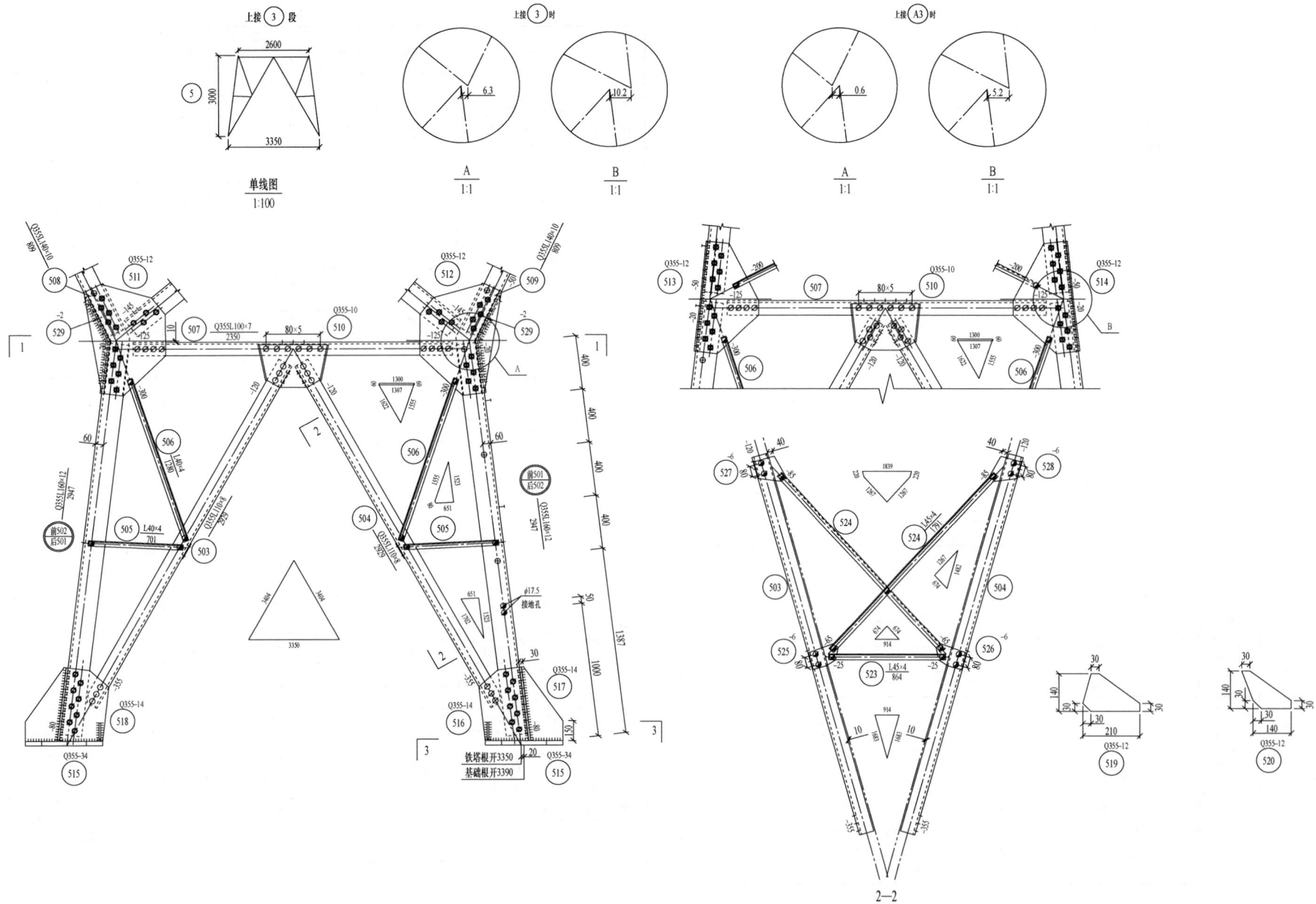

图 9 - 10　110 - EC21D - JZY - 10　110 - EC21D - JZY 转角塔 9.0m 塔腿结构图 ⑤

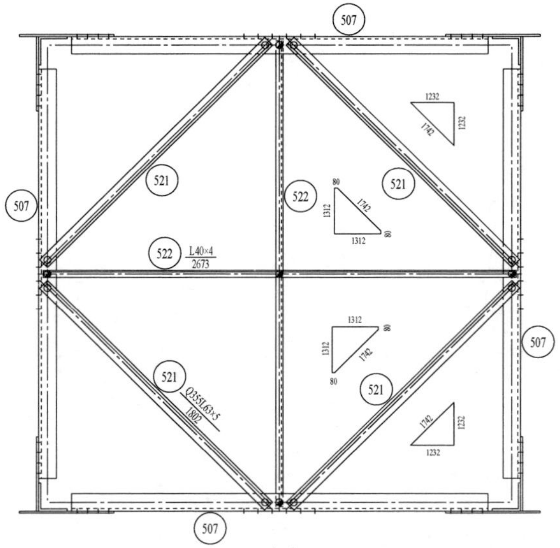

图的下方标注：1—1，3—3

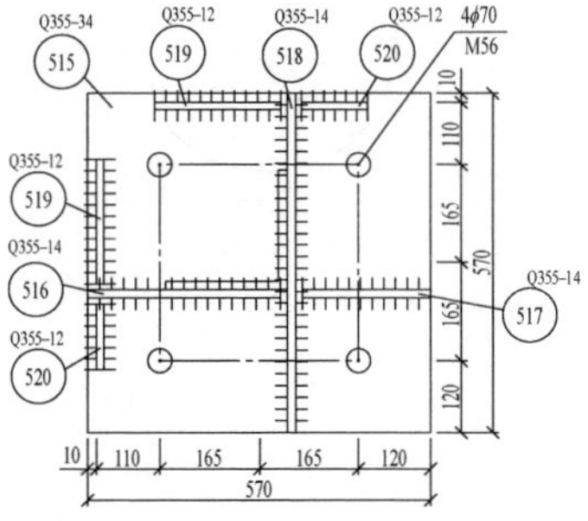

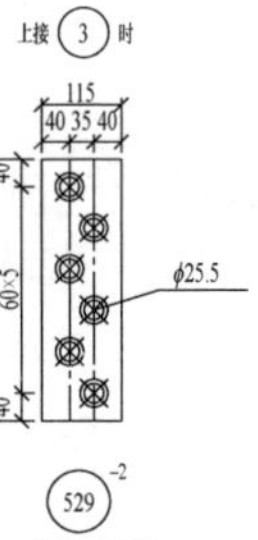

构件明细表

编号	规格	长度（mm）	数量	一件	小计	备注
501	Q355L160×12	2947	2	86.62	173.2	脚钉
502	Q355L160×12	2947	2	86.62	173.2	
503	Q355L110×8	2929	4	39.64	158.5	切角
504	Q355L110×8	2929	4	39.64	158.5	切角
505	L40×4	701	8	1.70	13.6	
506	L40×4	1280	8	3.10	24.8	
507	Q355L100×7	2350	4	25.45	101.8	开角（97.1）
508	Q355L140×10	809	2	17.38	34.8	制弯，铲背，脚钉
509	Q355L140×10	809	2	17.38	34.8	制弯，铲背，脚钉
510	Q355−10×318	602	4	15.04	60.2	火曲；卷边
511	Q355−12×562	853	2	45.25	90.5	火曲，电焊
512	Q355−12×562	853	2	45.25	90.5	火曲，电焊
513	Q355−12×440	800	2	33.25	66.5	火曲，电焊
514	Q355−12×440	800	2	33.25	66.5	火曲，电焊
515	Q355−34×570	570	4	86.72	346.9	电焊
516	Q355−14×317	551	4	19.24	77.0	电焊
517	Q355−14×250	583	4	16.07	64.3	电焊
518	Q355−14×581	583	4	37.28	149.1	电焊
519	Q355−12×140	208	8	2.75	22.0	电焊
520	Q355−12×122	155	8	1.80	14.4	电焊
521	Q355L63×5	1802	4	8.69	34.8	
522	L40×4	2673	2	6.47	12.9	
523	L45×4	864	4	2.36	9.5	
524	L45×4	1791	8	4.90	39.2	
525	−6×137	234	4	1.51	6.1	火曲
526	−6×137	234	4	1.51	6.1	火曲
527	−6×195	199	4	1.83	7.3	火曲
528	−6×195	199	4	1.83	7.3	火曲
529	−2×115	380	8	0.69	5.5	上接 3 段
合计					2049.8kg	上接 3 段
合计					2044.3kg	上接 A3 段

螺栓、垫圈、脚钉明细表

名称	级别	规格	符号	数量	重量（kg）	备注
螺栓	6.8	M16×40		45	6.5	
		M16×50		52	8.3	
		M20×55		62	18.3	
	8.8	M24×65		80	40.0	
		M24×75		92	49.4	
脚钉	6.8	M16×180		8	2.6	双帽
	8.8	M24×240		4	3.6	双帽
垫圈	Q235	−3（φ17.5）	规格×个数	10	0.1	
合计					128.7kg	

图 9−10 110−EC21D−JZY−10 110−EC21D−JZY 转角塔 9.0m 塔腿结构图 ⑤（续）

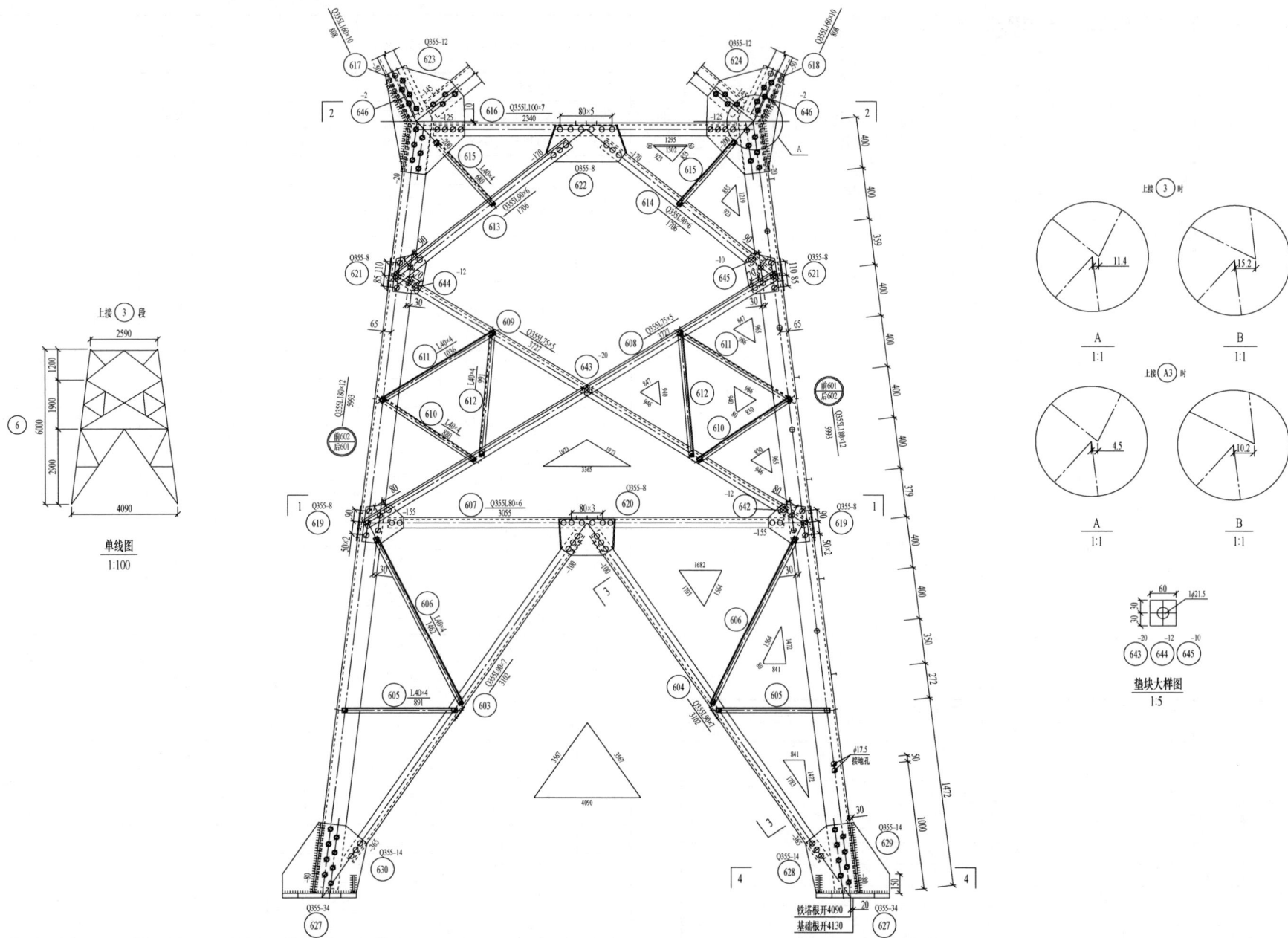

图 9-11　110-EC21D-JZY-11　110-EC21D-JZY 转角塔 12.0m 塔腿结构图 ⑥

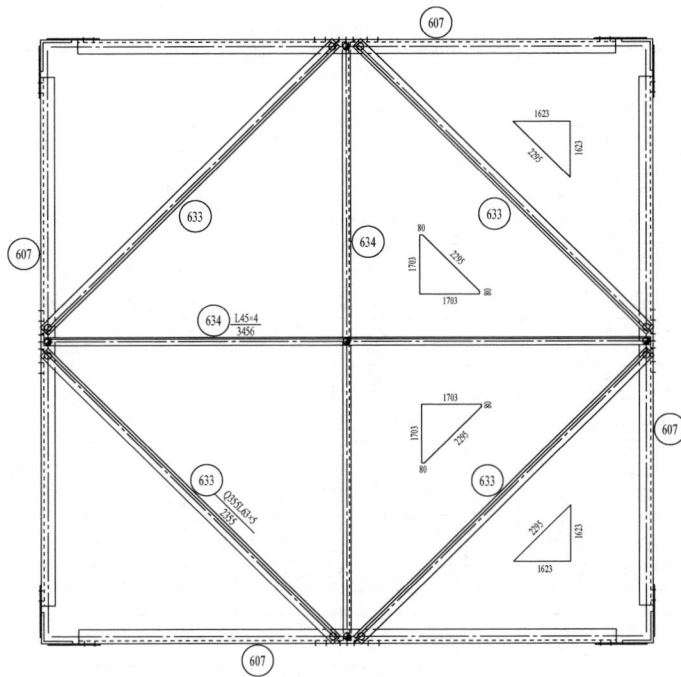

1—1

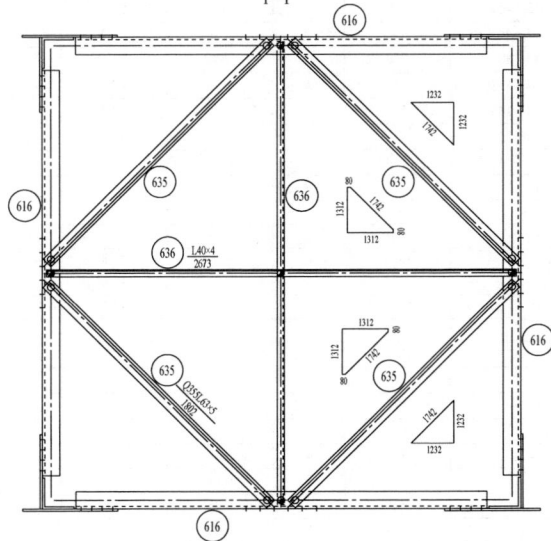

2—2

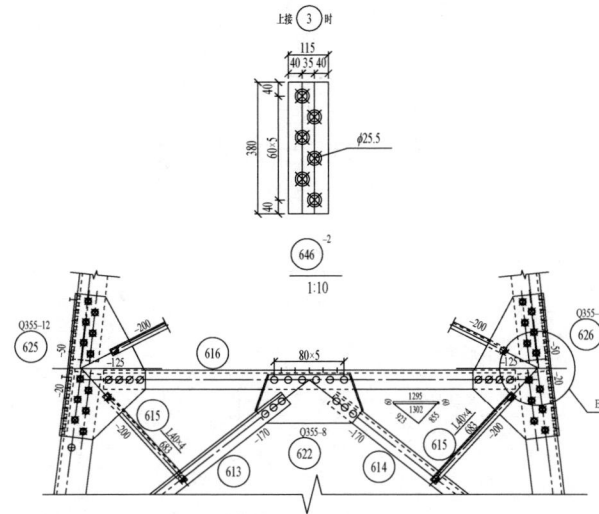

3—3

图 9-11　110-EC21D-JZY-11　110-EC21D-JZY 转角塔 12.0m 塔腿结构图 ⑥（续）

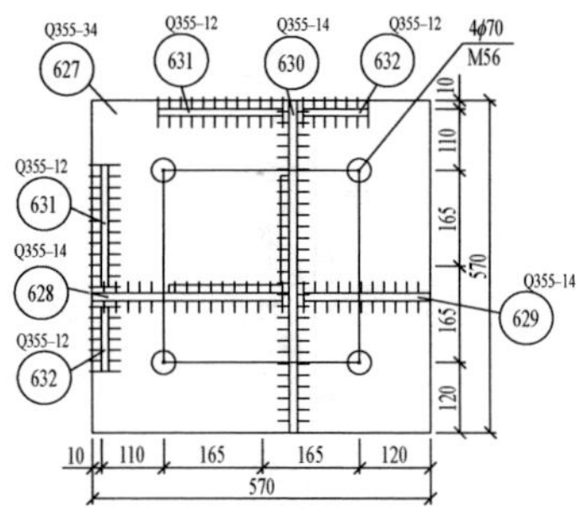

4—4

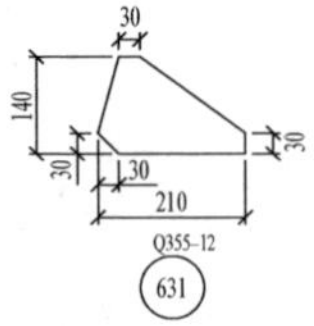

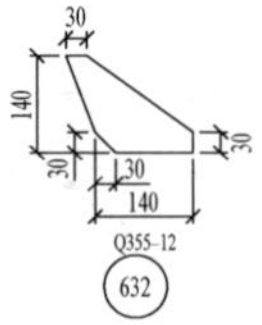

螺栓、垫圈、脚钉明细表

名称	级别	规格	符号	数量	重量（kg）	备注
螺栓	6.8	M16×40	●	78	11.2	
		M16×50		66	10.6	
		M16×60		8	1.4	
		M20×45	○	140	37.8	
		M20×55	⦶	130	38.4	
		M20×65	⊠	18	5.8	
	8.8	M24×65	⦶	80	40.0	
		M24×75	⊠	92	49.4	
脚钉	6.8	M16×180		20	6.5	双帽
		M20×200		4	2.5	双帽
	8.8	M24×240		4	3.6	双帽
垫圈	Q235	−3（φ17.5）	规格×个数	12	0.1	
合计			207.1kg			

构 件 明 细 表

编号	规格	长度（mm）	数量	重量（kg） 一件	重量（kg） 小计	备注
601	Q355L180×12	5993	2	198.72	397.4	脚钉
602	Q355L180×12	5993	2	198.72	397.4	
603	Q355L90×7	3102	4	29.95	119.8	
604	Q355L90×7	3102	4	29.95	119.8	
605	L40×4	891	8	2.16	17.3	
606	L40×4	1462	8	3.54	28.3	
607	Q355L80×6	3055	4	22.53	90.1	开角（97.1）
608	Q355L75×5	3727	4	21.68	86.7	
609	Q355L75×5	3727	4	21.68	86.7	切角
610	L40×4	880	8	2.13	17.1	
611	L40×4	1036	8	2.51	20.1	
612	L40×4	991	8	2.40	19.2	切角
613	Q355L90×6	1706	4	14.25	57.0	
614	Q355L90×6	1706	4	14.25	57.0	切角
615	L40×4	680	8	1.65	13.2	
616	Q355L100×7	2340	4	25.34	101.4	开角（97.1）
617	Q355L160×10	808	2	19.98	40.0	制弯，铲背
618	Q355L160×10	808	2	19.98	40.0	制弯，铲背，脚钉
619	Q355−8×307	317	8	6.14	49.1	
620	Q355−8×285	519	4	9.31	37.2	火曲；卷边
621	Q355−8×231	318	8	4.63	37.0	
622	Q355−8×283	677	4	12.05	48.2	火曲；卷边
623	Q355−12×562	858	2	45.52	91.0	火曲，电焊
624	Q355−12×562	858	2	45.52	91.0	火曲，电焊
625	Q355−12×445	800	2	33.61	67.2	火曲，电焊
626	Q355−12×445	800	2	33.61	67.2	火曲，电焊
627	Q355−34×570	570	4	86.72	346.9	电焊
628	Q355−14×358	552	4	21.76	87.1	电焊
629	Q355−14×245	583	4	15.75	63.0	电焊
630	Q355−14×553	654	4	39.78	159.1	电焊
631	Q355−12×140	218	8	2.89	23.1	电焊
632	Q355−12×122	155	8	1.80	14.4	电焊
633	Q355L63×5	2355	4	11.36	45.4	
634	L45×4	3456	2	9.46	18.9	
635	Q355L63×5	1802	4	8.69	34.8	
636	L40×4	2673	2	6.47	12.9	
637	L40×4	1149	4	2.78	11.1	
638	L40×4	2138	8	5.18	41.4	
639	−6×130	220	4	1.35	5.4	火曲
640	−6×130	220	4	1.35	5.4	火曲
641	−6×174	179	4	1.47	5.9	火曲
642	−6×174	179	4	1.47	5.9	火曲
643	−20×60	60	4	0.57	2.3	
644	−12×60	60	8	0.34	2.7	
645	−10×60	60	4	0.28	1.1	
646	−2×115	380	8	0.69	5.5	上接 3 段
合计					3088.7kg	上接 3 段
合计					3083.2kg	上接 A3 段

图 9-11　110-EC21D-JZY-11　110-EC21D-JZY 转角塔 12.0m 塔腿结构图 ⑥（续）

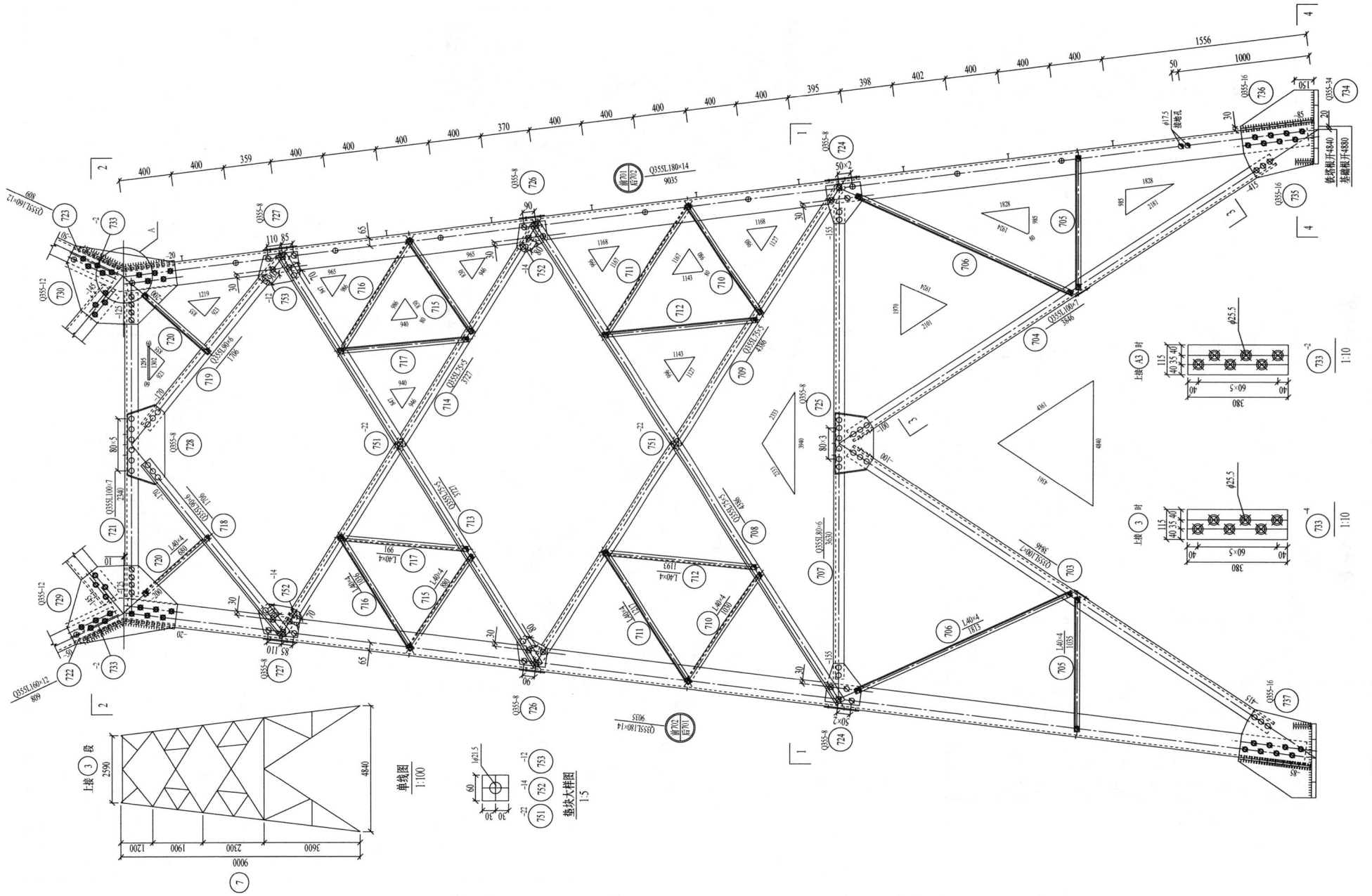

图 9-12 110-EC21D-JZY-12 110-EC21D-JZY 转角塔 15.0m 塔腿结构图 ⑦

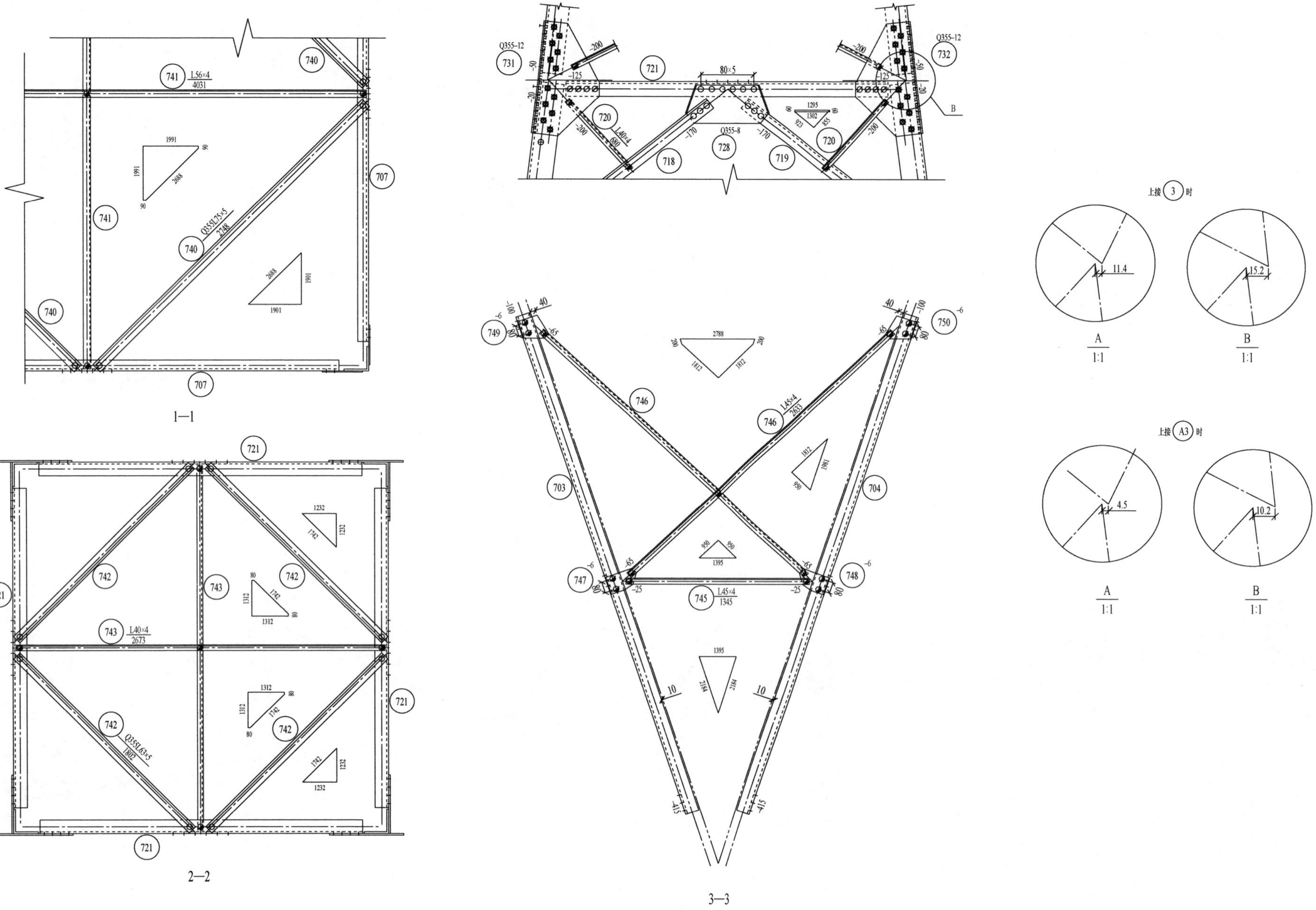

图 9-12　110-EC21D-JZY-12　110-EC21D-JZY 转角塔 15.0m 塔腿结构图 ⑦（续）

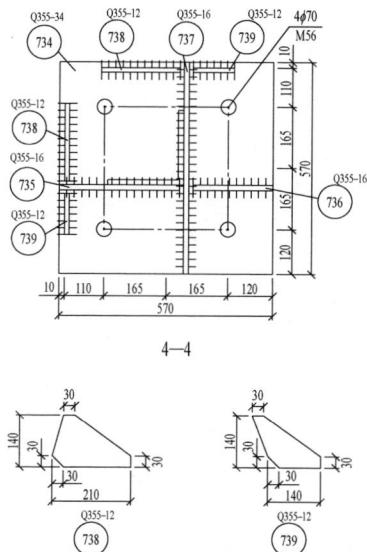

4—4

螺栓、垫圈、脚钉明细表

名称	级别	规格	符号	数量	重量（kg）	备注
螺栓	6.8	M16×40	◓	94	13.5	
		M16×50	◒	84	13.4	
		M16×60	▨	8	1.4	
		M20×45	○	140	37.8	
		M20×55	∅	94	27.7	
		M20×65	⊠	80	25.6	
	8.8	M24×65	∅	80	40.0	
		M24×75	⊠	92	49.4	
脚钉	6.8	M16×180	⊕—	32	10.4	双帽
		M20×200	⊕—	6	3.7	双帽
	8.8	M24×240	⊕—	4	3.6	双帽
垫圈	Q235	−3（φ17.5）	规格×个数	12	0.1	
合计					226.6kg	

构 件 明 细 表

编号	规格	长度（mm）	数量	重量（kg） 一件	重量（kg） 小计	备注
701	Q355L180×14	9035	2	346.79	693.6	脚钉
702	Q355L180×14	9035	2	346.79	693.6	
703	Q355L100×7	3846	4	41.65	166.6	
704	Q355L100×7	3846	4	41.65	166.6	
705	L40×4	1035	8	2.51	20.1	
706	L40×4	1813	8	4.39	35.1	
707	Q355L80×6	3630	4	26.77	107.1	开角（97.1）
708	Q355L75×5	4386	4	25.52	102.1	脚钉
709	Q355L75×5	4386	4	25.52	102.1	切角
710	L40×4	1030	8	2.49	20.0	
711	L40×4	1217	8	2.95	23.6	
712	L40×4	1193	8	2.89	23.1	切角
713	Q355L75×5	3727	4	21.68	86.7	
714	Q355L75×5	3727	4	21.68	86.7	切角
715	L40×4	880	8	2.13	17.1	
716	L40×4	1036	8	2.51	20.1	
717	L40×4	991	8	2.40	19.2	切角
718	Q355L90×6	1706	4	14.25	57.0	
719	Q355L90×6	1706	4	14.25	57.0	切角
720	L40×4	680	8	1.65	13.2	
721	Q355L100×7	2340	4	25.34	101.4	开角（97.1）
722	Q355L160×12	809	2	23.78	47.6	制弯，铲背
723	Q355L160×12	809	2	23.78	47.6	制弯，铲背，脚钉
724	Q355−8×262	307	8	5.07	40.6	
725	Q355−8×290	560	4	10.24	41.0	火曲，卷边
726	Q355−8×224	236	8	3.32	26.6	
727	Q355−8×231	318	8	4.63	37.0	
728	Q355−8×283	677	4	12.05	48.2	火曲，卷边
729	Q355−12×562	858	2	45.52	91.0	火曲，电焊
730	Q355−12×562	858	2	45.52	91.0	火曲，电焊
731	Q355−12×445	800	2	33.61	67.2	火曲，电焊
732	Q355−12×445	800	2	33.61	67.2	火曲，电焊
733	−4×115	380	8	1.37	11.0	上接3段
733	−2×115	380	8	0.69	5.5	上接A3段
734	Q355−34×570	570	4	86.72	346.9	电焊
735	Q355−16×375	557	4	26.23	104.9	电焊
736	Q355−16×245	588	4	18.09	72.4	电焊
737	Q355−16×589	634	4	46.90	187.6	电焊
738	Q355−12×140	208	8	2.75	22.0	电焊
739	Q355−12×122	155	8	1.80	14.4	电焊
740	Q355L75×5	2748	4	15.99	64.0	
741	L56×4	4031	2	13.89	27.8	
742	Q355L63×5	1802	4	8.69	34.8	
743	L40×4	2673	2	6.47	12.9	
745	L45×4	1345	4	3.68	14.7	
746	L45×4	2633	8	7.20	57.6	
747	−6×131	222	4	1.38	5.5	火曲
748	−6×131	222	4	1.38	5.5	火曲
749	−6×176	182	4	1.52	6.1	火曲
750	−6×176	182	4	1.52	6.1	火曲
751	−22×60	60	8	0.62	5.0	
752	−14×60	60	8	0.40	3.2	
753	−12×60	60	4	0.34	1.4	
合计					4220.8kg	上接 3 段
合计					4215.3kg	上接 A3 段

图 9–12　110–EC21D–JZY–12　110–EC21D–JZY 转角塔 15.0m 塔腿结构图 ⑦（续）

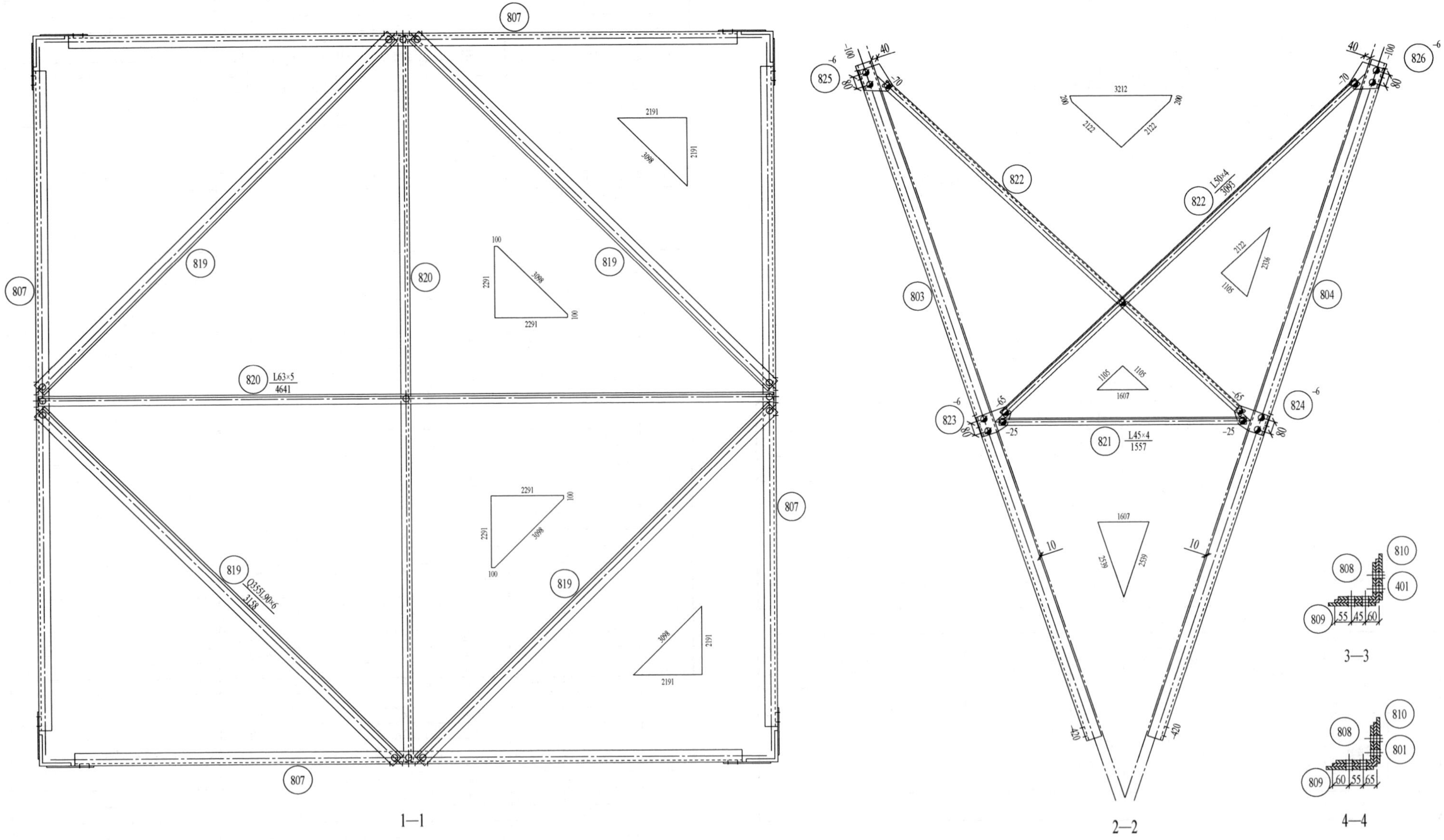

图 9-13 110-EC21D-JZY-13 110-EC21D-JZY 转角塔 18.0m 塔腿结构图 ⑧

110kV 输电线路钻越塔标准化设计图集 钻越塔加工图

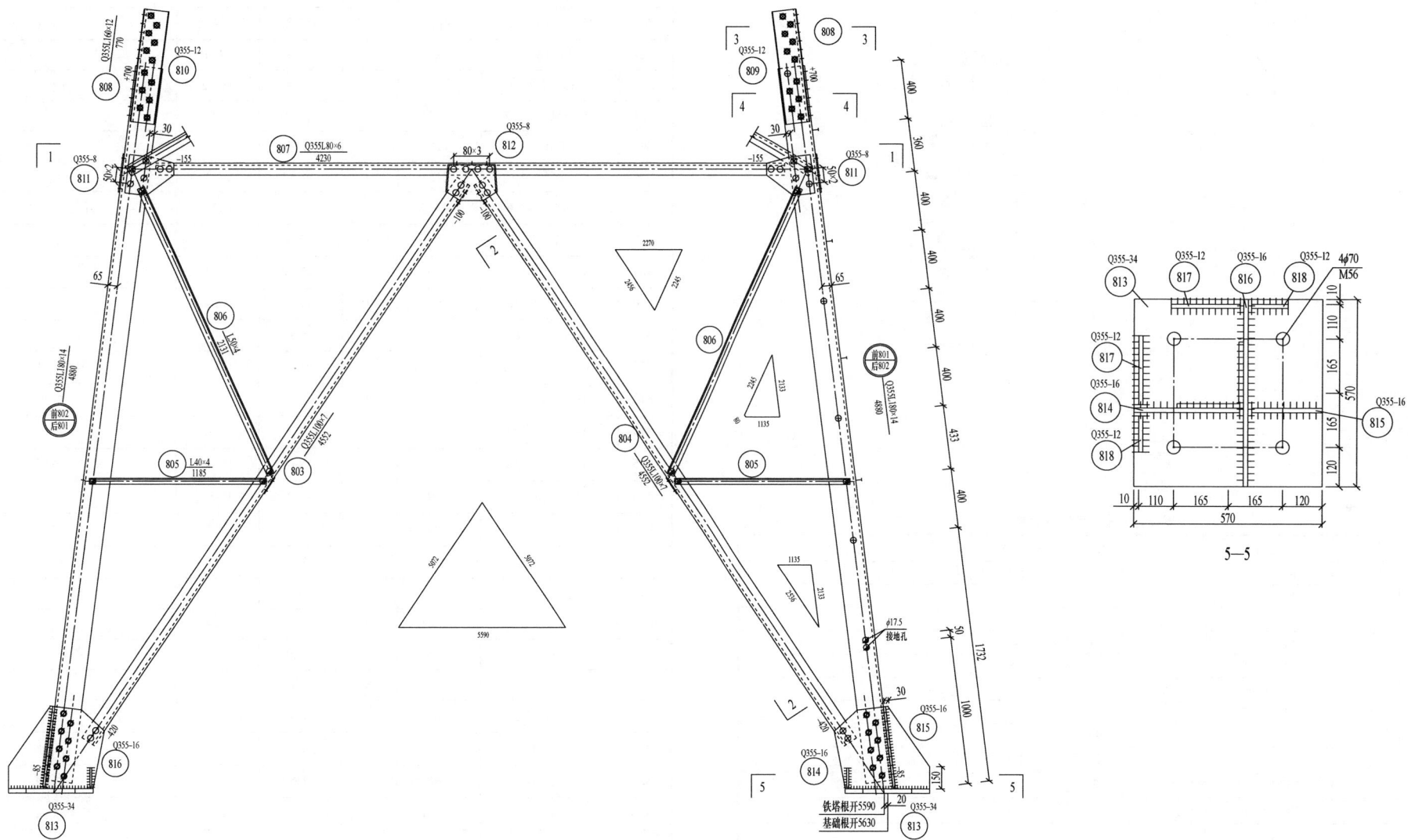

图 9-13 **110-EC21D-JZY-13** **110-EC21D-JZY** 转角塔 18.0m 塔腿结构图 ⑧（续）

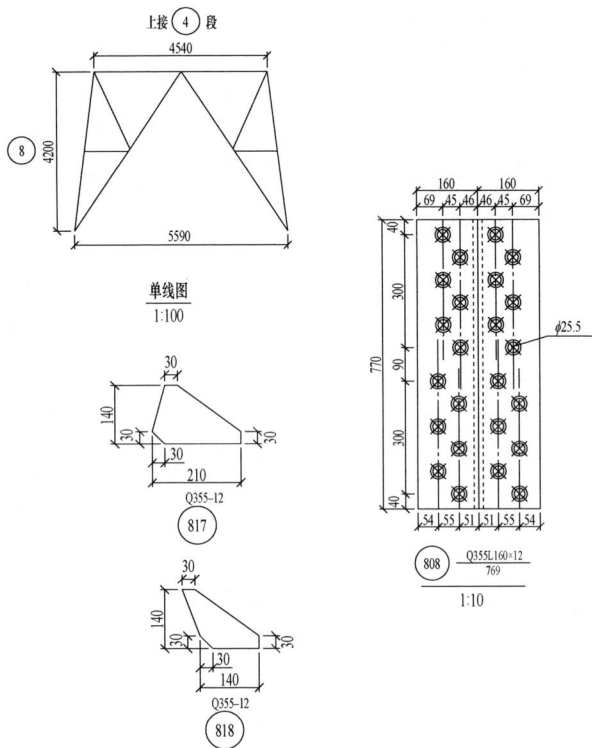

上接 ④ 段

单线图
1:100

螺栓、垫圈、脚钉明细表

名称	级别	规格	符号	数量	重量（kg）	备注
螺栓	6.8	M16×40	●	44	6.3	
		M16×50	◕	38	6.1	
		M16×60	■	8	1.4	
		M20×45	○	61	16.5	
		M20×55	⦰	30	8.8	
		M20×65	⊗	16	5.1	
	8.8	M24×65	⦰	64	32.0	
		M24×75	⊗	94	50.5	
脚钉	6.8	M16×180		14	4.5	双帽
		M20×200		2	1.2	双帽
	8.8	M24×240		2	1.8	双帽
垫圈	Q235	−3（φ17.5）	规格×个数	10	0.1	
合计					134.3kg	

构 件 明 细 表

编号	规格	长度（mm）	数量	重量（kg） 一件	重量（kg） 小计	备注
801	Q355L180×14	4880	2	187.31	374.6	脚钉
802	Q355L180×14	4880	2	187.31	374.6	
803	Q355L100×7	4552	4	49.30	197.2	
804	Q355L100×7	4552	4	49.30	197.2	
805	L40×4	1185	8	2.87	23.0	
806	L50×4	2131	8	6.52	52.1	
807	Q355L80×6	4230	4	31.20	124.8	开角（97.1）
808	Q355L160×12	769	4	22.60	90.4	铲背
809	Q355−12×160	769	4	11.60	46.4	
810	Q355−12×160	769	4	11.60	46.4	
811	Q355−8×261	307	8	5.06	40.5	
812	Q355−8×241	421	4	6.39	25.5	火曲；卷边
813	Q355−34×570	570	4	86.72	346.9	电焊
814	Q355−16×348	557	4	24.35	97.4	电焊
815	Q355−16×245	588	4	18.09	72.4	电焊
816	Q355−16×588	610	4	45.05	180.2	电焊
817	−12×140	208	8	2.75	22.0	电焊
818	−12×122	155	8	1.80	14.4	电焊
819	Q355L90×6	3158	4	26.37	105.5	
820	L63×5	4641	2	22.38	44.8	
821	L45×4	1557	4	4.26	17.0	
822	L50×4	3093	8	9.46	75.7	
823	−6×132	224	4	1.41	5.6	火曲
824	−6×132	224	4	1.41	5.6	火曲
825	−6×182	186	4	1.60	6.4	火曲
826	−6×182	186	4	1.60	6.4	火曲
合计					2593.0kg	

图 9−13　110−EC21D−JZY−13　110−EC21D−JZY 转角塔 18.0m 塔腿结构图 ⑧（续）

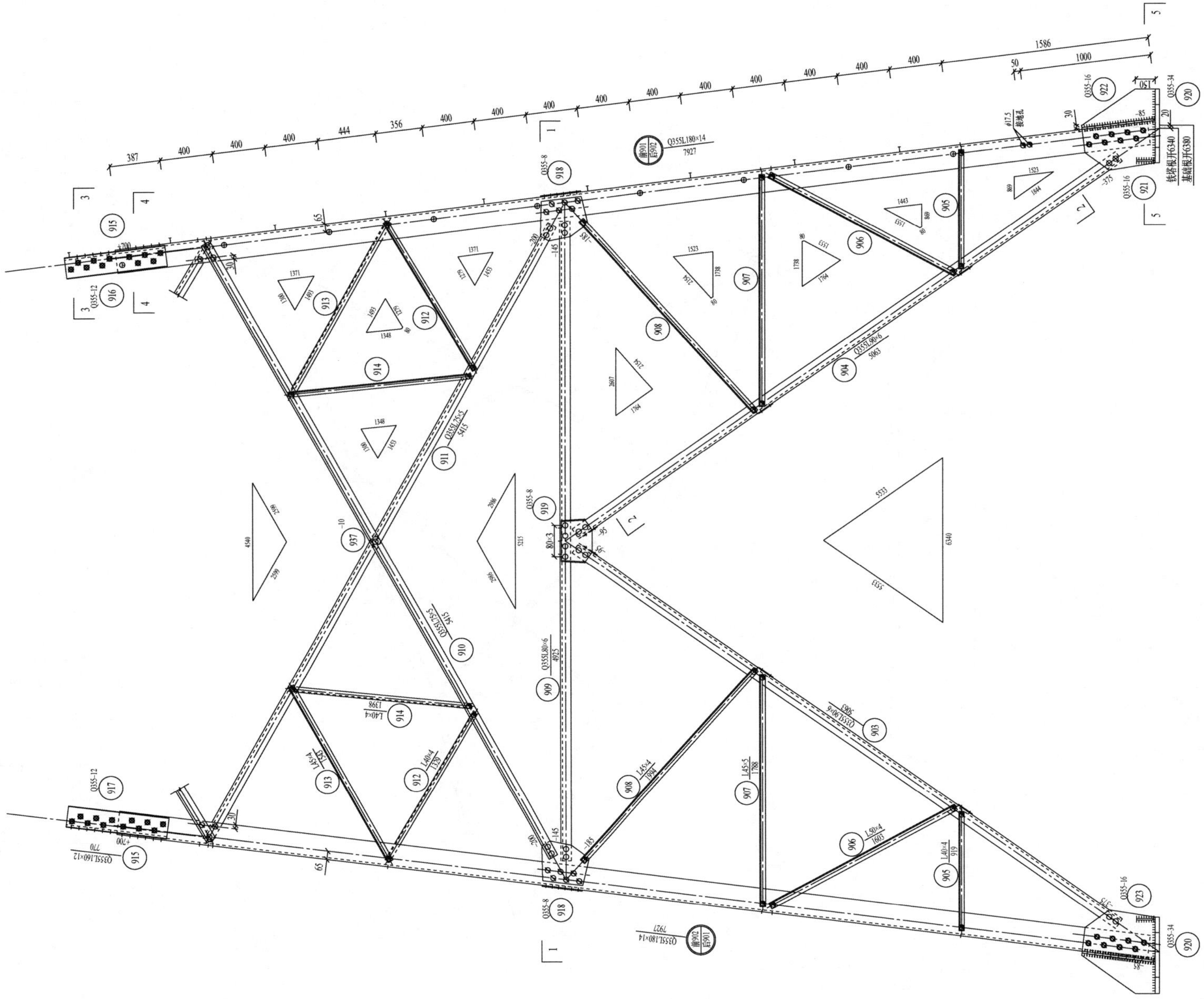

図 9 - 14 110 - EC21D - JZY - 14 110 - EC21D - JZY 转角塔 21.0m 塔腿结构图 ⑨

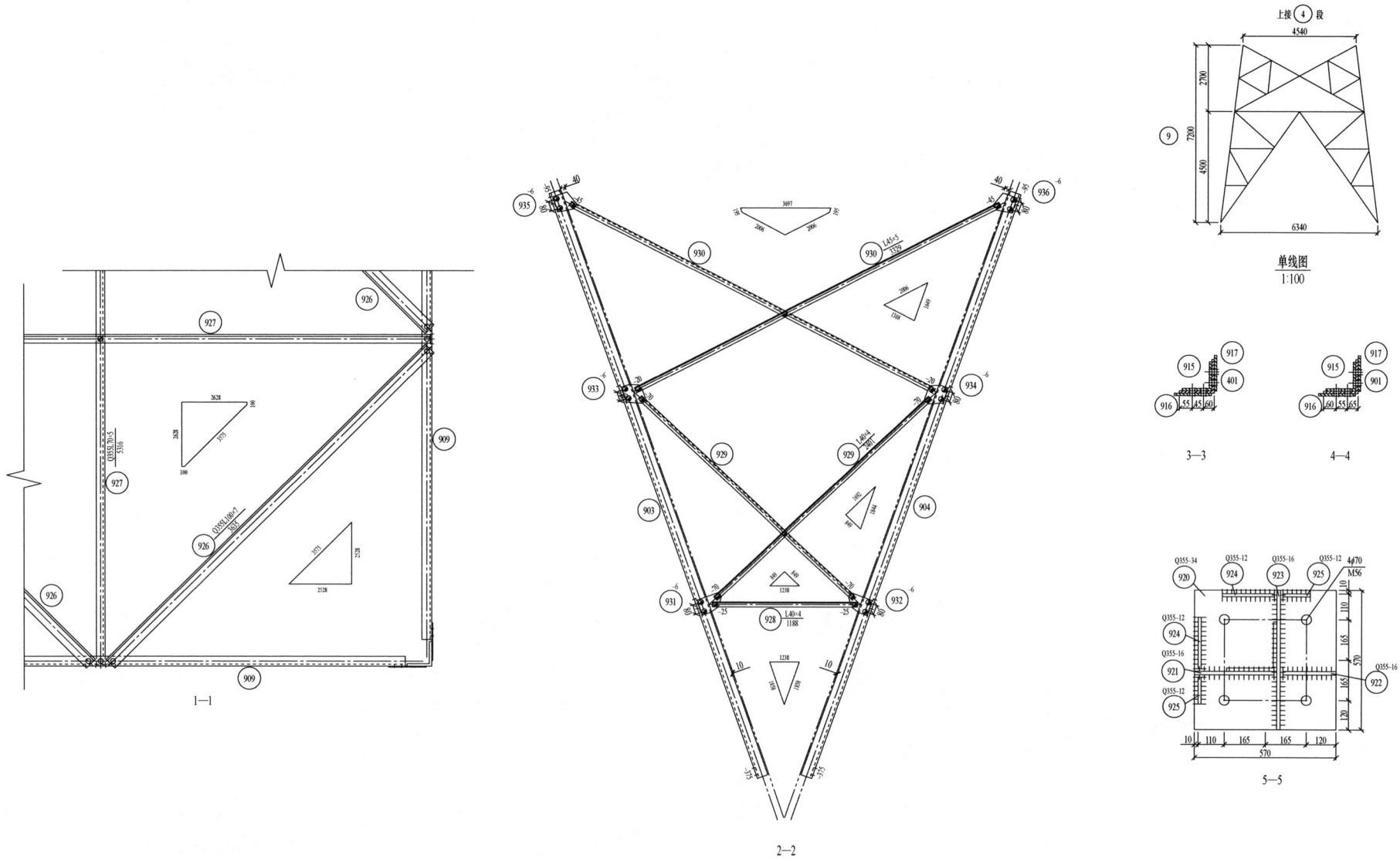

图 9-14 110-EC21D-JZY-14 110-EC21D-JZY 转角塔 21.0m 塔腿结构图 ⑨（续）

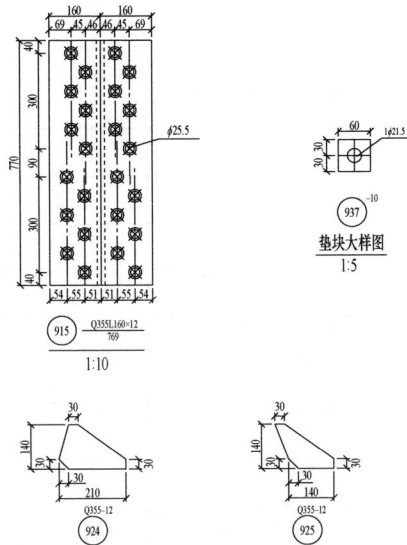

垫块大样图
1:5

915 $\frac{Q355L160\times12}{769}$
1:10

924
925

螺栓、垫圈、脚钉明细表

名称	级别	规格	符号	数量	重量（kg）	备注
螺栓	6.8	M16×40	◑	144	20.7	
		M16×50	◕	46	7.4	
		M20×45	○	76	20.5	
		M20×55	∅	93	27.4	
	8.8	M24×65	∅	64	32.0	
		M24×75	⊠	92	49.4	
脚钉	6.8	M16×180	⊕—	32	10.4	双帽
	8.8	M24×240	⊕—	4	3.6	双帽
垫圈	Q235	−3（φ17.5）	规格×个数	16	0.2	
		−3（φ22）		2	0.1	
合计					171.7kg	

构件明细表

编号	规格	长度（mm）	数量	重量（kg）一件	小计	备注
901	Q355L180×14	7927	2	304.26	608.5	脚钉
902	Q355L180×14	7927	2	304.26	608.5	
903	Q355L90×6	5063	4	42.28	169.1	
904	Q355L90×6	5063	4	42.28	169.1	
905	L40×4	919	8	2.23	17.8	
906	L50×4	1603	8	4.90	39.2	
907	L45×5	1788	8	6.02	48.2	
908	L45×4	1994	8	5.46	43.6	
909	Q355L80×6	4925	4	36.33	145.3	开角（97.1）
910	Q355L75×5	5415	4	31.50	126.0	
911	Q355L75×5	5415	4	31.50	126.0	切角
912	L40×4	1329	8	3.22	25.8	
913	L45×4	1543	8	4.22	33.8	
914	L40×4	1398	8	3.39	27.1	切角
915	Q355L160×12	769	4	22.60	90.4	铲背，脚钉
916	Q355−12×160	769	4	11.60	46.4	
917	Q355−12×160	769	4	11.60	46.4	
918	Q355−8×310	372	8	7.26	58.1	
919	Q355−8×231	416	4	6.07	24.3	火曲；卷边
920	Q355−34×570	570	4	86.72	346.9	电焊
921	Q355−16×335	557	4	23.44	93.8	电焊
922	Q355−16×245	588	4	18.09	72.4	电焊
923	Q355−16×557	625	4	43.72	174.9	电焊
924	Q355−12×140	208	8	2.75	22.0	电焊
925	Q355−12×122	155	4	1.80	14.4	电焊
926	Q355L100×7	3635	4	39.37	157.5	
927	Q355L70×5	5316	2	28.69	57.4	
928	L40×4	1188	4	2.88	11.5	
929	L40×4	2401	8	5.82	46.5	
930	L45×5	3329	8	11.22	89.7	
931	−6×130	201	4	1.24	4.9	火曲
932	−6×130	201	4	1.24	4.9	火曲
933	−6×155	180	4	1.32	5.3	火曲
934	−6×155	180	4	1.32	5.3	火曲
935	−6×149	164	4	1.15	4.6	火曲
936	−6×149	164	4	1.15	4.6	火曲
937	−10×60	60	4	0.28	1.1	
合计					3571.3kg	

图 9−14　110−EC21D−JZY−14　110−EC21D−JZY 转角塔 21.0m 塔腿结构图 ⑨（续）

		110－EC21S－JZY 图纸目录			
序号	图号	图名	张数	备注	
1	110－EC21S－JZY－01	110－EC21S－JZY 转角塔总图	1		
2	110－EC21S－JZY－02	110－EC21S－JZY 转角塔材料汇总表（一）	1		
3	110－EC21S－JZY－03	110－EC21S－JZY 转角塔材料汇总表（二）	1		
4	110－EC21S－JZY－04	110－EC21S－JZY 转角塔地线支架结构图①	1	0°～40°塔头	
5	110－EC21S－JZY－05	110－EC21S－JZY 转角塔地线横担结构图②	1	0°～40°塔头	
6	110－EC21S－JZY－06	110－EC21S－JZY 转角塔导线横担结构图③	1	0°～40°塔头	
7	110－EC21S－JZY－07	110－EC21S－JZY 转角塔导线支架结构图④	1	0°～40°塔头	
8	110－EC21S－JZY－08	110－EC21S－JZY 转角塔导线横担结构图⑤	1	0°～40°塔头	
9	110－EC21S－JZY－09	110－EC21S－JZY 转角塔导线横担结构图⑥	1	0°～40°塔头	
10	110－EC21S－JZY－10	110－EC21S－JZY 转角塔地线支架结构图Ⓐ1	1	40°～90°塔头	
11	110－EC21S－JZY－11	110－EC21S－JZY 转角塔导线横担结构图Ⓐ2	1	40°～90°塔头	
12	110－EC21S－JZY－12	110－EC21S－JZY 转角塔导线支架结构图Ⓐ3	1	40°～90°塔头	
13	110－EC21S－JZY－13	110－EC21S－JZY 转角塔导线横担结构图Ⓐ4	1	40°～90°塔头	
14	110－EC21S－JZY－14	110－EC21S－JZY 转角塔导线支架结构图Ⓐ5	1	40°～90°塔头	
15	110－EC21S－JZY－15	110－EC21S－JZY 转角塔导线横担结构图Ⓐ6	1	40°～90°塔头	
16	110－EC21S－JZY－16	110－EC21S－JZY 转角塔塔身结构图⑦	1		
17	110－EC21S－JZY－17	110－EC21S－JZY 转角塔塔身结构图⑧	1		
18	110－EC21S－JZY－18	110－EC21S－JZY 转角塔 9.0m 塔腿结构图⑨	1		
19	110－EC21S－JZY－19	110－EC21S－JZY 转角塔 12.0m 塔腿结构图⑩	1		
20	110－EC21S－JZY－20	110－EC21S－JZY 转角塔 15.0m 塔腿结构图⑪	1		
21	110－EC21S－JZY－21	110－EC21S－JZY 转角塔 18.0m 塔腿结构图⑫	1		
22	110－EC21S－JZY－22	110－EC21S－JZY 转角塔 21.0m 塔腿结构图⑬	1		

110－EC21S－JZY－00 110－EC21S－JZY 转角塔图纸目录

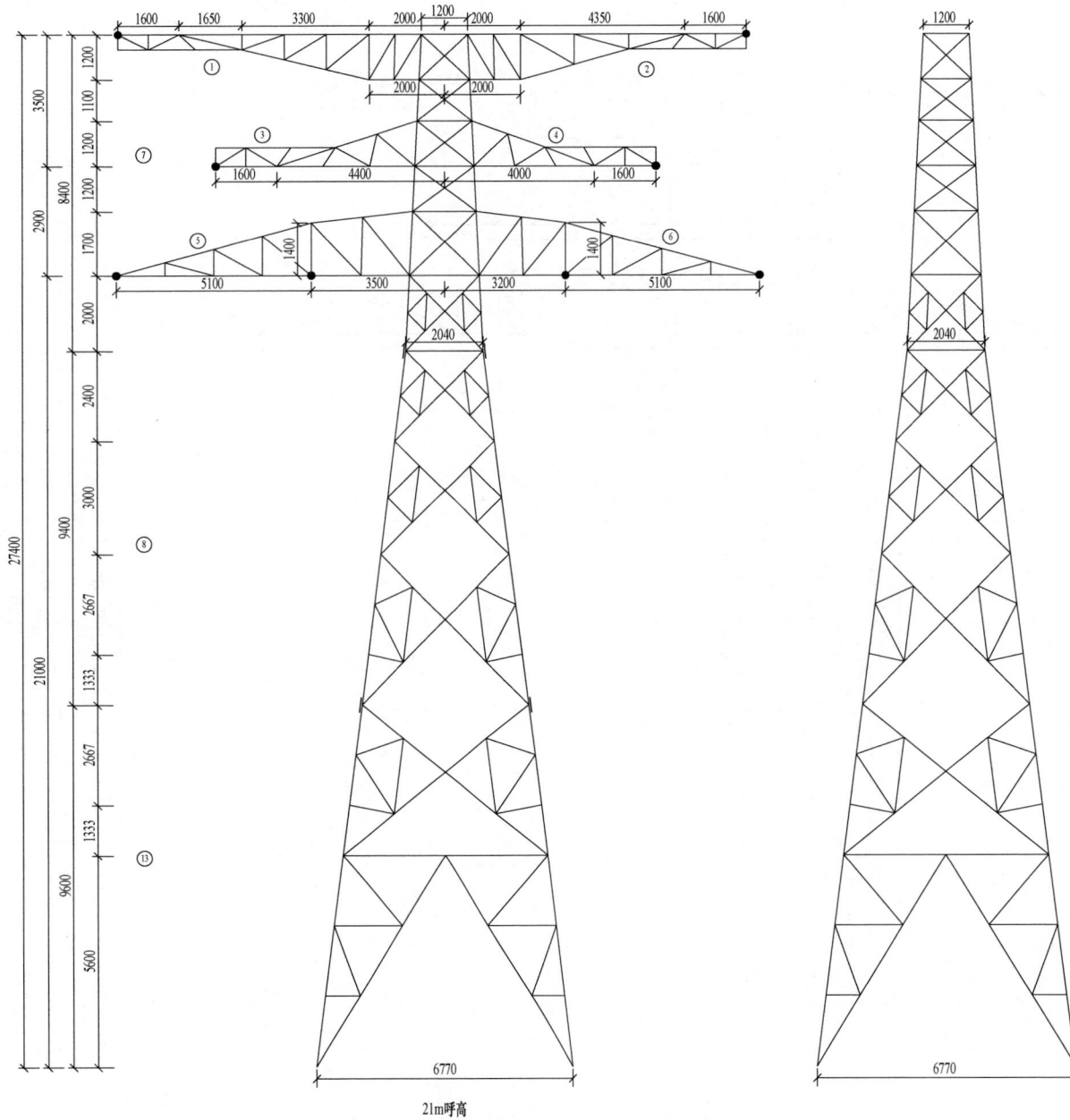

图 10-1　110-EC21S-JZY-01　110-EC21S-JZY 转角塔总图

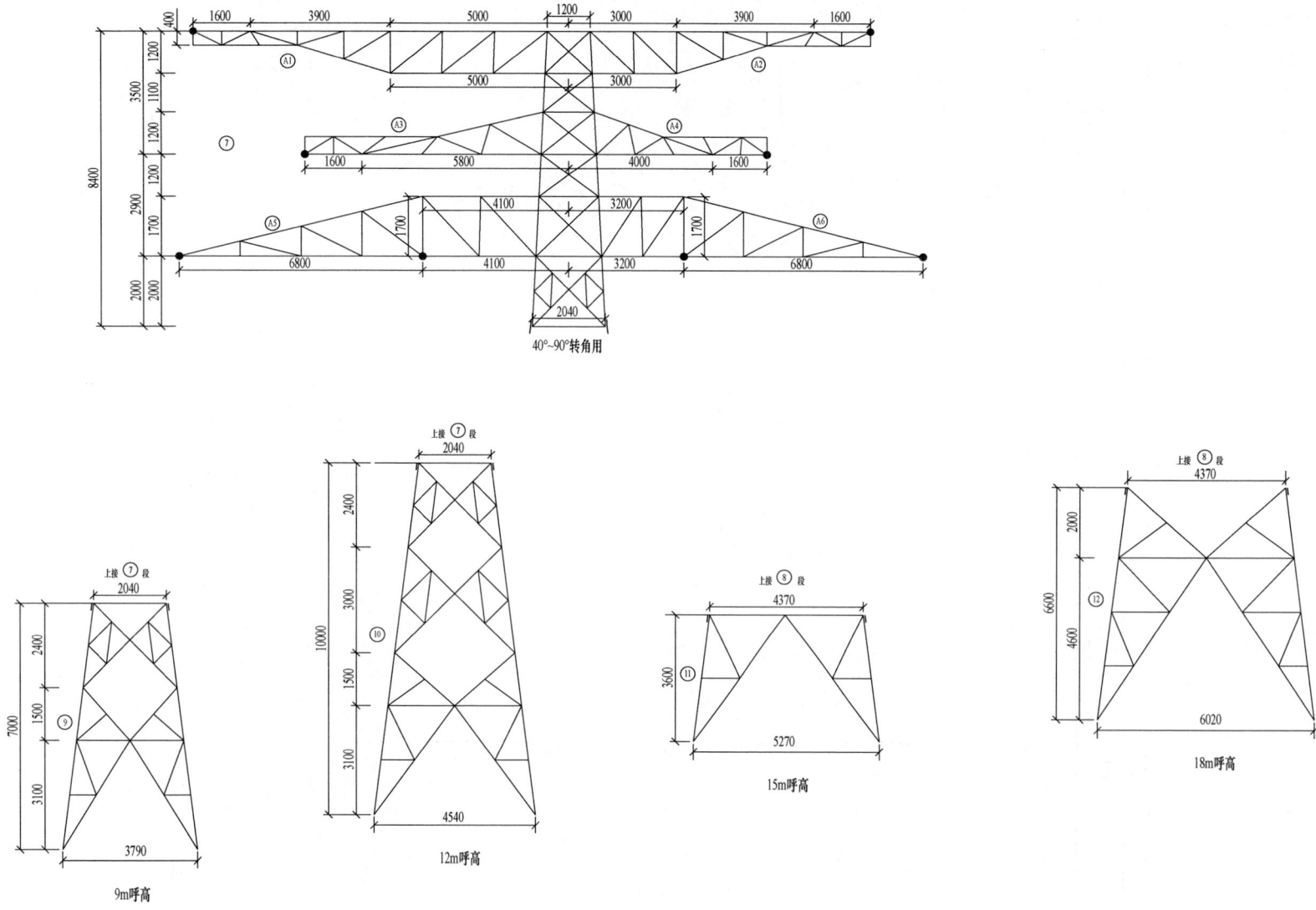

40°~90°转角用

上接 ⑦ 段
2040

上接 ⑦ 段
2040

上接 ⑧ 段
4370

上接 ⑧ 段
4370

9m呼高

12m呼高

15m呼高

18m呼高

图 10-1 110-EC21S-JZY-01 110-EC21S-JZY 转角塔总图（续）

材料汇总表

材料	材质	规格	1	2	3	4	5	6	7	8	9	10	11	12	13	9m	12m	15m	18m	21m
角钢	Q420	L200×16											852.1	1445.2	2038.5			852.1	1445.2	2038.5
		L180×16								1518.9	1221.6	1752.1				1221.6	1752.1	1518.9	1518.9	1518.9
		L180×14											118.1	118.1	118.1			118.1	118.1	118.1
		L160×14								107.7	107.7	107.7				107.7	107.7	107.7	107.7	107.7
		L125×10					299.4		646.2							945.5	945.5	945.5	945.5	945.5
		L110×8			146.0											146.0	146.0	146.0	146.0	146.0
		小计			146.0		299.4		646.2	1626.6	1329.2	1859.8	970.2	1563.3	2156.6	2420.7	2951.3	3688.3	4281.4	4874.7
	Q355	L160×10							166.6							166.6	166.6	166.6	166.6	166.6
		L140×10							408.6		547.4	591.7				956.0	1000.3	408.6	408.6	408.6
		L125×8							85.8					502.8		85.8	85.8	588.6	85.8	85.8
		L110×10						251.1								251.1	251.1	251.1	251.1	251.1
		L110×8												546.4	660.5				546.4	660.5
		L110×7				119.1	59.9	52.6	215.0	952.8		413.2				446.6	859.8	1399.4	1399.4	1399.4
		L100×10								385.8	617.1	649.0				617.1	649.0	385.8	385.8	385.8
		L100×7	174.5	161.5	75.4	68.1			227.0		118.9	151.4		198.4	910.9	825.3	857.8	706.4	904.8	1617.3
		L90×8	29.0			73.5	73.1									175.6	175.6	175.6	175.6	175.6
		L90×7	24.4	81.6			95.4	96.9	58.2					221.2		356.5	356.5	356.5	577.7	356.5
		L90×6	79.1	43.1	49.5	47.2			97.0				136.3	113.7		315.9	315.9	452.2	429.6	315.9
		L80×6	46.2		20.5	21.2			129.3	52.8	52.8	52.8	90.7			270.0	270.0	360.7	270.0	270.0
		L75×6		40.6			50.0	47.1	113.9							251.5	251.5	251.5	251.5	251.5
		L70×5		14.2	10.8									59.0		25.0	25.0	25.0	25.0	84.1
		L63×5	8.8	8.9	4.4	4.5								47.9		26.6	26.6	26.6	74.6	26.6
		小计	362.0	349.8	160.7	260.2	278.8	520.8	1501.3	1391.4	1336.2	1858.1	729.8	1127.6	1630.4	4769.7	5291.6	5554.7	5952.5	6455.3
	Q235	L70×5				11.3							56.6			11.3	67.9	11.3	11.3	11.3
		L63×5	9.5			49.3	36.5		15.7				62.2	74.6		111.0	111.0	111.0	173.1	185.6
		L56×5	6.3		7.9	7.5		87.8	16.3					56.9	127.9	125.8	125.8	125.8	182.7	253.7
		L56×4	16.4	28.4	64.3	62.8	113.2	59.8			28.7		30.8			373.6	344.9	375.8	344.9	344.9
		L50×5		5.5	8.1	7.4				53.8						21.0	21.0	74.7	74.7	74.7
		L50×4	90.2	66.8		5.6			33.8			23.5	46.7		142.4	196.5	219.9	196.5	243.2	338.9
		L45×5												108.1	95.0				108.1	95.0
		L45×4	22.0	17.7	23.2	18.1	17.8	9.0		87.0	32.4	42.9	143.1		44.3	140.2	150.7	338.0	194.9	239.2
		L40×4	93.7	85.6	57.2	55.9	57.0	57.0	49.0	159.3	177.7	243.5		84.8	64.3	633.2	699.0	614.7	699.5	679.0
		小计	238.1	204.0	160.8	168.6	237.2	250.1	114.9	300.1	238.8	366.5	173.9	358.6	548.6	1612.5	1740.2	1847.7	2032.4	2222.4
钢板	Q420	−14											121.7	121.7	121.7			121.7	121.7	121.7
		−12					39.1	34.0	193.3							266.4	266.4	266.4	266.4	266.4
		−10							56.2							56.2	56.2	56.2	56.2	56.2
		−8	11.2	10.1												21.3	21.3	21.3	21.3	21.3
		小计	11.2	10.1			39.1	34.0	249.5							343.9	343.9	465.6	465.6	465.6
	Q355	−38								473.6	473.6	473.6	473.6	473.6	473.6	473.6	473.6	473.6	473.6	473.6
		−18									410.2	418.3	411.5	418.0	410.3	410.2	418.3	411.5	418.0	410.3
		−16			53.4	51.8	110.3	111.5								327.0	327.0	327.0	327.0	327.0
		−14								358.4	421.4	421.4	63.1	63.0	63.1	421.4	421.4	421.6	421.4	421.6
		−12	20.9	20.6					408.1	108.5	225.5	331.1				675.2	780.8	558.2	558.2	558.2
		−10	11.0						108.8				53.4	100.6	53.3	119.8	119.8	173.3	220.5	173.1
		−8	61.1	76.2	46.9	23.8	32.8	39.6	405.5	65.0	76.2	71.2	77.4	123.6	150.7	762.0	757.1	828.3	874.4	901.6
		−6	7.5	7.4	15.9	9.0										39.8	39.8	39.8	39.8	39.8
		小计	100.6	104.2	116.2	84.6	143.1	151.1	922.5	531.9	1606.8	1715.6	1079.1	1178.8	1151.0	3229.1	3337.9	3233.2	3332.9	3305.1

图 10－2　110－EC21S－JZY－02　110－EC21S－JZY 转角塔材料汇总表（一）

材料汇总表

材料	材质	规格	段号													呼高				
			1	2	3	4	5	6	7	8	9	10	11	12	13	9m	12m	15m	18m	21m
钢板	Q235	−28								3.2						3.2				
		−26								2.9								2.9	2.9	2.9
		−24								2.7								2.7	2.7	2.7
		−18								2.0	2.0	2.0					2.0	2.0	2.0	2.0
		−16					0.9	1.9		9.0		7.2	1.8	5.0	3.6	2.8	10.0	13.6	16.7	15.4
		−14			1.4	0.3				3.2	3.2	4.8		1.6	1.6	4.8	6.4	4.8	6.4	6.4
		−12	1.7	1.4	1.2	2.2	0.7	0.2	3.8		1.4					12.6	11.2	11.2	11.2	11.2
		−10						0.2								0.2	0.2	0.2	0.2	0.2
		−8				19.9										19.9	19.9	19.9	19.9	19.9
		−6	42.4	25.1	37.4	46.2	13.0	26.4	61.0		22.4	22.4	22.7	31.8	32.3	273.9	273.9	274.2	283.3	283.8
		小计	44.0	26.5	40.0	68.6	14.6	28.7	64.8	19.8	29.0	39.6	24.5	38.3	37.5	316.1	326.7	331.5	345.3	344.5
套管	Q355	φ50.0/28.5			0.5	0.5	0.5	0.5								2.2	2.2	2.2	2.2	2.2
		φ40.0/19.5	0.3	0.3												0.6	0.6	0.6	0.6	0.6
		小计	0.3	0.3	0.5	0.5	0.5	0.5								2.8	2.8	2.8	2.8	2.8
螺栓	6.8	M16×40	13.1	10.5	10.2	10.8	3.3	3.5	9.8	7.5	9.2	10.4	6.3	11.5	11.5	70.4	71.6	75.0	80.2	80.2
		M16×50	15.7	13.9	18.9	19.2	12.3	13.1	18.7	7.8	16.3	16.3	6.9	12.8	16.6	128.1	128.1	126.5	132.4	136.2
		M16×60			0.4			2.8		4.2		2.8	1.4		1.4	3.2	6.0	8.8	7.4	8.8
		小计	28.8	24.4	29.5	30.0	15.6	19.4	28.5	19.5	25.5	29.5	14.6	24.3	29.5	201.7	205.7	210.3	220.0	225.2
	6.8	M20×45	19.4	22.7	9.2	12.4	10.5	11.3	84.2	3.2	4.3	6.5	9.7	12.2	18.4	174.0	176.2	182.6	185.1	191.3
		M20×55	4.7	1.2	4.7	1.2	12.1	13.0	229.2	41.9	78.8	82.6	20.6	50.1	43.4	344.9	348.7	328.6	358.1	351.4
		M20×65					1.3		1.3	23.7	21.8	37.1	14.1	14.1	16.6	24.4	39.7	40.4	40.4	42.9
		M20×75							31.8	23.2	34.6			2.8	2.8	23.2	34.6	31.8	34.6	34.6
		M20×85									3.0			1.5		3.0				1.5
		小计	24.1	23.9	13.9	13.6	23.9	24.3	314.7	100.6	131.1	160.8	44.4	80.7	81.2	569.5	599.2	583.4	619.7	620.2
	8.8	M24×65							20.0							20.0	20.0	20.0	20.0	20.0
		M24×75							2.1		34.4	34.4	33.3	34.4	34.4	36.5	36.5	35.4	36.5	36.5
		M24×85								26.4	27.0	26.4	54.0	54.0	52.8	27.0	26.4	80.4	80.4	79.2
		小计							22.1	26.4	61.4	60.8	87.3	88.4	87.2	83.5	82.9	135.8	136.9	135.7
	6.8	M16×60（双帽）	0.2	0.4	0.8	0.8	1.6	2.4								6.2	6.2	6.2	6.2	6.2
		M20×70（双帽）	4.6	4.6	9.3	9.3	9.3	9.3								46.4	46.4	46.4	46.4	46.4
		M20×80（双帽）					9.9	9.9								19.8	19.8	19.8	19.8	19.8
		小计	4.8	5.0	10.1	10.1	20.8	21.6								72.4	72.4	72.4	72.4	72.4
		螺栓合计	57.7	53.3	53.5	53.7	60.3	65.3	365.3	146.5	218.0	251.1	146.3	193.4	197.9	927.1	960.2	1001.9	1049.0	1053.5
脚钉	6.8	M16×180							7.2	11.7	7.8	11.1	3.9	7.2	11.7	15.0	18.3	22.8	26.1	30.6
		M20×200							9.9	2.5	1.2	4.9	1.2	3.7	3.7	11.1	14.8	13.6	16.1	16.1
	8.8	M24×240								1.8	0.9	1.8	3.6	1.8	3.6	0.9	1.8	5.4	3.6	5.4
		小计							17.1	16.0	9.9	17.8	8.7	12.7	19.0	27.0	34.9	41.8	45.8	52.1
垫圈	Q235	−3（φ17.5）	0.4	0.3	0.3	0.5	0.2	0.2	0.1	0.1	0.1	0.1	0.1	0.1	0.2	2.1	2.1	2.2	2.2	2.3
		−4（φ17.5）	0.2	0.2	0.3	0.1	0.1	0.2	0.3							1.4	1.4	1.4	1.4	1.4
		−3（φ22）						0.1						0.1	0.1	0.1	0.1	0.1	0.2	0.2
		−4（φ22）					0.2	0.2								0.4	0.4	0.4	0.4	0.4
		小计	0.6	0.5	0.6	0.6	0.5	0.7	0.4	0.1	0.1	0.1	0.1	0.2	0.3	4.0	4.0	4.1	4.2	4.3
合计（kg）			814.5	748.8	678.2	636.8	1073.5	1051.2	3881.9	4032.4	4768.1	6108.6	3254.2	4594.7	5863.0	13652.9	14993.4	16171.4	17511.9	18780.3

图 10−2　110−EC21S−JZY−02　110−EC21S−JZY 转角塔材料汇总表（一）（续）

　110kV 输电线路钻越塔标准化设计图集　钻越塔加工图

材料汇总表

材料	材质	规格	A1	A2	A3	A4	A5	A6	7	8	9	10	11	12	13	9m	12m	15m	18m	21m
									段号							呼高				
角钢	Q420	L200×16											852.1	1445.2	2038.5			852.1	1445.2	2038.5
		L180×16								1518.9	1221.6	1752.1				1221.6	1752.1	1518.9	1518.9	1518.9
		L180×14											118.1	118.1	118.1			118.1	118.1	118.1
		L160×14								107.7	107.7	107.7				107.7	107.7	107.7	107.7	107.7
		L140×10					435.0									435.0	435.0	435.0	435.0	435.0
		L125×10			260.0			352.9	646.2							1259.1	1259.1	1259.1	1259.1	1259.1
		L125×8	145.9													145.9	145.9	145.9	145.9	145.9
		小计	145.9		260.0		435.0	352.9	646.2	1626.6	1329.2	1859.8	970.2	1563.3	2156.6	3169.3	3699.8	4436.8	5029.9	5623.2
	Q355	L160×10							166.6							166.6	166.6	166.6	166.6	166.6
		L140×10							408.6		547.4	591.7				956.0	1000.3	408.6	408.6	408.6
		L125×8							85.8					502.8		85.8	85.8	588.6	85.8	85.8
		L110×8			125.0								546.4		660.5	125.0	125.0	125.0	671.4	785.5
		L110×7	238.7						215.0	952.8		413.2				453.7	866.9	1406.5	1406.5	1406.5
		L100×10					95.1	67.9		385.8	617.1	649.0				780.1	812.0	548.8	548.8	548.8
		L100×7		222.2		176.2	187.9	181.9	227.0		118.9	151.4		198.4	910.9	1114.2	1146.7	995.3	1193.7	1906.1
		L90×8	29.1				73.1	73.5								175.7	175.7	175.7	175.7	175.7
		L90×7					41.3	35.7	58.2					221.2		135.2	135.2	135.2	356.4	135.2
		L90×6	63.1	85.6	56.0	47.2			97.0				136.3	113.7		348.9	348.9	485.2	462.6	348.9
		L80×6			20.6	21.4			129.3	52.8	52.8	52.8	90.7			224.1	224.1	314.8	224.1	224.1
		L75×6	38.7						113.9							152.5	152.5	152.5	152.5	152.5
		L75×5		32.5												32.5	32.5	32.5	32.5	32.5
		L70×5		12.6	10.8										59.0	23.4	23.4	23.4	23.4	82.5
		L63×5	8.8	8.8	4.2	4.5							47.9			26.4	26.4	26.4	74.3	26.4
		小计	378.4	361.7	216.7	249.3	397.4	359.0	1501.3	1391.4	1336.2	1858.1	729.8	1127.6	1630.4	4800.0	5321.9	5585.0	5982.8	6485.6
	Q235	L70×5	12.9			11.3	25.7			56.6						49.9	106.5	49.9	49.9	49.9
		L63×5					124.6	61.1	15.7				62.2	74.6		201.4	201.4	201.4	263.6	276.1
		L56×5	23.5		7.9	7.5	67.4	153.1	16.3				56.9	127.9		275.7	275.7	275.7	332.6	403.7
		L56×4	74.1	30.1	80.5	63.1	31.3	14.5			28.7		30.8			322.3	293.6	324.4	293.6	293.6
		L50×5				7.4				53.8						7.4	7.4	61.2	61.2	61.2
		L50×4	78.5	94.6		5.6	11.9	11.9	33.8			23.5		46.7	142.4	236.4	259.8	236.4	283.1	378.8
		L45×5												108.1	95.0				108.1	95.0
		L45×4		3.3	45.2	18.1	9.9	9.9		87.0	32.4	42.9	143.1		44.3	118.7	129.2	316.4	173.3	217.7
		L40×4	94.6	84.0	43.6	55.9	48.9	48.9	49.0	159.3	177.7	243.5		84.8	64.3	602.5	668.3	584.1	668.9	648.3
		小计	283.6	211.9	177.1	168.9	319.7	299.4	114.9	300.1	238.8	366.5	173.9	358.6	548.6	1814.3	1942.0	2049.5	2234.2	2424.2
钢板	Q420	−14											121.7	121.7	121.7			121.7	121.7	121.7
		−12			52.9		46.5	47.7	193.3							340.3	340.3	340.3	340.3	340.3
		−10							56.2							56.2	56.2	56.2	56.2	56.2
		−8	27.0	11.4												38.3	38.3	38.3	38.3	38.3
		小计	27.0	11.4	52.9		46.5	47.7	249.5				121.7	121.7	121.7	434.8	434.8	556.5	556.5	556.5
	Q355	−38								473.6	473.6	473.6	473.6	473.6	473.6	473.6	473.6	473.6	473.6	473.6
		−18								410.2	418.3	411.5	418.0	410.3		410.2	418.3	411.5	418.0	410.3
		−16			52.7	51.1	109.8	108.2								321.8	321.8	321.8	321.8	321.8
		−14								358.4	421.4	421.4	63.1	63.0	63.1	421.4	421.4	421.6	421.4	421.6
		−12	18.5	17.9			38.7	40.5	408.1	108.5	225.5	331.1				749.3	854.9	632.3	632.3	632.3
		−10	10.9						108.8				53.4	100.6	53.3	119.7	119.7	173.1	220.3	173.0
		−8	46.2	46.0	29.9	42.9	13.0	16.7	405.5	65.0	76.2	71.2	77.4	123.6	150.7	676.4	671.5	742.7	788.8	815.9
		−6	7.7	7.5	17.9	8.9										42.0	42.0	42.0	42.0	42.0
		小计	83.4	71.5	100.5	102.9	161.5	165.4	922.5	531.9	1606.8	1715.6	1079.1	1178.8	1151.0	3214.4	3323.2	3218.5	3318.3	3290.5

图10-3　110-EC21S-JZY-03　110-EC21S-JZY转角塔材料汇总表（二）

			材料汇总表																	
材料	材质	规格	段号													呼高				
			A1	A2	A3	A4	A5	A6	7	8	9	10	11	12	13	9m	12m	15m	18m	21m
钢板	Q235	−28										3.2					3.2			
		−26								2.9								2.9	2.9	2.9
		−24								2.7								2.7	2.7	2.7
		−18								2.0	2.0	2.0				2.0	2.0	2.0	2.0	2.0
		−16					0.3	0.8		9.0		7.2	1.8	5.0	3.6	1.1	8.3	11.9	15.0	13.7
		−14		0.5		0.3				3.2	3.2	4.8		1.6	1.6	4.0	5.6	4.0	5.6	5.6
		−12	0.5	1.4	1.0	2.2	1.3	0.7	3.8		1.4					12.1	10.8	10.8	10.8	10.8
		−10							0.2	0.4						0.6	0.6	0.6	0.6	0.6
		−8		21.9												21.9	21.9	21.9	21.9	21.9
		−6	31.3	31.8	22.1	46.0	7.1	22.4	61.0		22.4	22.4	22.7	31.8	32.3	244.1	244.1	244.4	253.5	254.0
		−2	0.7													0.7	0.7	0.7	0.7	0.7
		小计	32.4	55.1	23.6	48.5	8.9	24.3	64.8	19.8	29.0	39.6	24.5	38.3	37.5	286.5	297.1	301.9	315.7	314.9
套管	Q355	φ50.0/28.5				0.5	0.5	0.5								1.6	1.6	1.6	1.6	1.6
		φ40.0/19.5	0.3	0.3												0.6	0.6	0.6	0.6	0.6
		小计	0.3	0.3		0.5	0.5	0.5								2.2	2.2	2.2	2.2	2.2
螺栓	6.8	M16×40	12.8	12.8	8.4	10.8	1.6	2.4	9.8	7.5	9.2	10.4	6.3	11.5	11.5	67.8	69.0	72.4	77.6	77.6
		M16×50	14.4	12.3	17.8	19.2	9.9	12.3	18.7	7.8	16.3	16.3	6.9	12.8	16.6	120.9	120.9	119.3	125.2	129.0
		M16×60					1.6	0.5	4.2		2.8	1.4			1.4	2.1	4.9	7.7	6.3	7.7
		小计	27.2	25.1	26.2	30.0	13.1	15.2	28.5	19.5	25.5	29.5	14.6	24.3	29.5	190.8	194.8	199.4	209.1	214.3
	6.8	M20×45	13.0	22.7	3.8	12.4	5.9	1.6	84.2	3.2	4.3	6.5	9.7	12.2	18.4	147.9	150.1	156.5	159.0	165.2
		M20×55	11.2	1.2	13.6	1.2	23.6	30.7	229.2	41.9	78.8	82.6	20.6	50.1	43.4	389.5	393.3	373.2	402.7	396.0
		M20×65			1.3			0.3	1.3	23.7	21.8	37.1	14.1	14.1	16.6	24.7	40.0	40.7	40.7	43.2
		M20×75							31.8	23.2	34.6			2.8	2.8	23.2	34.6	31.8	34.6	34.6
		M20×85									3.0					3.0			1.5	
		小计	24.2	23.9	18.7	13.6	29.5	32.6	314.7	100.6	131.1	160.8	44.4	80.7	81.2	588.3	618.0	602.2	638.5	639.0
	8.8	M24×65							20.0							20.0	20.0	20.0	20.0	20.0
		M24×75							2.1		34.4	34.4	33.3	34.4	34.4	36.5	36.5	35.4	36.5	36.5
		M24×85								26.4	27.0	26.4	54.0	54.0	52.8	27.0	26.4	80.4	80.4	79.2
		小计							22.1	26.4	61.4	60.8	87.3	88.4	87.2	83.5	82.9	135.8	136.9	135.7
	6.8	M16×60（双帽）	0.2	0.4	0.8	0.8		2.4								4.6	4.6	4.6	4.6	4.6
		M20×70（双帽）	4.6	4.6	4.6	9.3	13.9	9.3								46.3	46.3	46.3	46.3	46.3
		M20×80（双帽）			4.9		9.9	9.9								24.7	24.7	24.7	24.7	24.7
		小计	4.8	5.0	10.3	10.1	23.8	21.6								75.6	75.6	75.6	75.6	75.6
		螺栓合计	56.2	54.0	55.2	53.7	66.4	69.4	365.3	146.5	218.0	251.1	146.3	193.4	197.9	938.2	971.3	1013.0	1060.1	1064.6
脚钉	6.8	M16×180							7.2	11.7	7.8	11.1	3.9	7.2	11.7	15.0	18.3	22.8	26.1	30.6
		M20×200							9.9	2.5	1.2	4.9	1.2	3.7	3.7	11.1	14.8	13.6	16.1	16.1
	8.8	M24×240								1.8	0.9	1.8	3.6	1.8	3.6	0.9	1.8	5.4	3.6	5.4
		小计							17.1	16.0	9.9	17.8	8.7	12.7	19.0	27.0	34.9	41.8	45.8	52.1
垫圈	Q235	−3（φ17.5）	0.3	0.3	0.1	0.5	0.1	0.1	0.1	0.1	0.1	0.1	0.1	0.1	0.2	1.6	1.6	1.7	1.7	1.8
		−4（φ17.5）	0.3	0.2	0.3	0.1	0.2	0.2	0.3							1.6	1.6	1.6	1.6	1.6
		−3（φ22）												0.1	0.1				0.1	0.1
		−4（φ22）							0.2	0.4						0.6	0.6	0.6	0.6	0.6
		小计	0.6	0.5	0.4	0.6	0.5	0.7	0.4	0.1	0.1	0.1	0.1	0.2	0.3	3.8	3.8	3.9	4.0	4.1
		合计（kg）	1007.8	766.5	886.3	624.5	1436.4	1319.2	3881.9	4032.4	4768.1	6108.6	3254.2	4594.7	5863.0	14690.6	16031.1	17209.1	18549.6	19818.0

图 10−3　110−EC21S−JZY−03　110−EC21S−JZY 转角塔材料汇总表（二）（续）

110kV 输电线路钻越塔标准化设计图集　钻越塔加工图

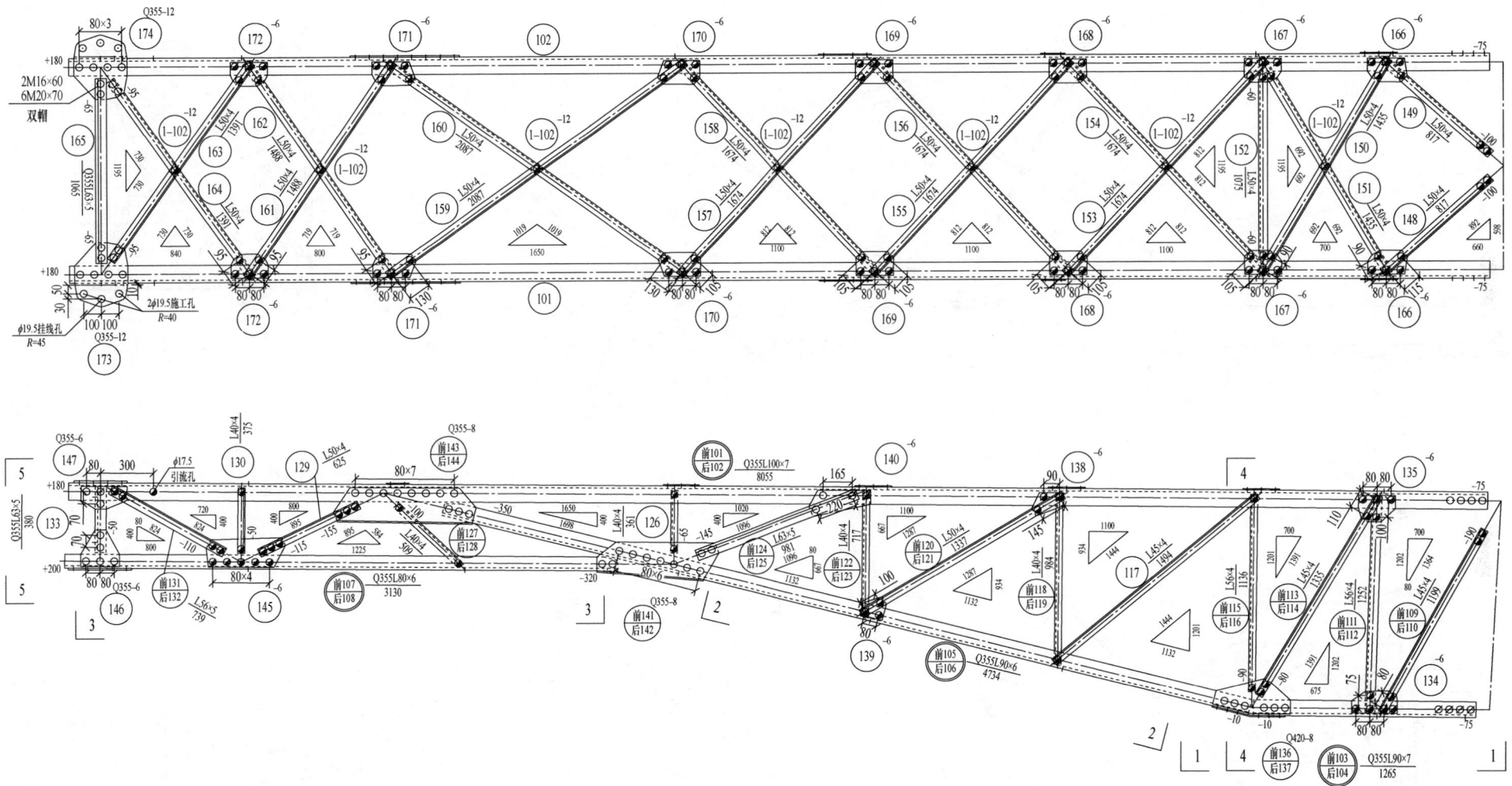

图 10-4　110-EC21S-JZY-04　110-EC21S-JZY 转角塔地线支架结构图 ①

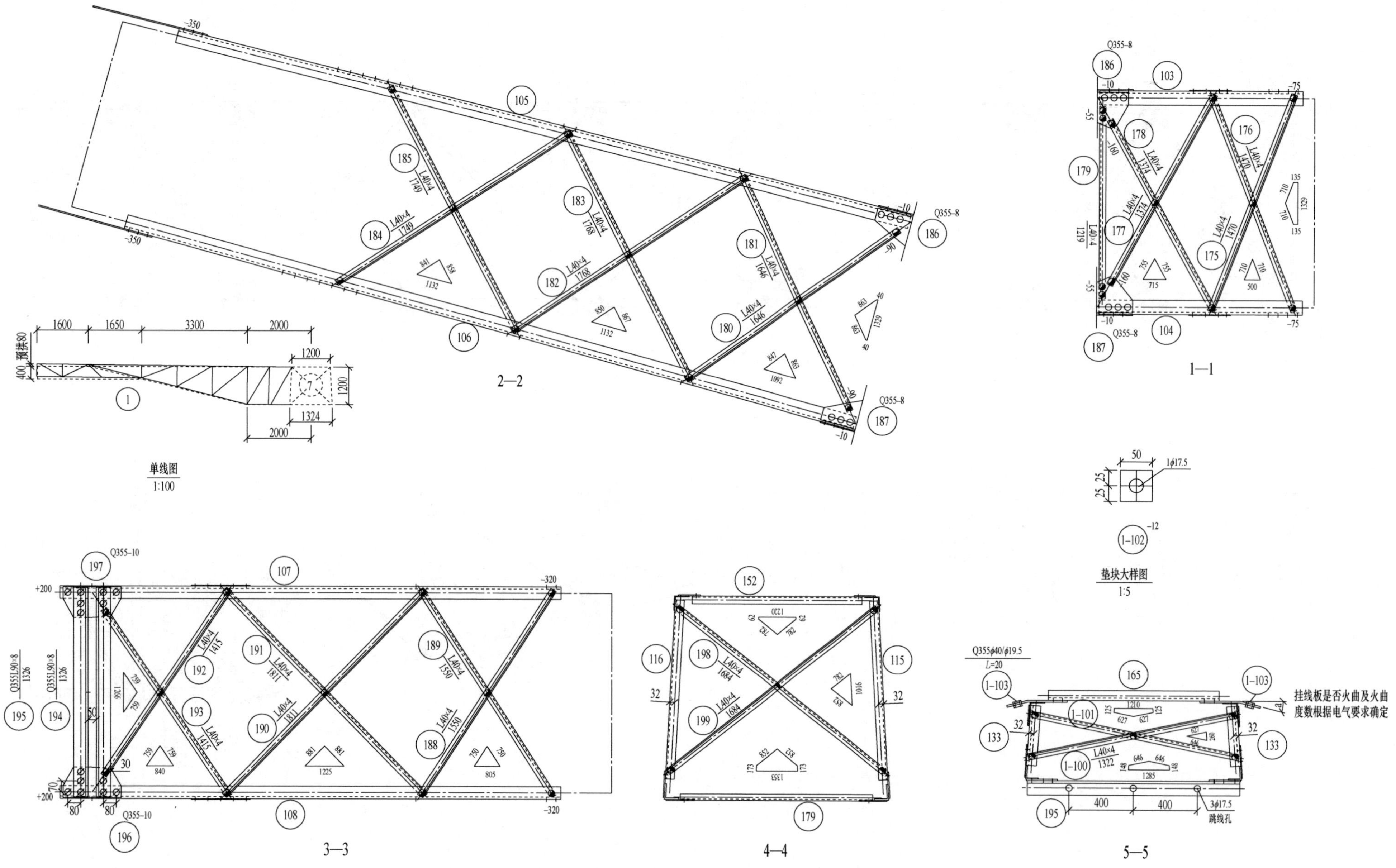

图 10-4　110-EC21S-JZY-04　110-EC21S-JZY 转角塔地线支架结构图 ①（续）

螺栓、垫圈、脚钉明细表

名称	级别	规格	符号	数量	重量（kg）	备注
螺栓	6.8	M16×40	●	91	13.1	
		M16×50	◐	98	15.7	
		M16×60	○	2	0.2	双帽
		M20×45	○	72	19.4	
		M20×55	∅	16	4.7	
		M20×70	○	12	4.6	双帽
垫圈	Q235	−3（φ17.5）	规格×个数	34	0.3	
		−3（φ17.5）		3	0.3	
合计					58.3kg	

构件明细表

编号	规格	长度(mm)	数量	重量(kg) 一件	重量(kg) 小计	备注	编号	规格	长度(mm)	数量	重量(kg) 一件	重量(kg) 小计	备注
101	Q355L100×7	8055	1	87.24	87.2	开角（93.0）	153	L50×4	1674	1	5.12	5.1	
102	Q355L100×7	8055	1	87.24	87.2	开角（93.0）	154	L50×4	1674	1	5.12	5.1	
103	Q355L90×7	1265	1	12.21	12.2	合角（87.0）	155	L50×4	1674	1	5.12	5.1	
104	Q355L90×7	1265	1	12.21	12.2	合角（87.0）	156	L50×4	1674	1	5.12	5.1	
105	Q355L90×6	4734	1	39.53	39.5	切角,合角（87.4）	157	L50×4	1674	1	5.12	5.1	
106	Q355L90×6	4734	1	39.53	39.5	切角,合角（87.4）	158	L50×4	1674	1	5.12	5.1	
107	Q355L80×6	3130	1	23.09	23.1	切角	159	L50×4	2087	1	6.38	6.4	
108	Q355L80×6	3130	1	23.09	23.1	切角	160	L50×4	2087	1	6.38	6.4	
109	L45×4	1199	1	3.28	3.3		161	L50×4	1488	1	4.55	4.6	
110	L45×4	1199	1	3.28	3.3		162	L50×4	1488	1	4.55	4.6	
111	L56×4	1252	1	4.31	4.3		163	L50×4	1391	1	4.26	4.3	
112	L56×4	1252	1	4.31	4.3		164	L50×4	1391	1	4.26	4.3	
113	L45×4	1335	1	3.65	3.7		165	Q355L63×5	1065	1	5.14	5.1	
114	L45×4	1335	1	3.65	3.7		166	−6×137	225	2	1.46	2.9	
115	L56×4	1136	1	3.91	3.9		167	−6×137	211	2	1.37	2.7	
116	L56×4	1136	1	3.91	3.9		168	−6×137	212	2	1.38	2.8	
117	L45×4	1494	2	4.09	8.2		169	−6×137	212	2	1.38	2.8	
118	L40×4	984	1	2.38	2.4		170	−6×137	246	2	1.60	3.2	
119	L40×4	984	1	2.38	2.4		171	−6×138	245	2	1.60	3.2	
120	L50×4	1337	1	4.09	4.1		172	−6×138	210	2	1.37	2.7	
121	L50×4	1337	1	4.09	4.1		173	Q355−12×300	370	1	10.47	10.5	火曲；电焊
122	L40×4	717	1	1.74	1.7		174	Q355−12×300	370	1	10.47	10.5	火曲；电焊
123	L40×4	717	1	1.74	1.7		175	L40×4	1470	1	3.56	3.6	
124	L63×5	981	1	4.73	4.7		176	L40×4	1470	1	3.56	3.6	
125	L63×5	981	1	4.73	4.7		177	L40×4	1374	1	3.33	3.3	
126	L40×4	361	2	0.87	1.7		178	L40×4	1374	1	3.33	3.3	切角
127	L40×4	509	1	1.23	1.2	切角	179	L40×4	1219	1	2.95	3.0	
128	L40×4	509	1	1.23	1.2	切角	180	L40×4	1646	1	3.99	4.0	
129	L50×4	625	2	1.91	3.8		181	L40×4	1646	1	3.99	4.0	
130	L40×4	375	2	0.91	1.8		182	L40×4	1768	1	4.28	4.3	
131	L56×5	739	1	3.14	3.1		183	L40×4	1768	1	4.28	4.3	
132	L56×5	739	1	3.14	3.1		184	L40×4	1749	1	4.24	4.2	
133	Q355L63×5	380	2	1.83	3.7		185	L40×4	1749	1	4.24	4.2	
134	−6×128	259	2	1.57	3.1		186	Q355−8×228	451	1	6.48	6.5	火曲
135	−6×152	210	2	1.51	3.0		187	Q355−8×228	451	1	6.48	6.5	火曲
136	Q420−8×202	442	1	5.61	5.6		188	L40×4	1550	1	3.75	3.8	
137	Q420−8×202	442	1	5.61	5.6		189	L40×4	1550	1	3.75	3.8	切角
138	−6×119	203	2	1.15	2.3		190	L40×4	1811	1	4.39	4.4	
139	−6×130	131	2	0.81	1.6		191	L40×4	1811	1	4.39	4.4	切角
140	−6×142	360	2	2.43	4.9		192	L40×4	1415	1	3.43	3.4	
141	Q355−8×261	698	1	11.48	11.5	火曲；卷边	193	L40×4	1415	1	3.43	3.4	切角
142	Q355−8×261	698	1	11.48	11.5	火曲；卷边	194	Q355L90×8	1326	1	14.51	14.5	
143	Q355−8×247	809	1	12.59	12.6	火曲；卷边	195	Q355L90×8	1326	1	14.51	14.5	
144	Q355−8×247	809	1	12.59	12.6	火曲；卷边	196	Q355−10×195	360	1	5.51	5.5	
145	−6×169	445	2	3.55	7.1		197	Q355−10×195	360	1	5.51	5.5	
146	Q355−6×209	220	2	2.18	4.4		198	L40×4	1684	1	4.08	4.1	切角
147	Q355−6×130	259	2	1.59	3.2		199	L40×4	1684	1	4.08	4.1	切角
148	L50×4	817	1	2.50	2.5		1−100	L40×4	1322	1	3.20	3.2	
149	L50×4	817	1	2.50	2.5		1−101	L40×4	1322	1	3.20	3.2	切角
150	L50×4	1435	1	4.39	4.4		1−102	−12×50	50	7	0.24	1.6	
151	L50×4	1435	1	4.39	4.4		1−103	Q355φ40/φ19.5	20	2	0.15	0.3	套管带电焊
152	L50×4	1075	1	3.29	3.3		合计					756.1kg	

图 10−4 110−EC21S−JZY−04 110−EC21S−JZY 转角塔地线支架结构图 ①（续）

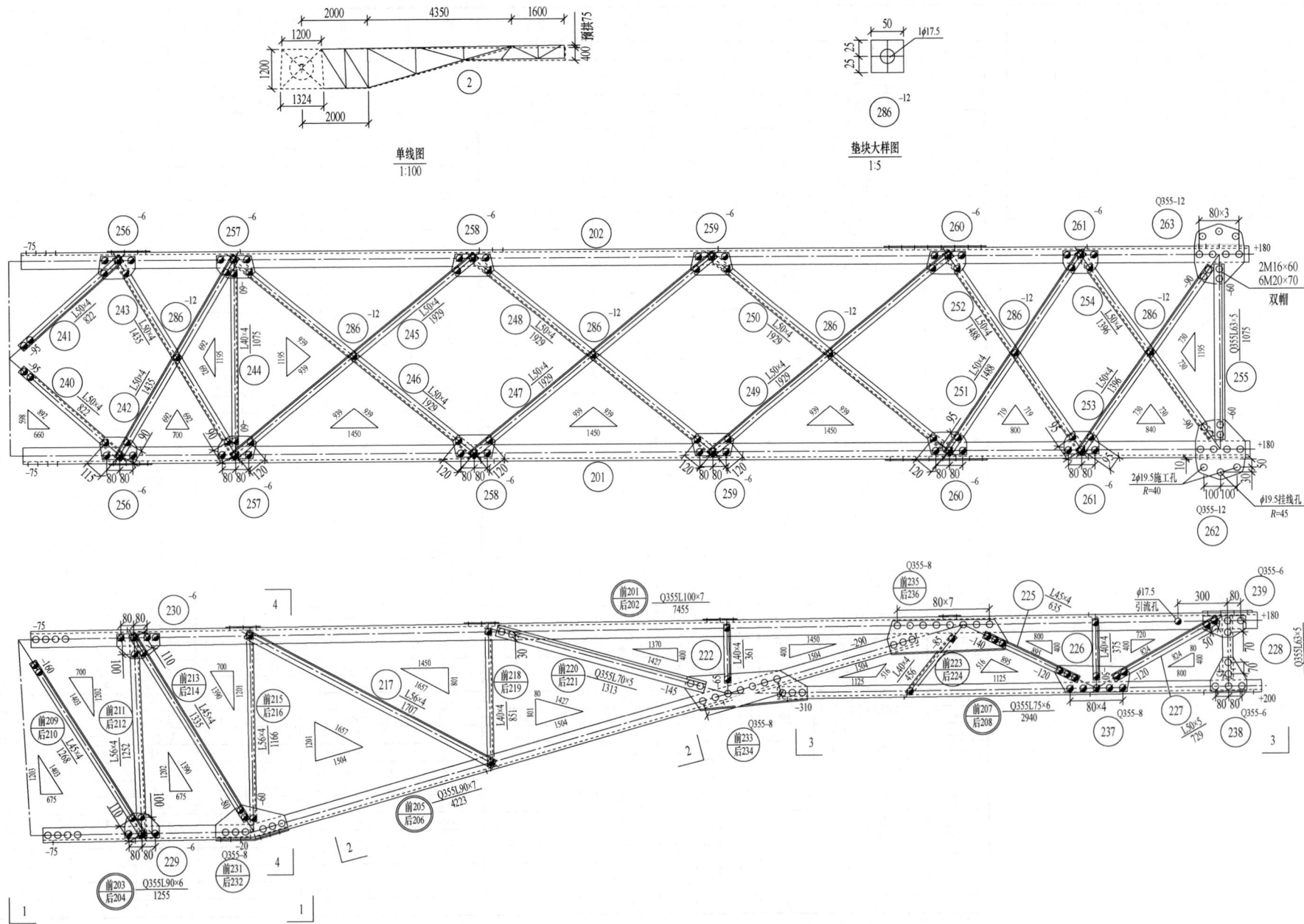

图 10-5 110-EC21S-JZY-05 110-EC21S-JZY 转角塔地线横担结构图 ②

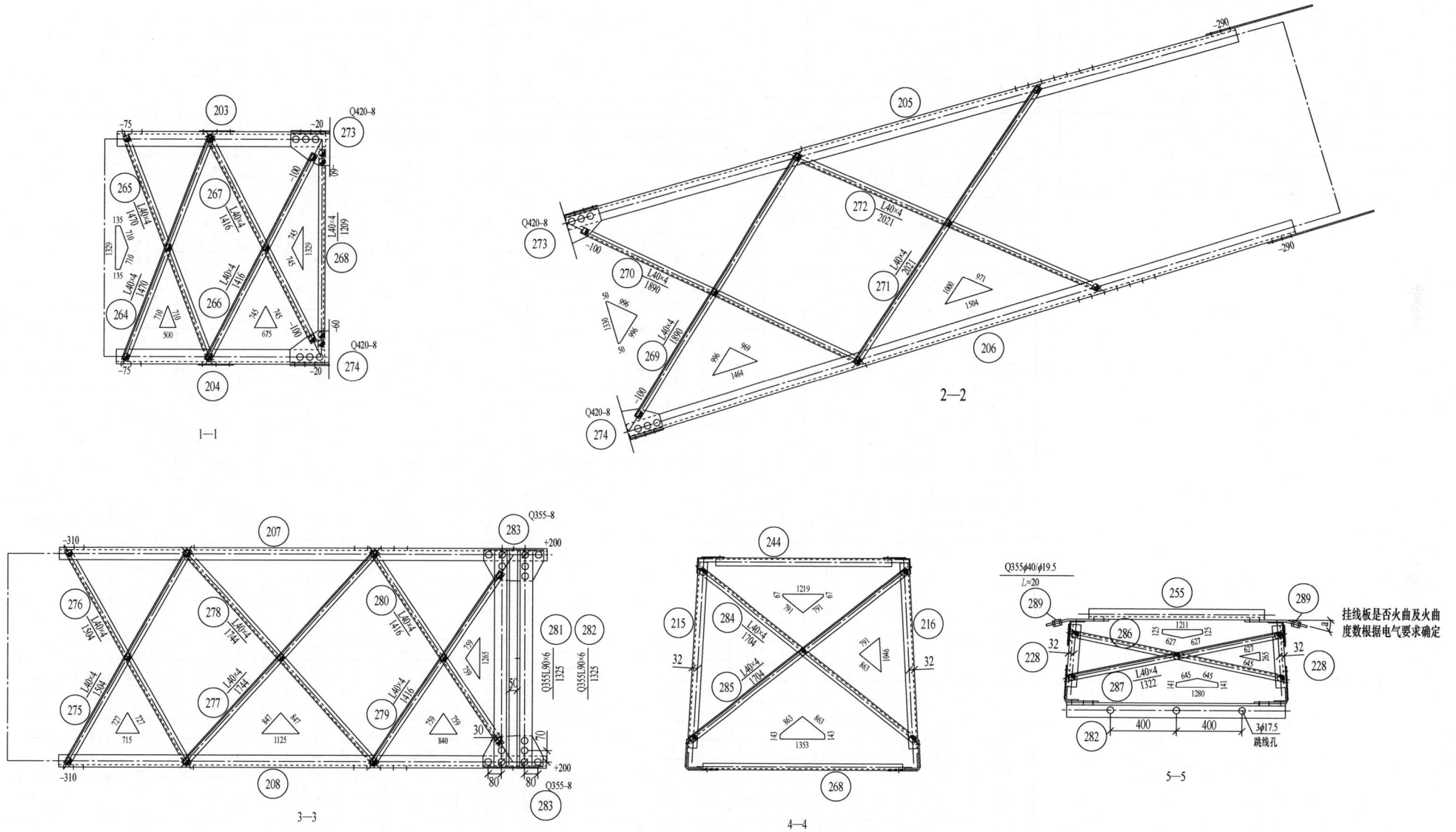

图 10-5 110-EC21S-JZY-05 110-EC21S-JZY 转角塔地线横担结构图 ②（续）

螺栓、垫圈、脚钉明细表

名称	级别	规格	符号	数量	重量（kg）	备注
螺栓	6.8	M16×40	◑	73	10.5	
		M16×50	◑	87	13.9	
		M16×60	○	2	0.4	双帽
		M20×45	○	84	22.7	
		M20×55	∅	4	1.2	
		M20×70	○	12	4.6	双帽
垫圈	Q235	−3（φ17.5）	规格×个数	30	0.3	
		−3（φ17.5）		9	0.2	
合计					58.3kg	

构 件 明 细 表

编号	规格	长度(mm)	数量	重量(kg) 一件	重量(kg) 小计	备注	编号	规格	长度(mm)	数量	重量(kg) 一件	重量(kg) 小计	备注
201	Q355L100×7	7455	1	80.74	80.7	开角（93.0）	246	L50×4	1929	1	5.90	5.9	
202	Q355L100×7	7455	1	80.74	80.7	开角（93.0）	247	L50×4	1929	1	5.90	5.9	
203	Q355L90×6	1255	1	10.48	10.5	合角（87.0）	248	L50×4	1929	1	5.90	5.9	
204	Q355L90×6	1255	1	10.48	10.5	合角（87.0）	249	L50×4	1929	1	5.90	5.9	
205	Q355L90×7	4223	1	40.78	40.8	切角,合角（87.4）	250	L50×4	1929	1	5.90	5.9	
206	Q355L90×7	4223	1	40.78	40.8	切角,合角（87.4）	251	L50×4	1488	1	4.55	4.6	
207	Q355L75×6	2940	1	20.30	20.3	切角	252	L50×4	1488	1	4.55	4.6	
208	Q355L75×6	2940	1	20.30	20.3	切角	253	L50×4	1396	1	4.27	4.3	切角
209	L45×4	1268	1	3.47	3.5		254	L50×4	1396	1	4.27	4.3	
210	L45×4	1268	1	3.47	3.5		255	Q355L63×5	1075	1	5.18	5.2	
211	L56×4	1252	1	4.31	4.3		256	−6×137	225	2	1.46	2.9	
212	L56×4	1252	1	4.31	4.3		257	−6×140	232	2	1.54	3.1	
213	L45×4	1335	1	3.65	3.7		258	−6×136	255	2	1.64	3.3	
214	L45×4	1335	1	3.65	3.7		259	−6×136	255	2	1.64	3.3	
215	L56×4	1166	1	4.02	4.0		260	−6×138	232	2	1.52	3.0	
216	L56×4	1166	1	4.02	4.0		261	−6×138	210	2	1.37	2.7	
217	L56×4	1707	2	5.88	11.8		262	Q355−12×300	365	1	10.32	10.3	火曲;电焊
218	L40×4	851	1	2.06	2.1		263	Q355−12×300	365	1	10.32	10.3	火曲;电焊
219	L40×4	851	1	2.06	2.1		264	L40×4	1470	1	3.56	3.6	
220	Q355L70×5	1313	1	7.09	7.1		265	L40×4	1470	1	3.56	3.6	
221	Q355L70×5	1313	1	7.09	7.1		266	L40×4	1416	1	3.43	3.4	
222	L40×4	361	2	0.87	1.7		267	L40×4	1416	1	3.43	3.4	
223	L40×4	456	1	1.10	1.1	切角	268	L40×4	1209	1	2.93	2.9	
224	L40×4	456	1	1.10	1.1	切角	269	L40×4	1890	1	4.58	4.6	
225	L45×4	635	2	1.74	3.5		270	L40×4	1890	1	4.58	4.6	切角
226	L40×4	375	2	0.91	1.8		271	L40×4	2021	1	4.89	4.9	
227	L50×5	729	2	2.75	5.5		272	L40×4	2021	1	4.89	4.9	切角
228	Q355L63×5	385	2	1.86	3.7		273	Q420−8×176	453	1	5.04	5.0	火曲
229	−6×152	210	2	1.51	3.0		274	Q420−8×176	453	1	5.04	5.0	火曲
230	−6×152	260	2	1.87	3.7		275	L40×4	1504	1	3.64	3.6	
231	Q355−8×202	441	1	5.61	5.6		276	L40×4	1504	1	3.64	3.6	切角
232	Q355−8×202	441	1	5.61	5.6		277	L40×4	1744	1	4.22	4.2	
233	Q355−8×254	753	1	12.03	12.0	火曲;卷边	278	L40×4	1744	1	4.22	4.2	切角
234	Q355−8×254	753	1	12.03	12.0	火曲;卷边	279	L40×4	1416	1	3.43	3.4	
235	Q355−8×248	733	1	11.43	11.4	火曲;卷边	280	L40×4	1416	1	3.43	3.4	切角
236	Q355−8×248	733	1	11.43	11.4	火曲;卷边	281	Q355L90×6	1325	1	11.06	11.1	
237	Q355−8×164	456	2	4.72	9.4		282	Q355L90×6	1325	1	11.06	11.1	
238	Q355−6×204	220	2	2.12	4.2		283	Q355−8×190	360	2	4.30	8.6	
239	Q355−6×130	258	2	1.58	3.2		284	L40×4	1704	1	4.13	4.1	切角
240	L50×4	822	1	2.51	2.5	切角	285	L40×4	1704	1	4.13	4.1	
241	L50×4	822	1	2.51	2.5		286	L40×4	1322	1	3.20	3.2	切角
242	L50×4	1435	1	4.39	4.4		287	L40×4	1322	1	3.20	3.2	
243	L50×4	1435	1	4.39	4.4		288	−12×50	50	6	0.24	1.4	
244	L40×4	1065	1	2.58	2.6		289	Q355φ40/φ19.5	20	2	0.15	0.3	套管带电焊
245	L50×4	1929	1	5.90	5.9		合计					695.0kg	

图 10−5　110−EC21S−JZY−05　110−EC21S−JZY 转角塔地线横担结构图 ②（续）

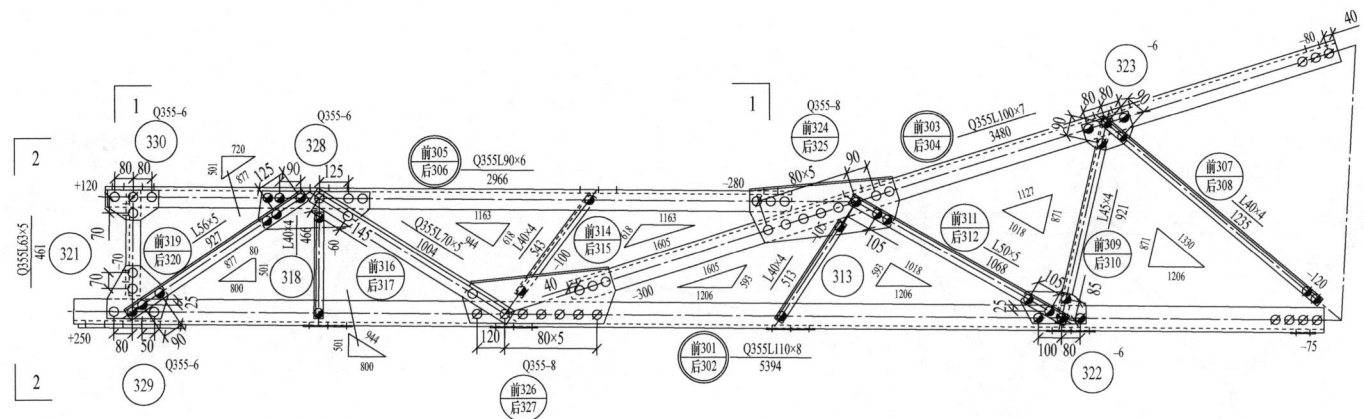

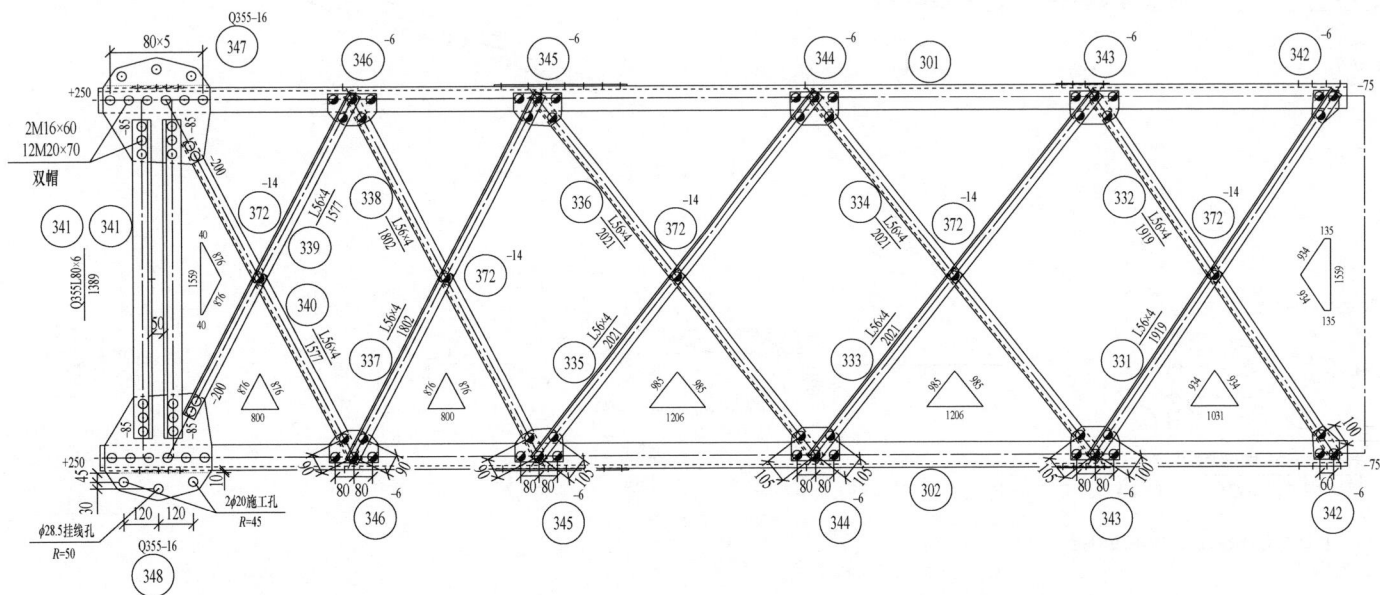

图 10-6　110-EC21S-JZY-06　110-EC21S-JZY 转角塔导线横担结构图 ③

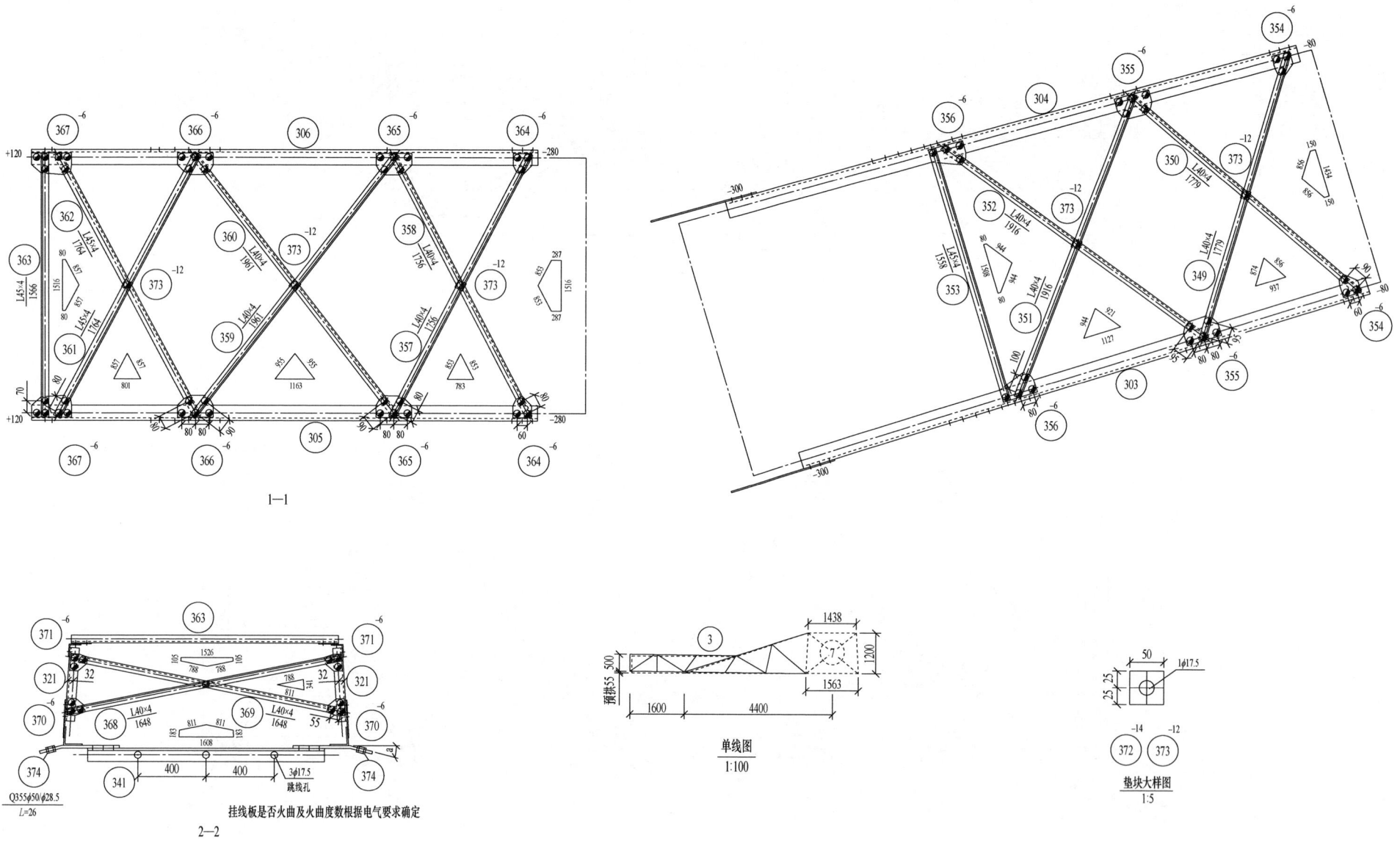

1—1

2—2

挂线板是否火曲及火曲度数根据电气要求确定

单线图
1:100

垫块大样图
1:5

图10-6 110-EC21S-JZY-06 110-EC21S-JZY 转角塔导线横担结构图 ③（续）

螺栓、垫圈、脚钉明细表

名称	级别	规格	符号	数量	重量（kg）	备注
螺栓	6.8	M16×40	◑	71	10.2	
		M16×50	◑	118	18.9	
		M16×60	▣	2	0.4	
		M16×60	○	4	0.8	双帽
		M20×45	○	34	9.2	
		M20×55	⌀	16	4.7	
		M20×70	○	24	9.3	双帽
垫圈	Q235	−3（φ17.5）	规格×个数	26	0.3	
		−4（φ17.5）		24	0.3	
合计					54.1kg	

构件明细表

编号	规格	长度（mm）	数量	重量（kg）一件	重量（kg）小计	备注	编号	规格	长度（mm）	数量	重量（kg）一件	重量（kg）小计	备注
301	Q420L110×8	5394	1	72.99	73.0	合角（87.0）	339	L56×4	1577	1	5.43	5.4	
302	Q420L110×8	5394	1	72.99	73.0	合角（87.0）	340	L56×4	1577	1	5.43	5.4	切角
303	Q355L100×7	3480	1	37.69	37.7	切角，开角（92.8）	341	Q355L80×6	1389	2	10.25	20.5	
304	Q355L100×7	3480	1	37.69	37.7	切角，开角（92.8）	342	−6×117	144	2	0.80	1.6	
305	Q355L90×6	2966	1	24.77	24.8	切角，开角（93.0）	343	−6×144	210	2	1.43	2.9	
306	Q355L90×6	2966	1	24.77	24.8	切角，开角（93.0）	344	−6×144	210	2	1.43	2.9	
307	L40×4	1235	1	2.99	3.0		345	−6×144	210	2	1.43	2.9	
308	L40×4	1235	1	2.99	3.0		346	−6×140	210	2	1.39	2.8	
309	L45×4	921	1	2.52	2.5		347	Q355−16×459	465	1	26.85	26.8	火曲
310	L45×4	921	1	2.52	2.5		348	Q355−16×454	465	1	26.56	26.6	火曲
311	L50×5	1068	1	4.03	4.0		349	L40×4	1779	1	4.31	4.3	
312	L50×5	1068	1	4.03	4.0		350	L40×4	1779	1	4.31	4.3	
313	L40×4	513	2	1.24	2.5		351	L40×4	1916	1	4.64	4.6	
314	L40×4	543	1	1.32	1.3		352	L40×4	1916	1	4.64	4.6	
315	L40×4	543	1	1.32	1.3		353	L45×4	1558	1	4.26	4.3	
316	Q355L70×5	1004	1	5.42	5.4		354	−6×110	133	2	0.69	1.4	
317	Q355L70×5	1004	1	5.42	5.4		355	−6×135	210	2	1.34	2.7	
318	L40×4	466	2	1.13	2.3		356	−6×135	210	2	1.34	2.7	
319	L56×5	927	1	3.94	3.9	切角	357	L40×4	1756	1	4.25	4.3	
320	L56×5	927	1	3.94	3.9	切角	358	L40×4	1756	1	4.25	4.3	切角
321	Q355L63×5	461	2	2.22	4.4		359	L40×4	1961	1	4.75	4.7	
322	−6×140	282	2	1.87	3.7		360	L40×4	1961	1	4.75	4.7	
323	−6×135	210	2	1.34	2.7		361	L45×4	1764	1	4.83	4.8	
324	Q355−8×281	648	1	11.48	11.5	火曲；卷边	362	L45×4	1764	1	4.83	4.8	切角
325	Q355−8×281	648	1	11.48	11.5	火曲；卷边	363	L45×4	1566	1	4.28	4.3	
326	Q355−8×286	664	1	11.95	12.0	火曲；卷边	364	−6×110	127	2	0.66	1.3	
327	Q355−8×286	664	1	11.95	12.0	火曲；卷边	365	−6×128	210	2	1.27	2.5	
328	Q355−6×167	475	2	3.74	7.5		366	−6×128	210	2	1.27	2.5	
329	Q355−6×229	263	2	2.86	5.7		367	−6×128	230	2	1.39	2.8	
330	Q355−6×130	220	2	1.35	2.7		368	L40×4	1648	1	3.99	4.0	
331	L56×4	1919	1	6.61	6.6		369	L40×4	1648	1	3.99	4.0	切角
332	L56×4	1919	1	6.61	6.6	切角	370	−6×100	112	2	0.53	1.1	
333	L56×4	2021	1	6.96	7.0		371	−6×100	112	2	0.53	1.1	
334	L56×4	2021	1	6.96	7.0	切角	372	−14×50	50	5	0.27	1.4	
335	L56×4	2021	1	6.96	7.0		373	−12×50	50	5	0.24	1.2	
336	L56×4	2021	1	6.96	7.0	切角	374	Q355φ50/φ28.5	26	2	0.27	0.5	套管带电焊
337	L56×4	1802	1	6.21	6.2		合计					624.3kg	
338	L56×4	1802	1	6.21	6.2	切角							

图 10−6 110−EC21S−JZY−06 110−EC21S−JZY 转角塔导线横担结构图 ③（续）

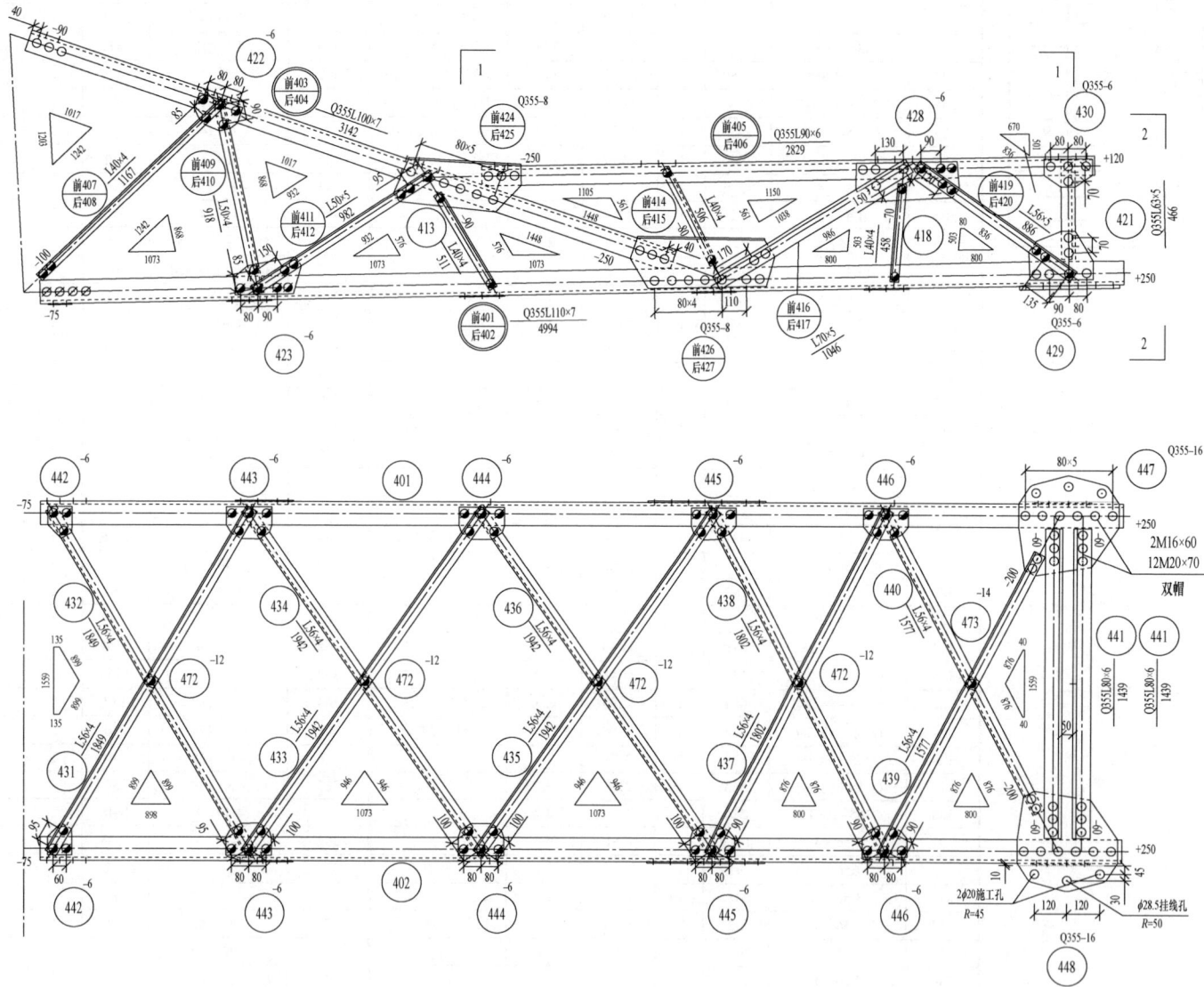

图 10-7 110-EC21S-JZY-07 110-EC21S-JZY 转角塔导线支架结构图 ④

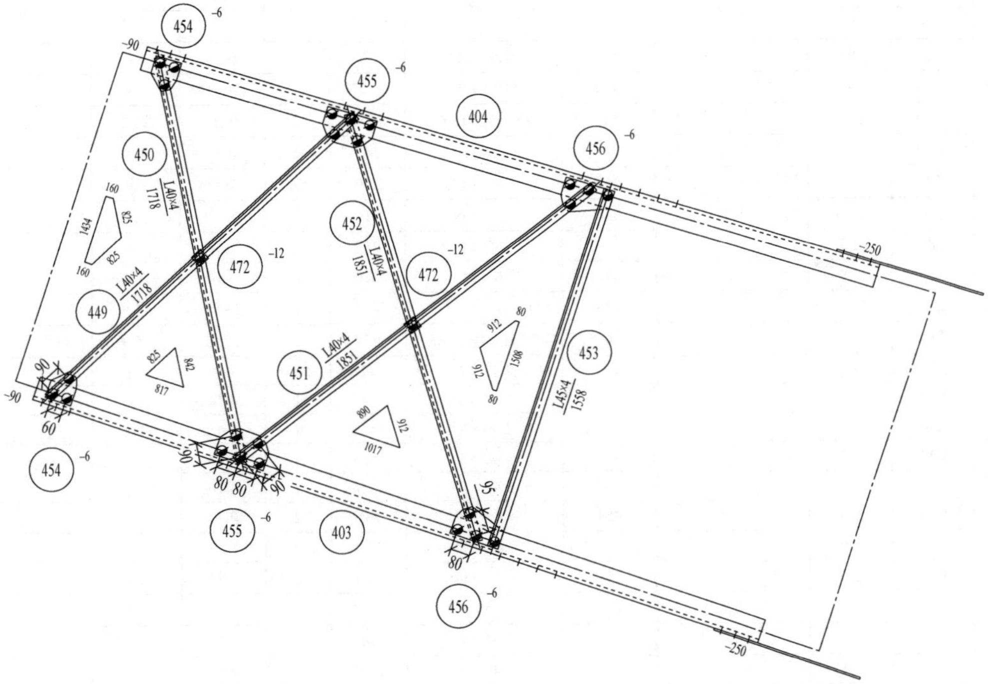

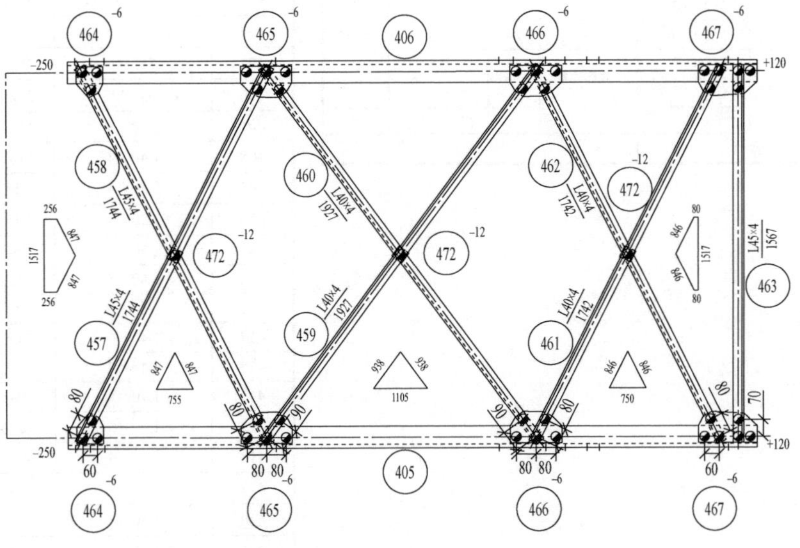

1—1

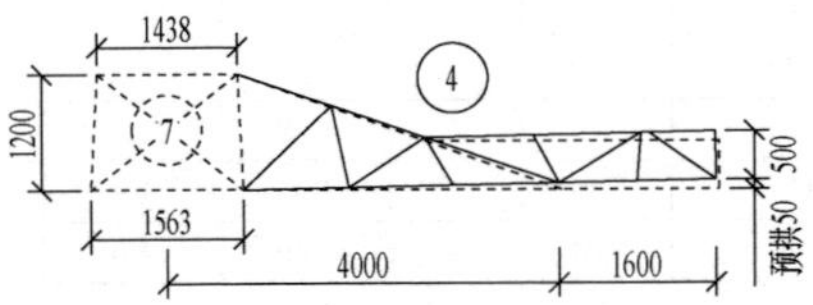

单线图

1:100

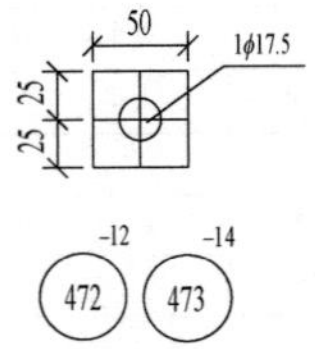

垫块大样图

1:5

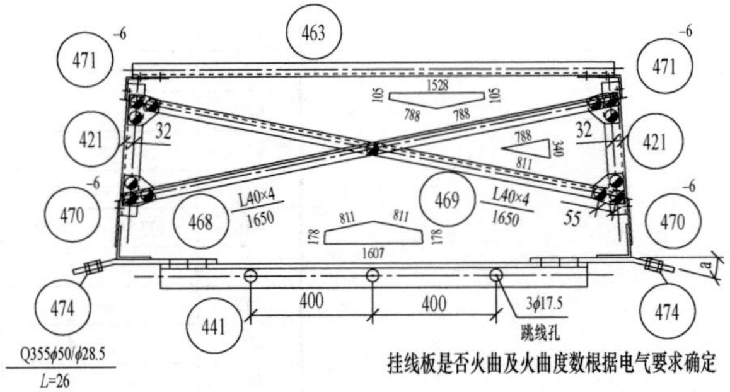

2—2

图 10-7　110-EC21S-JZY-07　110-EC21S-JZY 转角塔导线支架结构图 ④（续）

螺栓、垫圈、脚钉明细表

名称	级别	规格	符号	数量	重量（kg）	备注
螺栓	6.8	M16×40	◑	75	10.8	
		M16×50	◐	120	19.2	
		M16×60	○	4	0.8	双帽
		M20×45	○	46	12.4	
		M20×55	⊘	4	1.2	
		M20×70	○	24	9.3	双帽
垫圈	Q235	−3（φ17.5）	规格×个数	46	0.5	
		−4（φ17.5）		4	0.1	
合计					54.3kg	

构 件 明 细 表

编号	规格	长度（mm）	数量	重量（kg）一件	重量（kg）小计	备注	编号	规格	长度（mm）	数量	重量（kg）一件	重量（kg）小计	备注
401	Q355L110×7	4994	1	59.57	59.6	合角（87.0）	439	L56×4	1577	1	5.43	5.4	
402	Q355L110×7	4994	1	59.57	59.6	合角（87.0）	440	L56×4	1577	1	5.43	5.4	
403	Q355L100×7	3142	1	34.03	34.0	切角，开角（92.8）	441	Q355L80×6	1439	2	10.61	21.2	
404	Q355L100×7	3142	1	34.03	34.0	切角，开角（92.8）	442	−6×110	147	2	0.77	1.5	
405	Q355L90×6	2829	1	23.62	23.6	切角，开角（92.9）	443	−6×148	210	2	1.47	2.9	
406	Q355L90×6	2829	1	23.62	23.6	切角，开角（92.9）	444	−6×148	210	2	1.47	2.9	
407	L40×4	1167	1	2.83	2.8		445	−6×148	210	2	1.47	2.9	
408	L40×4	1167	1	2.83	2.8		446	−6×145	210	2	1.44	2.9	
409	L50×4	918	1	2.81	2.8	切角	447	Q355−16×438	470	1	25.91	25.9	火曲
410	L50×4	918	1	2.81	2.8	切角	448	Q355−16×438	470	1	25.91	25.9	火曲
411	L50×5	982	1	3.70	3.7		449	L40×4	1718	1	4.16	4.2	
412	L50×5	982	1	3.70	3.7		450	L40×4	1718	1	4.16	4.2	
413	L40×4	511	2	1.24	2.5		451	L40×4	1851	1	4.48	4.5	
414	L40×4	506	1	1.23	1.2		452	L40×4	1851	1	4.48	4.5	
415	L40×4	506	1	1.23	1.2		453	L45×4	1558	1	4.26	4.3	
416	L70×5	1046	1	5.65	5.6		454	−6×110	135	2	0.70	1.4	
417	L70×5	1046	1	5.65	5.6		455	−6×134	210	2	1.33	2.7	
418	L40×4	458	2	1.11	2.2		456	−6×134	210	2	1.33	2.7	
419	L56×5	886	1	3.77	3.8	切角	457	L45×4	1744	1	4.77	4.8	
420	L56×5	886	1	3.77	3.8	切角	458	L45×4	1744	1	4.77	4.8	
421	Q355L63×5	466	2	2.25	4.5		459	L40×4	1927	1	4.67	4.7	
422	−6×136	210	2	1.35	2.7		460	L40×4	1927	1	4.67	4.7	
423	−6×171	308	2	2.49	5.0		461	L40×4	1742	1	4.22	4.2	
424	−8×271	583	1	9.94	9.9	火曲；卷边	462	L40×4	1742	1	4.22	4.2	
425	−8×271	583	1	9.94	9.9	火曲；卷边	463	L45×4	1567	1	4.29	4.3	
426	Q355−8×282	671	1	11.91	11.9	火曲；卷边	464	−6×110	129	2	0.67	1.3	
427	Q355−8×282	671	1	11.91	11.9	火曲；卷边	465	−6×129	210	2	1.28	2.6	
428	−6×181	477	2	4.09	8.2		466	−6×129	210	2	1.28	2.6	
429	Q355−6×224	295	2	3.13	6.3		467	−6×127	240	2	1.45	2.9	
430	Q355−6×130	220	2	1.35	2.7		468	L40×4	1650	1	4.00	4.0	
431	L56×4	1849	1	6.37	6.4		469	L40×4	1650	1	4.00	4.0	切角
432	L56×4	1849	1	6.37	6.4		470	−6×100	112	2	0.53	1.1	
433	L56×4	1942	1	6.69	6.7		471	−6×100	112	2	0.53	1.1	
434	L56×4	1942	1	6.69	6.7		472	−12×50	50	9	0.24	2.1	
435	L56×4	1942	1	6.69	6.7		473	−14×50	50	1	0.27	0.3	
436	L56×4	1942	1	6.69	6.7		474	Q355φ50/φ28.5	26	2	0.27	0.5	套管带电焊
437	L56×4	1802	1	6.21	6.2		合计					583.5kg	
438	L56×4	1802	1	6.21	6.2								

图 10−7　110−EC21S−JZY−07　110−EC21S−JZY 转角塔导线支架结构图 ④（续）

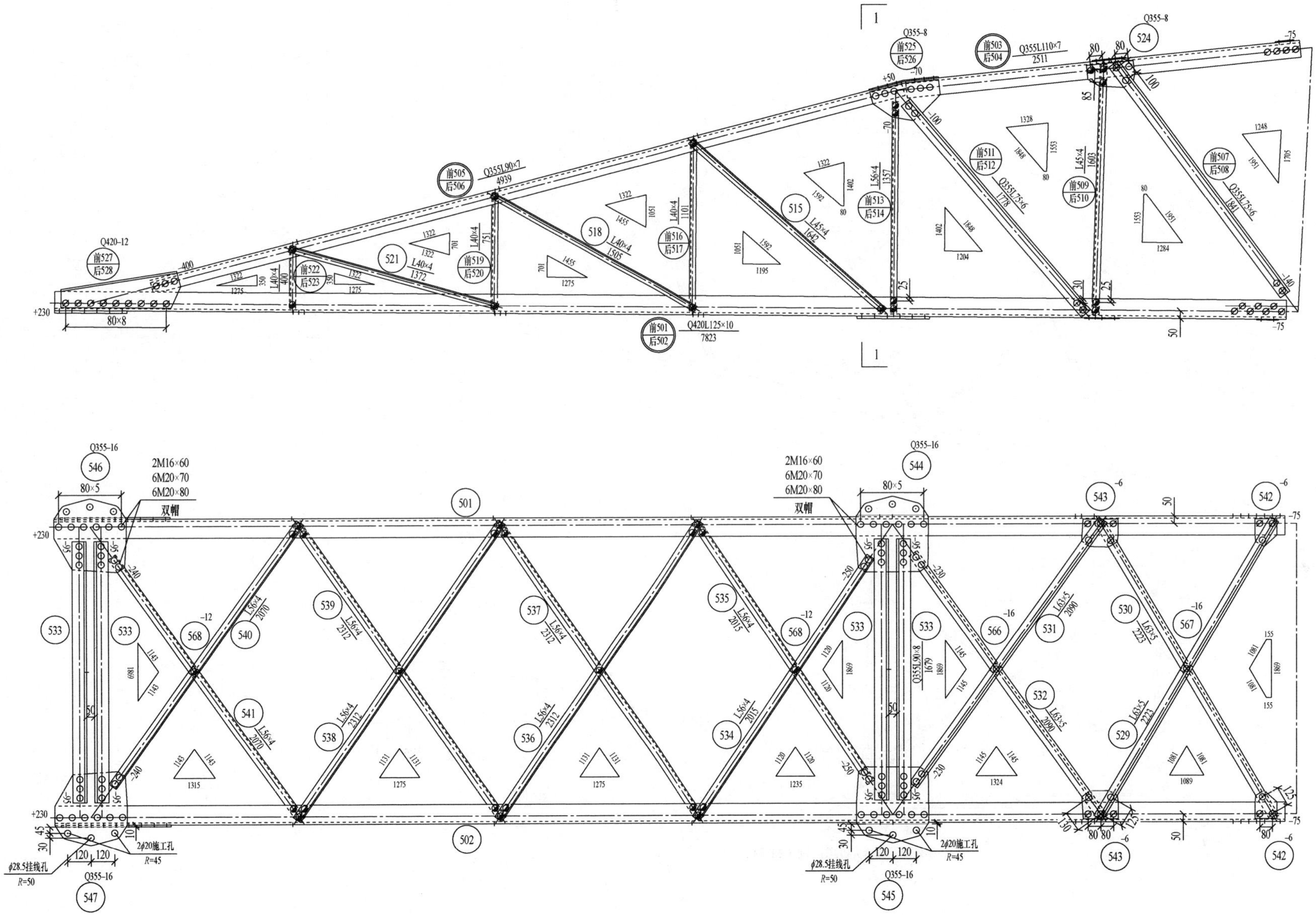

图 10-8 110-EC21S-JZY-08 110-EC21S-JZY 转角塔导线横担结构图 ⑤

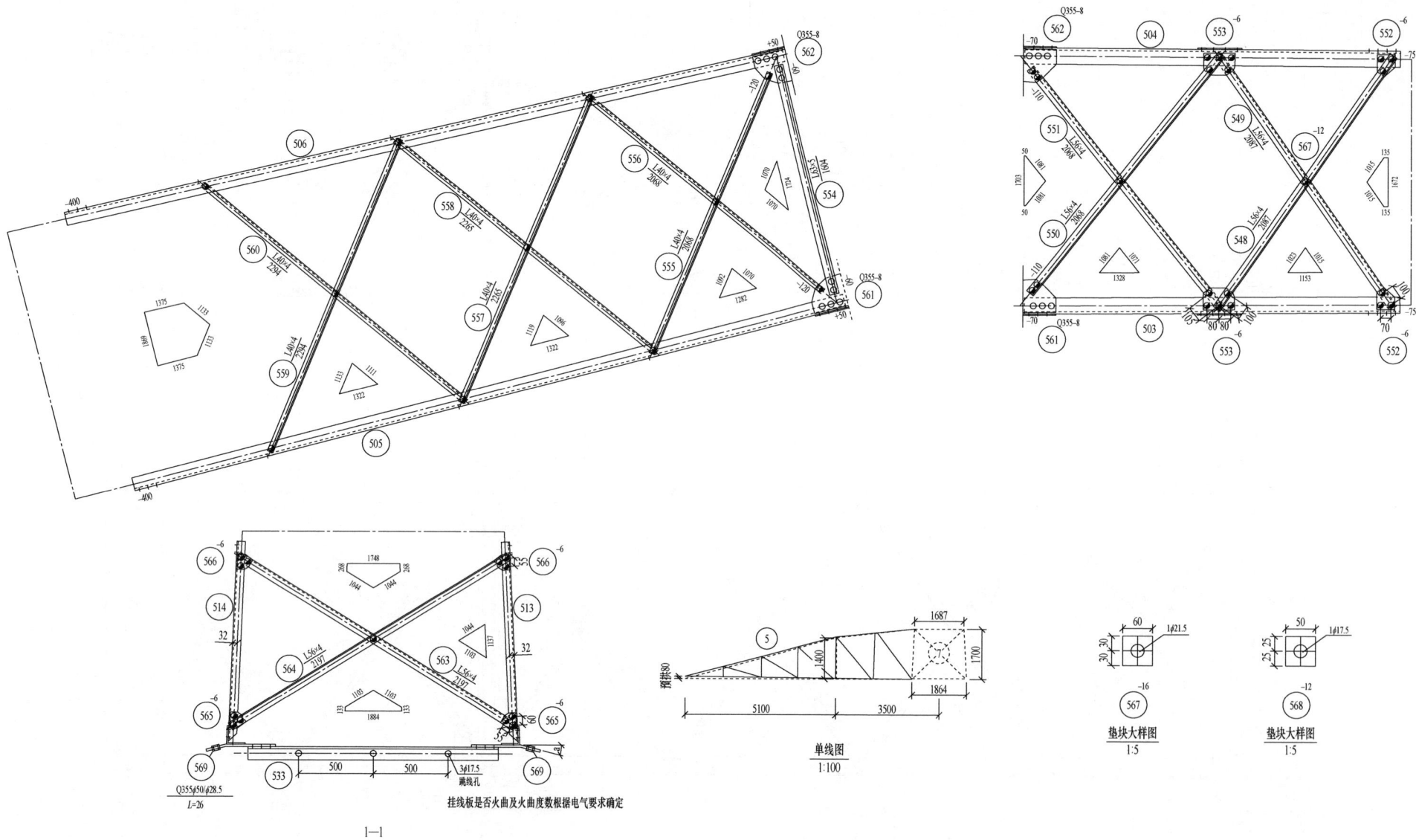

图 10-8　110-EC21S-JZY-08　110-EC21S-JZY 转角塔导线横担结构图 ⑤（续）

螺栓、垫圈、脚钉明细表

名称	级别	规格	符号	数量	重量（kg）	备注
螺栓	6.8	M16×40	◐	23	3.3	
		M16×50	◑	77	12.3	
		M16×60	○	8	1.6	双帽
		M20×45	○	39	10.5	
		M20×55	∅	41	12.1	
		M20×65	⊗	4	1.3	
		M20×70	○	24	9.3	双帽
		M20×80	○	24	9.9	双帽
垫圈	Q235	−3（φ17.5）		16	0.2	规格×个数
		−4（φ17.5）		8	0.1	
		−4（φ22）		6	0.2	
合计					60.8kg	

构 件 明 细 表

编号	规格	长度(mm)	数量	重量(kg)一件	重量(kg)小计	备注	编号	规格	长度(mm)	数量	重量(kg)一件	重量(kg)小计	备注
501	Q420L125×10	7823	1	149.68	149.7	合角（87.0）	536	L56×4	2312	1	7.97	8.0	
502	Q420L125×10	7823	1	149.68	149.7	合角（87.0）	537	L56×4	2312	1	7.97	8.0	切角
503	Q355L110×7	2511	1	29.95	30.0	开角（92.9）	538	L56×4	2312	1	7.97	8.0	
504	Q355L110×7	2511	1	29.95	30.0	开角（92.9）	539	L56×4	2312	1	7.97	8.0	切角
505	Q355L90×7	4939	1	47.69	47.7	切角，开角（92.9）	540	L56×4	2070	1	7.13	7.1	切角
506	Q355L90×7	4939	1	47.69	47.7	切角，开角（92.9）	541	L56×4	2070	1	7.13	7.1	切角
507	Q355L75×6	1841	1	12.71	12.7		542	−6×140	179	2	1.18	2.4	
508	Q355L75×6	1841	1	12.71	12.7		543	−6×180	229	2	1.95	3.9	
509	L45×4	1603	1	4.39	4.4		544	Q355−16×460	484	1	28.07	28.1	火曲
510	L45×4	1603	1	4.39	4.4		545	Q355−16×460	484	1	28.07	28.1	火曲
511	Q355L75×6	1778	1	12.28	12.3		546	Q355−16×461	466	1	27.07	27.1	火曲
512	Q355L75×6	1778	1	12.28	12.3		547	Q355−16×461	466	1	27.07	27.1	火曲
513	L56×4	1357	1	4.68	4.7	切角	548	L56×4	2087	1	7.19	7.2	
514	L56×4	1357	1	4.68	4.7	切角	549	L56×4	2087	1	7.19	7.2	切角
515	L45×4	1642	2	4.49	9.0		550	L56×4	2068	1	7.13	7.1	
516	L40×4	1101	1	2.67	2.7		551	L56×4	2068	1	7.13	7.1	切角
517	L40×4	1101	1	2.67	2.7		552	−6×120	149	2	0.84	1.7	
518	L40×4	1505	2	3.65	7.3		553	−6×149	210	2	1.48	3.0	
519	L40×4	751	1	1.82	1.8		554	L63×5	1604	1	7.73	7.7	
520	L40×4	751	1	1.82	1.8		555	L40×4	2068	1	5.01	5.0	
521	L40×4	1372	2	3.32	6.6		556	L40×4	2068	1	5.01	5.0	切角
522	L40×4	400	1	0.97	1.0		557	L40×4	2265	1	5.49	5.5	
523	L40×4	400	1	0.97	1.0		558	L40×4	2265	1	5.49	5.5	切角
524	Q355−8×165	294	2	3.07	6.1		559	L40×4	2294	1	5.56	5.6	
525	Q355−8×247	443	1	6.90	6.9		560	L40×4	2294	1	5.56	5.6	切角
526	Q355−8×247	443	1	6.90	6.9		561	Q355−8×227	449	1	6.42	6.4	火曲
527	Q420−12×267	773	1	19.53	19.5	火曲；卷边	562	Q355−8×227	449	1	6.42	6.4	火曲
528	Q420−12×267	773	1	19.53	19.5	火曲；卷边	563	L56×4	2197	1	7.57	7.6	切角
529	L63×5	2223	1	10.72	10.7		564	L56×4	2197	1	7.57	7.6	
530	L63×5	2223	1	10.72	10.7	切角	565	−6×106	110	2	0.55	1.1	
531	L63×5	2090	1	10.08	10.1	切角	566	−6×104	105	2	0.51	1.0	
532	L63×5	2090	1	10.08	10.1	切角	567	−16×60	60	2	0.45	0.9	
533	Q355L90×8	1679	4	18.38	73.5		568	−12×50	50	3	0.24	0.7	
534	L56×4	2015	1	6.94	6.9	切角	569	Q355φ50/φ28.5	26	2	0.27	0.5	套管带电焊
535	L56×4	2015	1	6.94	6.9	切角	合计					1013.0kg	

图 10－8　110－EC21S－JZY－08　110－EC21S－JZY 转角塔导线横担结构图 ⑤（续）

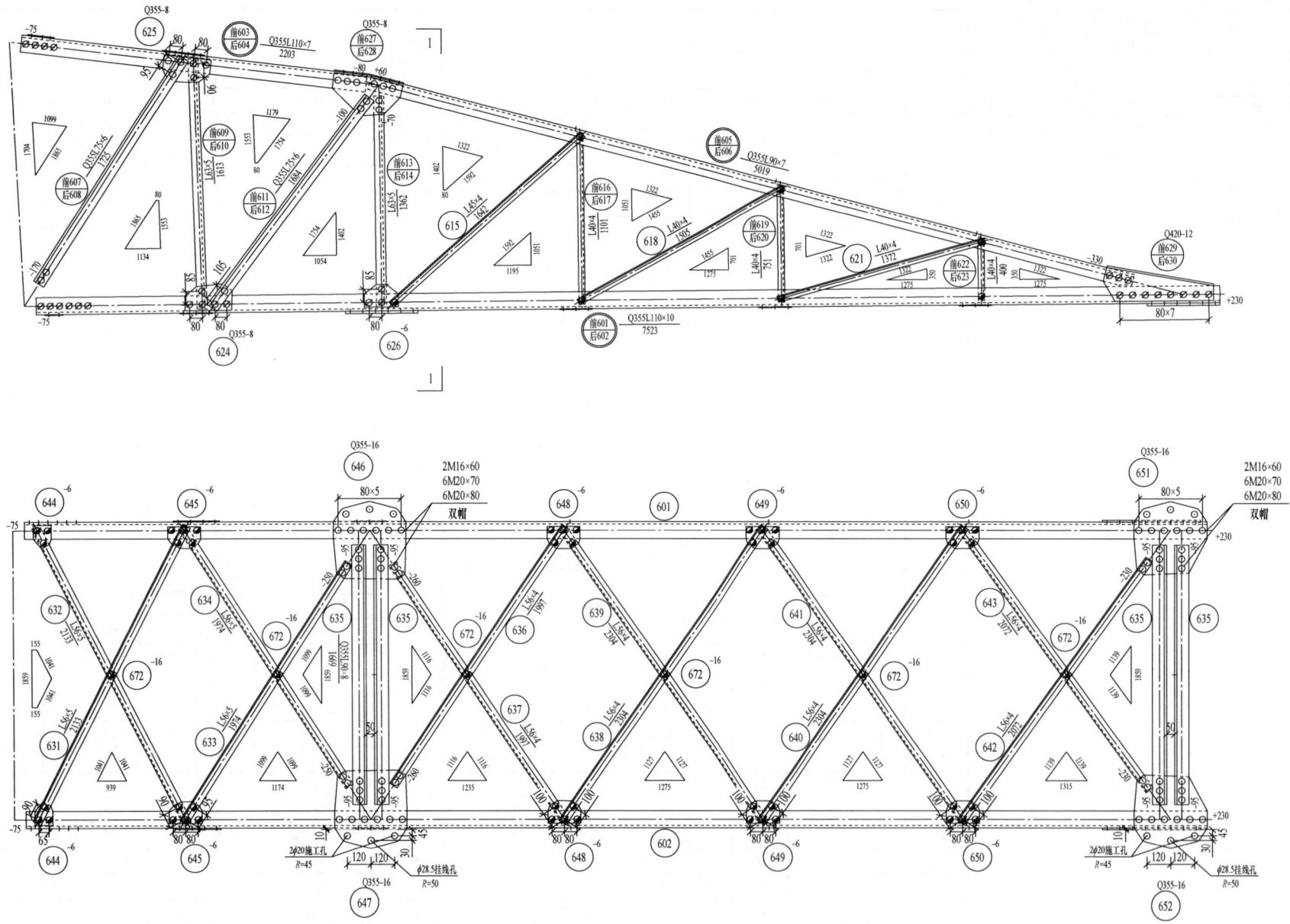

图 10-9　110-EC21S-JZY-09　110-EC21S-JZY 转角塔导线横担结构图 ⑥

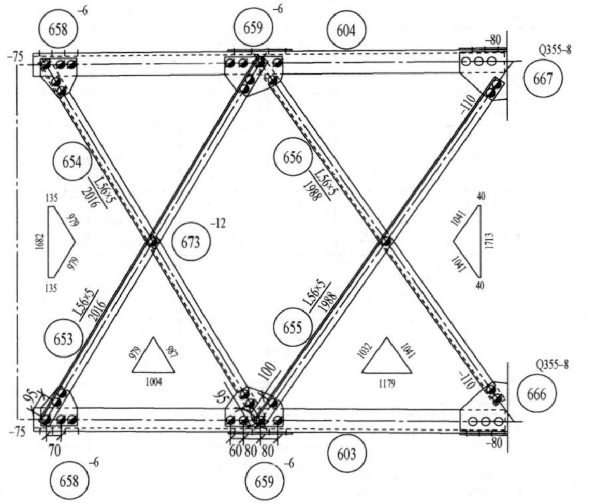

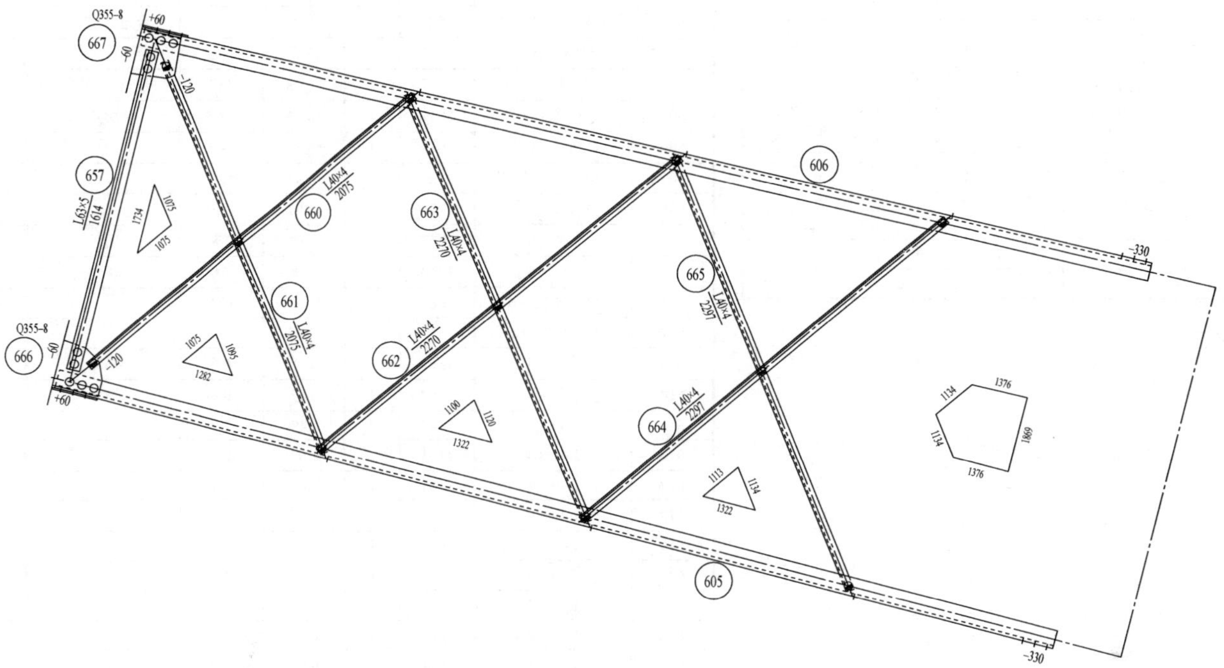

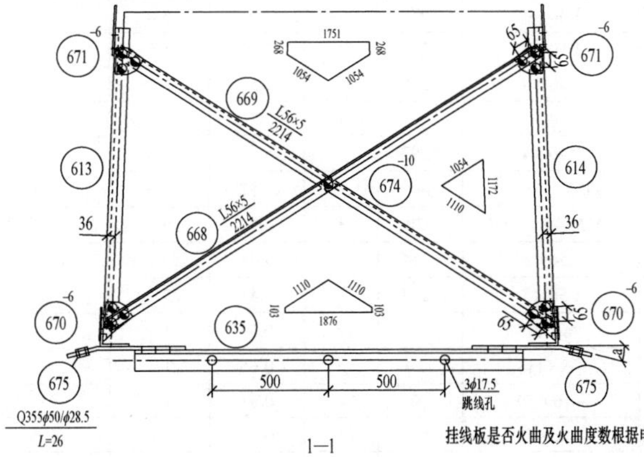

1—1

挂线板是否火曲及火曲度数根据电气要求确定

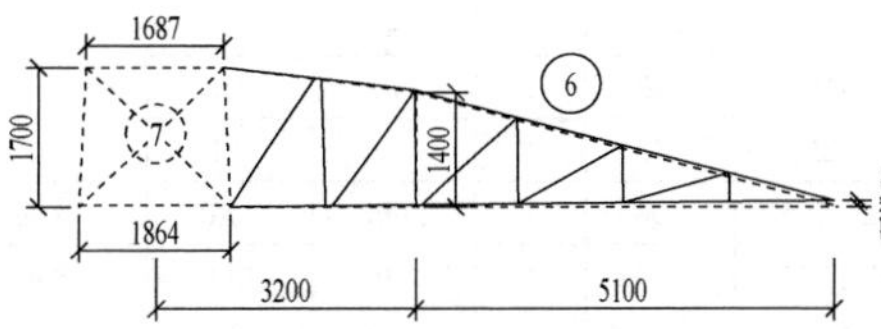

单线图

1:100

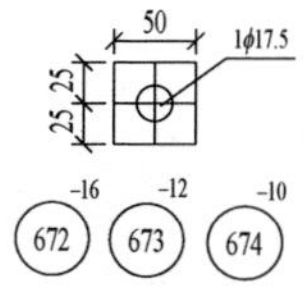

垫块大样图

1:5

图 10-9　110-EC21S-JZY-09　110-EC21S-JZY 转角塔导线横担结构图 ⑥（续）

螺栓、垫圈、脚钉明细表

名称	级别	规格	符号	数量	重量（kg）	备注
螺栓	6.8	M16×40	◐	24	3.5	
		M16×50	◑	82	13.1	
		M16×60	◼	16	2.8	
		M16×60	○	12	2.4	双帽
		M20×45	○	42	11.3	
		M20×55	∅	44	13.0	
		M20×70	○	24	9.3	双帽
		M20×80	○	24	9.9	双帽
垫圈	Q235	−3（ϕ17.5）	规格×个数	16	0.2	
		−4（ϕ17.5）		22	0.2	
		−3（ϕ22）		4	0.1	
		−4（ϕ22）		8	0.2	
合计					66.0kg	

构件明细表

编号	规格	长度（mm）	数量	重量（kg）一件	重量（kg）小计	备注	编号	规格	长度（mm）	数量	重量（kg）一件	重量（kg）小计	备注
601	Q355L110×10	7523	1	125.56	125.6	合角（87.0）	639	L56×4	2304	1	7.94	7.9	切角
602	Q355L110×10	7523	1	125.56	125.6	合角（87.0）	640	L56×4	2304	1	7.94	7.9	
603	Q355L110×7	2203	1	26.28	26.3	开角（92.9）	641	L56×4	2304	1	7.94	7.9	切角
604	Q355L110×7	2203	1	26.28	26.3	开角（92.9）	642	L56×4	2072	1	7.14	7.1	切角
605	Q355L90×7	5019	1	48.46	48.5	切角	643	L56×4	2072	1	7.14	7.1	切角
606	Q355L90×7	5019	1	48.46	48.5	切角	644	−6×115	150	2	0.81	1.6	
607	Q355L75×6	1725	1	11.91	11.9		645	−6×141	210	2	1.40	2.8	
608	Q355L75×6	1725	1	11.91	11.9		646	Q355−16×461	496	1	28.79	28.8	火曲
609	L63×5	1613	1	7.78	7.8	切角	647	Q355−16×461	496	1	28.79	28.8	火曲
610	L63×5	1613	1	7.78	7.8	切角	648	−6×144	210	2	1.43	2.9	
611	Q355L75×6	1684	1	11.63	11.6		649	−6×143	210	2	1.42	2.8	
612	Q355L75×6	1684	1	11.63	11.6		650	−6×143	210	2	1.42	2.8	
613	L63×5	1362	1	6.57	6.6	切角	651	Q355−16×462	463	1	26.96	27.0	火曲
614	L63×5	1362	1	6.57	6.6	切角	652	Q355−16×462	463	1	26.96	27.0	火曲
615	L45×4	1642	2	4.49	9.0		653	L56×5	2016	1	8.57	8.6	
616	L40×4	1101	1	2.67	2.7		654	L56×5	2016	1	8.57	8.6	切角
617	L40×4	1101	1	2.67	2.7		655	L56×5	1988	1	8.45	8.5	
618	L40×4	1505	2	3.65	7.3		656	L56×5	1988	1	8.45	8.5	切角
619	L40×4	751	1	1.82	1.8		657	L63×5	1614	1	7.78	7.8	
620	L40×4	751	1	1.82	1.8		658	−6×170	190	2	1.53	3.1	
621	L40×4	1372	2	3.32	6.6		659	−6×190	270	2	2.42	4.8	
622	L40×4	400	1	0.97	1.0		660	L40×4	2075	1	5.03	5.0	
623	L40×4	400	1	0.97	1.0		661	L40×4	2075	1	5.03	5.0	切角
624	Q355−8×170	300	2	3.22	6.4		662	L40×4	2270	1	5.50	5.5	
625	Q355−8×163	299	2	3.08	6.2		663	L40×4	2270	1	5.50	5.5	切角
626	−6×145	215	2	1.47	2.9		664	L40×4	2297	1	5.56	5.6	
627	Q355−8×253	443	1	7.05	7.1		665	L40×4	2297	1	5.56	5.6	切角
628	Q355−8×253	443	1	7.05	7.1		666	Q355−8×233	448	1	6.57	6.6	火曲
629	Q420−12×255	706	1	17.02	17.0	火曲；卷边	667	Q355−8×233	430	1	6.32	6.3	火曲
630	Q420−12×255	706	1	17.02	17.0	火曲；卷边	668	L56×5	2214	1	9.41	9.4	切角
631	L56×5	2138	1	9.09	9.1		669	L56×5	2214	1	9.41	9.4	切角
632	L56×5	2133	1	9.07	9.1	切角	670	−6×115	118	2	0.64	1.3	
633	L56×5	1974	1	8.39	8.4	切角	671	−6×115	120	2	0.65	1.3	
634	L56×5	1974	1	8.39	8.4		672	−16×50	50	6	0.31	1.9	
635	Q355L90×8	1669	4	18.27	73.1		673	−12×50	50	1	0.24	0.2	
636	L56×4	1997	1	6.88	6.9		674	−10×50	50	1	0.20	0.2	
637	L56×4	1997	1	6.88	6.9	切角	675	Q355ϕ50/ϕ28.5	26	2	0.27	0.5	套管带电焊
638	L56×4	2304	1	7.94	7.9		合计					985.2kg	

图 10－9　110－EC21S－JZY－09　110－EC21S－JZY 转角塔导线横担结构图 ⑥（续）

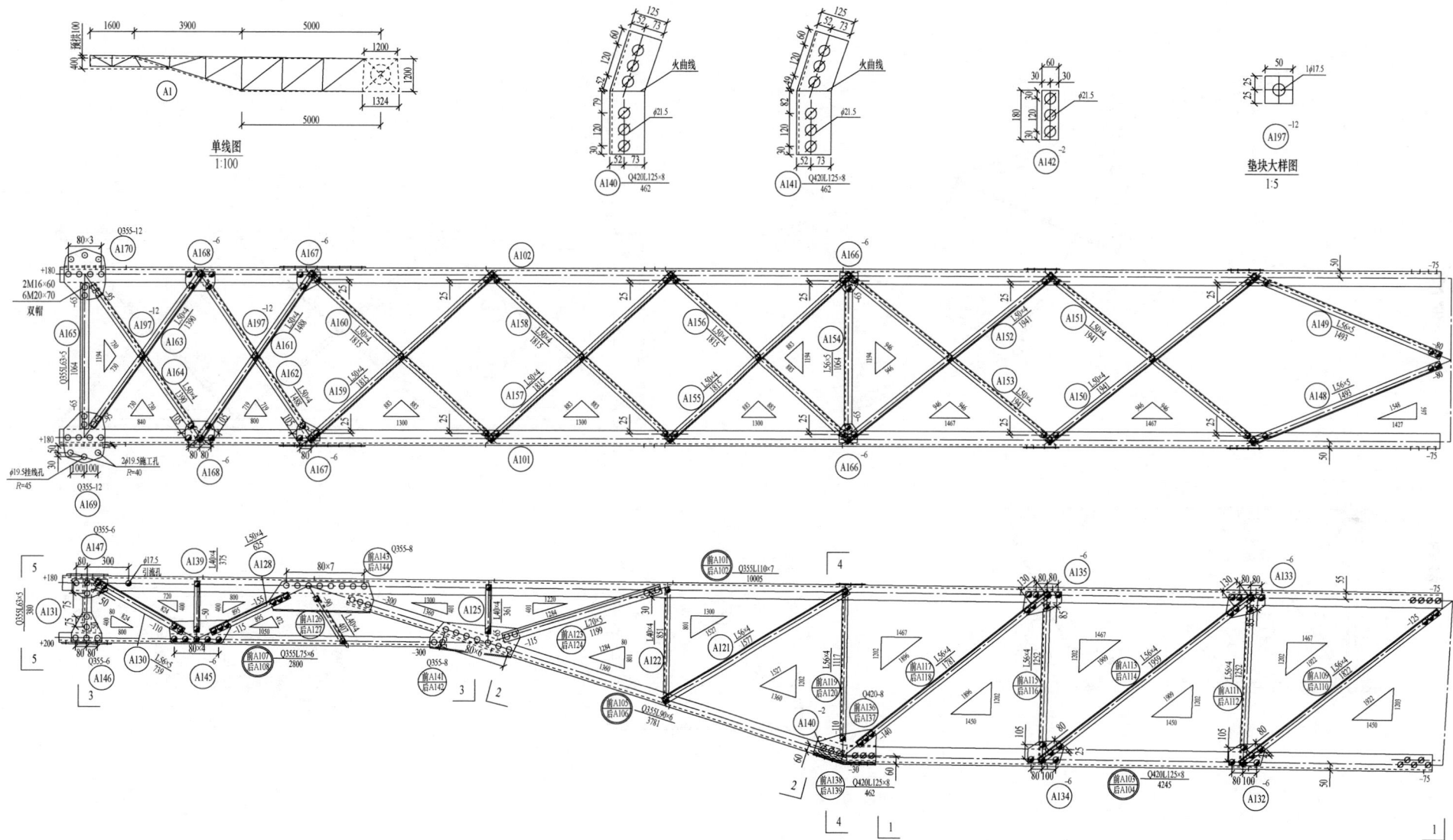

图 10-10 110-EC21S-JZY-10 110-EC21S-JZY 转角塔地线支架结构图 Ⓐ

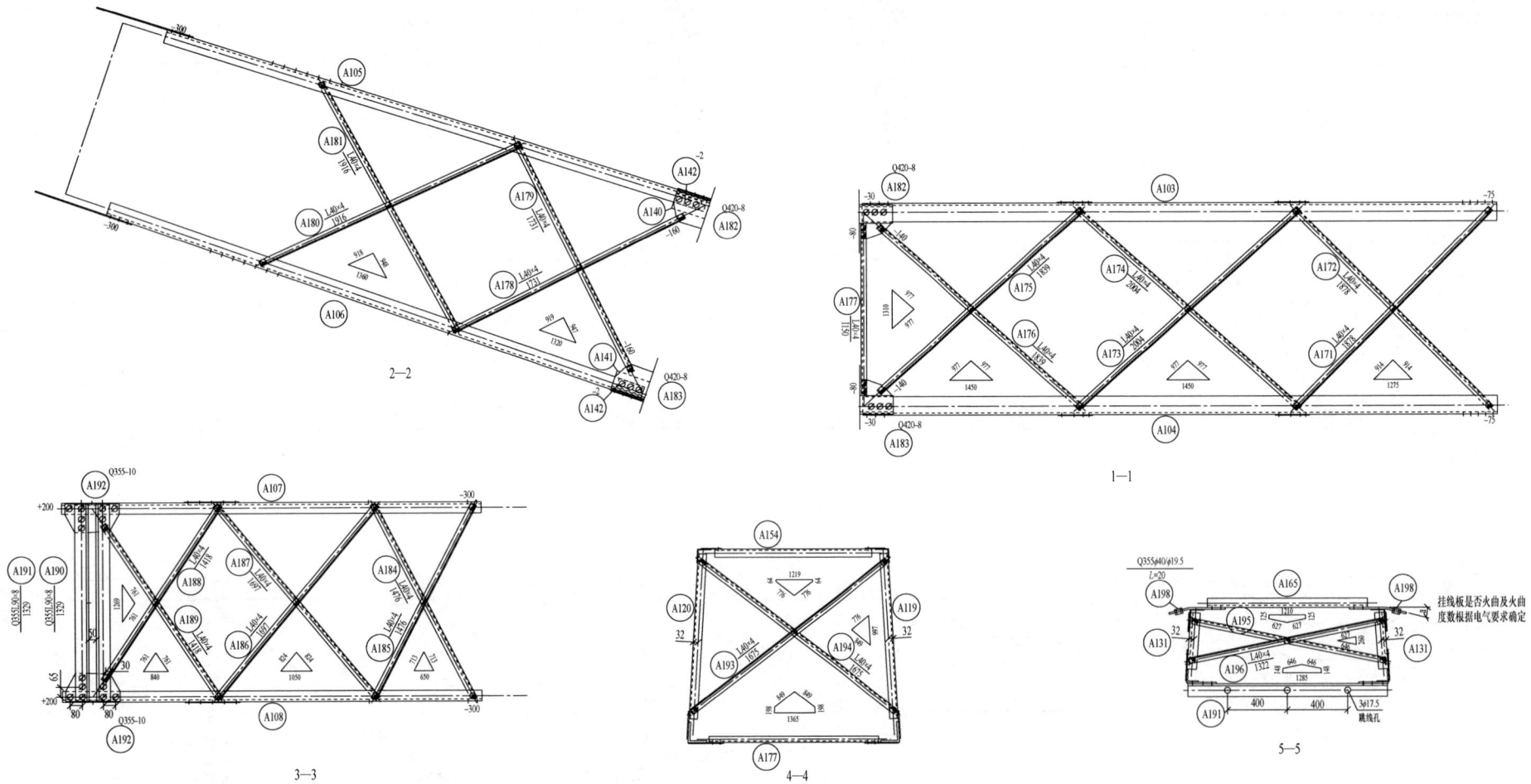

图 10-10　110-EC21S-JZY-10　110-EC21S-JZY 转角塔地线支架结构图 ⒜（续）

螺栓、垫圈、脚钉明细表

名称	级别	规格	符号	数量	重量（kg）	备注
螺栓	6.8	M16×40	◑	89	12.8	
		M16×50	◑	90	14.4	
		M16×60	○	2	0.2	双帽
		M20×45	○	48	13.0	
		M20×55	⊘	38	11.2	
		M20×70	○	12	4.6	双帽
垫圈	Q235	−3（φ17.5）	规格×个数	24	0.3	
		−4（φ17.5）		23	0.3	
合计					56.8kg	

构件明细表

编号	规格	长度(mm)	数量	重量(kg) 一件	重量(kg) 小计	备注	编号	规格	长度(mm)	数量	重量(kg) 一件	重量(kg) 小计	备注
A101	Q355L110×7	10005	1	119.34	119.3	开角（93.0）	A151	L50×4	1941	1	5.94	5.9	
A102	Q355L110×7	10005	1	119.34	119.3	开角（93.0）	A152	L50×4	1941	1	5.94	5.9	
A103	Q420L125×8	4245	1	65.81	65.8	合角（87.0）	A153	L50×4	1941	1	5.94	5.9	
A104	Q420L125×8	4245	1	65.81	65.8	合角（87.0）	A154	L56×5	1064	1	4.52	4.5	
A105	Q355L90×6	3781	1	31.57	31.6	切角,合角（87.2）	A155	L50×4	1815	1	5.55	5.6	
A106	Q355L90×6	3781	1	31.57	31.6	切角,合角（87.2）	A156	L50×4	1815	1	5.55	5.6	
A107	Q355L75×6	2800	1	19.33	19.3		A157	L50×4	1815	1	5.55	5.6	
A108	Q355L75×6	2800	1	19.33	19.3		A158	L50×4	1815	1	5.55	5.6	
A109	L56×4	1822	1	6.28	6.3		A159	L50×4	1815	1	5.55	5.6	
A110	L56×4	1822	1	6.28	6.3		A160	L50×4	1815	1	5.55	5.6	
A111	L56×4	1252	1	4.31	4.3		A161	L50×4	1488	1	4.55	4.6	
A112	L56×4	1252	1	4.31	4.3		A162	L50×4	1488	1	4.55	4.6	
A113	L56×4	1959	1	6.75	6.8		A163	L50×4	1390	1	4.25	4.3	切角
A114	L56×4	1959	1	6.75	6.8		A164	L50×4	1390	1	4.25	4.3	切角
A115	L56×4	1252	1	4.31	4.3		A165	Q355L63×5	1064	1	5.13	5.1	
A116	L56×4	1252	1	4.31	4.3		A166	−6×131	140	2	0.86	1.7	
A117	L56×4	1781	1	6.14	6.1		A167	−6×141	168	2	1.12	2.2	
A118	L56×4	1781	1	6.14	6.1		A168	−6×141	210	2	1.40	2.8	
A119	L56×4	1117	1	3.85	3.8		A169	Q355−12×292	336	1	9.27	9.3	火曲
A120	L56×4	1117	1	3.85	3.8		A170	Q355−12×292	336	1	9.27	9.3	火曲
A121	L56×4	1577	2	5.43	10.9		A171	L40×4	1878	1	4.55	4.5	
A122	L40×4	851	2	2.06	4.1		A172	L40×4	1878	1	4.55	4.5	
A123	L70×5	1199	1	6.47	6.5		A173	L40×4	2004	1	4.85	4.9	
A124	L70×5	1199	1	6.47	6.5		A174	L40×4	2004	1	4.85	4.9	
A125	L40×4	361	2	0.87	1.7		A175	L40×4	1839	1	4.45	4.5	
A126	L40×4	407	1	0.99	1.0	切角	A176	L40×4	1839	1	4.45	4.5	
A127	L40×4	407	1	0.99	1.0	切角	A177	L40×4	1150	1	2.79	2.8	
A128	L50×4	625	2	1.91	3.8		A178	L40×4	1731	1	4.19	4.2	
A129	L40×4	375	2	0.91	1.8		A179	L40×4	1731	1	4.19	4.2	
A130	L56×5	739	2	3.14	6.3		A180	L40×4	1916	1	4.64	4.6	
A131	Q355L63×5	380	2	1.83	3.7		A181	L40×4	1916	1	4.64	4.6	
A132	−6×162	266	2	2.04	4.1		A182	Q420−8×230	446	1	6.45	6.5	火曲
A133	−6×175	281	2	2.33	4.7		A183	Q420−8×239	435	1	6.55	6.6	火曲
A134	−6×162	265	2	2.04	4.1		A184	L40×4	1476	1	3.57	3.6	
A135	−6×176	281	2	2.34	4.7		A185	L40×4	1476	1	3.57	3.6	切角
A136	Q420−8×245	453	1	6.98	7.0		A186	L40×4	1697	1	4.11	4.1	
A137	Q420−8×245	453	1	6.98	7.0		A187	L40×4	1697	1	4.11	4.1	切角
A138	Q420L125×8	462	1	7.16	7.2	制弯,合角（87.0）,铲背	A188	L40×4	1418	1	3.43	3.4	
A139	Q420L125×8	462	1	7.16	7.2	制弯,合角（87.2）,铲背	A189	L40×4	1418	1	3.43	3.4	切角
A140	−2×60	180	4	0.17	0.7		A190	Q355L90×8	1329	1	14.55	14.5	
A141	Q355−8×257	652	1	10.55	10.6	火曲,卷边	A191	Q355L90×8	1329	1	14.55	14.5	
A142	Q355−8×257	652	1	10.55	10.6	火曲,卷边	A192	Q355−10×193	360	2	5.45	10.9	
A143	Q355−8×264	755	1	12.54	12.5	火曲,卷边	A193	L40×4	1675	1	4.06	4.1	切角
A144	Q355−8×264	755	1	12.54	12.5	火曲,卷边	A194	L40×4	1675	1	4.06	4.1	切角
A145	−6×167	445	2	3.51	7.0		A195	L40×4	1322	1	3.20	3.2	切角
A146	Q355−6×214	220	2	2.23	4.5		A196	L40×4	1322	1	3.20	3.2	切角
A147	Q355−6×135	258	2	1.64	3.3		A197	−12×50	50	2	0.24	0.5	
A148	L56×5	1493	1	6.35	6.3	切角	A198	Q355φ40/φ19.5	20	2	0.15	0.3	套管带电焊
A149	L56×5	1493	1	6.35	6.3	切角	合计					951.8kg	
A150	L50×4	1941	1	5.94	5.9								

图10-10 110-EC21S-JZY-10 110-EC21S-JZY 转角塔地线支架结构图 Ⓐ1（续）

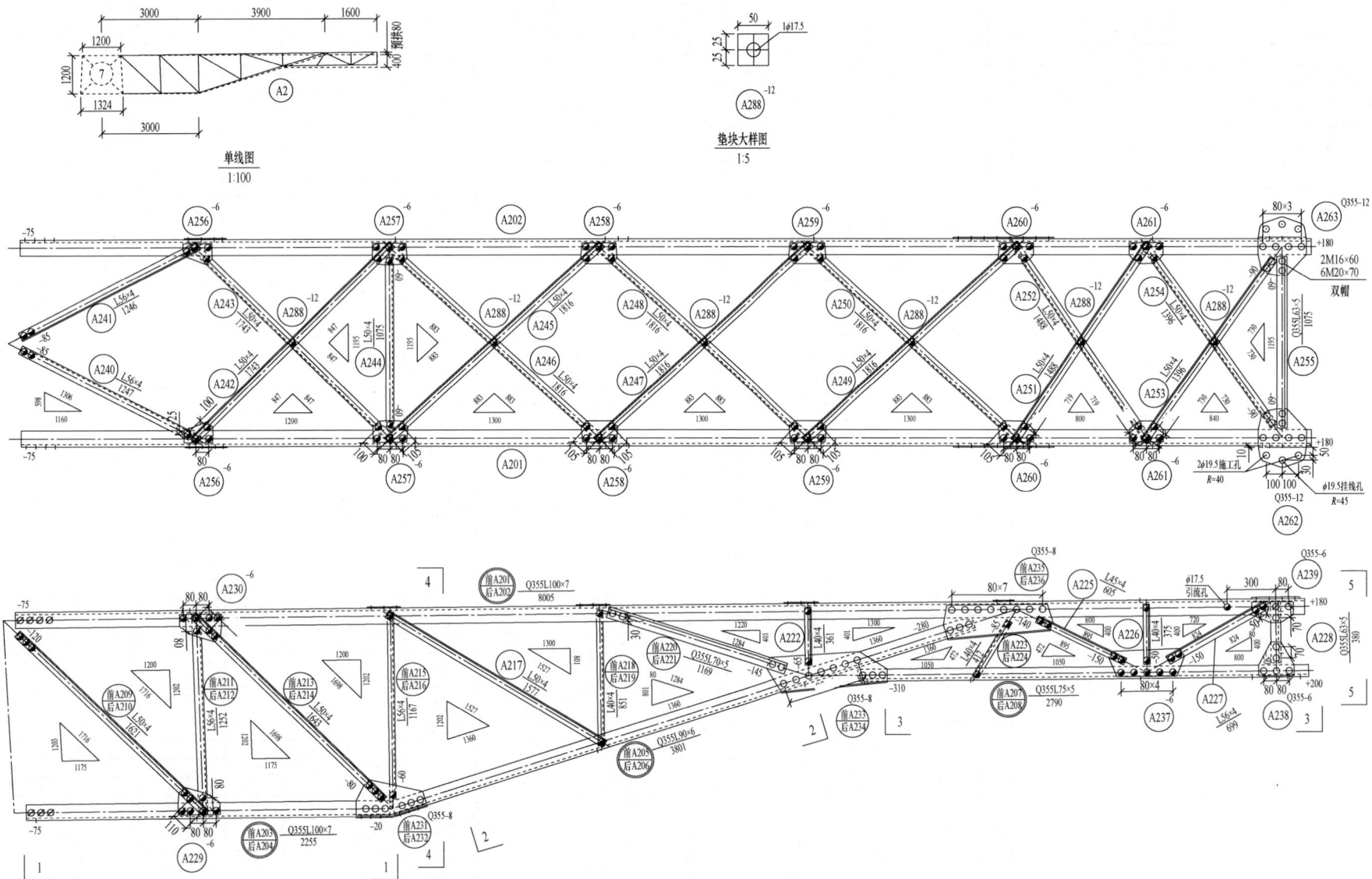

图 10-11　110-EC21S-JZY-11　110-EC21S-JZY 转角塔导线横担结构图 Ⓐ2

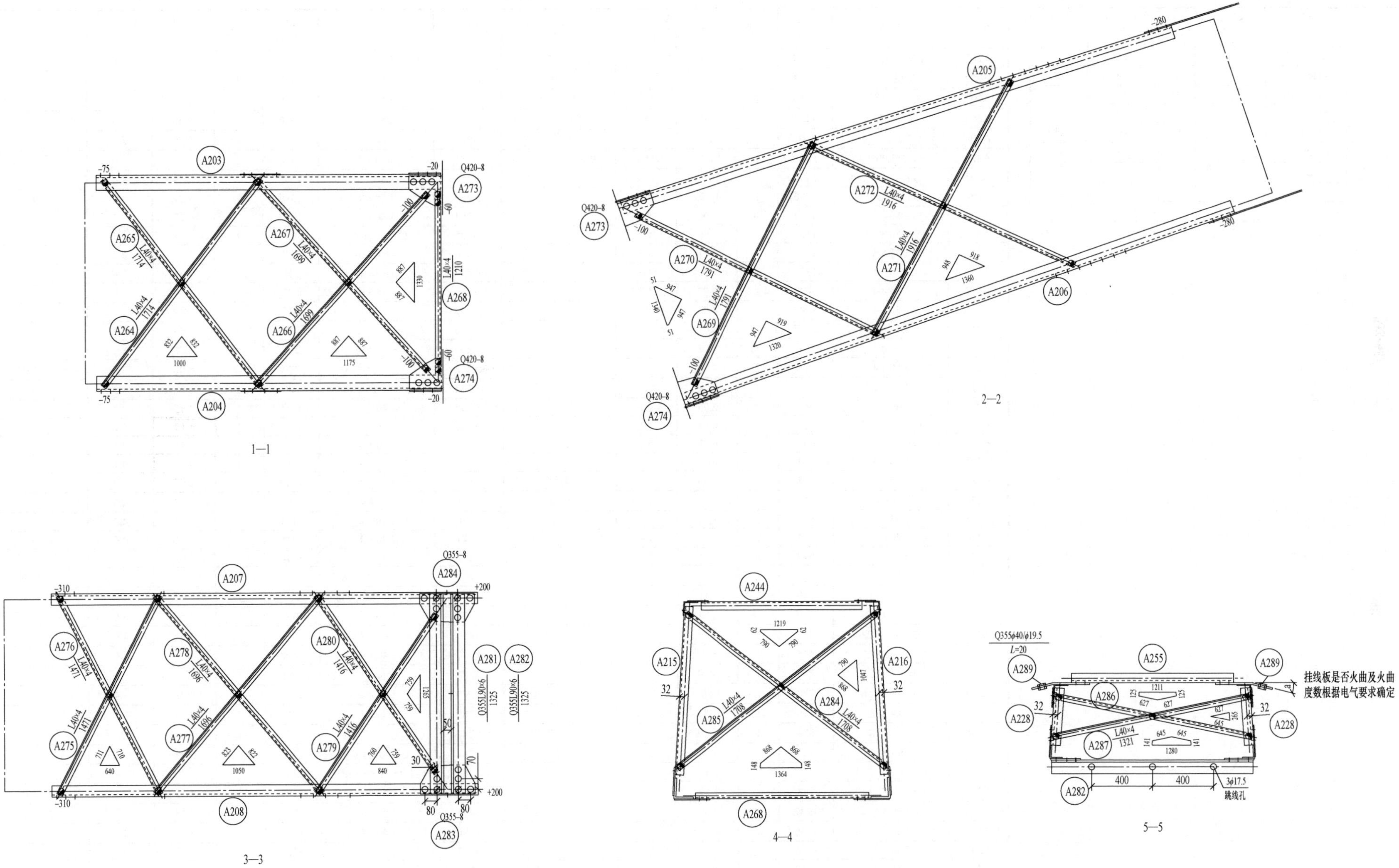

图 10-11 110-EC21S-JZY-11 110-EC21S-JZY 转角塔导线横担结构图 Ⓐ⑫（续）

螺栓、垫圈、脚钉明细表

名称	级别	规格	符号	数量	重量（kg）	备注
螺栓	6.8	M16×40	●	89	12.8	
		M16×50	●	77	12.3	
		M16×60	○	2	0.4	双帽
		M20×45	○	84	22.7	
		M20×55	⌀	4	1.2	
		M20×70	○	12	4.6	双帽
垫圈	Q235	$-3(\phi17.5)$	规格×个数	30	0.3	
		$-4(\phi17.5)$		9	0.2	
合计					54.5kg	

构 件 明 细 表

编号	规格	长度(mm)	数量	重量(kg) 一件	小计	备注	编号	规格	长度(mm)	数量	重量(kg) 一件	小计	备注
A201	Q355L100×7	8005	1	86.69	86.7	开角（93.0）	A246	L50×4	1816	1	5.56	5.6	
A202	Q355L100×7	8005	1	86.69	86.7	开角（93.0）	A247	L50×4	1816	1	5.56	5.6	
A203	Q355L100×7	2255	1	24.42	24.4	合角（87.0）	A248	L50×4	1816	1	5.56	5.6	
A204	Q355L100×7	2255	1	24.42	24.4	合角（87.0）	A249	L50×4	1816	1	5.56	5.6	
A205	Q355L90×6	3801	1	31.74	31.7	切角，合角（87.2）	A250	L50×4	1816	1	5.56	5.6	
A206	Q355L90×6	3801	1	31.74	31.7	切角，合角（87.2）	A251	L50×4	1488	1	4.55	4.6	
A207	Q355L75×5	2790	1	16.23	16.2		A252	L50×4	1488	1	4.55	4.6	
A208	Q355L75×5	2790	1	16.23	16.2		A253	L50×4	1396	1	4.27	4.3	切角
A209	L50×4	1621	1	4.96	5.0		A254	L50×4	1396	1	4.27	4.3	
A210	L50×4	1621	1	4.96	5.0		A255	Q355L63×5	1075	1	5.18	5.2	
A211	L56×4	1252	1	4.31	4.3		A256	−6×130	179	2	1.11	2.2	
A212	L56×4	1252	1	4.31	4.3		A257	−6×135	218	2	1.39	2.8	
A213	L50×4	1643	1	5.03	5.0		A258	−6×131	225	2	1.39	2.8	
A214	L50×4	1643	1	5.03	5.0		A259	−6×131	225	2	1.39	2.8	
A215	L56×4	1167	1	4.02	4.0		A260	−6×131	217	2	1.35	2.7	
A216	L56×4	1167	1	4.02	4.0		A261	−6×130	210	2	1.29	2.6	
A217	L50×4	1577	2	4.82	9.6		A262	Q355−12×288	330	1	8.96	9.0	火曲
A218	L40×4	851	1	2.06	2.1		A263	Q355−12×288	330	1	8.96	9.0	火曲
A219	L40×4	851	1	2.06	2.1		A264	L40×4	1714	1	4.15	4.2	
A220	Q355L70×5	1169	1	6.31	6.3		A265	L40×4	1714	1	4.15	4.2	
A221	Q355L70×5	1169	1	6.31	6.3		A266	L40×4	1699	1	4.11	4.1	
A222	L40×4	361	2	0.87	1.7		A267	L40×4	1699	1	4.11	4.1	
A223	L40×4	412	1	1.00	1.0	切角	A268	L40×4	1210	1	2.93	2.9	
A224	L40×4	412	1	1.00	1.0	切角	A269	L40×4	1791	1	4.34	4.3	
A225	L45×4	605	2	1.66	3.3		A270	L40×4	1791	1	4.34	4.3	
A226	L40×4	375	2	0.91	1.8		A271	L40×4	1916	1	4.64	4.6	
A227	L56×4	699	2	2.41	4.8		A272	L40×4	1916	1	4.64	4.6	
A228	Q355L63×5	380	2	1.83	3.7		A273	Q420−8×198	455	1	5.68	5.7	火曲
A229	−6×172	260	2	2.11	4.2		A274	Q420−8×198	455	1	5.68	5.7	火曲
A230	−6×173	260	2	2.13	4.3		A275	L40×4	1471	1	3.56	3.6	
A231	Q355−8×220	441	1	6.10	6.1		A276	L40×4	1471	1	3.56	3.6	切角
A232	Q355−8×220	441	1	6.10	6.1		A277	L40×4	1696	1	4.11	4.1	
A233	Q355−8×267	750	1	12.61	12.6	火曲；卷边	A278	L40×4	1696	1	4.11	4.1	切角
A234	Q355−8×267	750	1	12.61	12.6	火曲；卷边	A279	L40×4	1416	1	3.43	3.4	
A235	−8×258	676	1	10.96	11.0	火曲；卷边	A280	L40×4	1416	1	3.43	3.4	切角
A236	−8×258	676	1	10.96	11.0	火曲；卷边	A281	Q355L90×6	1325	1	11.06	11.1	
A237	−6×170	465	2	3.73	7.5		A282	Q355L90×6	1325	1	11.06	11.1	
A238	Q355−6×209	220	2	2.18	4.4		A283	Q355−8×190	360	2	4.30	8.6	
A239	Q355−6×130	258	2	1.59	3.2		A284	L40×4	1708	1	4.14	4.1	切角
A240	L56×4	1247	1	4.30	4.3	切角	A285	L40×4	1708	1	4.14	4.1	
A241	L56×4	1246	1	4.29	4.3		A286	L40×4	1321	1	3.20	3.2	切角
A242	L50×4	1743	1	5.33	5.3		A287	L40×4	1321	1	3.20	3.2	
A243	L50×4	1743	1	5.33	5.3	切角	A288	−12×50	50	6	0.24	1.4	
A244	L50×4	1075	1	3.29	3.3		A289	Q355φ40/φ19.5	20	2	0.15	0.3	套管带电焊
A245	L50×4	1816	1	5.56	5.6		合计					712.6kg	

图 10−11　110−EC21S−JZY−11　110−EC21S−JZY 转角塔导线横担结构图 Ⓐ2（续）

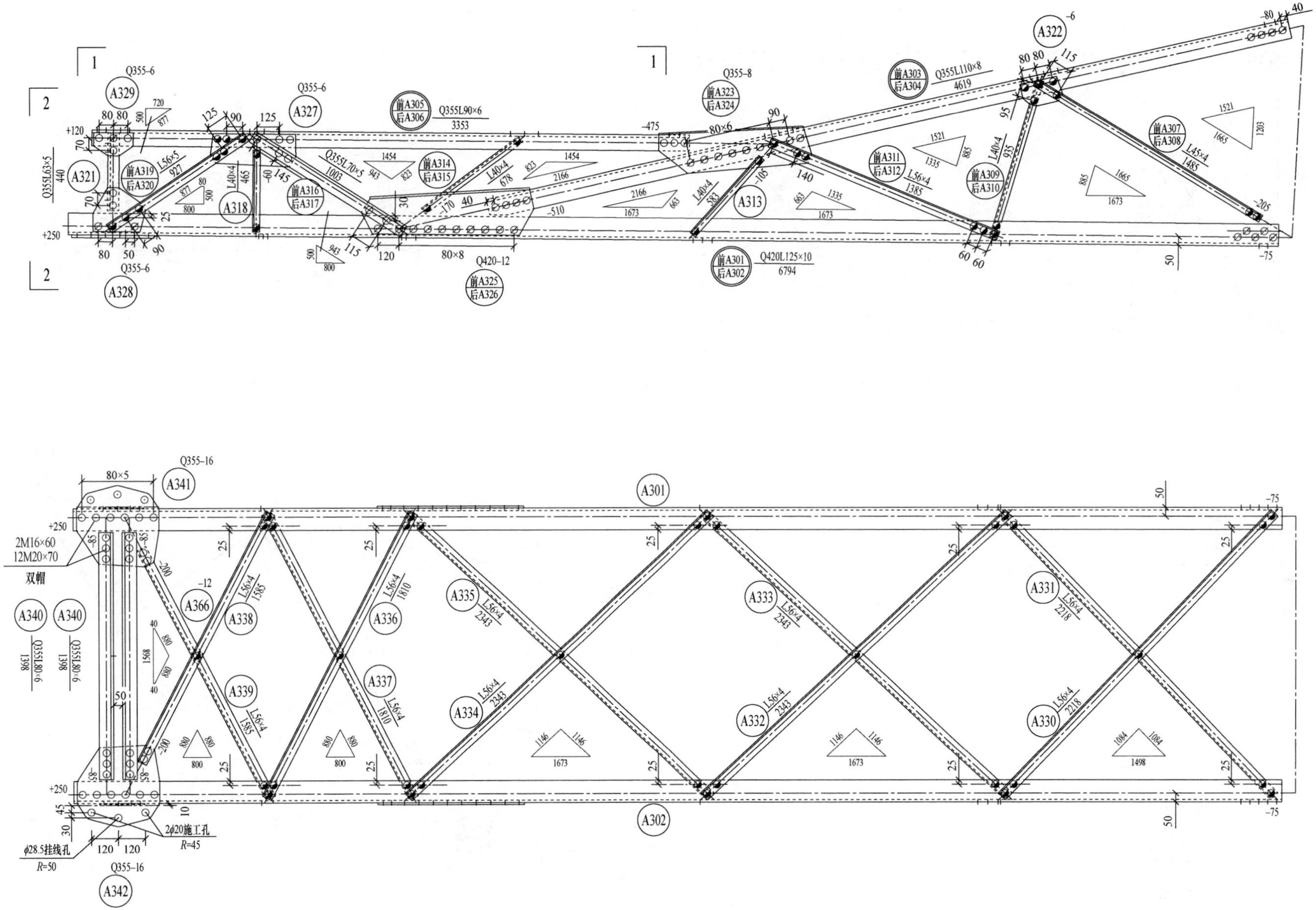

图 10-12　110-EC21S-JZY-12　110-EC21S-JZY 转角塔导线横担结构图 Ⓐ3

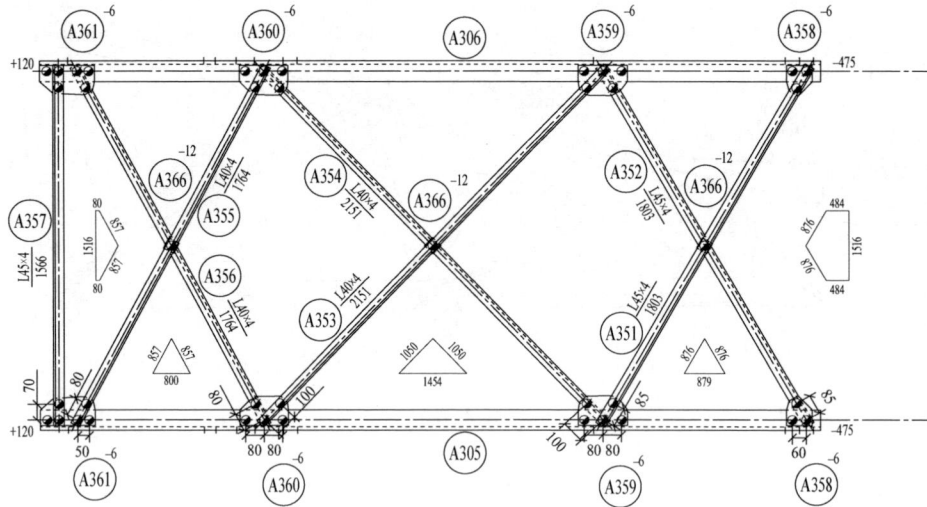

1—1

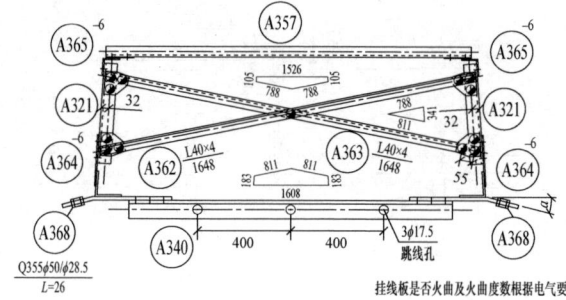

2—2

挂线板是否火曲及火曲度数根据电气要求确定

Q355ϕ50/ϕ28.5
L=26

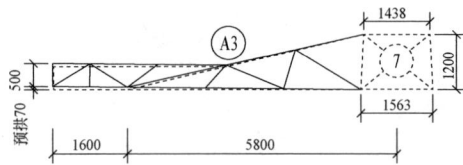

单线图
1:100

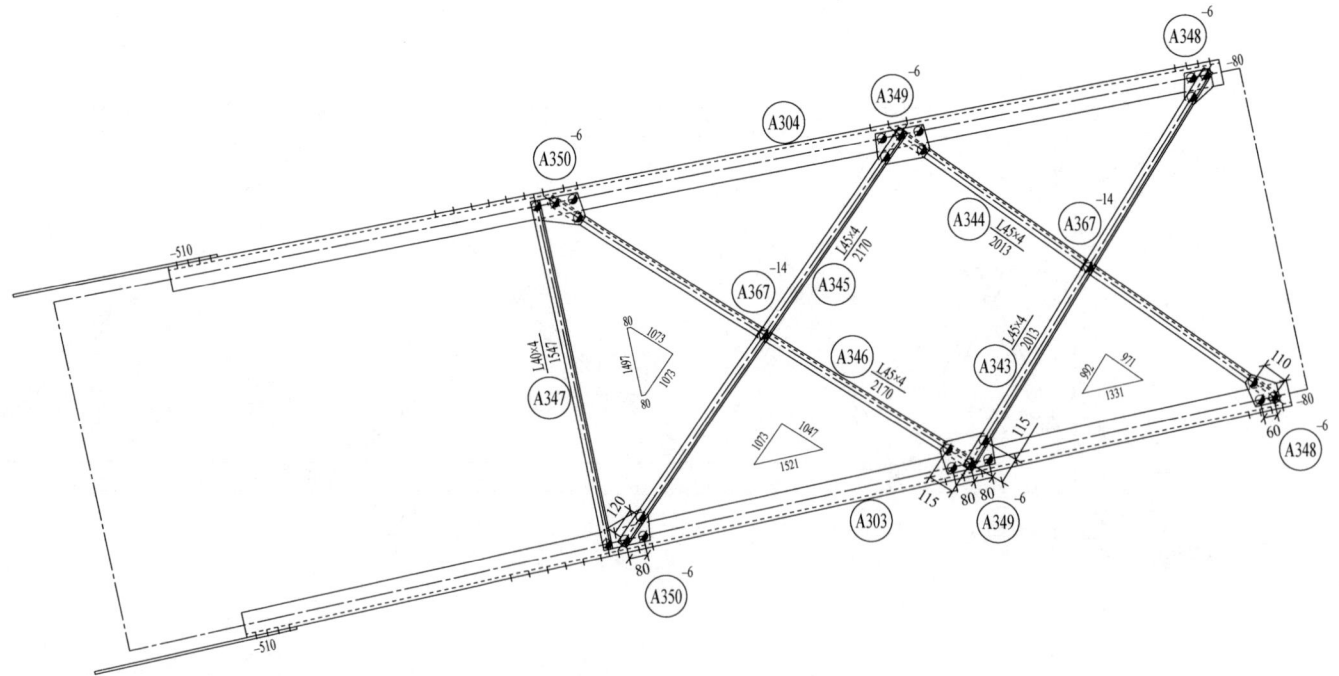

图 10-12　110-EC21S-JZY-12　110-EC21S-JZY 转角塔导线横担结构图 Ⓐ3（续）

螺栓、垫圈、脚钉明细表

名称	级别	规格	符号	数量	重量（kg）	备注
螺栓	6.8	M16×40	◑	58	8.4	
		M16×50	◑	111	17.8	
		M16×60	○	4	0.8	双帽
		M20×45	○	14	3.8	
		M20×55	∅	46	13.6	
		M20×65	⊗	4	1.3	
		M20×70	○	12	4.6	双帽
		M20×80	○	12	4.9	双帽
垫圈	Q235	−3（φ17.5）	规格×个数	12	0.1	
		−4（φ17.5）		24	0.3	
合计					55.6kg	

构 件 明 细 表

编号	规格	长度（mm）	数量	重量（kg）一件	重量（kg）小计	备注	编号	规格	长度（mm）	数量	重量（kg）一件	重量（kg）小计	备注
A301	Q420L125×10	6794	1	129.99	130.0	合角（87.0）	A335	L56×4	2343	1	8.07	8.1	切角
A302	Q420L125×10	6794	1	129.99	130.0	合角（87.0）	A336	L56×4	1810	1	6.24	6.2	
A303	Q355L110×8	4619	1	62.50	62.5	切角，开角（92.9）	A337	L56×4	1810	1	6.24	6.2	切角
A304	Q355L110×8	4619	1	62.50	62.5	切角，开角（92.9）	A338	L56×4	1585	1	5.46	5.5	切角
A305	Q355L90×6	3353	1	28.00	28.0	开角（93.0）	A339	L56×4	1585	1	5.46	5.5	切角
A306	Q355L90×6	3353	1	28.00	28.0	开角（93.0）	A340	Q355L80×6	1398	2	10.31	20.6	
A307	L45×4	1485	1	4.06	4.1		A341	Q355−16×449	466	1	26.33	26.3	火曲
A308	L45×4	1485	1	4.06	4.1		A342	Q355−16×449	466	1	26.33	26.3	火曲
A309	L40×4	935	1	2.26	2.3		A343	L45×4	2013	1	5.51	5.5	
A310	L40×4	935	1	2.26	2.3		A344	L45×4	2013	1	5.51	5.5	
A311	L56×4	1385	1	4.77	4.8		A345	L45×4	2170	1	5.94	5.9	
A312	L56×4	1385	1	4.77	4.8		A346	L45×4	2170	1	5.94	5.9	
A313	L40×4	583	2	1.41	2.8		A347	L40×4	1547	1	3.75	3.7	
A314	L40×4	678	1	1.64	1.6		A348	−6×131	140	2	0.87	1.7	
A315	L40×4	678	1	1.64	1.6		A349	−6×141	227	2	1.52	3.0	
A316	Q355L70×5	1003	1	5.41	5.4		A350	−6×140	226	2	1.50	3.0	
A317	Q355L70×5	1003	1	5.41	5.4		A351	L45×4	1803	1	4.93	4.9	
A318	L40×4	465	2	1.13	2.3		A352	L45×4	1803	1	4.93	4.9	切角
A319	L56×5	927	1	3.94	3.9	切角	A353	L40×4	2151	1	5.21	5.2	
A320	L56×5	927	1	3.94	3.9	切角	A354	L40×4	2151	1	5.21	5.2	
A321	Q355L63×5	440	2	2.12	4.2		A355	L40×4	1764	1	4.27	4.3	
A322	−6×139	221	2	1.46	2.9		A356	L40×4	1764	1	4.27	4.3	
A323	Q355−8×276	862	1	14.97	15.0	火曲；卷边	A357	L45×4	1566	1	4.28	4.3	
A324	Q355−8×276	862	1	14.97	15.0	火曲；卷边	A358	−6×110	131	2	0.68	1.4	
A325	Q420−12×299	936	1	26.44	26.4	火曲；卷边	A359	−6×131	210	2	1.30	2.6	
A326	Q420−12×299	936	1	26.44	26.4	火曲；卷边	A360	−6×129	210	2	1.28	2.6	
A327	Q355−6×184	477	2	4.15	8.3		A361	−6×127	230	2	1.38	2.8	
A328	Q355−6×249	292	2	3.44	6.9		A362	L40×4	1643	1	3.98	4.0	
A329	Q355−6×130	220	2	1.35	2.7		A363	L40×4	1643	1	3.98	4.0	切角
A330	L56×4	2218	1	7.64	7.6		A364	−6×100	112	2	0.53	1.1	
A331	L56×4	2218	1	7.64	7.6	切角	A365	−6×100	111	2	0.53	1.1	
A332	L56×4	2343	1	8.07	8.1		A366	−12×50	50	4	0.24	0.9	
A333	L56×4	2343	1	8.07	8.1	切角	A367	−14×50	50	2	0.27	0.5	
A334	L56×4	2343	1	8.07	8.1		合计					830.7kg	

图 10−12　110−EC21S−JZY−12　110−EC21S−JZY 转角塔导线横担结构图 Ⓐ（续）

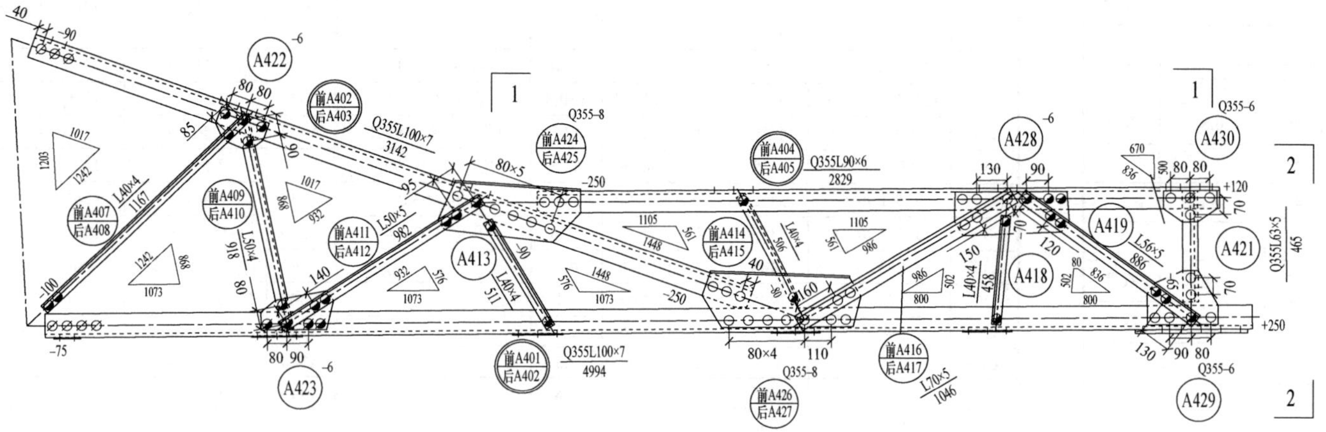

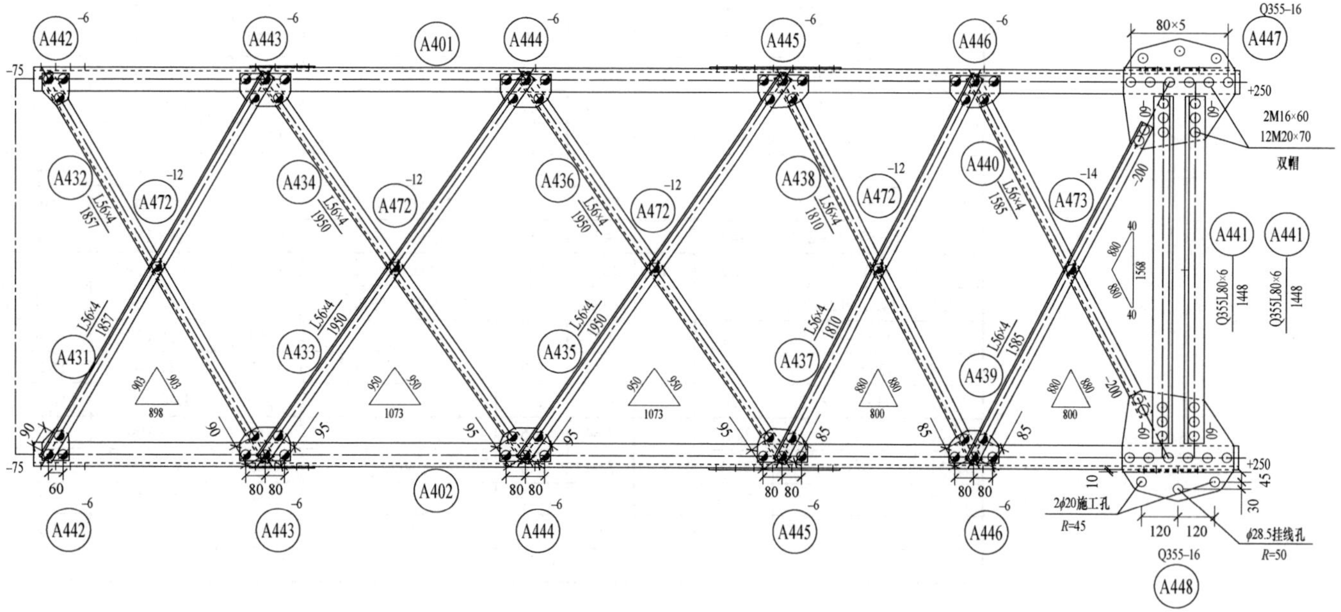

图 10-13 110-EC21S-JZY-13 110-EC21S-JZY 转角塔导线横担结构图 Ⓐ4

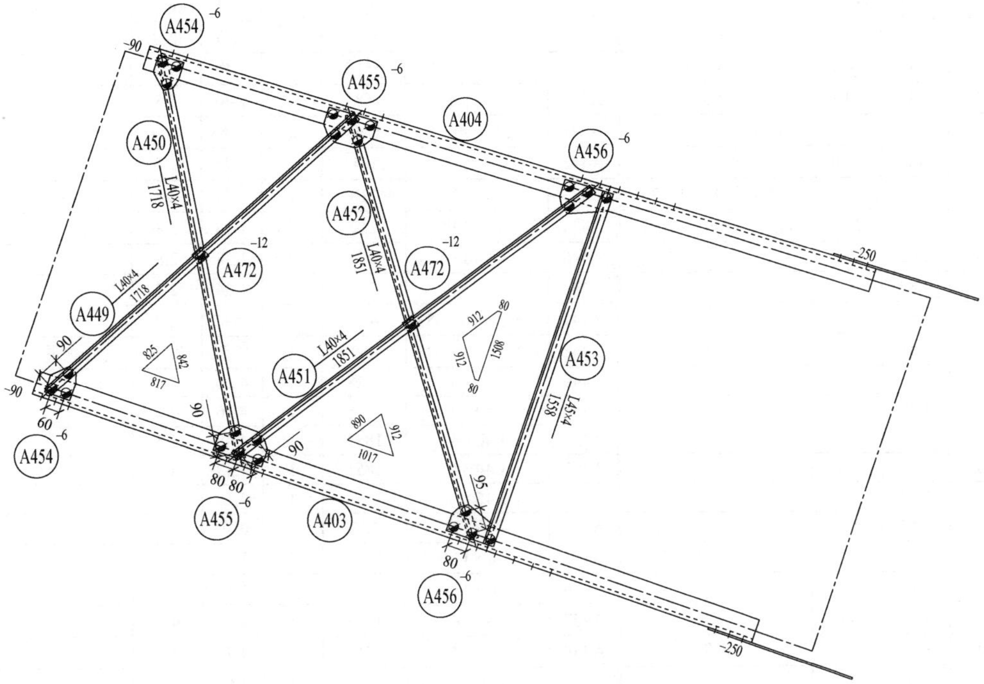

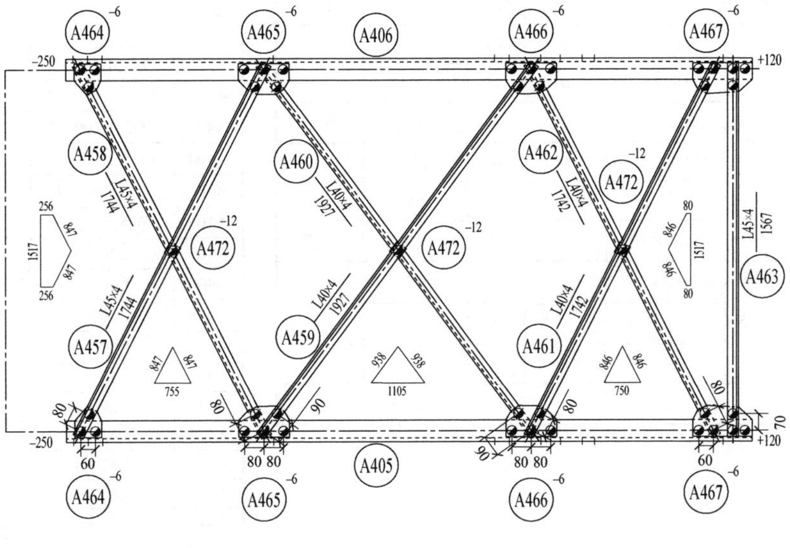

1—1

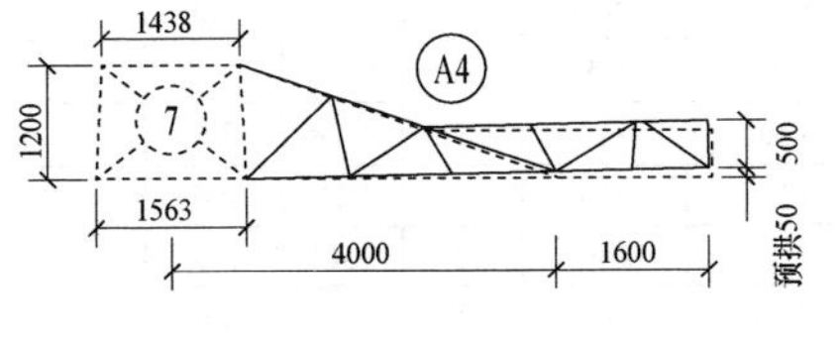

单线图

1:100

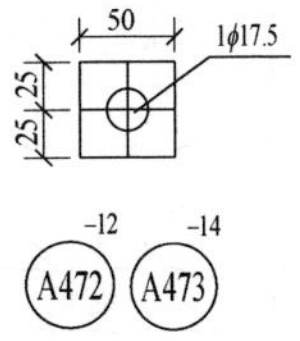

垫块大样图

1:5

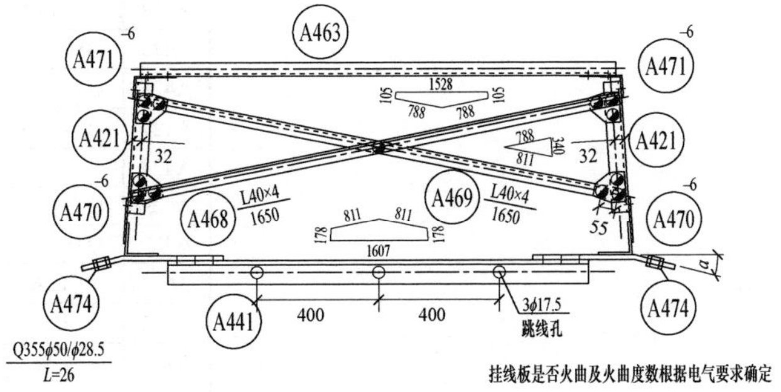

2—2

图 10-13　110-EC21S-JZY-13　110-EC21S-JZY 转角塔导线横担结构图 Ⓐ4（续）

螺栓、垫圈、脚钉明细表

名称	级别	规格	符号	数量	重量（kg）	备注
螺栓	6.8	M16×40	●	75	10.8	
		M16×50	●	120	19.2	
		M16×60	○	4	0.8	双帽
		M20×45	○	46	12.4	
		M20×55	∅	4	1.2	
		M20×70	○	24	9.3	双帽
垫圈	Q235	−3（φ17.5）	规格×个数	46	0.5	
		−4（φ17.5）		4	0.1	
合计					54.3kg	

构件明细表

编号	规格	长度（mm）	数量	重量（kg）一件	小计	备注	编号	规格	长度（mm）	数量	重量（kg）一件	小计	备注
A401	Q355L100×7	4994	1	54.09	54.1	合角（87.0）	A439	L56×4	1585	1	5.46	5.5	切角
A402	Q355L100×7	4994	1	54.09	54.1	合角（87.0）	A440	L56×4	1585	1	5.46	5.5	切角
A403	Q355L100×7	3142	1	34.03	34.0	切角，开角（92.8）	A441	Q355L80×6	1448	2	10.68	21.4	
A404	Q355L100×7	3142	1	34.03	34.0	切角，开角（92.8）	A442	−6×110	138	2	0.72	1.4	
A405	Q355L90×6	2829	1	23.62	23.6	切角，开角（92.9）	A443	−6×139	210	2	1.38	2.8	
A406	Q355L90×6	2829	1	23.62	23.6	切角，开角（92.9）	A444	−6×139	210	2	1.38	2.8	
A407	L40×4	1167	1	2.83	2.8		A445	−6×139	210	2	1.38	2.8	
A408	L40×4	1167	1	2.83	2.8		A446	−6×135	210	2	1.34	2.7	
A409	L50×4	918	1	2.81	2.8	切角	A447	Q355−16×433	469	1	25.57	25.6	火曲
A410	L50×4	918	1	2.81	2.8	切角	A448	Q355−16×433	469	1	25.57	25.6	火曲
A411	L50×5	982	1	3.70	3.7		A449	L40×4	1718	1	4.16	4.2	
A412	L50×5	982	1	3.70	3.7		A450	L40×4	1718	1	4.16	4.2	
A413	L40×4	511	2	1.24	2.5		A451	L40×4	1851	1	4.48	4.5	
A414	L40×4	506	1	1.23	1.2		A452	L40×4	1851	1	4.48	4.5	
A415	L40×4	506	1	1.23	1.2		A453	L45×4	1558	1	4.26	4.3	
A416	L70×5	1046	1	5.65	5.6		A454	−6×110	135	2	0.70	1.4	
A417	L70×5	1046	1	5.65	5.6		A455	−6×134	210	2	1.33	2.7	
A418	L40×4	458	2	1.11	2.2		A456	−6×134	210	2	1.33	2.7	
A419	L56×5	886	1	3.77	3.8	切角	A457	L45×4	1744	1	4.77	4.8	
A420	L56×5	886	1	3.77	3.8	切角	A458	L45×4	1744	1	4.77	4.8	
A421	Q355L63×5	465	2	2.24	4.5		A459	L40×4	1927	1	4.67	4.7	
A422	−6×136	210	2	1.35	2.7		A460	L40×4	1927	1	4.67	4.7	
A423	−6×161	299	2	2.28	4.6		A461	L40×4	1742	1	4.22	4.2	
A424	Q355−8×271	583	1	9.94	9.9	火曲；卷边	A462	L40×4	1742	1	4.22	4.2	
A425	Q355−8×271	583	1	9.94	9.9	火曲；卷边	A463	L45×4	1567	1	4.29	4.3	
A426	Q355−8×276	663	1	11.52	11.5	火曲；卷边	A464	−6×110	129	2	0.67	1.3	
A427	Q355−8×276	663	1	11.52	11.5	火曲；卷边	A465	−6×129	210	2	1.28	2.6	
A428	−6×181	477	2	4.09	8.2		A466	−6×129	210	2	1.28	2.6	
A429	Q355−6×224	291	2	3.08	6.2		A467	−6×127	240	2	1.45	2.9	
A430	Q355−6×130	220	2	1.35	2.7		A468	L40×4	1650	1	4.00	4.0	
A431	L56×4	1857	1	6.40	6.4	切角	A469	L40×4	1650	1	4.00	4.0	切角
A432	L56×4	1857	1	6.40	6.4	切角	A470	−6×100	112	2	0.53	1.1	
A433	L56×4	1950	1	6.72	6.7		A471	−6×100	112	2	0.53	1.1	
A434	L56×4	1950	1	6.72	6.7	切角	A472	−12×50	50	9	0.24	2.1	
A435	L56×4	1950	1	6.72	6.7		A473	−14×50	50	1	0.27	0.3	
A436	L56×4	1950	1	6.72	6.7	切角	A474	Q355φ50/φ28.5	26	2	0.27	0.5	套管带电焊
A437	L56×4	1810	1	6.24	6.2		合计					570.4kg	
A438	L56×4	1810	1	6.24	6.2	切角							

图 10−13 110−EC21S−JZY−13 110−EC21S−JZY 转角塔导线横担结构图 Ⓐ4（续）

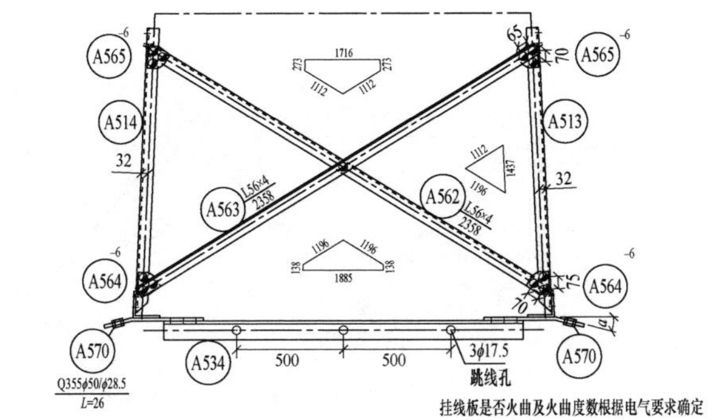

1—1

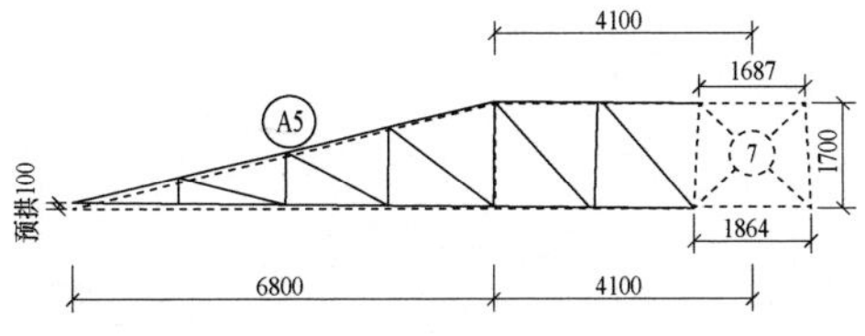

挂线板是否火曲及火曲度数根据电气要求确定

单线图
1:100

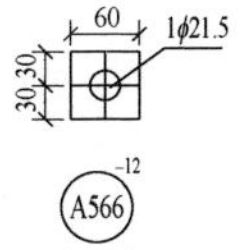

垫块大样图
1:5

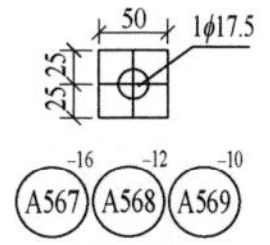

垫块大样图
1:5

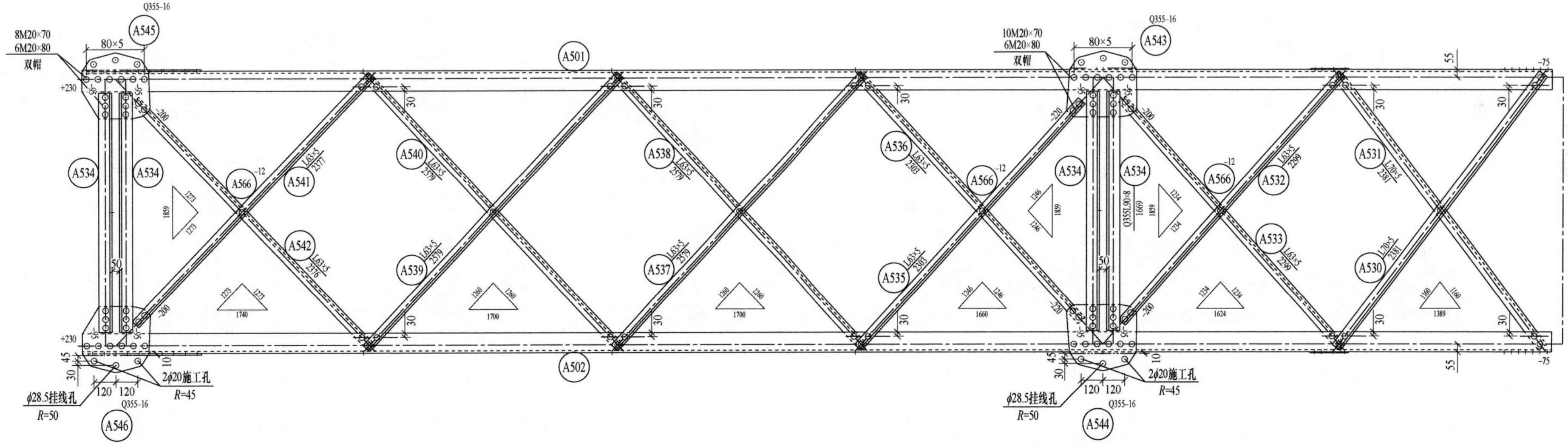

图 10-14 110-EC21S-JZY-14 110-EC21S-JZY 转角塔导线横担结构图 Ⓐ

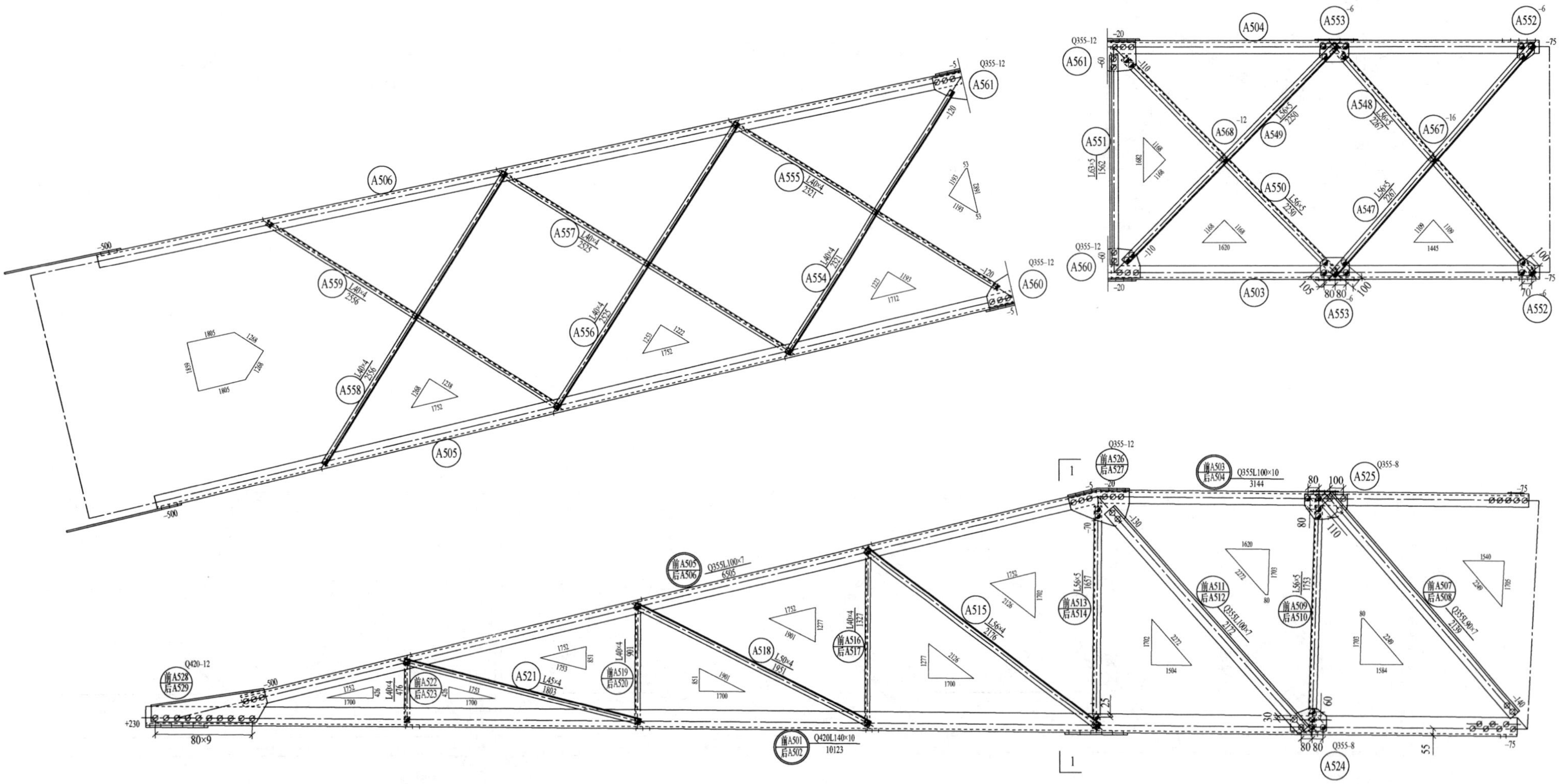

图 10-14 110-EC21S-JZY-14 110-EC21S-JZY 转角塔导线横担结构图 A5（续）

螺栓、垫圈、脚钉明细表

名称	级别	规格	符号	数量	重量（kg）	备注
螺栓	6.8	M16×40	●	11	1.6	
		M16×50	◗	62	9.9	
		M16×60	◪	9	1.6	
		M20×45	○	22	5.9	
		M20×55	⌀	80	23.6	
		M20×70	○	36	13.9	双帽
		M20×80	○	24	9.9	双帽
垫圈	Q235	−3（φ17.5）	规格×个数	4	0.1	
		−4（φ17.5）		22	0.2	
		−4（φ22）		6	0.2	
合计					66.9kg	

构 件 明 细 表

编号	规格	长度(mm)	数量	重量(kg) 一件	重量(kg) 小计	备注	编号	规格	长度(mm)	数量	重量(kg) 一件	重量(kg) 小计	备注
A501	Q420L140×10	10123	1	217.52	217.5	合角（87.0）	A537	L63×5	2579	1	12.44	12.4	
A502	Q420L140×10	10123	1	217.52	217.5	合角（87.0）	A538	L63×5	2579	1	12.44	12.4	切角
A503	Q355L100×10	3144	1	47.54	47.5	开角（93.0）	A539	L63×5	2579	1	12.44	12.4	
A504	Q355L100×10	3144	1	47.54	47.5	开角（93.0）	A540	L63×5	2579	1	12.44	12.4	切角
A505	Q355L100×7	6505	1	70.45	70.4	切角，开角（92.9）	A541	L63×5	2377	1	11.46	11.5	切角
A506	Q355L100×7	6505	1	70.45	70.4	切角，开角（92.9）	A542	L63×5	2376	1	11.46	11.5	切角
A507	Q355L90×7	2139	1	20.65	20.7		A543	Q355−16×458	484	1	27.86	27.9	火曲
A508	Q355L90×7	2139	1	20.65	20.7		A544	Q355−16×458	484	1	27.86	27.9	火曲
A509	L56×5	1753	1	7.45	7.4		A545	Q355−16×463	465	1	27.05	27.1	火曲
A510	L56×5	1753	1	7.45	7.4		A546	Q355−16×463	465	1	27.05	27.1	火曲
A511	Q355L100×7	2172	1	23.52	23.5		A547	L56×5	2267	1	9.64	9.6	
A512	Q355L100×7	2172	1	23.52	23.5		A548	L56×5	2267	1	9.64	9.6	切角
A513	L56×5	1657	1	7.04	7.0	切角	A549	L56×5	2250	1	9.56	9.6	
A514	L56×5	1657	1	7.04	7.0	切角	A550	L56×5	2250	1	9.56	9.6	切角
A515	L56×4	2176	2	7.50	15.0		A551	L63×5	1562	1	7.53	7.5	
A516	L40×4	1327	1	3.21	3.2		A552	−6×127	138	2	0.83	1.7	
A517	L40×4	1327	1	3.21	3.2		A553	−6×138	215	2	1.40	2.8	
A518	L50×4	1951	2	5.97	11.9		A554	L40×4	2321	1	5.62	5.6	
A519	L40×4	901	1	2.18	2.2		A555	L40×4	2321	1	5.62	5.6	
A520	L40×4	901	1	2.18	2.2		A556	L40×4	2525	1	6.12	6.1	
A521	L45×4	1803	2	4.93	9.9		A557	L40×4	2525	1	6.12	6.1	
A522	L40×4	476	1	1.15	1.2		A558	L40×4	2556	1	6.19	6.2	
A523	L40×4	476	1	1.15	1.2		A559	L40×4	2556	1	6.19	6.2	
A524	Q355−8×170	263	2	2.82	5.6		A560	Q355−12×221	430	1	8.96	9.0	火曲
A525	Q355−8×185	314	2	3.67	7.3		A561	Q355−12×221	436	1	9.09	9.1	火曲
A526	Q355−12×260	421	1	10.34	10.3		A562	L56×4	2358	1	8.13	8.1	切角
A527	Q355−12×260	419	1	10.29	10.3		A563	L56×4	2358	1	8.13	8.1	
A528	Q420−12×282	874	1	23.23	23.2	火曲；卷边	A564	−6×114	125	2	0.68	1.4	
A529	Q420−12×282	874	1	23.23	23.2	火曲；卷边	A565	−6×114	120	2	0.65	1.3	
A530	L70×5	2381	1	12.85	12.9	切角	A566	−12×60	60	3	0.34	1.0	
A531	L70×5	2381	1	12.85	12.9	切角	A567	−16×50	50	1	0.31	0.3	
A532	L63×5	2299	1	11.09	11.1	切角	A568	−12×50	50	1	0.24	0.2	
A533	L63×5	2299	1	11.09	11.1	切角	A569	−10×50	50	1	0.20	0.2	
A534	Q355L90×8	1669	4	18.27	73.1		A570	Q355φ50/φ28.5	26	2	0.27	0.5	套管带电焊
A535	L63×5	2303	1	11.11	11.1		合计					1369.2kg	
A536	L63×5	2303	1	11.11	11.1	切角							

图 10−14　110−EC21S−JZY−14　110−EC21S−JZY 转角塔导线横担结构图 Ⓐ（续）

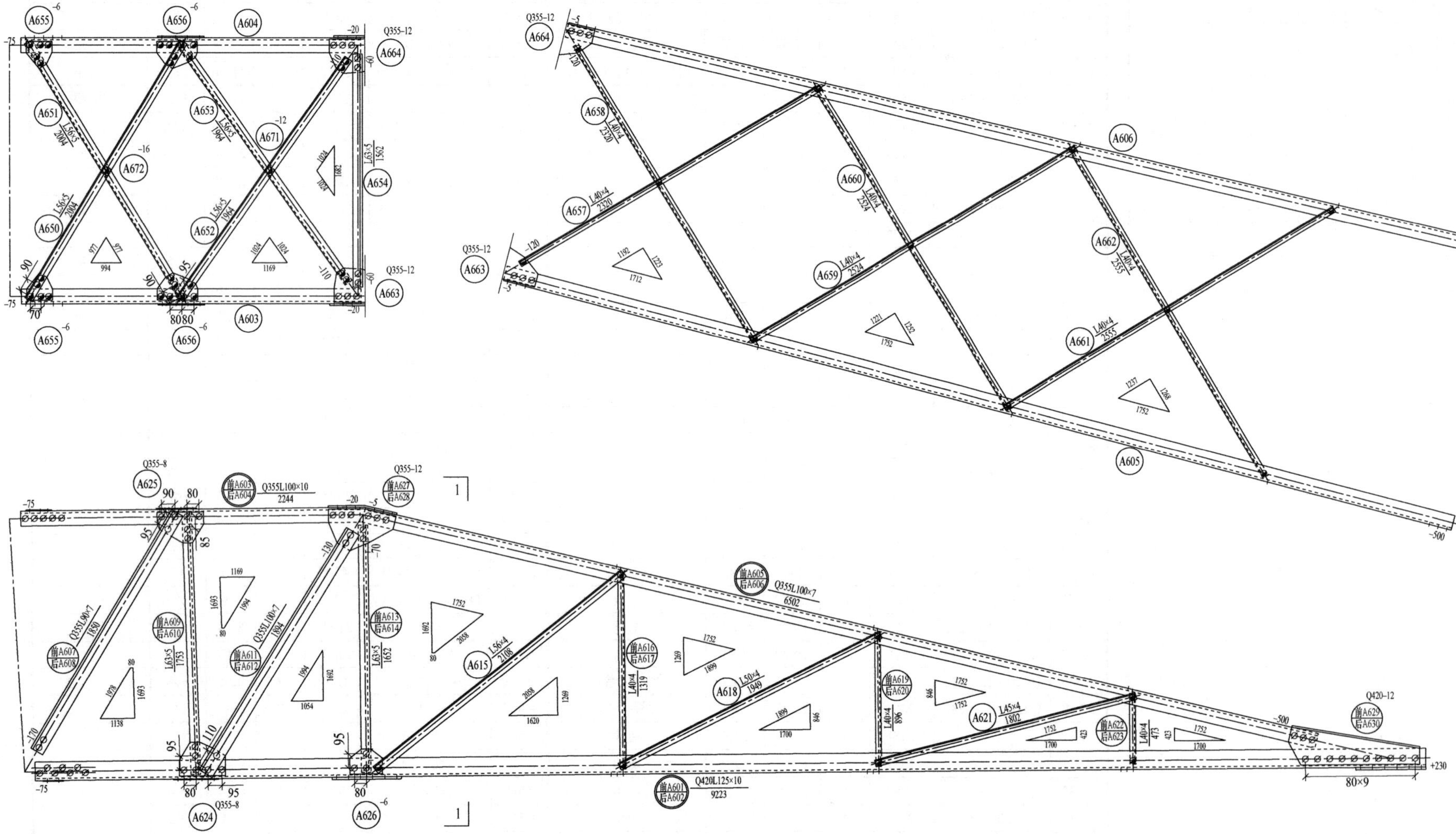

图 10-15   110-EC21S-JZY-15   110-EC21S-JZY 转角塔导线横担结构图 Ⓐ6

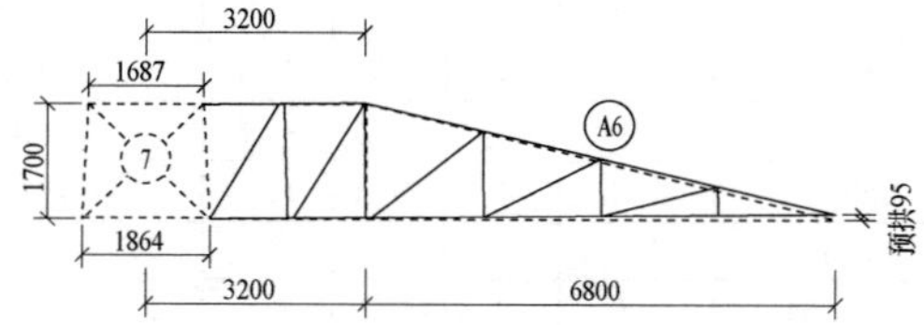

单线图
1:100

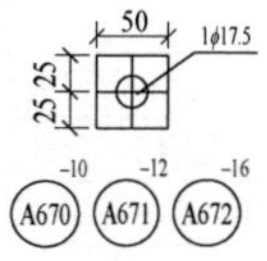

垫块大样图
1:5

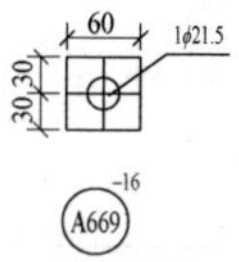

垫块大样图
1:5

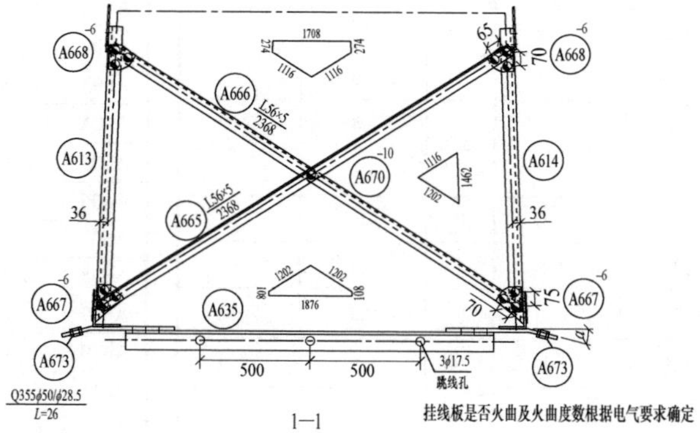

1—1

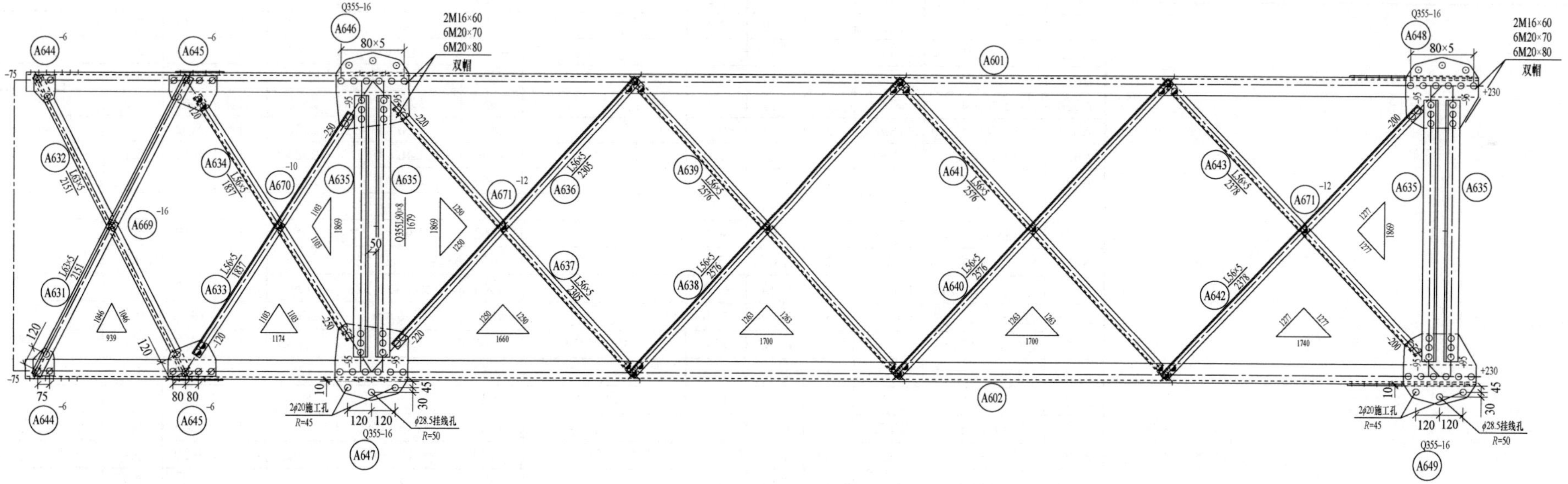

图 10-15　110-EC21S-JZY-15　110-EC21S-JZY 转角塔导线横担结构图 Ⓐ6（续）

名称	级别	规格	符号	数量	重量（kg）	备注
螺栓	6.8	M16×40	●	17	2.4	
		M16×50	●	77	12.3	
		M16×60	■	3	0.5	
		M16×60	○	12	2.4	双帽
		M20×45	○	6	1.6	
		M20×55	∅	104	30.7	
		M20×65	⊗	1	0.3	
		M20×70	○	24	9.3	双帽
		M20×80	○	24	9.9	双帽
垫圈	Q235	−3（φ17.5）		4	0.1	
		−4（φ17.5）	规格×个数	18	0.2	
		−4（φ22）		24	0.4	
合计					70.1kg	

构 件 明 细 表

编号	规格	长度（mm）	数量	重量（kg）一件	小计	备注	编号	规格	长度（mm）	数量	重量（kg）一件	小计	备注
A601	Q420L125×10	9223	1	176.46	176.5	合角（87.0）	A638	L56×5	2576	1	10.95	11.0	
A602	Q420L125×10	9223	1	176.46	176.5	合角（87.0）	A639	L56×5	2576	1	10.95	11.0	切角
A603	Q355L100×10	2244	1	33.93	33.9	开角（93.0）	A640	L56×5	2576	1	10.95	11.0	
A604	Q355L100×10	2244	1	33.93	33.9	开角（93.0）	A641	L56×5	2576	1	10.95	11.0	切角
A605	Q355L100×7	6502	1	70.42	70.4	切角，开角（92.9）	A642	L56×5	2378	1	10.11	10.1	切角
A606	Q355L100×7	6502	1	70.42	70.4	切角，开角（92.9）	A643	L56×5	2378	1	10.11	10.1	切角
A607	Q355L90×7	1850	1	17.86	17.9		A644	−6×135	177	2	1.13	2.3	
A608	Q355L90×7	1850	1	17.86	17.9		A645	−6×231	300	2	3.27	6.5	
A609	L63×5	1753	1	8.45	8.5	切角	A646	Q355−16×469	472	1	27.88	27.9	火曲
A610	L63×5	1753	1	8.45	8.5	切角	A647	Q355−16×469	472	1	27.88	27.9	火曲
A611	Q355L100×7	1894	1	20.51	20.5		A648	Q355−16×453	460	1	26.21	26.2	火曲
A612	Q355L100×7	1894	1	20.51	20.5		A649	Q355−16×453	460	1	26.21	26.2	火曲
A613	L63×5	1652	1	7.97	8.0	切角	A650	L56×5	2004	1	8.52	8.5	
A614	L63×5	1652	1	7.97	8.0	切角	A651	L56×5	2004	1	8.52	8.5	切角
A615	L56×4	2108	2	7.26	14.5		A652	L56×5	1964	1	8.35	8.3	
A616	L40×4	1319	1	3.19	3.2		A653	L56×5	1964	1	8.35	8.3	切角
A617	L40×4	1319	1	3.19	3.2		A654	L63×5	1562	1	7.53	7.5	
A618	L50×4	1949	2	5.96	11.9		A655	−6×170	181	2	1.45	2.9	
A619	L40×4	896	1	2.17	2.2		A656	−6×181	270	2	2.31	4.6	
A620	L40×4	896	1	2.17	2.2		A657	L40×4	2320	1	5.62	5.6	
A621	L45×4	1802	2	4.93	9.9		A658	L40×4	2320	1	5.62	5.6	
A622	L40×4	473	1	1.15	1.1		A659	L40×4	2524	1	6.11	6.1	
A623	L40×4	473	1	1.15	1.1		A660	L40×4	2524	1	6.11	6.1	
A624	Q355−8×225	306	2	4.34	8.7		A661	L40×4	2555	1	6.19	6.2	
A625	Q355−8×205	309	2	4.00	8.0		A662	L40×4	2555	1	6.19	6.2	
A626	−6×165	215	2	1.67	3.3		A663	Q355−12×228	429	1	9.27	9.3	火曲
A627	Q355−12×278	419	1	11.00	11.0		A664	Q355−12×228	429	1	9.27	9.3	火曲
A628	Q355−12×278	418	1	10.98	11.0		A665	L56×5	2368	1	10.07	10.1	切角
A629	Q420−12×288	875	1	23.83	23.8	火曲；卷边	A666	L56×5	2368	1	10.07	10.1	切角
A630	Q420−12×288	875	1	23.83	23.8	火曲；卷边	A667	−6×118	125	2	0.70	1.4	
A631	L63×5	2151	1	10.37	10.4	切角	A668	−6×118	120	2	0.67	1.3	
A632	L63×5	2151	1	10.37	10.4	切角	A669	−16×60	60	1	0.45	0.5	
A633	L56×5	1837	1	7.81	7.8	切角	A670	−10×50	50	2	0.20	0.4	
A634	L56×5	1837	1	7.81	7.8		A671	−12×50	50	3	0.24	0.7	
A635	Q355L90×8	1679	4	18.38	73.5		A672	−16×50	50	1	0.31	0.3	
A636	L56×5	2305	1	9.80	9.8		A673	Q355φ50/φ28.5	26	2	0.27	0.5	套管带电焊
A637	L56×5	2305	1	9.80	9.8	切角	合计					1249.3kg	

图 10－15　110－EC21S－JZY－15　110－EC21S－JZY 转角塔导线横担结构图 Ⓐ（续）

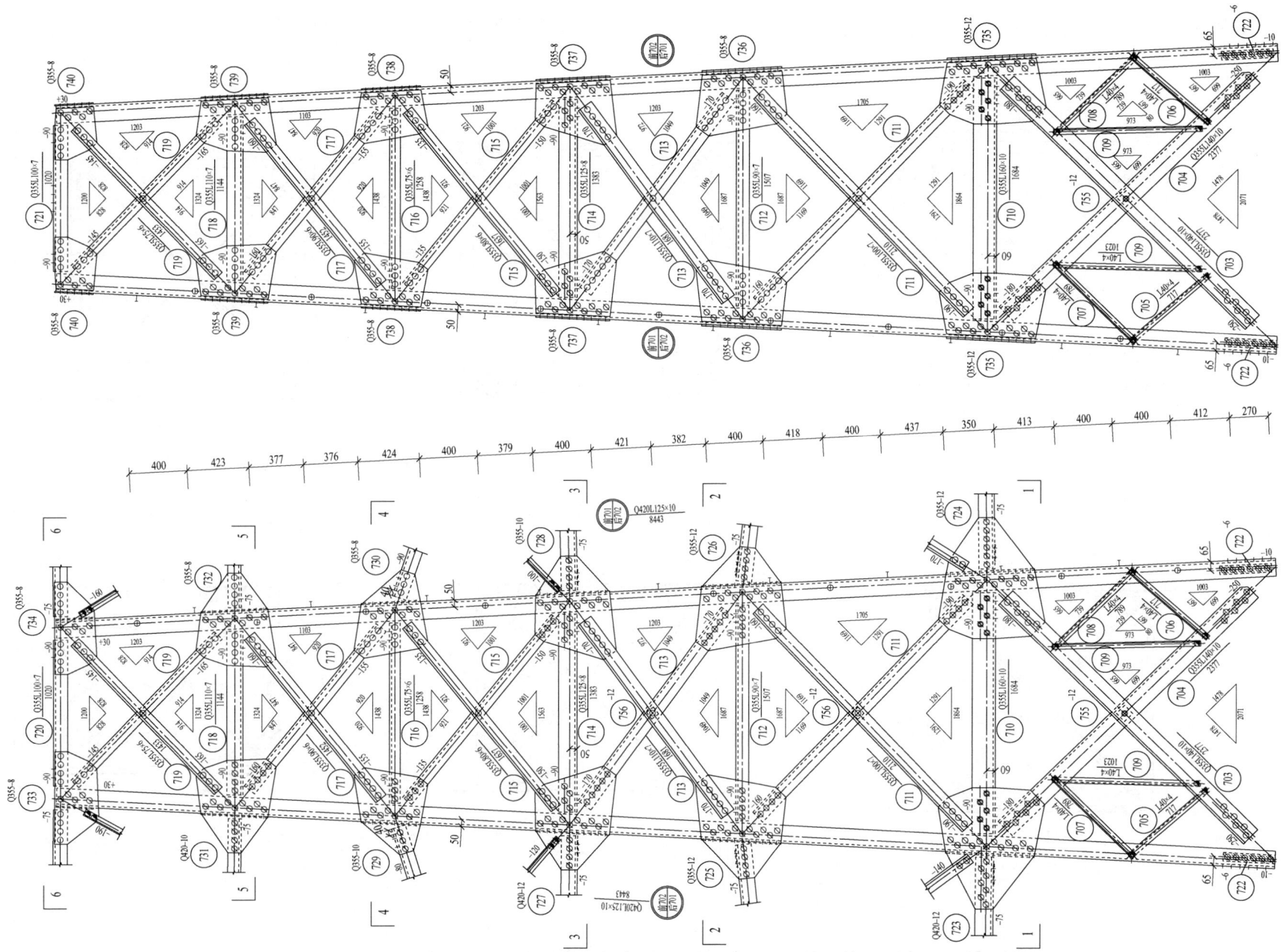

图 10-16　110-EC21S-JZY-16　110-EC21S-JZY 转角塔塔身结构图 ⑦

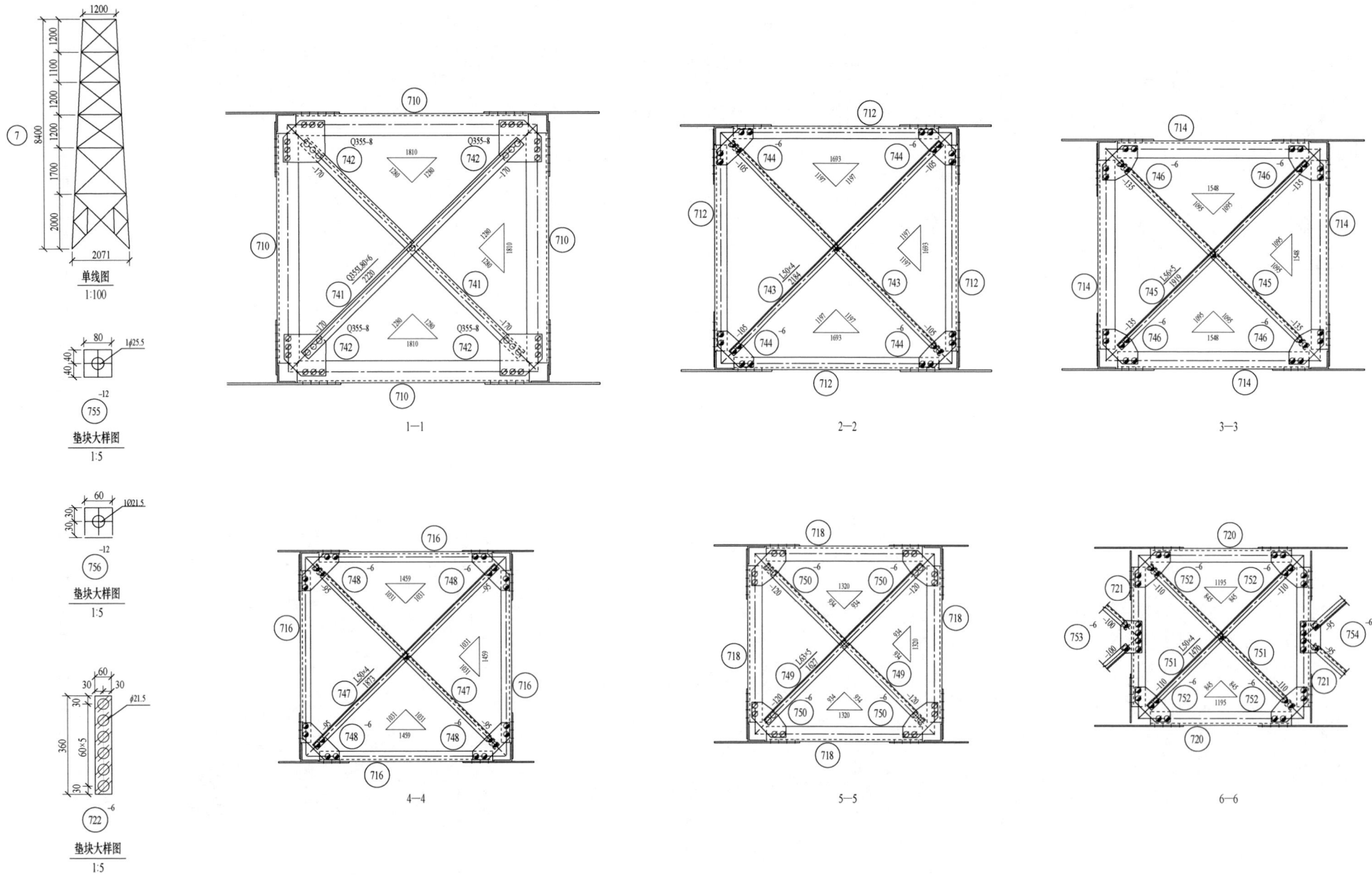

图 10-16 110-EC21S-JZY-16 110-EC21S-JZY 转角塔塔身结构图⑦（续）

螺栓、垫圈、脚钉明细表

名称	级别	规格	符号	数量	重量（kg）	备注
螺栓	6.8	M16×40	◑	68	9.8	
		M16×50	◐	117	18.7	
		M20×45	○	312	84.2	
		M20×55	∅	777	229.2	
		M20×65	⊠	4	1.3	
	8.8	M24×65	∅	40	20.0	
		M24×75	⊠	4	2.1	
脚钉	6.8	M16×180	⊕—|	22	7.2	双帽
		M20×200	⊕—|	16	9.9	双帽
垫圈	Q235	−3（φ17.5）	规格×个数	10	0.1	
		−4（φ22）		22	0.3	
合计					382.7kg	

构 件 明 细 表

编号	规格	长度（mm）	数量	重量（kg）一件	重量（kg）小计	备注	编号	规格	长度（mm）	数量	重量（kg）一件	重量（kg）小计	备注
701	Q420L125×10	8443	2	161.54	323.1	脚钉	730	Q355−8×512	564	2	18.16	36.3	
702	Q420L125×10	8443	2	161.54	323.1		731	Q420−10×551	648	2	28.11	56.2	
703	Q355L140×10	2377	4	51.08	204.3		732	Q355−8×551	588	2	20.41	40.8	
704	Q355L140×10	2377	4	51.08	204.3	切角	733	Q355−8×306	645	2	12.44	24.9	
705	L40×4	717	4	1.74	6.9	切角	734	Q355−8×291	645	2	11.82	23.6	
706	L40×4	717	4	1.74	6.9		735	Q355−12×442	730	4	30.45	121.8	
707	L40×4	789	4	1.91	7.6		736	Q355−8×427	640	4	17.21	68.8	
708	L40×4	789	4	1.91	7.6	切角	737	Q355−8×452	554	4	15.75	63.0	
709	L40×4	1023	8	2.48	19.8		738	Q355−8×353	512	4	11.36	45.4	
710	Q355L160×10	1684	4	41.64	166.6	切角，合角（87.0）	739	Q355−8×381	546	4	13.08	52.3	
711	Q355L100×7	2110	8	22.85	182.8		740	Q355−8×296	362	4	6.75	27.0	
712	Q355L90×7	1507	4	14.55	58.2	开角（93.0）	741	Q355L80×6	2220	2	16.37	32.7	
713	Q355L110×7	1681	8	20.05	160.4		742	Q355−8×304	304	4	5.82	23.3	
714	Q355L125×8	1383	4	21.44	85.8	合角（87.0）	743	L50×4	2184	2	6.68	13.4	
715	Q355L80×6	1637	8	12.07	96.6		744	−6×132	371	2	2.32	9.3	
716	Q355L75×6	1258	4	8.69	34.7		745	L56×5	1919	2	8.16	16.3	
717	Q355L90×6	1452	8	12.12	97.0		746	−6×169	357	4	2.85	11.4	
718	Q355L110×7	1144	4	13.65	54.6	合角（87.0）	747	L50×4	1873	2	5.73	11.5	
719	Q355L75×6	1433	8	9.89	79.2		748	−6×121	381	4	2.19	8.8	
720	Q355L100×7	1020	2	11.05	22.1	开角（93.0）	749	L63×5	1627	2	7.85	15.7	
721	Q355L100×7	1020	2	11.05	22.1	开角（93.0）	750	−6×150	364	4	2.59	10.4	
722	−6×60	360	8	1.02	8.1		751	L50×4	1470	2	4.50	9.0	
723	Q420−12×732	845	2	58.31	116.6		752	−6×141	364	4	2.42	9.7	
724	Q355−12×732	845	2	58.31	116.6		753	−6×153	238	1	1.72	1.7	
725	Q355−12×642	700	2	42.44	84.9		754	−6×149	231	1	1.63	1.6	
726	Q355−12×642	700	2	42.42	84.8		755	−12×80	80	4	0.60	2.4	
727	Q420−12×563	722	2	38.33	76.7		756	−12×60	60	4	0.34	1.4	
728	Q355−10×563	722	2	31.96	63.9		合计					3498.9kg	
729	Q355−10×512	558	2	22.44	44.9								

图 10−16　110−EC21S−JZY−16　110−EC21S−JZY 转角塔塔身结构图 ⑦（续）

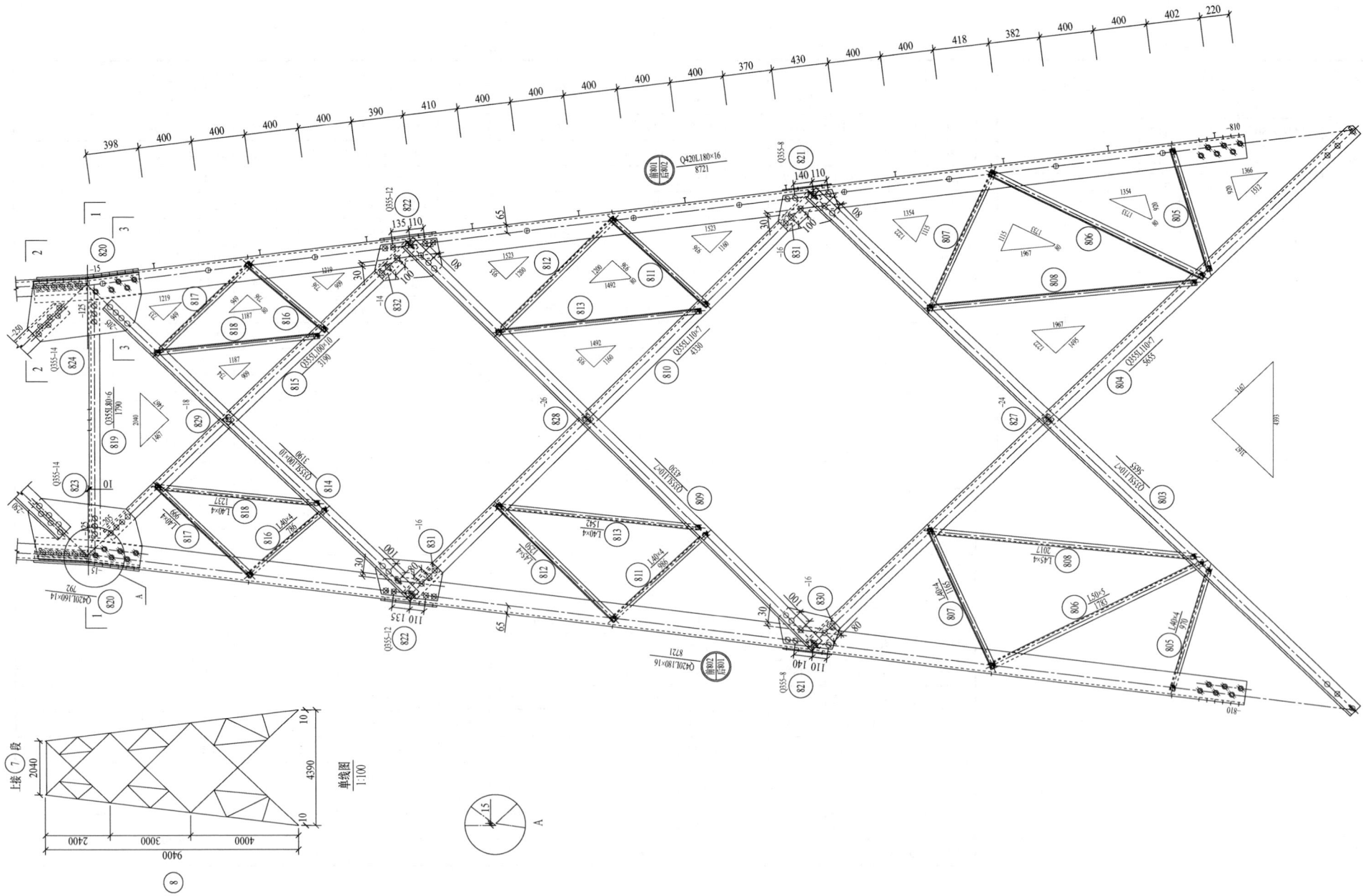

图 10-17 110-EC21S-JZY-17 110-EC21S-JZY 转角塔塔身结构图 ⑧

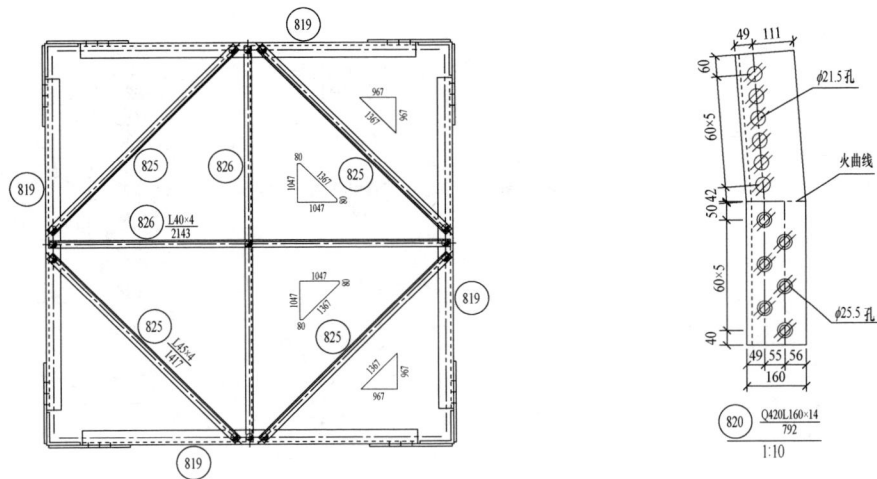

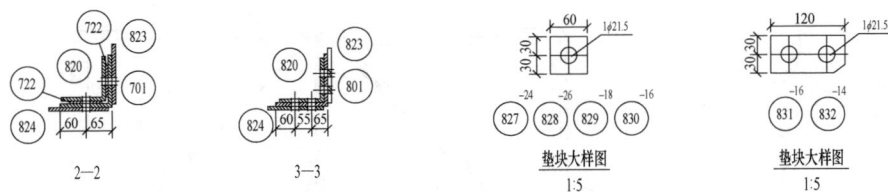

构 件 明 细 表

编号	规格	长度（mm）	数量	重量（kg）一件	重量（kg）小计	备注
801	Q420L180×16	8721	2	379.73	759.5	脚钉
802	Q420L180×16	8721	2	379.73	759.5	
803	Q355L110×7	5655	4	67.45	269.8	
804	Q355L110×7	5655	4	67.45	269.8	切角
805	L40×4	970	8	2.35	18.8	
806	L50×5	1783	8	6.72	53.8	
807	L40×4	1165	8	2.82	22.6	
808	L45×4	2017	8	5.52	44.1	
809	Q355L110×7	4330	4	51.65	206.6	脚钉
810	Q355L110×7	4330	4	51.65	206.6	切角
811	L40×4	986	8	2.39	19.1	
812	L45×4	1250	8	3.42	27.4	
813	L40×4	1542	8	3.73	29.9	
814	Q355L100×10	3190	4	48.23	192.9	
815	Q355L100×10	3190	4	48.23	192.9	切角
816	L40×4	786	8	1.90	15.2	
817	L40×4	999	8	2.42	19.4	
818	L40×4	1237	8	3.00	24.0	
819	Q355L80×6	1790	4	13.20	52.8	开角（97.1）
820	Q420L160×14	792	4	26.92	107.7	制弯，铲背，脚钉
821	Q355-8×273	473	8	8.12	65.0	
822	Q355-12×282	509	8	13.56	108.5	
823	Q355-14×462	879	4	44.70	178.8	火曲
824	Q355-14×464	879	4	44.91	179.6	火曲
825	L45×4	1417	4	3.88	15.5	
826	L40×4	2143	2	5.19	10.4	
827	-24×60	60	4	0.68	2.7	
828	-26×60	60	4	0.73	2.9	
829	-18×60	60	4	0.51	2.0	
830	-16×60	60	4	0.45	1.8	
831	-16×60	120	8	0.90	7.2	
832	-14×60	120	4	0.79	3.2	
合计					3870.0kg	

螺栓、垫圈、脚钉明细表

名称	级别	规格	符号	数量	重量（kg）	备注
螺栓	6.8	M16×40	◑	52	7.5	
		M16×50	◐	49	7.8	
		M16×60	▦	24	4.2	
		M20×45	○	12	3.2	
		M20×55	⊘	142	41.9	
		M20×65	⊠	74	23.7	
		M20×75	⦸	92	31.8	
	8.8	M24×85	⦸	46	26.4	
脚钉	6.8	M16×180	⊕—	36	11.7	双帽
		M20×200	⊕—	4	2.5	双帽
	8.8	M24×240	⊕—	2	1.8	双帽
垫圈	Q235	-3（φ17.5）	规格×个数	2	0.1	
合计					162.6kg	

图 10−17　110−EC21S−JZY−17　110−EC21S−JZY 转角塔塔身结构图⑧（续）

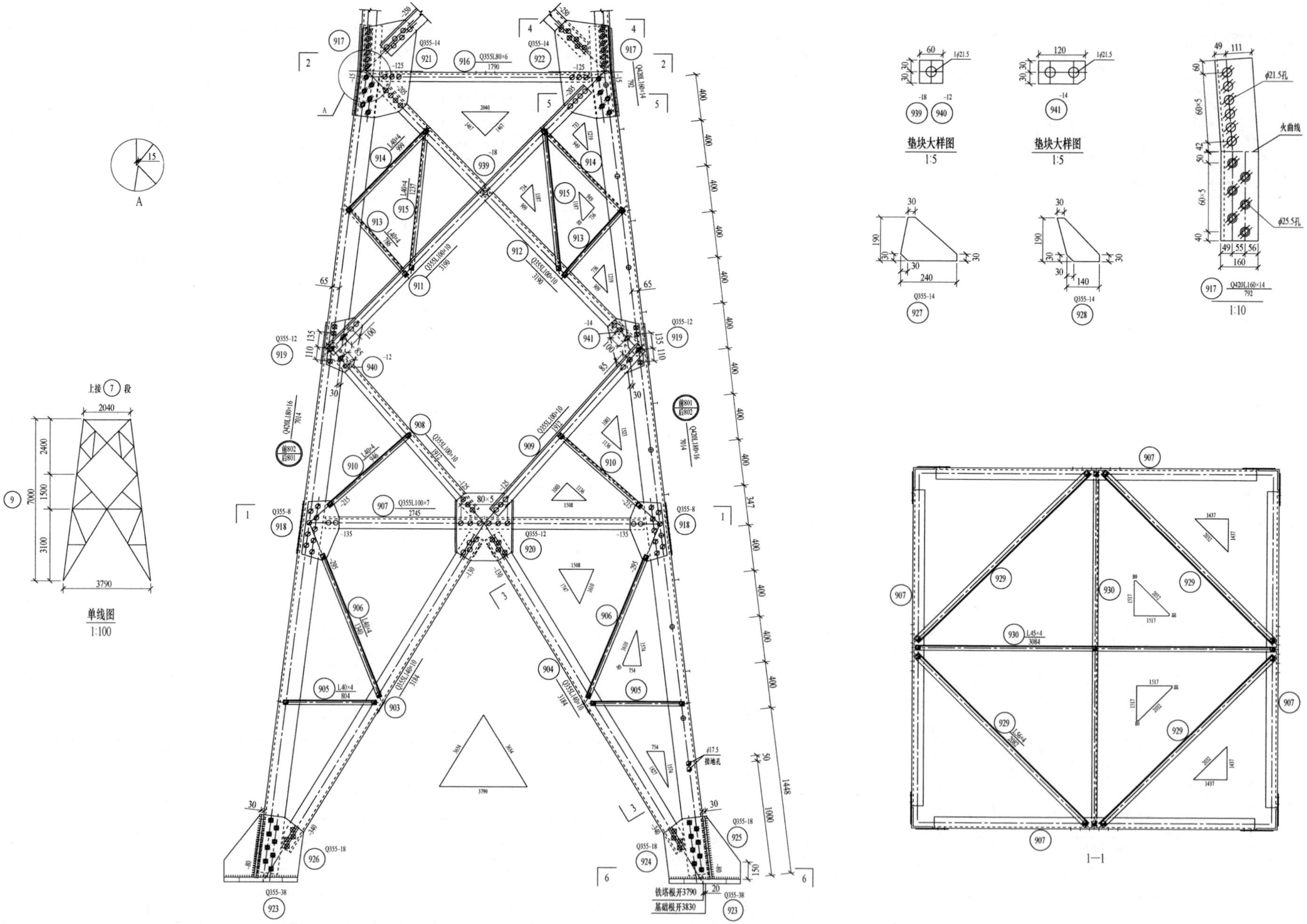

图 10-18　110-EC21S-JZY-18　110-EC21S-JZY 转角塔 9.0m 塔腿结构图 ⑨

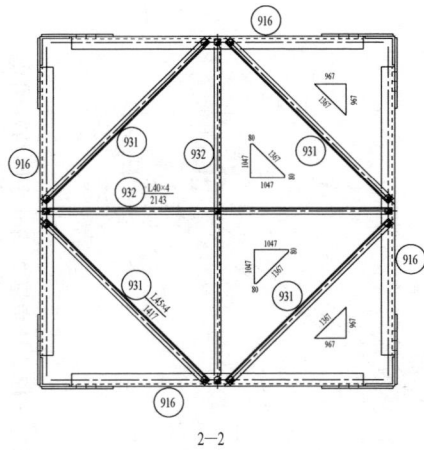

2—2

制弯,铲背

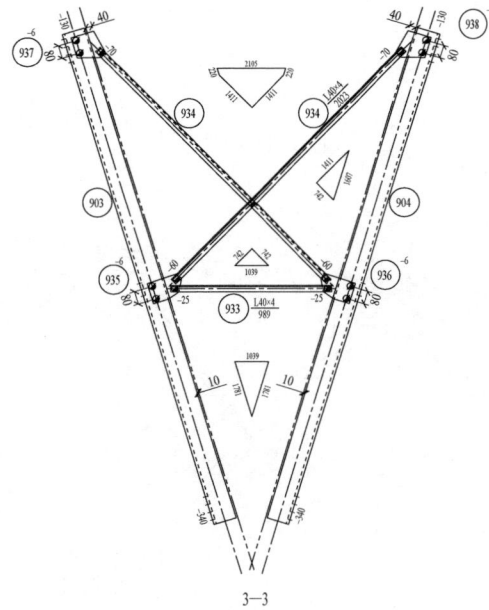

4—4

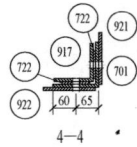

5—5

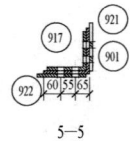

3—3

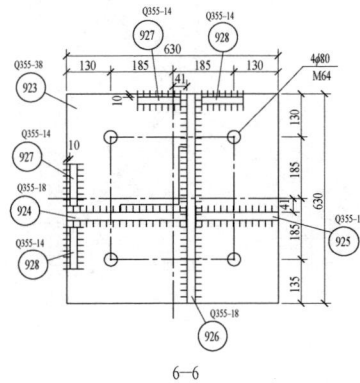

6—6

螺栓、垫圈、脚钉明细表

名称	级别	规格	符号	数量	重量(kg)	备注
螺栓	6.8	M16×40	◐	64	9.2	
		M16×50	◑	102	16.3	
		M20×45	○	16	4.3	
		M20×55	⊘	267	78.8	
		M20×65	⊗	68	21.8	
		M20×75	⊘	67	23.2	
		M20×85	⊠	8	3.0	
	8.8	M24×75	⊗	64	34.4	
		M24×85	⊘	47	27.0	
脚钉	6.8	M16×180	⊕—	24	7.8	双帽
		M20×200	⊕—	2	1.2	双帽
	8.8	M24×240	⊕—	1	0.9	双帽
垫圈	Q235	−3(φ17.5)	规格×个数	12	0.1	
合计					228.0kg	

构件明细表

编号	规格	长度(mm)	数量	重量(kg) 一件	小计	备注
901	Q420L180×16	7014	2	305.39	610.8	脚钉
902	Q420L180×16	7014	2	305.39	610.8	
903	Q355L140×10	3184	4	68.42	273.7	切角
904	Q355L140×10	3184	4	68.42	273.7	切角
905	L40×4	804	8	1.95	15.6	
906	L40×4	1340	8	3.25	26.0	
907	Q355L100×7	2745	4	29.73	118.9	开角(97.1)
908	Q355L100×10	1912	4	28.91	115.6	切角
909	Q355L100×10	1912	4	28.91	115.6	脚钉
910	L40×4	946	8	2.29	18.3	
911	Q355L100×10	3190	4	48.23	192.9	
912	Q355L100×10	3190	4	48.23	192.9	切角
913	L40×4	787	8	1.91	15.2	
914	L40×4	1000	8	2.42	19.4	
915	L40×4	1237	8	3.00	24.0	
916	Q355L80×6	1790	4	13.20	52.8	开角(97.1)
917	Q420L160×14	792	4	26.92	107.7	制弯,铲背
918	Q355−8×289	523	8	9.52	76.1	
919	Q355−12×266	484	8	12.18	97.5	
920	Q355−12×576	589	4	32.01	128.0	火曲;卷边
921	Q355−14×462	879	4	44.70	178.8	火曲
922	Q355−14×464	879	4	44.91	179.6	火曲
923	Q355−38×630	630	4	118.40	473.6	电焊
924	Q355−18×352	549	4	27.38	109.5	电焊
925	Q355−18×271	583	4	22.40	89.6	电焊
926	Q355−18×548	680	4	52.77	211.1	电焊
927	Q355−14×190	238	8	4.97	39.8	电焊
928	Q355−14×138	190	8	2.90	23.2	电焊
929	L56×4	2082	4	7.17	28.7	
930	L45×4	3084	2	8.44	16.9	
931	L45×4	1417	4	3.88	15.5	
932	L40×4	2143	2	5.19	10.4	
933	L40×4	989	4	2.40	9.6	
934	L40×4	2023	8	4.90	39.2	
935	−6×132	216	4	1.35	5.4	火曲
936	−6×132	216	4	1.35	5.4	火曲
937	−6×170	180	4	1.45	5.8	火曲
938	−6×170	180	4	1.45	5.8	火曲
939	−18×60	60	4	0.51	2.0	
940	−12×60	60	4	0.34	1.4	
941	−14×60	120	4	0.79	3.2	
合计					4540.0kg	

图 10−18　110−EC21S−JZY−18　110−EC21S−JZY 转角塔 9.0m 塔腿结构图 ⑨（续）

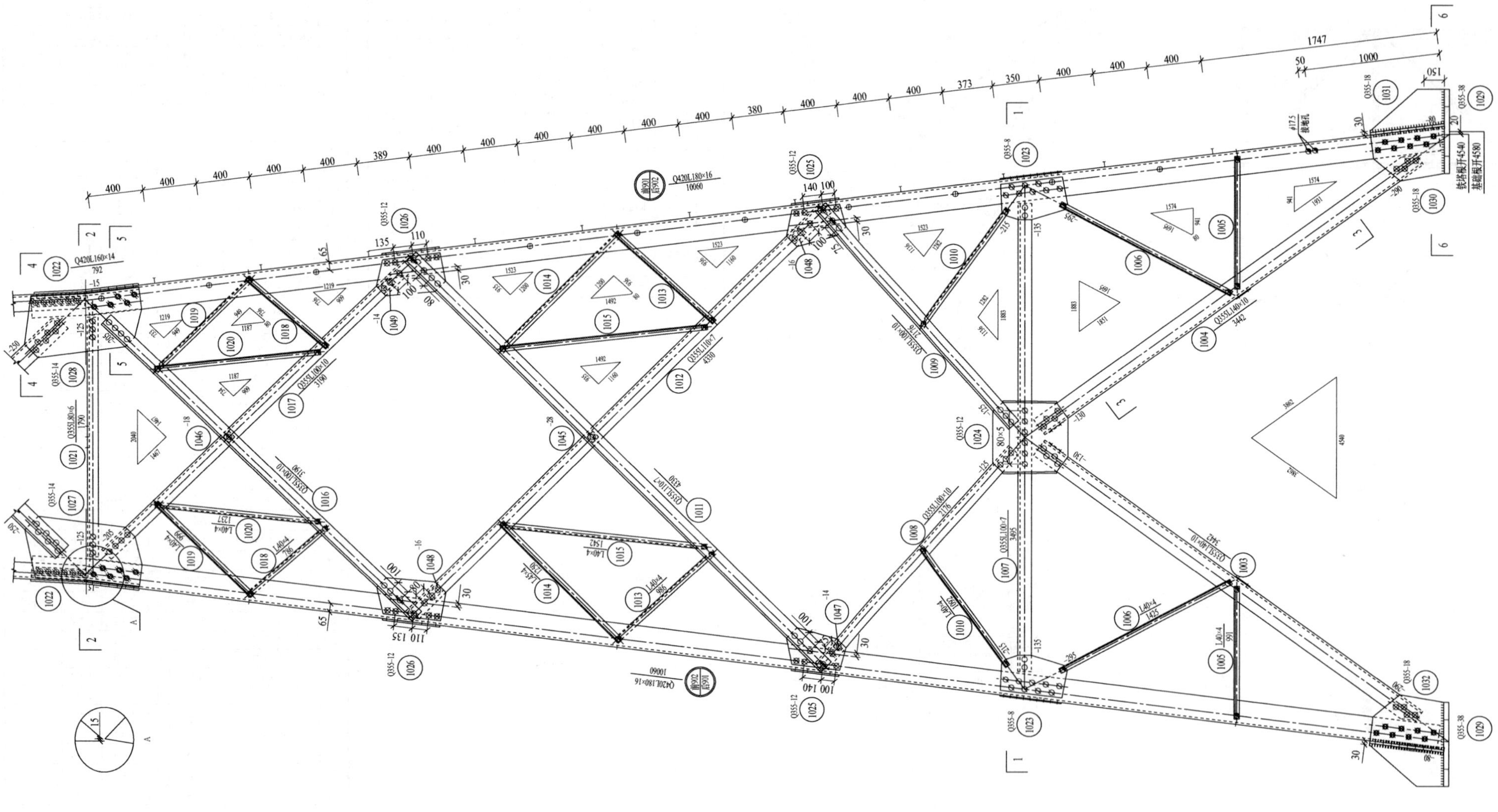

图 10-19 110-EC21S-JZY-19 110-EC21S-JZY 转角塔 12.0m 塔腿结构图 ⑩

上接⑦段

2040

2400

3000

10000

1500

3100

4540

⑩

单线图
1:100

49 111

60

60×5

φ21.5 孔

火曲线

50 42

60×5

φ25.5 孔

40

49 55 56

160

1022   Q420L160×14
           792

1:10

60   1φ21.5

30 30

-28 -18 -14

1045 1046 1047

垫块大样图
1:5

120   1φ21.5

30 30

-16 -14

1048 1049

垫块大样图
1:5

30

190

30

30

240

Q355-14

1033

30

190

30

30

140

Q355-14

1034

1036

1035

1036   L50×4
           3834

1892

1892 250

80

250

1812

1812

1035

1035

1035   L30×5
           2623

1007

1007

1—1

1021

967   967

1037

1037

1038

80

1047
1047 180
       80

1038

1038   L40×4
           2143

1037

1021

1037

1047 80
1047 180

1021

1037

1037   L45×4
           1474

967

967

1021

1021

2—2

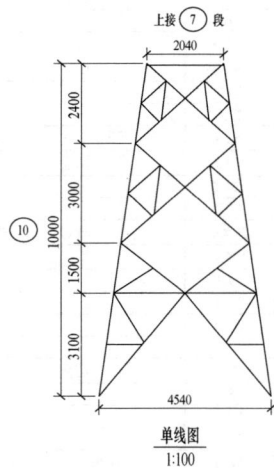

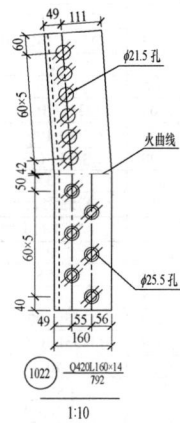

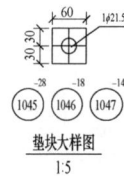

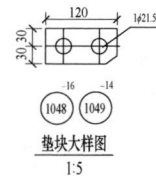

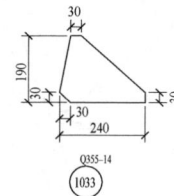

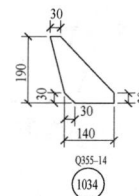

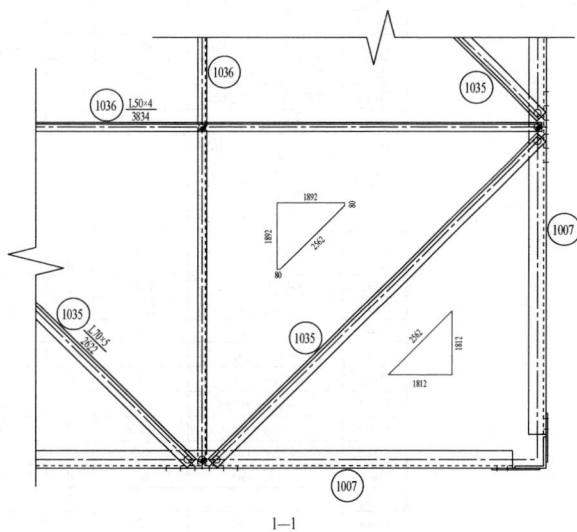

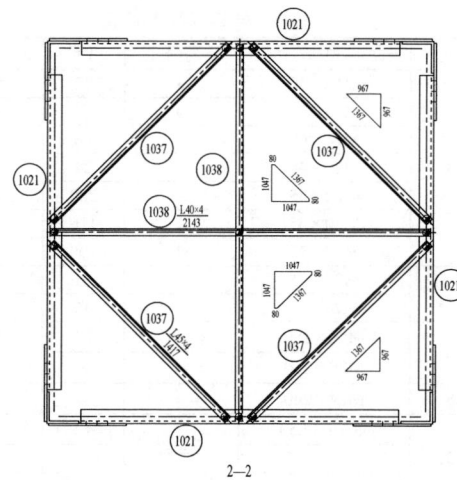

图 10-19 110-EC21S-JZY-19 110-EC21S-JZY 转角塔 12.0m 塔腿结构图 ⑩（续）

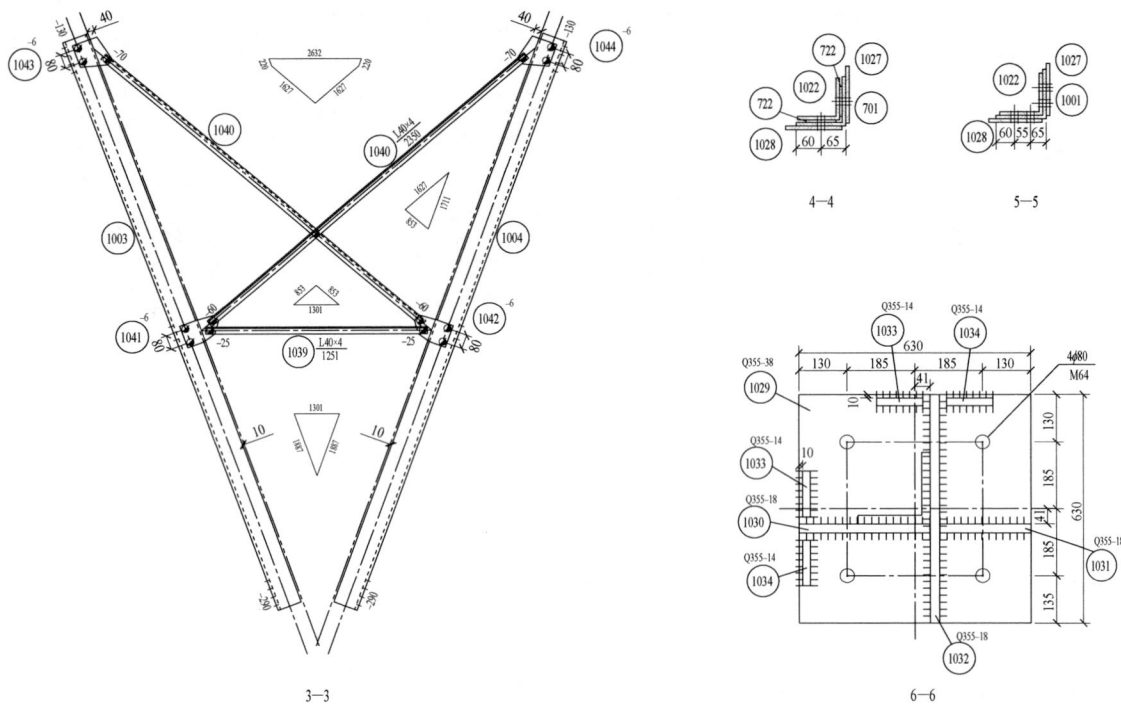

构 件 明 细 表

编号	规格	长度 (mm)	数量	重量（kg）一件	重量（kg）小计	备注
1001	Q420L180×16	10060	2	438.03	876.1	脚钉
1002	Q420L180×16	10060	2	438.03	876.1	
1003	Q355L140×10	3442	4	73.96	295.8	切角
1004	Q355L140×10	3442	4	73.96	295.8	切角
1005	L40×4	991	8	2.40	19.2	
1006	L40×4	1425	8	3.45	27.6	
1007	Q355L100×7	3495	4	37.85	151.4	开角（97.1）
1008	Q355L100×10	2176	4	32.90	131.6	切角
1009	Q355L100×10	2176	4	32.90	131.6	
1010	L40×4	1092	8	2.64	21.2	
1011	Q355L110×7	4330	4	51.65	206.6	脚钉
1012	Q355L110×7	4330	4	51.65	206.6	切角
1013	L40×4	986	8	2.39	19.1	
1014	L45×4	1251	8	3.42	27.4	
1015	L40×4	1542	8	3.73	29.9	
1016	Q355L100×10	3190	4	48.23	192.9	
1017	Q355L100×10	3190	4	48.23	192.9	切角
1018	L40×4	787	8	1.91	15.2	
1019	L40×4	1000	8	2.42	19.4	
1020	L40×4	1237	8	3.00	24.0	
1021	Q355L80×6	1790	4	13.20	52.8	开角（97.1）
1022	Q420L160×14	792	4	26.92	107.7	制弯，铲背
1023	Q355-8×289	490	8	8.90	71.2	
1024	Q355-12×556	620	4	32.54	130.2	火曲；卷边
1025	Q355-12×272	450	8	11.56	92.5	
1026	Q355-12×282	509	8	13.56	108.5	
1027	Q355-14×462	879	4	44.70	178.8	火曲
1028	Q355-14×464	879	4	44.91	179.6	火曲
1029	Q355-38×630	630	4	118.40	473.6	电焊
1030	Q355-18×366	549	4	28.48	113.9	电焊
1031	Q355-18×277	583	4	22.91	91.6	电焊
1032	Q355-18×548	685	4	53.19	212.8	电焊
1033	Q355-14×190	238	8	4.97	39.8	电焊
1034	Q355-14×138	190	8	2.90	23.2	电焊
1035	L70×5	2622	4	14.15	56.6	
1036	L50×4	3834	2	11.73	23.5	
1037	L45×4	1417	4	3.88	15.5	
1038	L40×4	2143	2	5.19	10.4	
1039	L40×4	1251	4	3.03	12.1	
1040	L40×4	2350	8	5.69	45.5	
1041	-6×130	217	4	1.33	5.3	火曲
1042	-6×130	217	4	1.33	5.3	火曲
1043	-6×169	183	4	1.47	5.9	火曲
1044	-6×169	183	4	1.47	5.9	火曲
1045	-28×60	60	4	0.79	3.2	
1046	-18×60	60	4	0.51	2.0	
1047	-14×60	60	4	0.40	1.6	
1048	-16×60	120	8	0.90	7.2	
1049	-14×60	120	4	0.79	3.2	
合计					5839.8kg	

螺栓、垫圈、脚钉明细表

名称	级别	规格	符号	数量	重量（kg）	备注
螺栓	6.8	M16×40		72	10.4	
		M16×50		102	16.3	
		M16×60		16	2.8	
		M20×45	○	24	6.5	
		M20×55	⦸	280	82.6	
		M20×65	⊠	116	37.1	
		M20×75	⦰	100	34.6	
	8.8	M24×75	⊠	64	34.4	
		M24×85	⦰	46	26.4	
脚钉	6.8	M16×180		34	11.1	双帽
		M20×200		8	4.9	双帽
	8.8	M24×240		2	1.8	双帽
垫圈	Q235	-3（φ17.5）	规格·个数	12	0.1	
合计					269.0kg	

图 10－19 110－EC21S－JZY－19 110－EC21S－JZY 转角塔 12.0m 塔腿结构图 ⑩（续）

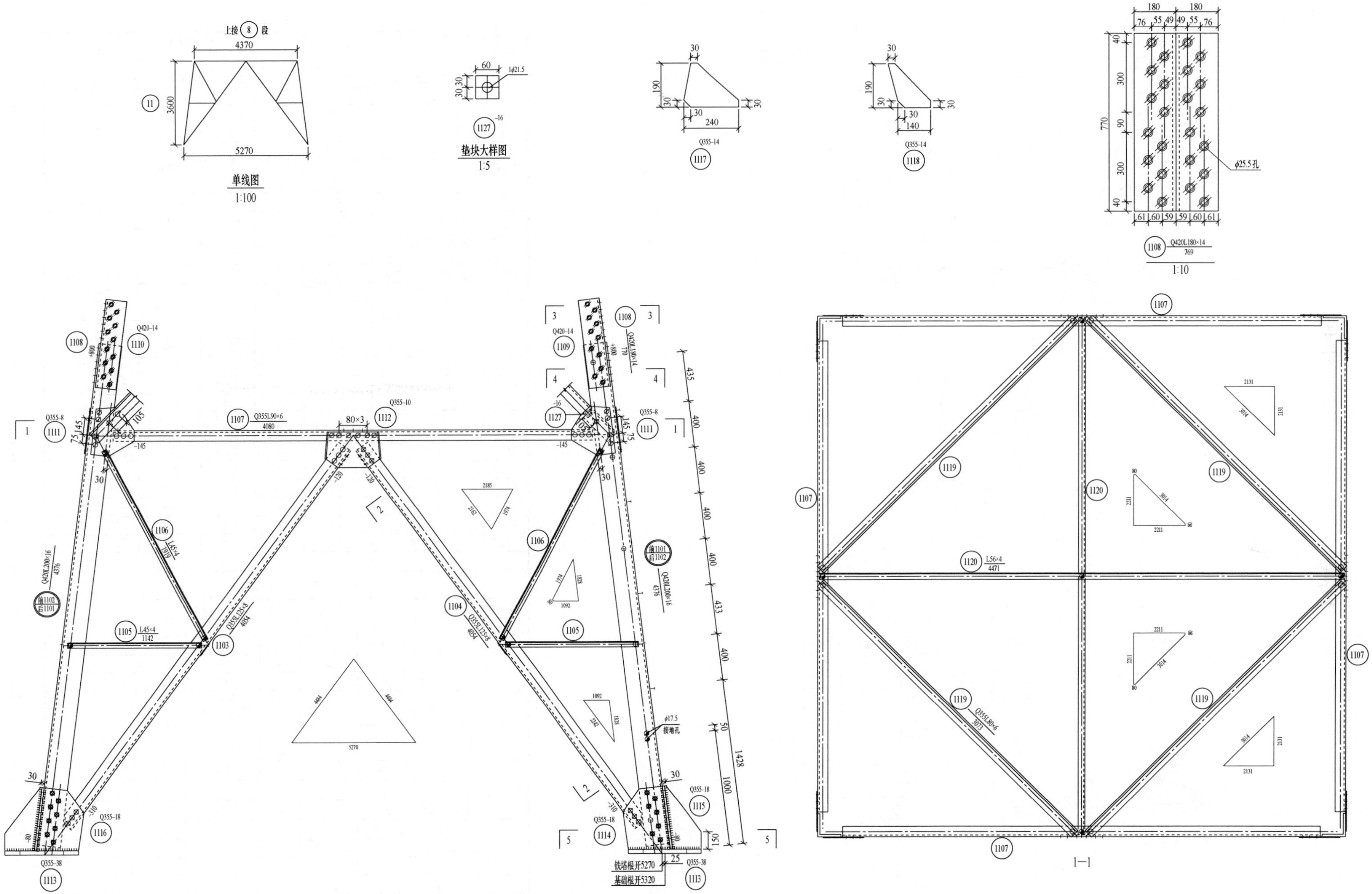

图 10-20　110-EC21S-JZY-20　110-EC21S-JZY 转角塔 15.0m 塔腿结构图 ⑪

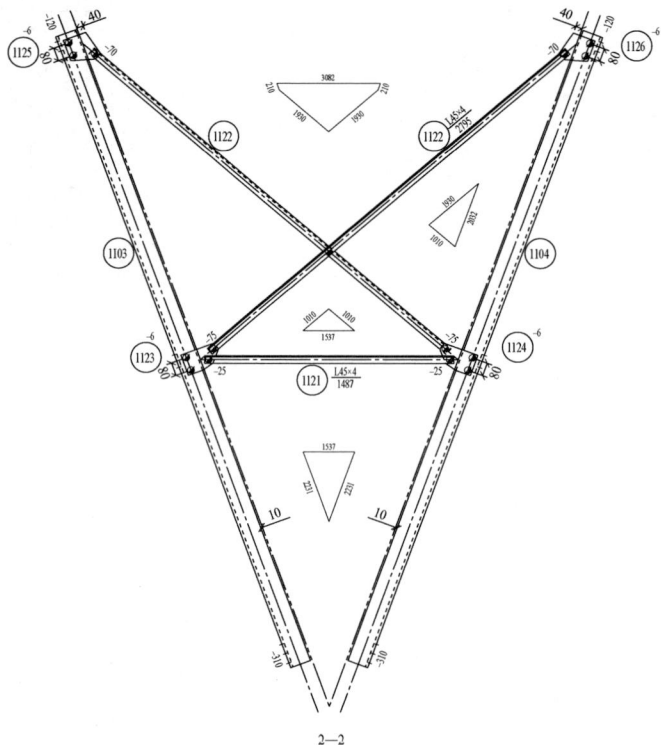

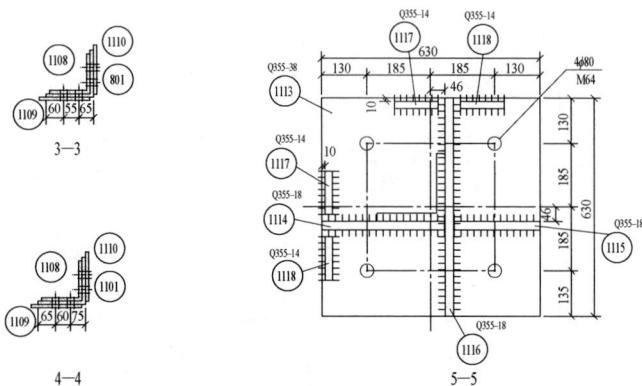

构 件 明 细 表

编号	规格	长度(mm)	数量	重量（kg）一件	重量（kg）小计	备注
1101	Q420L200×16	4376	2	213.02	426.0	脚钉
1102	Q420L200×16	4376	2	213.02	426.0	
1103	Q355L125×8	4054	4	62.85	251.4	切角
1104	Q355L125×8	4054	4	62.85	251.4	切角
1105	L45×4	1142	8	3.12	25.0	脚钉
1106	L45×4	1857	8	5.08	40.6	
1107	Q355L90×6	4080	4	34.07	136.3	
1108	Q420L180×14	769	4	29.52	118.1	铲背
1109	Q420−14×180	768	4	15.21	60.8	
1110	Q420−14×180	768	4	15.21	60.8	
1111	Q355−8×358	430	8	9.68	77.4	
1112	Q355−10×307	552	4	13.36	53.4	火曲；卷边
1113	Q355−38×630	630	4	118.40	473.6	电焊
1114	Q355−18×363	550	4	28.25	113.0	电焊
1115	Q355−18×266	583	4	22.01	88.0	电焊
1116	Q355−18×550	676	4	52.61	210.4	电焊
1117	Q355−14×190	238	8	4.99	39.9	电焊
1118	Q355−14×138	190	8	2.90	23.2	电焊
1119	Q355L80×6	3073	4	22.67	90.7	
1120	L56×4	4471	2	15.41	30.8	
1121	L45×4	1487	4	4.07	16.3	
1122	L45×4	2795	8	7.65	61.2	
1123	−6×130	227	4	1.39	5.6	火曲
1124	−6×130	227	4	1.39	5.6	火曲
1125	−6×170	181	4	1.45	5.8	火曲
1126	−6×170	181	4	1.45	5.8	火曲
1127	−16×60	60	4	0.45	1.8	
合计					3099.0kg	

螺栓、垫圈、脚钉明细表

名称	级别	规格	符号	数量	重量（kg）	备注
螺栓	6.8	M16×40		44	6.3	
		M16×50		43	6.9	
		M16×60		8	1.4	
		M20×45	○	36	9.7	
		M20×55	⊘	70	20.6	
		M20×65	⊠	44	14.1	
	8.8	M24×75	▩	62	33.3	
		M24×85	⊘	94	54.0	
脚钉	6.8	M16×180		12	3.9	双帽
		M20×200		2	1.2	双帽
	8.8	M24×240		4	3.6	双帽
垫圈	Q235	−3（φ17.5）	规格×个数	10	0.1	
合计					155.1kg	

图 10−20　110−EC21S−JZY−20　110−EC21S−JZY 转角塔 15.0m 塔腿结构图 ⑪（续）

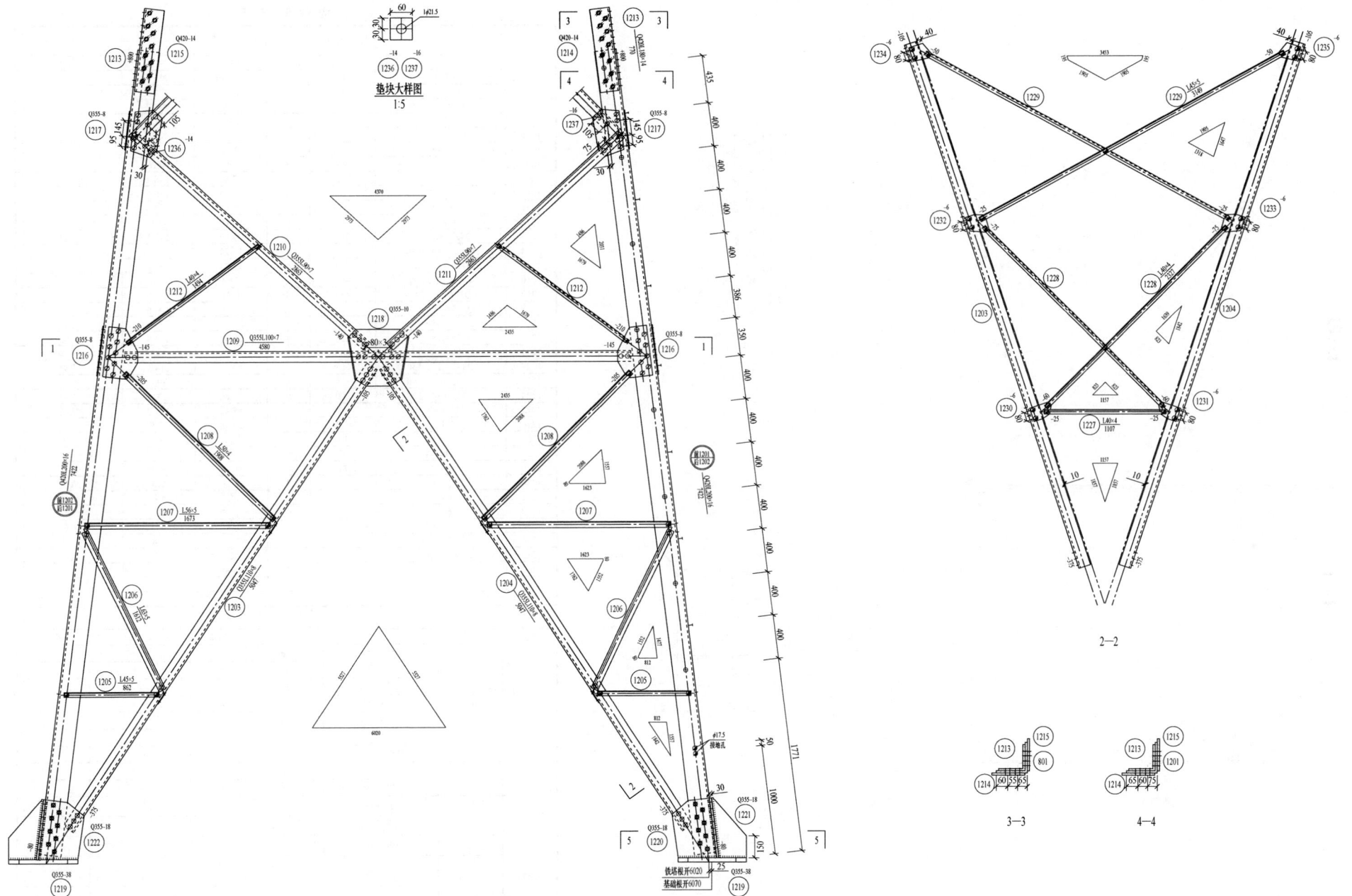

图 10-21　110-EC21S-JZY-21　110-EC21S-JZY 转角塔 18.0m 塔腿结构图 ⑫

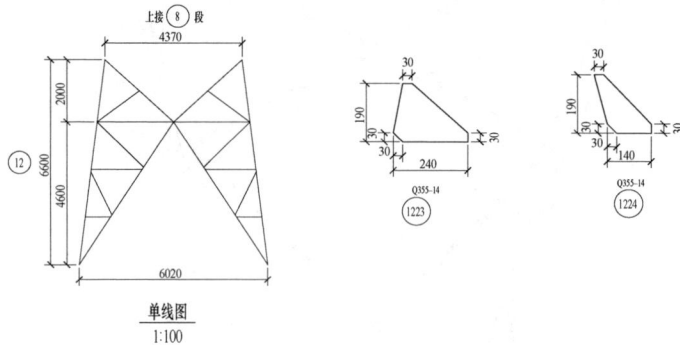

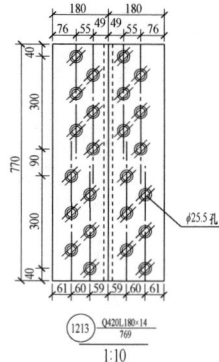

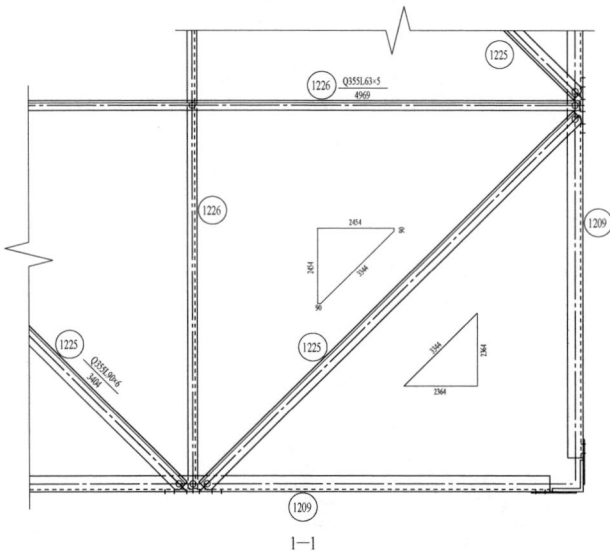

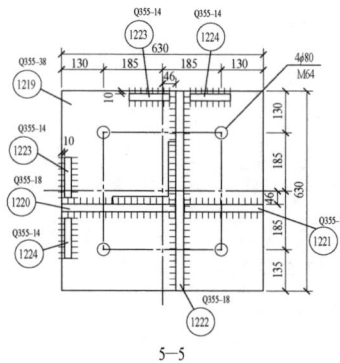

构 件 明 细 表

编号	规格	长度（mm）	数量	重量（kg）一件	小计	备注
1201	Q420L200×16	7422	2	361.30	722.6	脚钉
1202	Q420L200×16	7422	2	361.30	722.6	
1203	Q355L110×8	5047	4	68.30	273.2	切角
1204	Q355L110×8	5047	4	68.30	273.2	切角
1205	L45×5	862	8	2.90	23.2	
1206	L63×5	1612	8	7.77	62.2	
1207	L56×5	1673	8	7.11	56.9	
1208	L50×4	1908	8	5.84	46.7	
1209	Q355L100×7	4580	4	49.60	198.4	开角（97.1）
1210	Q355L90×7	2863	4	27.65	110.6	切角
1211	Q355L90×7	2863	4	27.65	110.6	
1212	L40×4	1494	8	3.62	28.9	
1213	Q420L180×14	769	4	29.52	118.1	铲背
1214	Q420−14×180	768	4	15.21	60.8	
1215	Q420−14×180	768	4	15.21	60.8	
1216	Q355−8×299	460	8	8.64	69.1	
1217	Q355−8×249	433	8	6.81	54.5	
1218	Q355−10×519	617	4	25.16	100.6	火曲；卷边
1219	Q355−38×630	630	4	118.40	473.6	电焊
1220	Q355−18×365	550	4	28.46	113.8	电焊
1221	Q355−18×272	583	4	22.52	90.1	电焊
1222	Q355−18×550	688	4	53.53	214.1	电焊
1223	Q355−14×190	238	8	4.97	39.8	电焊
1224	Q355−14×138	190	8	2.90	23.2	电焊
1225	Q355L90×6	3404	4	28.42	113.7	切角
1226	Q355L63×5	4969	2	23.96	47.9	
1227	L40×4	1107	4	2.68	10.7	
1228	L40×4	2327	8	5.64	45.1	
1229	L45×5	3149	8	10.61	84.9	
1230	−6×131	200	4	1.24	5.0	火曲
1231	−6×131	200	4	1.24	5.0	火曲
1232	−6×175	185	4	1.53	6.1	火曲
1233	−6×175	185	4	1.53	6.1	火曲
1234	−6×143	177	4	1.20	4.8	火曲
1235	−6×143	177	4	1.20	4.8	火曲
1236	−14×60	60	4	0.40	1.6	
1237	−16×60	165	4	1.24	5.0	
合计					4388.3kg	

螺栓垫圈脚钉明细表

名称	级别	规格	符号	数量	重量（kg）	备注
螺栓	6.8	M16×40	●	80	11.5	
		M16×50	◑	80	12.8	
		M20×45	○	45	12.2	
		M20×55	⦸	170	50.1	
		M20×65	⊠	44	14.1	
		M20×75	⦰	8	2.8	
		M20×85	⊗	4	1.5	
	8.8	M24×75	⊠	64	34.4	
		M24×85	⦰	94	54.0	
脚钉	6.8	M16×180	⊕―	22	7.2	双帽
		M20×200	⊕―	6	3.7	双帽
	8.8	M24×240	⊕―	2	1.8	双帽
垫圈	Q235	−3（φ17.5）		8	0.1	
		−3（φ22）		2	0.1	
合计					206.3kg	

图 10−21　110−EC21S−JZY−21　110−EC21S−JZY 转角塔 18.0m 塔腿结构图 ⑫（续）

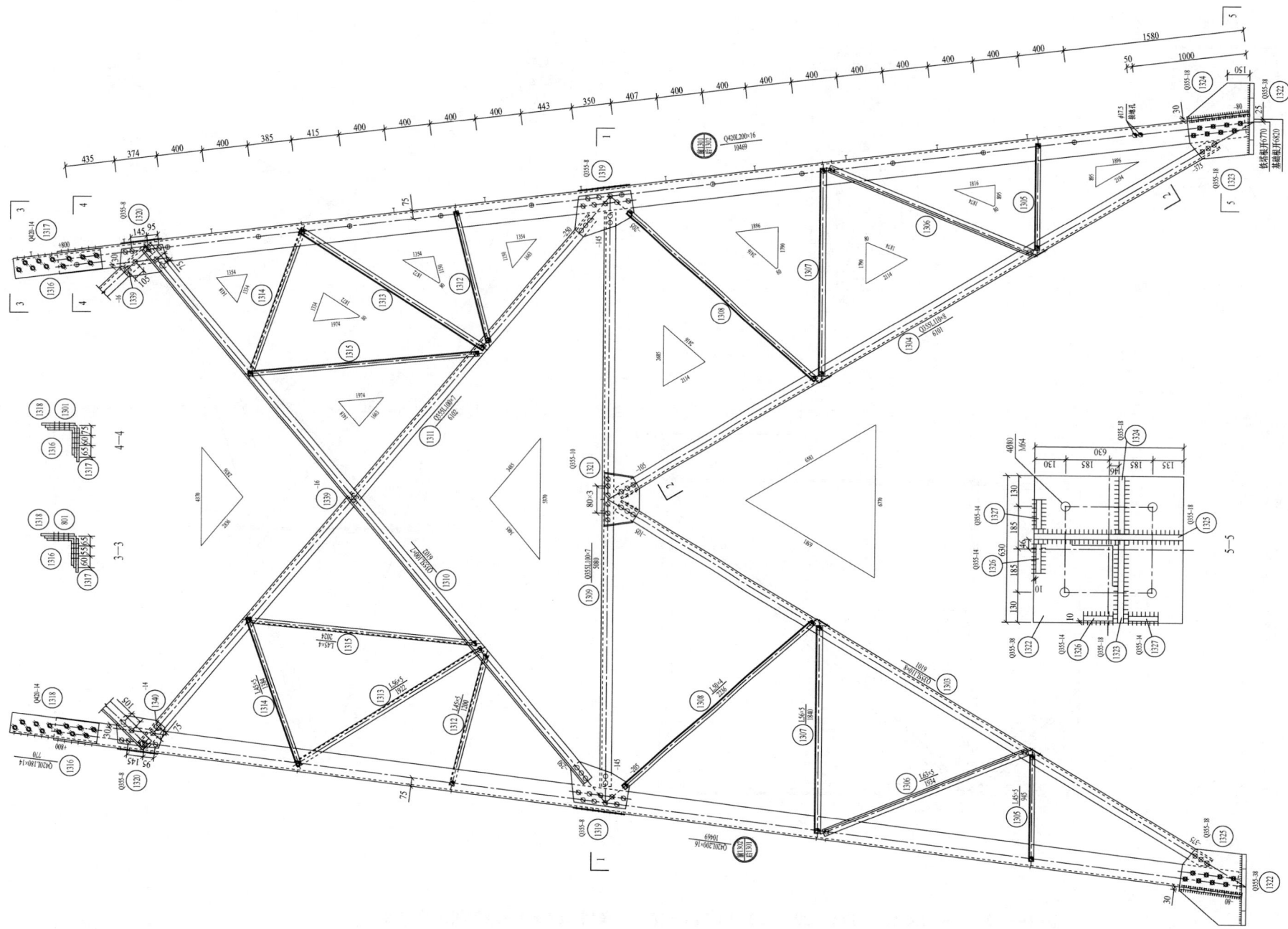

图10-22 110-EC21S-JZY-22 110-EC21S-JZY 转角塔 21.0m 塔腿结构构图 ⑬

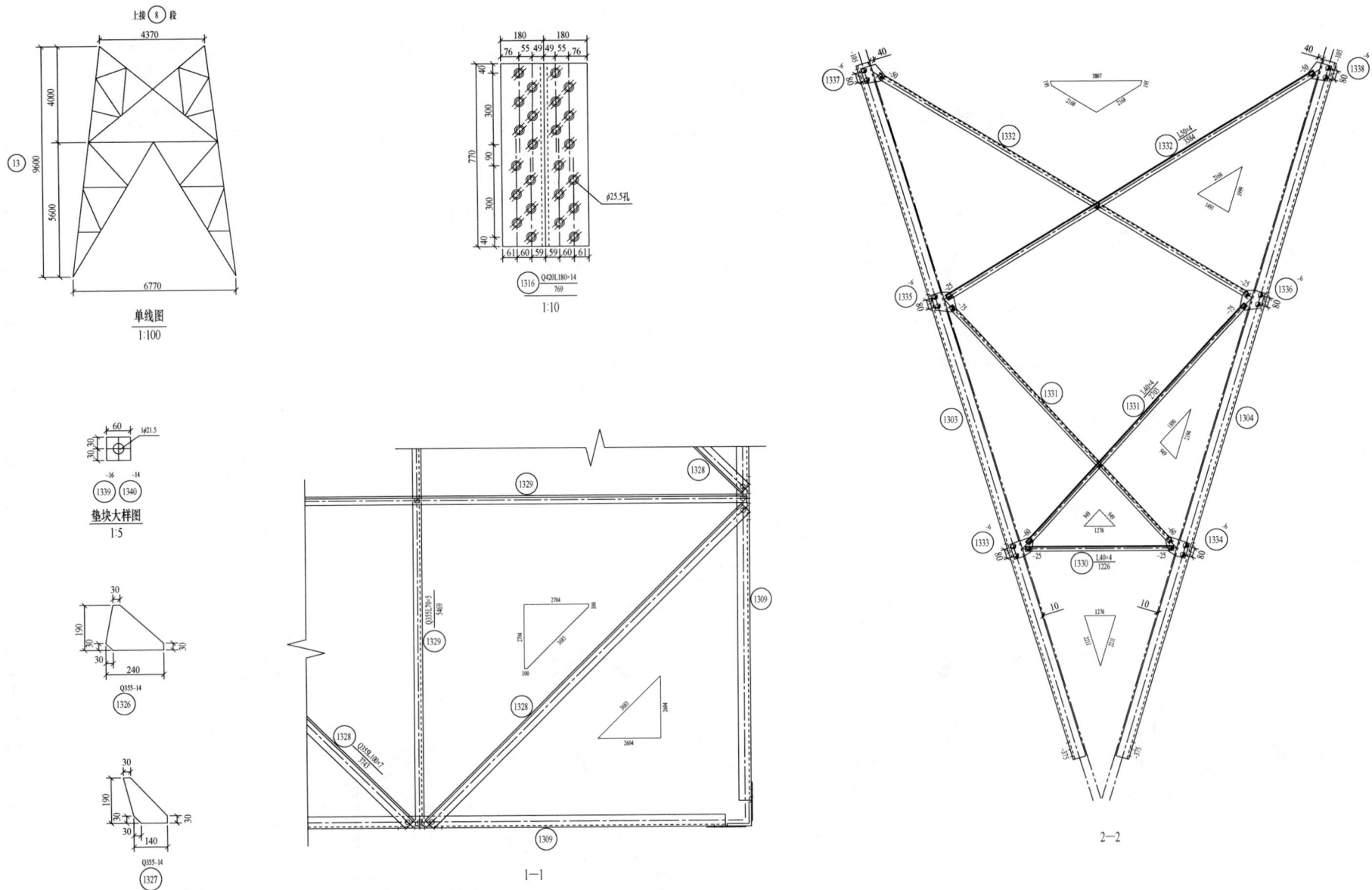

单线图
1:100

上接 ⑧ 段

⑬

φ25.5孔

⑯ $\frac{Q420L180\times14}{769}$

1:10

垫块大样图
1:5

⑱ ⑳
-16 -14

⑫ $\frac{Q355-14}{}$

⑲ $\frac{Q355-14}{}$

1—1

2—2

图 10-22　110-EC21S-JZY-22　110-EC21S-JZY 转角塔 21.0m 塔腿结构图 ⑬（续）

螺栓、垫圈、脚钉明细表

名称	级别	规格	符号	数量	重量（kg）	备注
螺栓	6.8	M16×40	◑	80	11.5	
		M16×50	◑	104	16.6	
		M16×60	◪	8	1.4	
		M20×45	○	68	18.4	
		M20×55	∅	147	43.4	
		M20×65	⊗	52	16.6	
		M20×75	∅	8	2.8	
	8.8	M24×75	⊗	64	34.4	
		M24×85	∅	92	52.8	
脚钉	6.8	M16×180	⊕—	36	11.7	双帽
		M20×200	⊕—	6	3.7	双帽
	8.8	M24×240	⊕—	4	3.6	双帽
垫圈	Q235	−3（φ17.5）	规格×个数	16	0.2	
		−3（φ22）		2	0.1	
合计					217.2kg	

构 件 明 细 表

编号	规格	长度（mm）	数量	重量（kg）一件	重量（kg）小计	备注	编号	规格	长度（mm）	数量	重量（kg）一件	重量（kg）小计	备注
1301	Q420L200×16	10469	2	509.63	1019.3	脚钉	1322	Q355−38×630	630	4	118.40	473.6	电焊
1302	Q420L200×16	10469	2	509.63	1019.3		1323	Q355−18×356	550	4	27.74	111.0	电焊
1303	Q355L110×8	6101	4	82.56	330.2	切角	1324	Q355−18×272	583	4	22.52	90.1	电焊
1304	Q355L110×8	6101	4	82.56	330.2	切角	1325	Q355−18×550	672	4	52.31	209.2	电焊
1305	L45×5	945	8	3.18	25.5		1326	Q355−14×190	238	8	4.99	39.9	电焊
1306	L63×5	1934	8	9.33	74.6		1327	Q355−14×138	190	8	2.90	23.2	电焊
1307	L56×5	1840	8	7.82	62.6		1328	Q355L100×7	3743	4	40.54	162.1	
1308	L50×4	2236	8	6.84	54.7		1329	Q355L70×5	5469	2	29.52	59.0	
1309	Q355L100×7	5080	4	55.02	220.1	开角（97.1）	1330	L40×4	1226	4	2.97	11.9	
1310	Q355L100×7	6102	4	66.08	264.3		1331	L40×4	2703	8	6.55	52.4	
1311	Q355L100×7	6102	4	66.08	264.3	切角	1332	L50×4	3584	4	10.96	87.7	
1312	L45×5	1200	8	4.04	32.3		1333	−6×133	201	4	1.27	5.1	火曲
1313	L56×5	1922	8	8.17	65.4		1334	−6×133	201	4	1.27	5.1	火曲
1314	L45×5	1384	8	4.66	37.3		1335	−6×176	186	4	1.55	6.2	火曲
1315	L45×4	2024	8	5.54	44.3		1336	−6×176	186	4	1.55	6.2	火曲
1316	Q420L180×14	769	4	29.52	118.1	铲背，脚钉	1337	−6×146	177	4	1.22	4.9	火曲
1317	Q420−14×180	768	4	15.21	60.8		1338	−6×146	177	4	1.22	4.9	火曲
1318	Q420−14×180	768	4	15.21	60.8		1339	−16×60	60	8	0.45	3.6	
1319	Q355−8×361	534	8	12.14	97.1		1340	−14×60	60	4	0.40	1.6	
1320	Q355−8×249	427	8	6.70	53.6		合计					5645.8kg	
1321	Q355−10×302	561	4	13.33	53.3	火曲；卷边							

图 10−22　110−EC21S−JZY−22　110−EC21S−JZY 转角塔 21.0m 塔腿结构图 ⑬（续）

<table>
<tr><td colspan="6" align="center">110-FC21D-JZY 图纸目录</td></tr>
<tr><td>序号</td><td>图号</td><td>图名</td><td>张数</td><td>备注</td></tr>
<tr><td>1</td><td>110-FC21D-JZY-01</td><td>110-FC21D-JZY 转角塔总图</td><td>1</td><td></td></tr>
<tr><td>2</td><td>110-FC21D-JZY-02</td><td>110-FC21D-JZY 转角塔材料汇总表</td><td>1</td><td></td></tr>
<tr><td>3</td><td>110-FC21D-JZY-03</td><td>110-FC21D-JZY 转角塔地线支架结构图 ①</td><td>1</td><td>0°～40° 塔头</td></tr>
<tr><td>4</td><td>110-FC21D-JZY-04</td><td>110-FC21D-JZY 转角塔导线横担结构图 ②</td><td>1</td><td>0°～40° 塔头</td></tr>
<tr><td>5</td><td>110-FC21D-JZY-05</td><td>110-FC21D-JZY 转角塔上下曲臂结构图 ③</td><td>1</td><td>0°～40° 塔头</td></tr>
<tr><td>6</td><td>110-FC21D-JZY-06</td><td>110-FC21D-JZY 转角塔地线支架结构图 Ⓐ①</td><td>1</td><td>40°～90° 塔头</td></tr>
<tr><td>7</td><td>110-FC21D-JZY-07</td><td>110-FC21D-JZY 转角塔导线横担结构图 Ⓐ②</td><td>1</td><td>40°～90° 塔头</td></tr>
<tr><td>8</td><td>110-FC21D-JZY-08</td><td>110-FC21D-JZY 转角塔上下曲臂结构图 Ⓐ③</td><td>1</td><td>40°～90° 塔头</td></tr>
<tr><td>9</td><td>110-FC21D-JZY-09</td><td>110-FC21D-JZY 转角塔塔身结构图 ④</td><td>1</td><td></td></tr>
<tr><td>10</td><td>110-FC21D-JZY-10</td><td>110-FC21D-JZY 转角塔 9.0m 塔腿结构图 ⑤</td><td>1</td><td></td></tr>
<tr><td>11</td><td>110-FC21D-JZY-11</td><td>110-FC21D-JZY 转角塔 12.0m 塔腿结构图 ⑥</td><td>1</td><td></td></tr>
<tr><td>12</td><td>110-FC21D-JZY-12</td><td>110-FC21D-JZY 转角塔 15.0m 塔腿结构图 ⑦</td><td>1</td><td></td></tr>
<tr><td>13</td><td>110-FC21D-JZY-13</td><td>110-FC21D-JZY 转角塔 18.0m 塔腿结构图 ⑧</td><td>1</td><td></td></tr>
<tr><td>14</td><td>110-FC21D-JZY-14</td><td>110-FC21D-JZY 转角塔 21.0m 塔腿结构图 ⑨</td><td>1</td><td></td></tr>
<tr><td></td><td></td><td></td><td></td><td></td></tr>
<tr><td></td><td></td><td></td><td></td><td></td></tr>
<tr><td></td><td></td><td></td><td></td><td></td></tr>
<tr><td></td><td></td><td></td><td></td><td></td></tr>
<tr><td></td><td></td><td></td><td></td><td></td></tr>
<tr><td></td><td></td><td></td><td></td><td></td></tr>
<tr><td></td><td></td><td></td><td></td><td></td></tr>
</table>

110-FC21D-JZY-00　110-FC21D-JZY 图纸目录

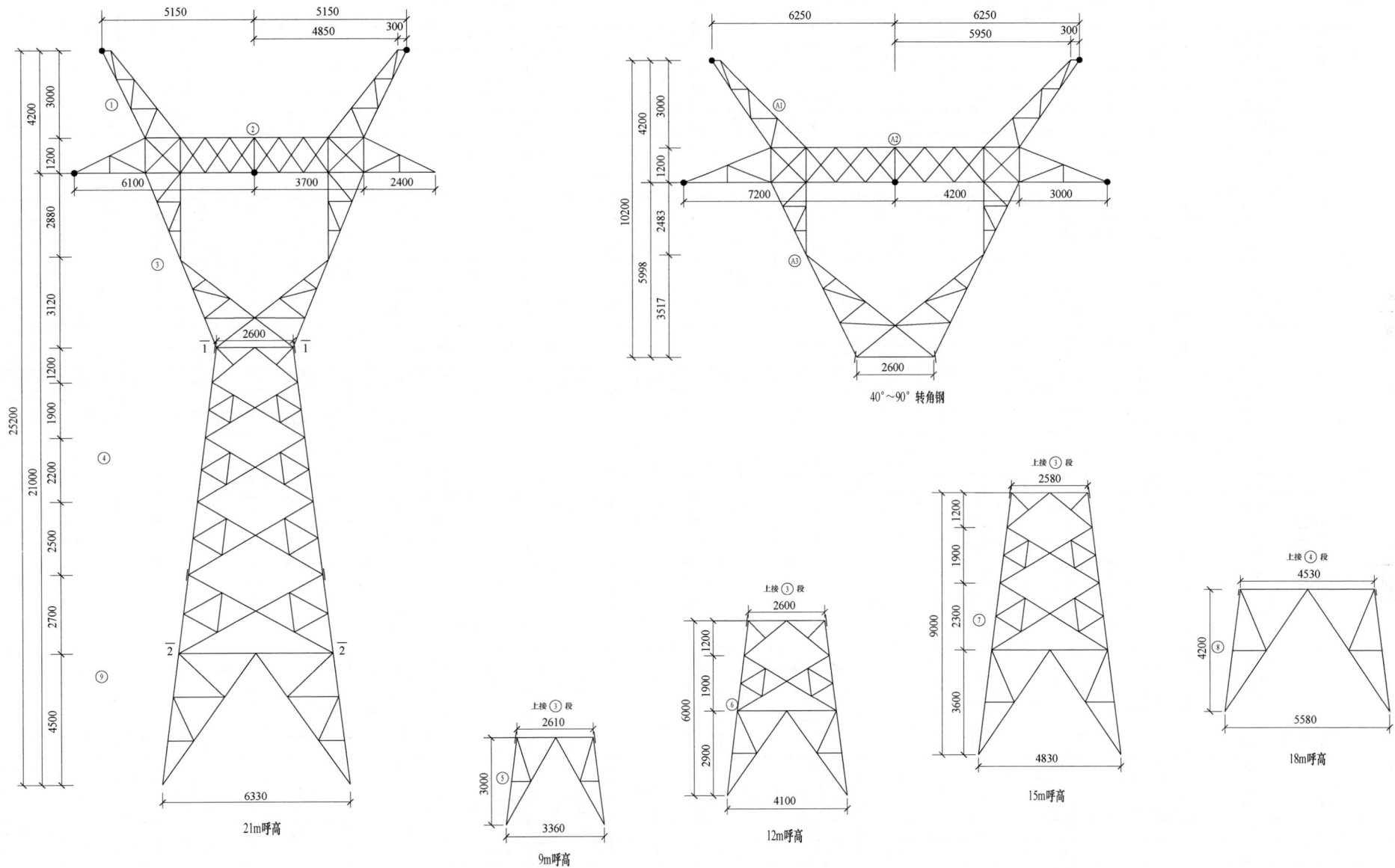

图 11-1　110-FC21D-JZY-01　110-FC21D-JZY 转角塔总图

材料汇总表

材料	材质	规格	段号 1	2	3	4	5	6	7	8	9	呼高 9m	12m	15m	18m	21m
角钢	Q355	L200×14							1550.2	837.3	1360.1			1550.2	837.3	1360.1
		L180×14				1104.0		920.1					920.1		1104.0	1104.0
		L180×12							106.9	102.0	102.0			106.9	102.0	102.0
		L160×14					400.6					400.6				
		L160×12				94.9		95.0					95.0		94.9	94.9
		L140×12					82.5					82.5				
		L140×10			547.1							547.1	547.1	547.1	547.1	547.1
		L125×10			222.7							222.7	222.7	222.7	222.7	222.7
		L125×8			158.0		364.3					522.3	158.0	158.0	158.0	158.0
		L110×8		150.2								150.2	150.2	150.2	150.2	150.2
		L110×7				112.1	112.6	112.1	477.9	434.1		112.6	112.1	477.9	546.2	112.1
		L100×7		45.5				269.0			157.8	45.5	314.5	45.5	45.5	203.2
		L90×8		82.7								82.7	82.7	82.7	82.7	82.7
		L90×7		385.8		131.8		131.8	131.3			385.8	517.7	517.1	517.7	517.7
		L90×6								106.2	338.0				106.2	338.0
		L80×7		178.1								178.1	178.1	178.1	178.1	178.1
		L80×6	94.4	123.1				310.9	365.6	124.5	464.0	217.5	528.4	583.2	342.0	681.5
		L75×6				720.8			205.4					205.4	720.8	720.8
		L75×5	84.0						64.1			84.0	84.0	148.1	84.0	84.0
		L70×6		63.4								63.4	63.4	63.4	63.4	63.4
		L70×5				34.4	34.4	34.4	34.4		57.5	34.4	34.4	34.4	34.4	91.9
		L63×5	13.3					45.6				13.3	58.9	13.3	13.3	13.3
		小计	191.7	1028.8	927.8	2198.1	994.5	1919.0	2935.8	1604.0	2479.3	3142.8	4067.4	5084.2	5950.5	6825.7
	Q235	L125×8			145.0							145.0	145.0	145.0	145.0	145.0
		L70×5			60.1							60.1	60.1	60.1	60.1	60.1
		L63×5		40.9	54.8					44.9		95.7	95.7	95.7	140.6	95.7
		L56×5		25.1	67.8							92.9	92.9	92.9	92.9	92.9
		L56×4	11.5	21.7	97.5				27.9			130.7	130.7	158.6	130.7	130.7
		L50×4	16.5	176.8	11.9		43.7			127.3	43.7	249.0	205.3	205.3	332.6	249.0
		L45×5									133.1					133.1
		L45×4		70.9	16.5	30.1	9.4	78.2	72.4	17.1	106.4	96.8	165.6	159.8	134.6	223.9
		L40×4	107.2	21.2	176.4	194.6	50.4	127.2	202.6	22.9	103.2	355.2	432.0	507.4	522.3	602.6
		小计	135.2	356.7	630.0	224.7	103.4	205.4	302.8	212.1	386.4	1225.4	1327.4	1424.8	1558.7	1733.0
钢板	Q355	−34					346.9	346.9	346.9	346.9	346.9	346.9	346.9	346.9	346.9	346.9
		−20		160.6								160.6	160.6	160.6	160.6	160.6
		−16					337.2	355.5	370.6	355.6	344.4	337.2	355.5	370.6	355.6	344.4
		−12	44.6	606.0	50.5	359.7	391.6	394.3	397.8	104.3	141.8	1092.5	1095.3	1098.8	1165.0	1202.5
		−10		38.4	48.7		65.4					152.5	87.2	87.2	87.2	87.2
		−8	65.4	114.6		134.8	23.4	198.4	228.4	70.6	83.0	203.5	378.5	408.4	385.5	397.9
		−6	2.8	5.4								8.2	8.2	8.2	8.2	8.2
		小计	112.8	925.0	99.2	494.5	1164.4	1295.1	1343.6	877.4	916.1	2301.4	2432.1	2480.7	2509.0	2547.6

图 11-2　110-FC21D-JZY-02　110-FC21D-JZY 转角塔材料汇总表

材料汇总表

材料	材质	规格	1	2	3	4	5	6	7	8	9	9m	12m	15m	18m	21m
							段号							呼高		
钢板	Q235	−22			2.5		2.5	5.0					2.5	5.0	2.5	2.5
		−18			2.0										2.0	2.0
		−16		1.2								1.2	1.2	1.2	1.2	1.2
		−14		1.6	1.6	6.4		3.2	3.2			3.2	6.4	6.4	9.6	9.6
		−12		3.7				1.4	1.4	37.5		3.7	5.0	5.0	41.2	3.7
		−10	0.4	1.1	3.8						1.1	5.3	5.3	5.3	5.3	6.4
		−8		0.3								0.3	0.3	0.3	0.3	0.3
		−6		132.4	28.0		25.3	21.8	21.0	22.2	29.7	185.7	182.2	181.4	182.7	190.1
		−4		7.4								7.4	7.4	7.4	7.4	7.4
		小计	0.4	140.4	40.8	10.9	25.3	28.8	30.5	59.8	30.8	206.8	210.4	212.0	252.2	223.3
螺栓	6.8	M16×40	11.5	39.6	5.2	9.2	7.6	11.8	14.1	6.3	20.7	63.9	68.1	70.4	71.8	86.2
		M16×50	8.0	30.4	26.6	9.8	8.3	10.6	13.4	6.1	7.4	73.3	75.6	78.4	80.9	82.2
		M16×60		0.7				1.4	1.4	1.4		0.7	2.1	2.1	2.1	0.7
		小计	19.5	70.7	31.8	19.0	15.9	23.8	28.9	13.8	28.1	137.9	145.8	150.9	154.8	169.1
	6.8	M20×45	15.1	51.8	10.3	25.9	9.7	45.4	45.4	16.5	20.5	86.9	122.6	122.6	119.6	123.6
		M20×55		132.2	17.7	30.7	44.8	37.2	37.2	8.8	25.1	194.7	187.1	187.1	189.4	205.7
		M20×65		8.3	5.1	25.0		17.3	25.6	5.1	2.6		30.7	39.0	43.5	
		M20×75			0.7							0.7	0.7	0.7	0.7	0.7
		小计	15.1	192.3	33.8	81.6	54.5	99.9	108.2	30.4	48.2	295.7	341.1	349.4	353.2	371.0
	8.8	M24×65					32.0	32.0	32.0	32.0	32.0	32.0	32.0	32.0	32.0	32.0
		M24×75				49.4	50.5	50.5	50.5	50.5	49.4	50.5	50.5	50.5	99.9	98.8
		小计				49.4	82.5	82.5	82.5	82.5	81.4	82.5	82.5	82.5	131.9	130.8
	6.8	M16×60（双帽）	5.7									5.7	5.7	5.7	5.7	5.7
		M16×70（双帽）		3.5								3.5	3.5	3.5	3.5	3.5
		M20×80（双帽）		23.1								23.1	23.1	23.1	23.1	23.1
		小计	5.7	26.6								32.3	32.3	32.3	32.3	32.3
		螺栓合计	40.3	289.6	65.6	150.0	152.9	206.2	219.6	126.7	157.7	548.4	601.7	615.1	672.2	703.2
脚钉	6.8	M16×180	4.6	0.7	9.1	9.8	2.6	6.5	10.4	4.5	10.4	17.0	20.9	24.8	28.7	34.6
	6.8	M20×200		3.7	1.2	1.2	1.8	2.5	3.7	1.2		6.7	7.4	8.6	7.3	6.1
	8.8	M24×240				3.6	1.8	1.8	1.8	1.8	3.6		1.8	1.8	5.4	7.2
		小计	4.6	4.4	10.3	14.6	4.4	10.8	15.9	7.5	14.0	23.7	30.1	35.2	41.4	47.9
垫圈	Q235	−3（Ø17.5）	0.2	0.4		0.1	0.1	0.1	0.1	0.1	0.2	0.7	0.7	0.7	0.8	0.9
		−4（Ø17.5）	0.1	0.2								0.3	0.3	0.3	0.3	0.3
		−3（Ø22）		2.2							0.1	2.2	2.2	2.2	2.2	2.3
		−4（Ø22）														
		小计	0.3	2.8		0.1	0.1	0.1	0.1	0.1	0.3	3.2	3.2	3.2	3.3	3.5
合 计（kg）			485.4	2747.7	1773.7	3092.9	2445.0	3665.5	4848.4	2887.6	3984.5	7451.7	8672.3	9855.2	10987.4	12084.2

图 11−2　110−FC21D−JZY−02　110−FC21D−JZY 转角塔材料汇总表（续）

材料	材质	规格	段号									呼高				
			A1	A2	A3	4	5	6	7	8	9	9m	12m	15m	18m	21m
角钢	Q355	L200×14							1550.2	837.3	1360.1			1550.2	837.3	1360.1
		L180×14			1104.0		920.1						920.1		1104.0	1104.0
		L180×12							106.9	102.0	102.0			106.9	102.0	102.0
		L160×14					400.6					400.6				
		L160×12		768.4	94.9			95.0				768.4	863.4	768.4	863.3	863.3
		L140×12			833.8		82.5					916.2	833.8	833.8	833.8	833.8
		L125×10		209.2								209.2	209.2	209.2	209.2	209.2
		L125×8		262.3			364.3					626.6	262.3	262.3	262.3	262.3
		L110×10		491.4								491.4	491.4	491.4	491.4	491.4
		L110×7		50.1		112.1	112.6	112.1	477.9	434.1		162.7	162.2	528.0	596.3	162.2
		L100×7						269.0			157.8	269.0				157.8
		L90×8		82.7								82.7	82.7	82.7	82.7	82.7
		L90×7	153.5			131.8		131.8	131.3			153.5	285.4	284.8	285.4	285.4
		L90×6	116.1						106.2		338.0	116.1	116.1	116.1	222.2	454.1
		L80×7		341.1								341.1	341.1	341.1	341.1	341.1
		L80×6		86.8				310.9	365.6	124.5	464.0	86.8	397.7	452.4	211.3	550.7
		L75×6				720.8		205.4						205.4	720.8	720.8
		L75×5						64.1						64.1		
		L70×5				34.4	34.4	34.4	34.4		57.5	34.4	34.4	34.4	34.4	91.9
		L63×5	13.3					45.6				13.3	58.9	13.3	13.3	13.3
		小计	282.9	1523.5	1602.2	2198.1	994.5	1919.0	2935.8	1604.0	2479.3	4403.1	5327.7	6344.5	7210.8	8086.0
		L70×6	22.7									22.7	22.7	22.7	22.7	22.7
		L70×5			60.5							60.5	60.5	60.5	60.5	60.5
		L63×5		70.1	53.0					44.9		123.0	123.0	123.0	167.9	123.0
		L56×5			186.0							186.0	186.0	186.0	186.0	186.0
		L56×4		21.7					27.9			21.7	21.7	49.6	21.7	21.7
		L50×4	17.6	209.4	31.5		43.7			127.3	43.7	302.2	258.5	258.5	385.8	302.2
		L45×5									133.1					133.1
		L45×4	10.3	60.7	15.7	30.1	9.4	78.2	72.4	17.1	106.4	96.0	164.8	159.0	133.8	223.1
		L40×4	102.0	21.6	170.0	194.6	50.4	127.2	202.6	22.9	103.2	344.0	420.8	496.2	511.1	591.4
		小计	152.6	383.5	516.7	224.7	103.4	205.4	302.8	212.1	386.4	1156.1	1258.1	1355.5	1489.5	1663.7
钢板	Q355	−34					346.9	346.9	346.9	346.9	346.9	346.9	346.9	346.9	346.9	346.9
		−20		162.7								162.7	162.7	162.7	162.7	162.7
		−16					337.2	355.5	370.6	355.6	344.4	337.2	355.5	370.6	355.6	344.4
		−14		462.6								462.6	462.6	462.6	462.6	462.6
		−12	44.6	382.8	212.4	359.7	391.6	394.3	397.8	104.3	141.8	1031.3	1034.0	1037.6	1103.8	1141.3
		−10		48.2	25.1		65.4					138.7	73.3	73.3	73.3	73.3
		−8	68.4	120.7		134.8	23.4	198.4	228.4	70.6	83.0	212.5	387.5	417.4	394.5	406.9
		−6	2.8	7.0								9.8	9.8	9.8	9.8	9.8
		小计	115.8	1184.0	237.5	494.5	1164.4	1295.1	1343.6	877.4	916.1	2701.7	2832.4	2880.9	2909.2	2947.9

材料汇总表

图 11−2　110−FC21D−JZY−02　110−FC21D−JZY 转角塔材料汇总表（续）

材料汇总表

材料	材质	规格	A1	A2	A3	4	5	6	7	8	9	9m	12m	15m	18m	21m
钢板	Q235	−22				2.5		2.5	5.0				2.5	5.0	2.5	2.5
		−18		1.4		2.0						1.4	1.4	1.4	3.4	3.4
		−16		2.4								2.4	2.4	2.4	2.4	2.4
		−14				6.4		3.2	3.2				3.2	3.2	6.4	6.4
		−12		4.6	6.6			1.4	1.4	37.5		11.2	12.6	12.6	48.7	11.2
		−10	0.4	0.4							1.1	0.8	0.8	0.8	0.8	1.9
		−6	13.6	127.1			25.3	21.8	21.0	22.2	29.7	165.9	162.4	161.6	162.9	170.3
		−2			6.0							6.0	6.0	6.0	6.0	6.0
		小计	14.0	135.8	12.6	10.9	25.3	28.8	30.5	59.8	30.8	187.7	191.2	192.9	233.1	204.2
螺栓	6.8	M16×40	11.2	32.0		9.2	7.6	11.8	14.1	6.3	20.7	50.8	55.0	57.3	58.7	73.1
		M16×50	12.5	25.0	28.5	9.8	8.3	10.6	13.4	6.1	7.4	74.3	76.6	79.4	81.9	83.2
		M16×60		3.2				1.4	1.4	1.4		3.2	4.6	4.6	4.6	3.2
		小计	23.7	60.2	28.5	19.0	15.9	23.8	28.9	13.8	28.1	128.3	136.2	141.3	145.2	159.5
	6.8	M20×45	18.9	36.7		25.9	9.7	45.4	45.4	16.5	20.5	65.3	101.0	101.0	98.0	102.0
		M20×55		159.3	37.2	30.7	44.8	37.2	37.2	8.8	25.1	241.3	233.7	233.7	236.0	252.3
		M20×65		20.5		25.0		17.3	25.6	5.1	2.6		37.8	46.1	50.6	
		M20×75			11.1							11.1	11.1	11.1	11.1	11.1
		M20×85			0.7											
		小计	18.9	216.5	49.0	81.6	54.5	99.9	108.2	30.4	48.2	338.9	384.3	392.6	396.4	414.2
	8.8	M24×65		11.0			32.0	32.0	32.0	32.0	32.0	43.0	43.0	43.0	43.0	43.0
		M24×75				49.4	50.5	50.5	50.5	50.5	49.4	50.5	50.5	50.5	99.9	98.8
		小计		11.0		49.4	82.5	82.5	82.5	82.5	81.4	93.5	93.5	93.5	142.9	141.8
	6.8	M16×60（双帽）	5.7									5.7	5.7	5.7	5.7	5.7
		M16×70（双帽）		3.5								3.5	3.5	3.5	3.5	3.5
		M20×80（双帽）		8.2								8.2	8.2	8.2	8.2	8.2
		M20×90（双帽）		15.8												
		小计	5.7	27.5								33.2	33.2	33.2	33.2	33.2
		螺栓合计	48.3	315.2	77.5	150.0	152.9	206.2	219.6	126.7	157.7	593.9	647.2	660.6	717.7	748.7
脚钉	6.8	M16×180	3.9	0.7	8.5	9.8	2.6	6.5	10.4	4.5	10.4	15.7	19.6	23.5	27.4	33.3
	6.8	M20×200	1.2	3.7	1.2	1.2	1.8	2.5	3.7	1.2		7.9	8.6	9.8	8.5	7.3
	8.8	M24×240		1.8		3.6		1.8	1.8	1.8	3.6	1.8	3.6	3.6	7.2	9.0
		小计	5.1	6.2	9.7	14.6	4.4	10.8	15.9	7.5	14.0	25.4	31.8	36.9	43.1	49.6
垫圈	Q235	−3（Ø17.5）	0.2	0.2		0.1	0.1	0.1	0.1	0.1	0.2	0.5	0.5	0.5	0.6	0.7
		−4（Ø17.5）	0.1	0.5								0.6	0.6	0.6	0.6	0.6
		−3（Ø22）		0.4						0.1		0.4	0.4	0.4	0.4	0.5
		−4（Ø22）		2.1								2.1	2.1	2.1	2.1	2.1
		小计	0.3	3.2		0.1	0.1	0.1	0.1	0.1	0.3	3.6	3.6	3.6	3.7	3.9
合计（kg）			618.9	3551.4	2456.2	3092.9	2445.0	3665.5	4848.4	2887.6	3984.5	9071.5	10292.0	11474.9	12607.1	13704.0

图 11−2　110−FC21D−JZY−02　110−FC21D−JZY 转角塔材料汇总表（续）

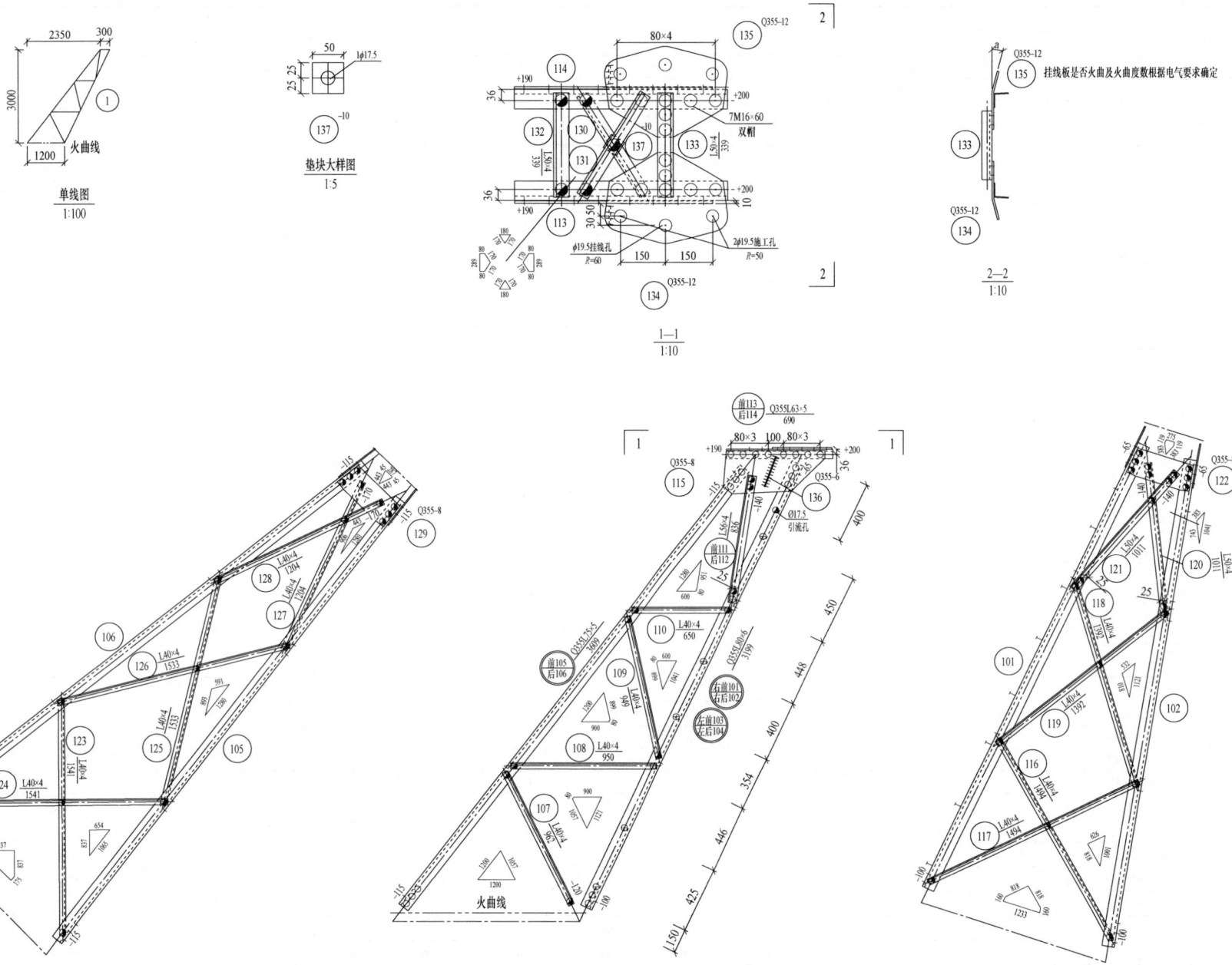

2350　300
3000
1200
火曲线
单线图
1:100

50
25 25 1φ17.5
137 -10
垫块大样图
1:5

80×4
135 Q355-12
114
36 +190
+200
132 130
7M16×60
双帽
137 133
131
36 +200
113 +190 10
30 50
φ19.5挂线孔 R=60
150 150
2φ19.5施工孔 R=50
134 Q355-12

1—1
1:10

135 Q355-12
挂线板是否火曲及火曲度数根据电气要求确定
133
134 Q355-12

2—2
1:10

前113 Q355L63×5
后114 690
80×3 80×3
115 +190 +200 36
136
引流孔
前111
后112 25
110 L40×4 650
前105
后106
109 L40×4 940
左前101 右后102
108 L40×4 950
左前103 右后104
107 L40×4 962
火曲线

图 11-3　110-FC21D-JZY-03　110-FC21D-JZY 转角塔地线支架结构图 ①

螺栓、垫圈、脚钉明细表

名称	级别	规格	符号	数量	重量（kg）	备注
螺栓	6.8	M16×40	◕	80	11.5	
		M16×50	◑	50	8.0	
		M16×60	○	28	5.7	双帽
		M20×45	○	56	15.1	
脚钉		M16×180	⊖—⌐	14	4.5	双帽
垫圈	Q235	−3（φ17.5）	规格×个数	16	0.2	
		−4（φ17.5）		4	0.1	
合计					45.1kg	

构件明细表

编号	规格	长度（mm）	数量	重量（kg）一件	重量（kg）小计	备注
101	Q355L80×6	3199	1	23.60	23.6	合角（86.2），脚钉
102	Q355L80×6	3199	1	23.60	23.6	合角（86.2）
103	Q355L80×6	3199	1	23.60	23.6	合角（86.2），脚钉
104	Q355L80×6	3199	1	23.60	23.6	合角（86.2）
105	Q355L75×5	3609	2	21.00	42.0	开角（95.5）
106	Q355L75×5	3609	2	21.00	42.0	开角（95.5）
107	L40×4	962	4	2.33	9.3	
108	L40×4	950	4	2.30	9.2	脚钉
109	L40×4	949	4	2.30	9.2	
110	L40×4	650	4	1.57	6.3	
111	L56×4	836	2	2.88	5.8	
112	L56×4	836	2	2.88	5.8	
113	Q355L63×5	690	2	3.33	6.7	开角（98.5）
114	Q355L63×5	690	2	3.33	6.7	开角（98.5）
115	Q355−8×281	660	4	11.70	46.8	电焊
116	L40×4	1494	2	3.62	7.2	切角
117	L40×4	1494	2	3.62	7.2	
118	L40×4	1392	2	3.37	6.7	切角
119	L40×4	1392	2	3.37	6.7	
120	L50×4	1011	2	3.09	6.2	切角
121	L50×4	1011	2	3.09	6.2	
122	Q355−8×177	421	2	4.70	9.4	
123	L40×4	1541	2	3.73	7.5	切角
124	L40×4	1541	2	3.73	7.5	
125	L40×4	1533	2	3.71	7.4	切角
126	L40×4	1533	2	3.71	7.4	
127	L40×4	1204	2	2.92	5.8	
128	L40×4	1204	2	2.92	5.8	
129	Q355−8×176	416	2	4.61	9.2	
130	L40×4	391	2	0.95	1.9	切角
131	L40×4	391	2	0.95	1.9	
132	L50×4	339	2	1.04	2.1	
133	L50×4	339	2	1.04	2.1	
134	Q355−12×297	397	2	11.14	22.3	火曲
135	Q355−12×297	397	2	11.14	22.3	火曲
136	Q355−6×60	250	4	0.71	2.8	电焊
137	−10×50	50	2	0.20	0.4	
合计					440.1kg	

图 11−3　110−FC21D−JZY−03　110−FC21D−JZY 转角塔地线支架结构图 ①（续）

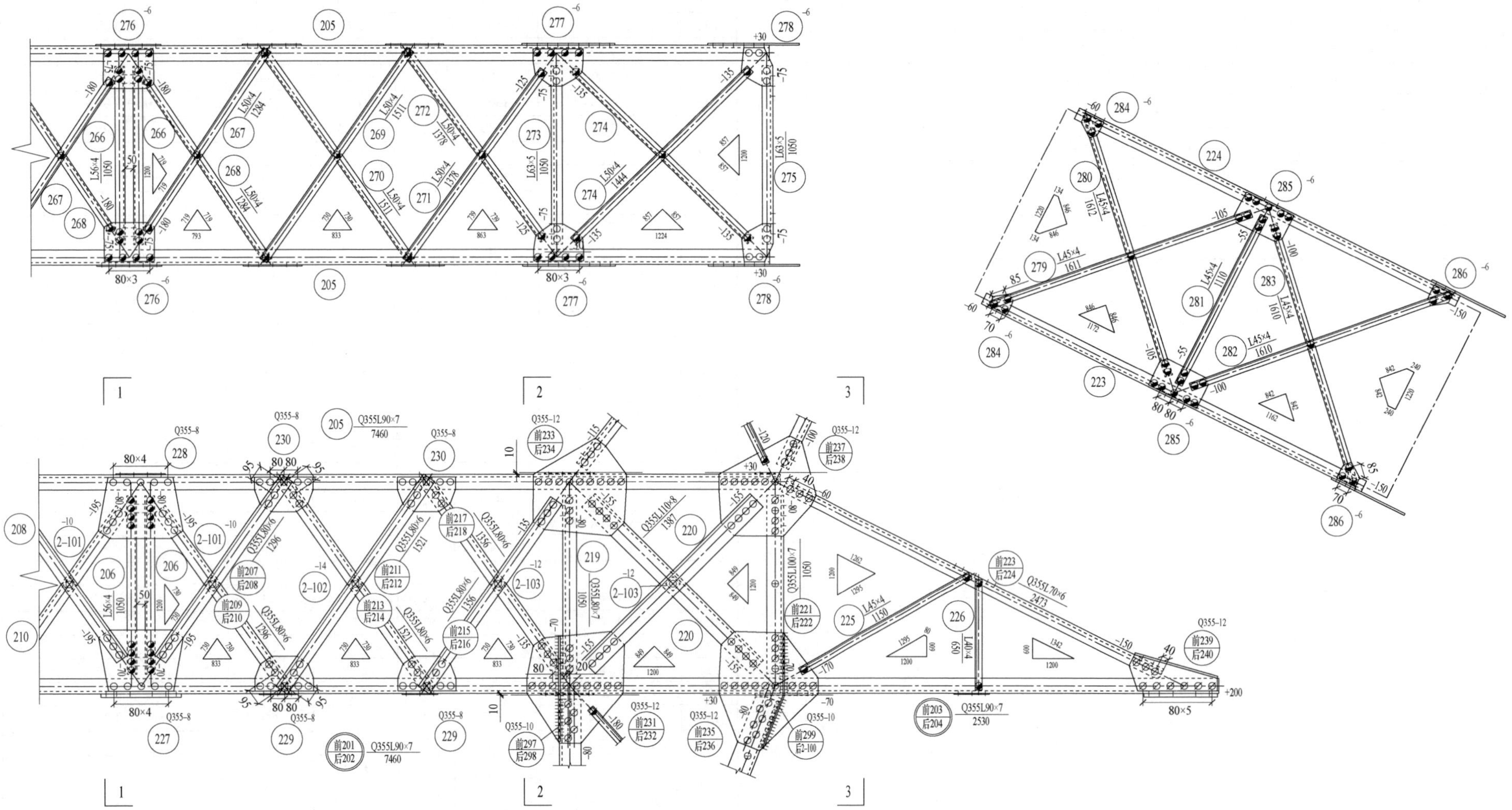

图 11-4 110-FC21D-JZY-04 110-FC21D-JZY 转角塔导线横担结构图 ②

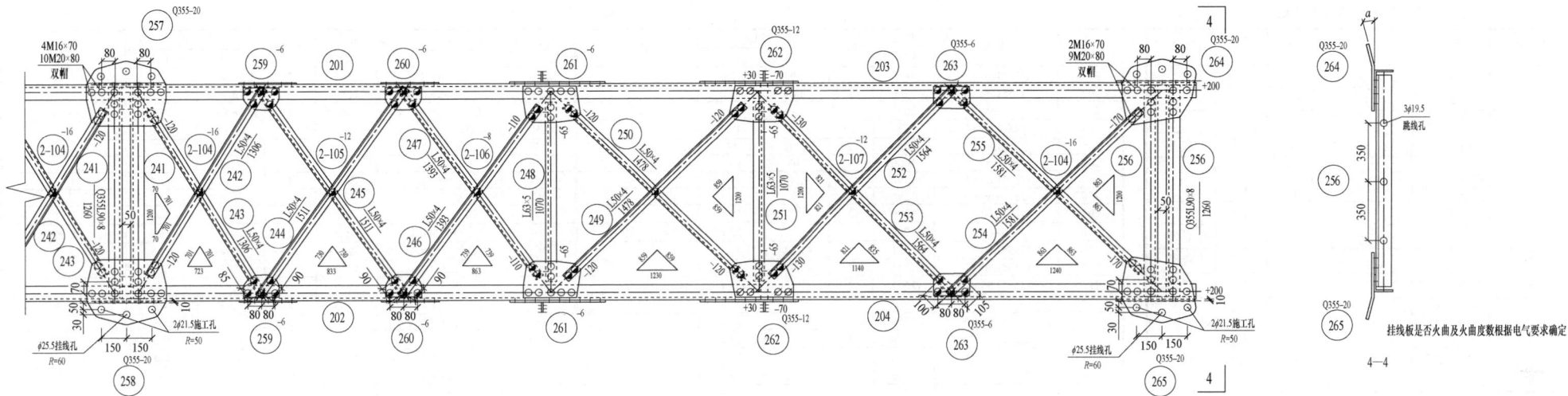

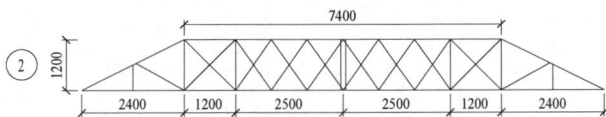

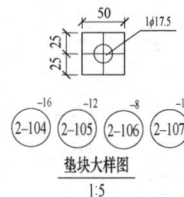

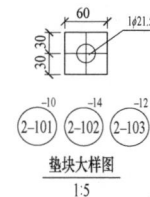

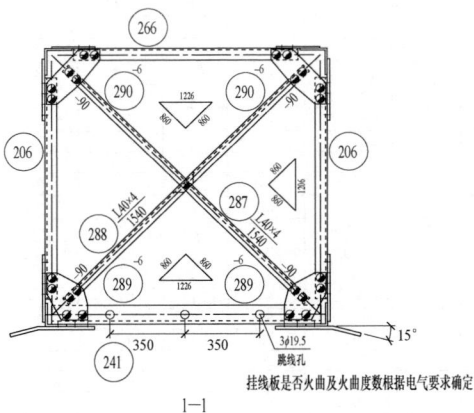

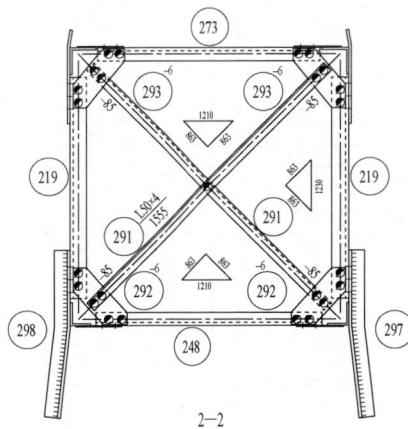

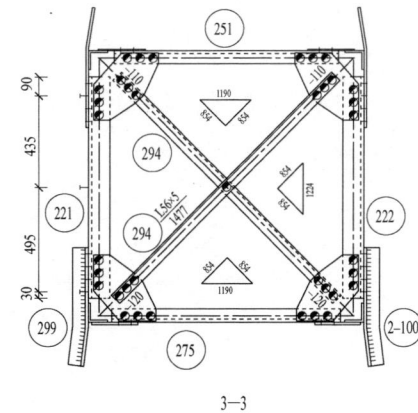

图 11-4　110-FC21D-JZY-04　110-FC21D-JZY 转角塔导线横担结构图 ②（续）

螺栓、垫圈、脚钉明细表

名称	级别	规格	符号	数量	重量(kg)	备注
螺栓	6.8	M16×40	●	275	39.6	
		M16×50	●	190	30.4	
		M16×60	▨	4	0.7	
		M16×70	○	16	3.5	双帽
		M20×45	○	192	51.8	
		M20×55	∅	448	132.2	
		M20×65	⊗	26	8.3	
		M20×80	⊙	56	23.1	双帽
脚钉		M16×180	⊙—	2	0.7	双帽
		M20×200	⊙—	6	3.7	双帽
垫圈	Q235	-3（φ17.5）	规格×个数	46	0.4	
		-4（φ17.5）		16	0.2	
		-3（φ22）		112	2.2	
合计					297.0kg	

构 件 明 细 表

编号	规格	长度(mm)	数量	重量(kg) 一件	重量(kg) 小计	备注	编号	规格	长度(mm)	数量	重量(kg) 一件	重量(kg) 小计	备注
201	Q355L90×7	7460	1	72.03	72.0		255	L50×4	1581	2	4.84	9.7	切角
202	Q355L90×7	7460	1	72.03	72.0		256	Q355L90×8	1260	4	13.79	55.2	
203	Q355L90×7	2530	2	24.43	48.9		257	Q355-20×384	480	1	28.99	29.0	火曲
204	Q355L90×7	2530	2	24.43	48.9		258	Q355-20×384	480	1	28.99	29.0	火曲
205	Q355L90×7	7460	2	72.03	144.1		259	-6×133	210	4	1.32	5.3	
206	L56×4	1050	4	3.62	14.5		260	-6×133	210	4	1.32	5.3	
207	Q355L80×6	1296	2	9.56	19.1		261	-6×215	334	4	3.39	13.6	
208	Q355L80×7	1296	2	11.05	22.1		262	Q355-12×215	374	4	7.59	30.4	
209	Q355L80×6	1296	2	9.56	19.1	切角	263	Q355-6×133	215	4	1.35	5.4	
210	Q355L80×7	1296	2	11.05	22.1	切角	264	Q355-20×357	456	2	25.65	51.3	火曲
211	Q355L80×6	1521	2	11.22	22.4		265	Q355-20×357	456	2	25.65	51.3	火曲
212	Q355L80×6	1521	2	12.97	25.9		266	L56×4	1050	2	3.62	7.2	
213	Q355L80×6	1521	2	11.22	22.4	切角	267	L50×4	1284	2	3.93	7.9	
214	Q355L80×7	1521	2	12.97	25.9	切角	268	L50×4	1284	2	3.93	7.9	切角
215	Q355L80×6	1356	2	10.00	20.0		269	L50×4	1511	2	4.62	9.2	
216	Q355L80×7	1356	2	11.56	23.1		270	L50×4	1511	2	4.62	9.2	切角
217	Q355L80×6	1356	2	10.00	20.0		271	L50×4	1378	2	4.22	8.4	
218	Q355L80×7	1356	2	11.56	23.1	切角	272	L50×4	1378	2	4.22	8.4	切角
219	Q355L80×7	1050	4	8.95	35.8		273	L63×5	1050	2	5.06	10.1	
220	Q355L110×8	1387	8	18.77	150.2		274	L50×4	1444	4	4.42	17.7	
221	Q355L100×7	1050	2	11.37	22.7	脚钉	275	L63×5	1050	2	5.06	10.1	
222	Q355L100×7	1050	2	11.37	22.7		276	-6×230	295	2	3.21	6.4	
223	Q355L70×6	2473	2	15.84	31.7	切角	277	-6×220	290	4	3.00	12.0	
224	Q355L70×6	2473	2	15.84	31.7	切角	278	-6×185	225	4	1.97	7.9	
225	L45×4	1150	4	3.15	12.6		279	L45×4	1611	2	4.41	8.8	
226	L40×4	650	4	1.57	6.3		280	L45×4	1612	2	4.41	8.8	切角
227	Q355-8×360	493	2	11.18	22.4		281	L45×4	1110	2	3.04	6.1	
228	Q355-8×360	493	2	11.18	22.4		282	L45×4	1610	2	4.40	8.8	
229	Q355-8×204	340	8	4.37	35.0		283	L45×4	1610	2	4.40	8.8	切角
230	Q355-8×204	340	8	4.37	35.0		284	-6×120	120	4	0.68	2.7	
231	Q355-12×568	657	2	35.19	70.4	火曲；电焊	285	-6×188	313	4	2.78	11.1	
232	Q355-12×568	657	2	35.19	70.4	火曲；电焊	286	-6×119	120	4	0.68	2.7	
233	Q355-12×544	569	2	29.19	58.4	火曲	287	L40×4	1540	2	3.73	7.5	
234	Q355-12×544	569	2	29.19	58.4	火曲	288	L40×4	1540	2	3.73	7.5	压扁
235	Q355-12×602	643	2	36.56	73.1	火曲；电焊	289	-6×174	218	4	1.79	7.2	
236	Q355-12×602	643	2	36.56	73.1	火曲；电焊	290	-6×126	340	4	2.02	8.1	
237	Q355-12×502	645	2	30.53	61.1	火曲	291	L45×4	1555	4	4.25	17.0	
238	Q355-12×502	645	2	30.53	61.1	火曲	292	-6×124	350	4	2.05	8.2	
239	Q355-12×258	509	2	12.43	24.9	火曲；卷边	293	-6×121	364	4	2.09	8.4	
240	Q355-12×258	509	2	12.43	24.9	火曲；卷边	294	L56×5	1477	4	6.28	25.1	
241	Q355L90×8	1260	2	13.79	27.6		295	-6×204	427	4	4.11	16.5	
242	L50×4	1306	2	4.00	8.0		296	-6×208	437	4	4.30	17.2	
243	L50×4	1306	2	4.00	8.0	切角	297	Q355-10×91	620	2	4.46	8.9	电焊
244	L50×4	1511	2	4.62	9.2		298	Q355-10×92	627	2	4.56	9.1	电焊
245	L50×4	1511	2	4.62	9.2	切角	299	Q355-10×94	682	2	5.08	10.2	火曲；电焊
246	L50×4	1393	2	4.26	8.5		2-100	Q355-10×95	683	2	5.12	10.2	火曲；电焊
247	L50×4	1393	2	4.26	8.5	切角	2-101	-10×60	60	4	0.28	1.1	
248	L63×5	1070	2	5.16	10.3		2-102	-14×60	60	4	0.40	1.6	
249	L50×4	1478	2	4.52	9.0		2-103	-12×60	60	8	0.34	2.7	
250	L50×4	1478	2	4.52	9.0		2-104	-16×50	50	4	0.31	1.3	
251	L63×5	1070	2	5.16	10.3		2-105	-12×50	50	2	0.24	0.5	
252	L50×4	1564	2	4.78	9.6		2-106	-8×50	50	2	0.16	0.3	
253	L50×4	1564	2	4.78	9.6	切角	2-107	-12×50	50	2	0.24	0.5	
254	L50×4	1581	2	4.84	9.7		合计					2451.0kg	

图 11-4　110-FC21D-JZY-04　110-FC21D-JZY 转角塔导线横担结构图 ②（续）

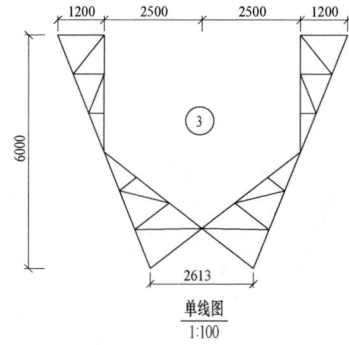

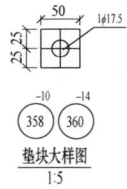

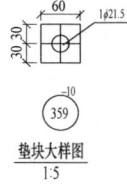

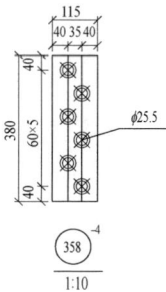

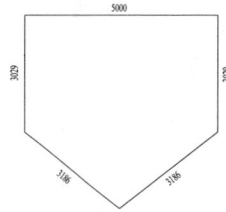

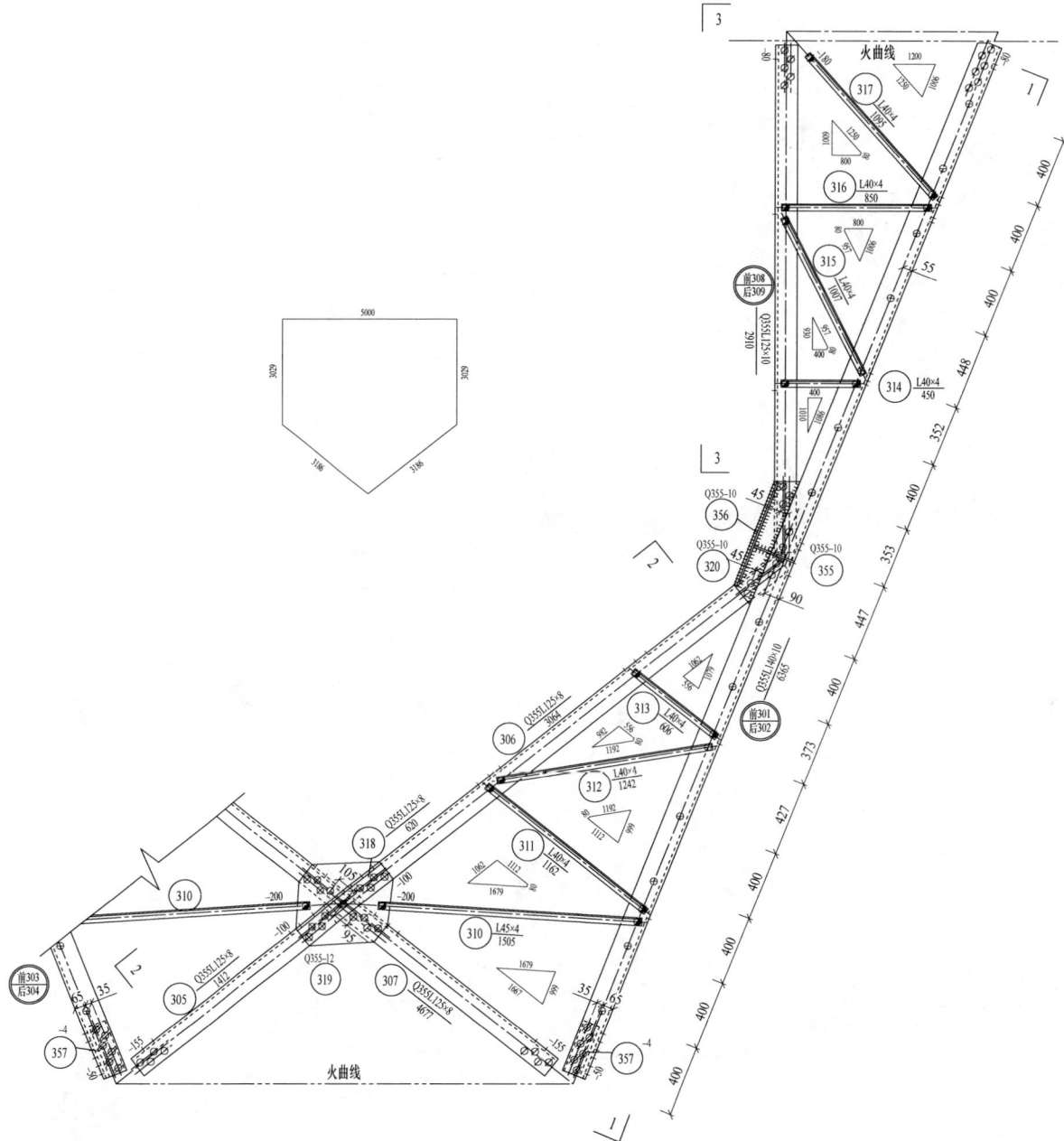

图 11-5   110-FC21D-JZY-05   110-FC21D-JZY 转角塔上下曲臂结构图 ③

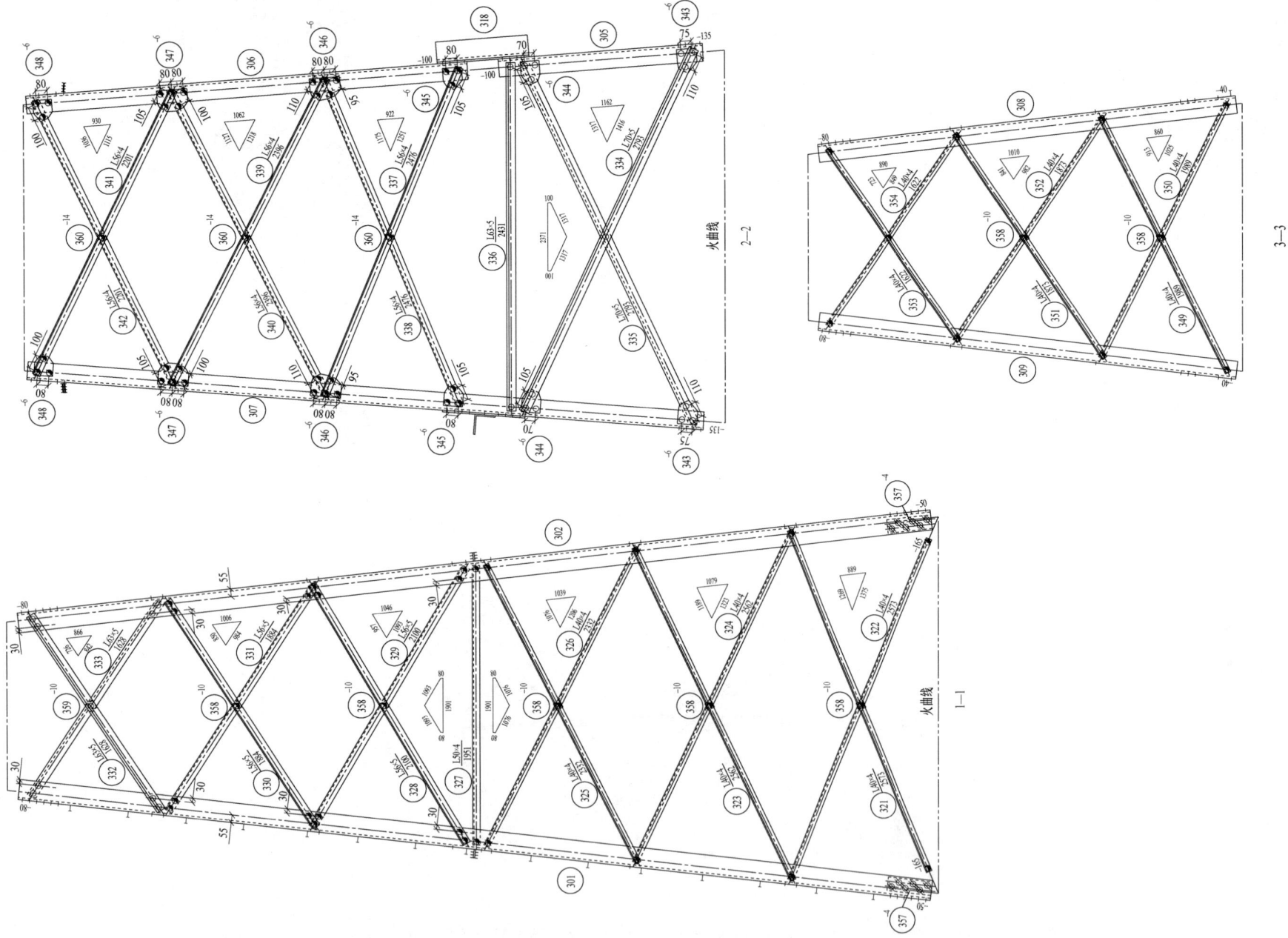

图 11-5 110-FC21D-JZY-05 110-FC21D-JZY 转角塔上下曲臂结构图 ③（续）

螺栓、垫圈、脚钉明细表

名称	级别	规格	符号	数量	重量(kg)	备注
螺栓	6.8	M16×40	◑	36	5.2	
		M16×50	◓	166	26.6	
		M20×45	○	38	10.3	
		M20×55	⊘	60	17.7	
		M20×65	⊠	16	5.1	
		M20×75	⌀	2	0.7	
脚钉		M16×180	⊕—	28	9.1	双帽
		M20×200	⊕—	2	1.2	双帽
合计					75.9kg	

构 件 明 细 表

编号	规格	长度(mm)	数量	重量(kg) 一件	重量(kg) 小计	备注	编号	规格	长度(mm)	数量	重量(kg) 一件	重量(kg) 小计	备注
301	Q355L140×10	6365	1	136.77	136.8	切角,电焊,合角(87.4),脚钉	332	L63×5	1628	2	7.85	15.7	
302	Q355L140×10	6365	1	136.77	136.8	切角,电焊,合角(87.4)	333	L63×5	1628	2	7.85	15.7	切角
303	Q355L140×10	6365	1	136.77	136.8	切角,电焊,合角(87.4),脚钉	334	L70×5	2784	2	15.03	30.1	切角
304	Q355L140×10	6365	1	136.77	136.8	切角,电焊,合角(87.4)	335	L70×5	2784	2	15.03	30.1	切角
305	Q355L125×8	1412	2	21.89	43.8	开角(95.4)	336	L63×5	2431	2	11.72	23.4	
306	Q355L125×8	3064	2	47.50	95.0	切角,开角(95.4)	337	L56×4	2476	2	8.53	17.1	切角
307	L125×8	4677	2	72.51	145.0	切角,开角(95.4)	338	L56×4	2476	2	8.53	17.1	切角
308	Q355L125×10	2910	2	55.68	111.4	切角,脚钉	339	L56×4	2396	2	8.26	16.5	切角
309	Q355L125×10	2910	2	55.68	111.4	切角,脚钉	340	L56×4	2396	2	8.26	16.5	切角
310	L45×4	1505	4	4.12	16.5		341	L56×4	2201	2	7.58	15.2	
312	L40×4	1242	4	3.01	12.0	脚钉	342	L56×4	2201	2	7.58	15.2	切角
313	L40×4	606	4	1.47	5.9		343	−6×135	169	4	1.08	4.3	
314	L40×4	450	4	1.09	4.4		344	−6×130	168	4	1.03	4.1	
315	L40×4	1007	4	2.44	9.8	脚钉	345	−6×130	153	4	0.94	3.8	
316	L40×4	850	4	2.06	8.2		346	−6×154	210	4	1.53	6.1	
317	L40×4	1095	4	2.65	10.6		347	−6×151	210	4	1.50	6.0	
318	Q355L125×8	620	2	9.61	19.2		348	−6×130	151	4	0.93	3.7	
319	Q355−12×465	574	2	25.23	50.5		349	L40×4	1989	2	4.82	9.6	
320	Q355−10×134	760	4	8.05	32.2	电焊	350	L40×4	1989	2	4.82	9.6	
321	L40×4	2573	2	6.23	12.5		351	L40×4	1873	2	4.54	9.1	
322	L40×4	2573	2	6.23	12.5		352	L40×4	1873	2	4.54	9.1	
323	L40×4	2562	2	6.21	12.4		353	L40×4	1622	2	3.93	7.9	
324	L40×4	2562	2	6.21	12.4		354	L40×4	1622	2	3.93	7.9	
325	L40×4	2332	2	5.65	11.3		355	Q355−10×60	243	4	1.14	4.6	电焊
326	L40×4	2332	2	5.65	11.3		356	Q355−10×60	635	4	2.99	12.0	电焊
327	L50×4	1951	2	5.97	11.9		357	−4×95	310	8	0.92	7.4	
328	L56×5	2100	2	8.93	17.9		358	−10×50	50	16	0.20	3.1	
329	L56×5	2100	2	8.93	17.9	切角	359	−10×60	60	2	0.28	0.6	
330	L56×5	1884	2	8.01	16.0		360	−14×50	50	6	0.27	1.6	
331	L56×5	1884	2	8.01	16.0	切角		合计				1698.3kg	

图 11−5　110−FC21D−JZY−05　110−FC21D−JZY 转角塔上下曲臂结构图 ③(续)

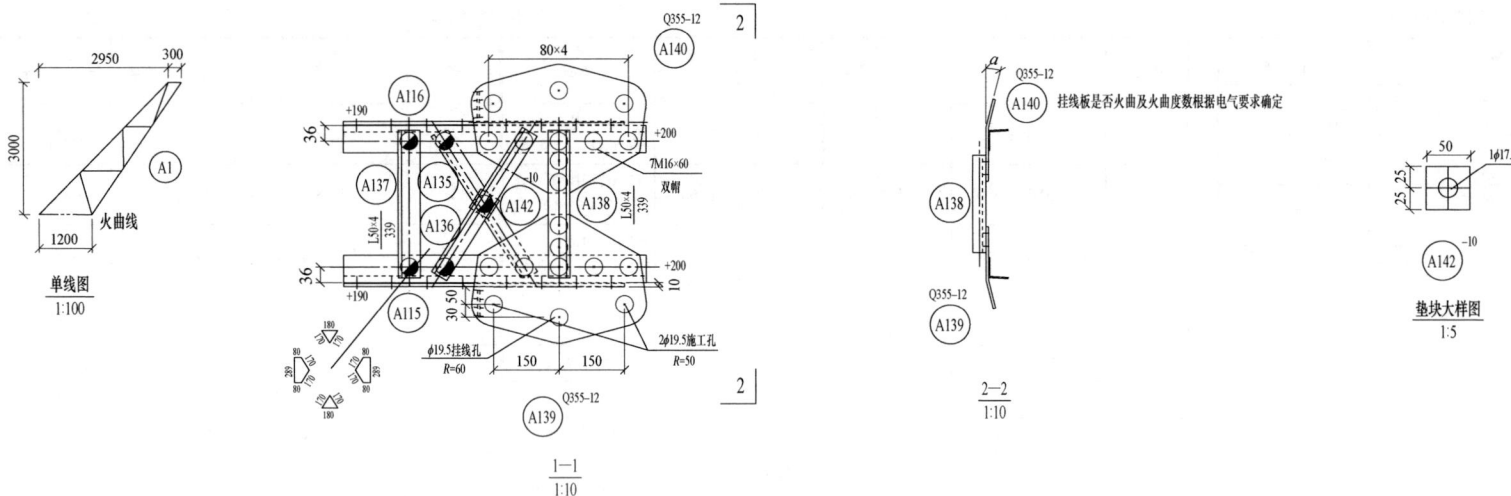

构 件 明 细 表

编号	规格	长度(mm)	数量	重量(kg) 一件	小计	备注	编号	规格	长度(mm)	数量	重量(kg) 一件	小计	备注
A101	Q355L90×6	3475	1	29.02	29.0	切角,合角(84.8),脚钉	A123	L40×4	1482	2	3.59	7.2	
A102	Q355L90×6	3475	1	29.02	29.0	切角,合角(84.8)	A124	L40×4	1482	2	3.59	7.2	
A103	Q355L90×6	3475	1	29.02	29.0	切角,合角(84.8),脚钉	A125	L50×4	1103	2	3.37	6.7	切角
A104	Q355L90×6	3475	1	29.02	29.0	切角,合角(84.8)	A126	L50×4	1103	2	3.37	6.7	
A105	Q355L90×7	3975	2	38.38	76.8	切角,开角(96.4)	A127	Q355-8×177	410	2	4.58	9.2	
A106	Q355L90×7	3975	2	38.38	76.8	切角,开角(96.4)	A128	L40×4	1622	2	3.93	7.9	
A107	L40×4	898	4	2.17	8.7		A129	L40×4	1622	2	3.93	7.9	
A108	L40×4	950	4	2.30	9.2		A130	L40×4	1648	2	3.99	8.0	
A109	L45×4	939	2	2.57	5.1		A131	L40×4	1648	2	3.99	8.0	
A110	L45×4	939	2	2.57	5.1		A132	L40×4	1325	2	3.21	6.4	
A111	L40×4	650	2	1.57	3.1		A133	L40×4	1325	2	3.21	6.4	
A112	L40×4	650	2	1.57	3.1		A134	Q355-8×176	394	2	4.38	8.8	
A113	L70×6	885	2	5.67	11.3	脚钉	A135	L40×4	391	2	0.95	1.9	切角
A114	L70×6	885	2	5.67	11.3		A136	L40×4	391	2	0.95	1.9	
A115	Q355L63×5	690	2	3.33	6.7	开角(98.5)	A137	L50×4	339	2	1.04	2.1	
A116	Q355L63×5	690	2	3.33	6.7	开角(98.5)	A138	L50×4	339	2	1.04	2.1	
A117	-6×129	160	4	0.98	3.9		A139	Q355-12×297	397	2	11.14	22.3	火曲
A118	-6×129	285	4	1.75	7.0		A140	Q355-12×297	397	2	11.14	22.3	火曲
A119	-6×110	127	4	0.66	2.6		A141	Q355-6×60	250	4	0.71	2.8	电焊
A120	Q355-8×292	687	4	12.61	50.5	电焊	A142	-10×50	50	2	0.20	0.4	
A121	L40×4	1561	2	3.78	7.6	切角	合计					565.2kg	
A122	L40×4	1561	2	3.78	7.6								

图 11-6 110-FC21D-JZY-06   110-FC21D-JZY 转角塔地线支架结构图 Ⓐ1

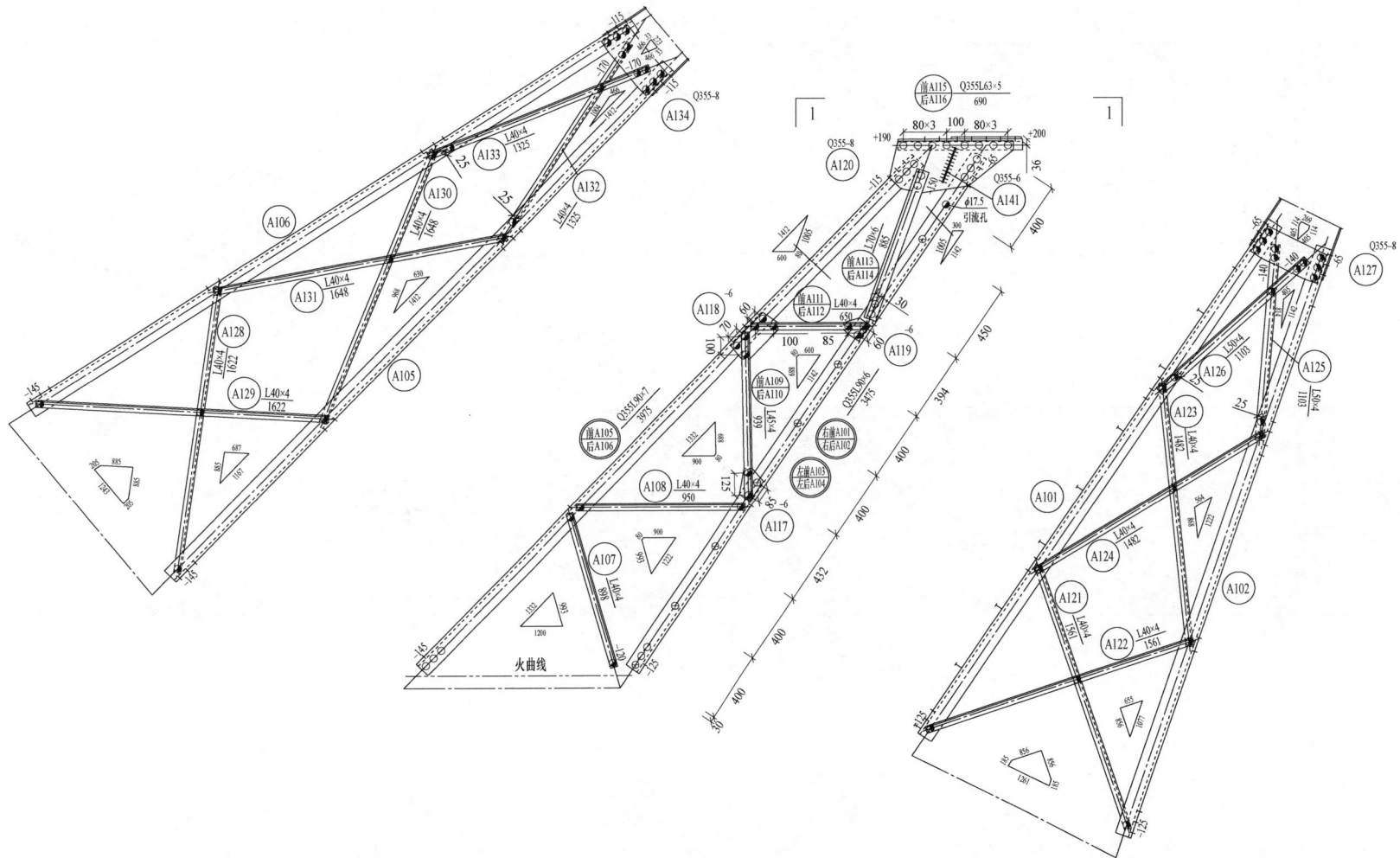

螺栓、垫圈、脚钉明细表

名称	级别	规格	符号	数量	重量（kg）	备注
螺栓	6.8	M16×40	◑	78	11.2	
		M16×50	◑	78	12.5	
		M16×60	○	28	5.7	双帽
		M20×45	○	70	18.9	
脚钉		M16×180	⊕—	12	3.9	双帽
		M20×200	⊕—	2	1.2	双帽
垫圈	Q235	−3（φ17.5）	规格×个数	20	0.2	
		−4（φ17.5）		4	0.1	
合计					53.7kg	

图 11-6　110-FC21D-JZY-06　110-FC21D-JZY 转角塔地线支架结构图 Ⓐ（续）

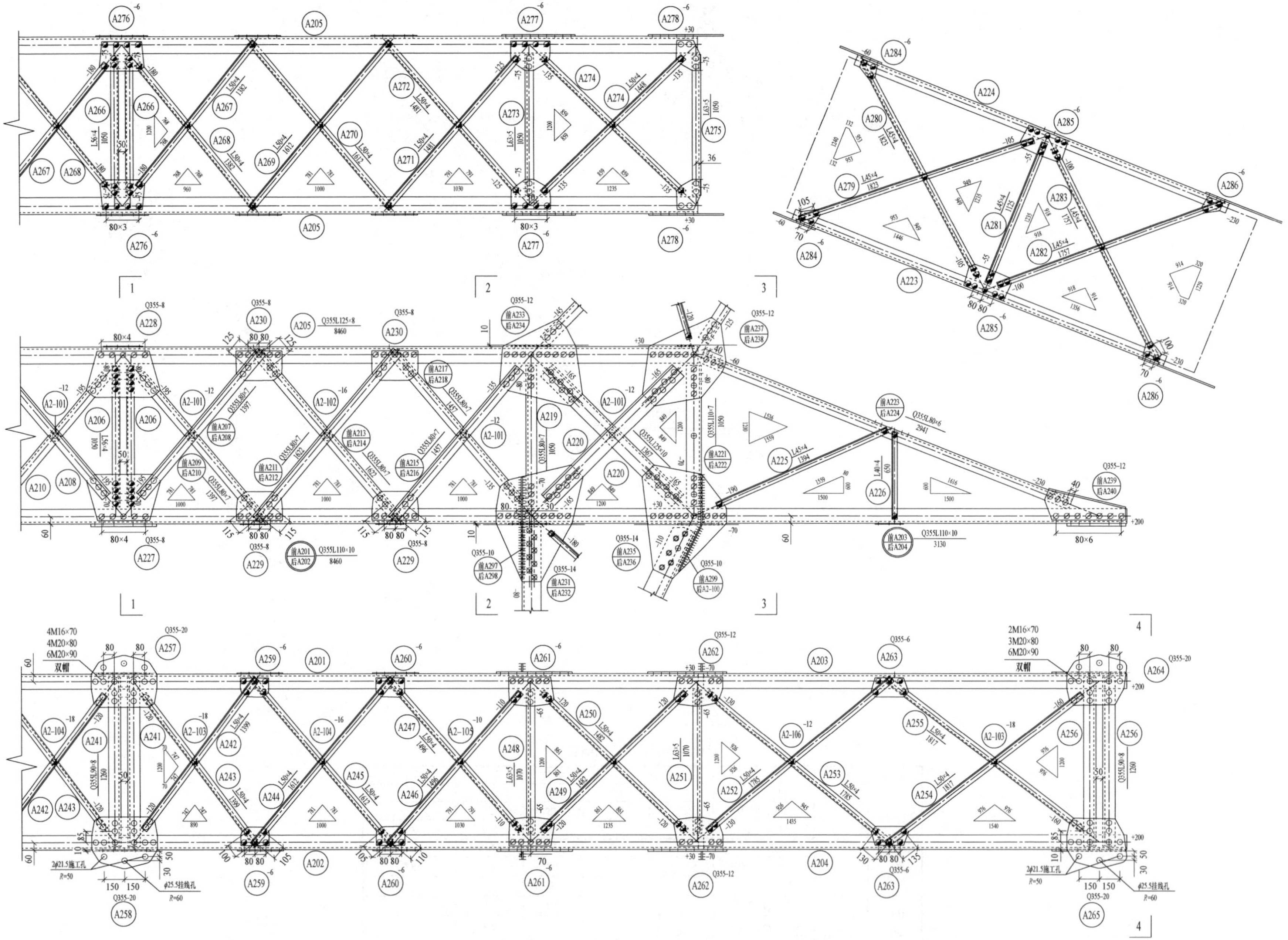

图 11-7　110-FC21D-JZY-07　110-FC21D-JZY 转角塔导线横担结构图 Ⓐ2

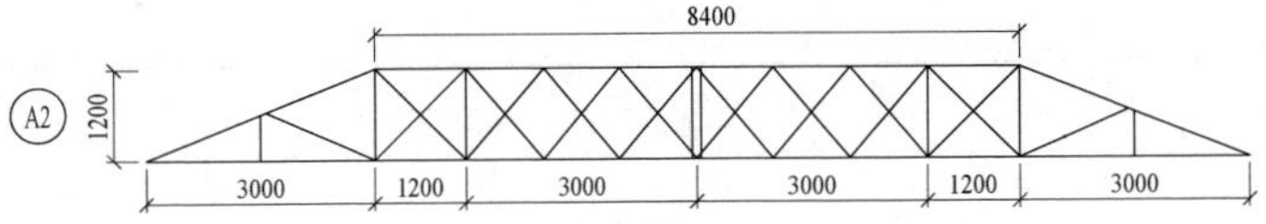

单线图
1:100

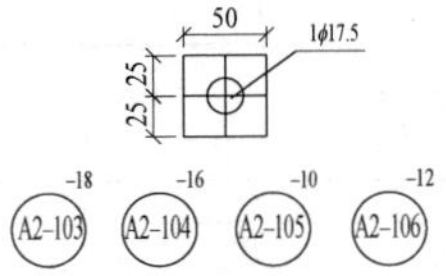

垫块大样图
1:5

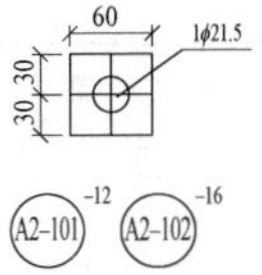

垫块大样图
1:5

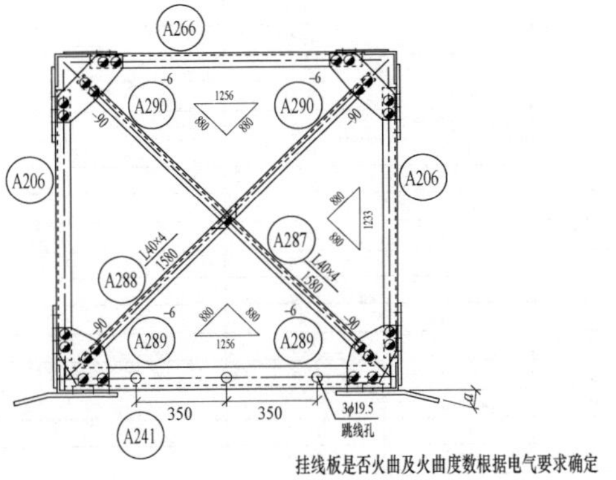

挂线板是否火曲及火曲度数根据电气要求确定

1—1

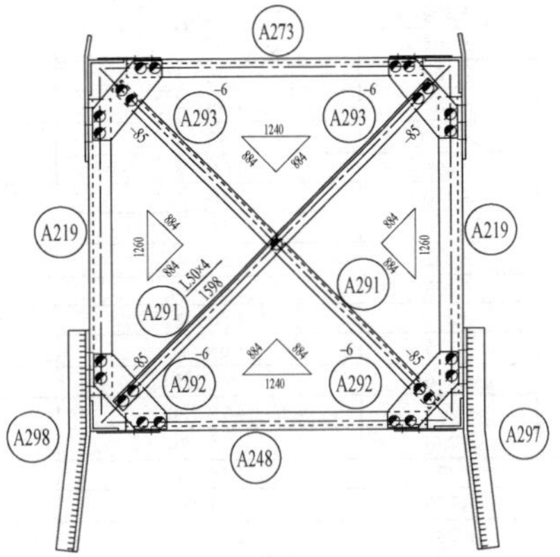

2—2

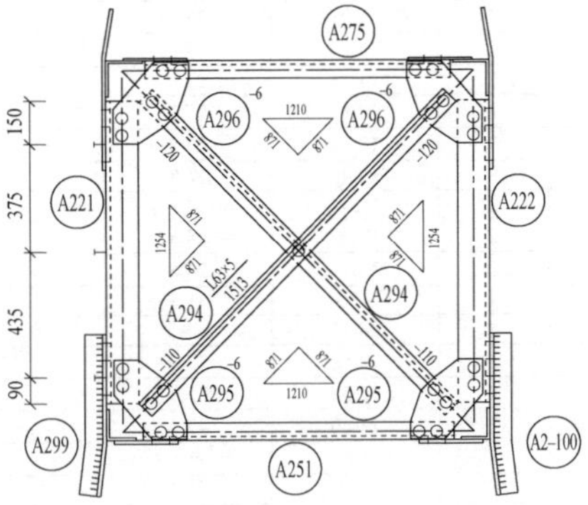

3—3

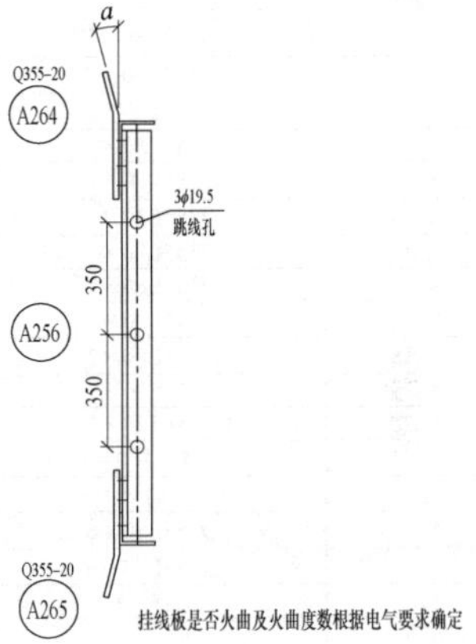

4—4

挂线板是否火曲及火曲度数根据电气要求确定

螺栓、垫圈、脚钉明细表

名称	级别	规格	符号	数量	重量（kg）	备注
螺栓	6.8	M16×40		222	32.0	
		M16×50		156	25.0	
		M16×60		18	3.2	
		M16×70	○	16	3.5	双帽
		M20×45	○	136	36.7	
		M20×55	∅	540	159.3	
		M20×65	⊠	64	20.5	
		M20×80	⊗	20	8.2	双帽
		M20×90	○	36	15.8	双帽
	8.8	M24×65	⊘	22	11.0	
脚钉	6.8	M16×180	⊕—	2	0.7	双帽
		M20×200	⊕—	6	3.7	双帽
	8.8	M24×240	⊕—	2	1.8	双帽
垫圈	Q235	−3(φ17.5)		16	0.2	
		−4(φ17.5)	规格×个数	44	0.5	
		−3(φ22)		20	0.4	
		−4(φ22)		96	2.1	
合计					324.6kg	

图 11-7 110-FC21D-JZY-07 110-FC21D-JZY 转角塔导线横担结构图 Ⓐ2 （续）

构 件 明 细 表

<table>
<tr><th rowspan="2">编号</th><th rowspan="2">规格</th><th rowspan="2">长度（mm）</th><th rowspan="2">数量</th><th colspan="2">重量（kg）</th><th rowspan="2">备注</th><th rowspan="2">编号</th><th rowspan="2">规格</th><th rowspan="2">长度（mm）</th><th rowspan="2">数量</th><th colspan="2">重量（kg）</th><th rowspan="2">备注</th></tr>
<tr><th>一件</th><th>小计</th><th>一件</th><th>小计</th></tr>
<tr><td>A201</td><td>Q355L110×10</td><td>8460</td><td>1</td><td>141.20</td><td>141.2</td><td></td><td>A255</td><td>L50×4</td><td>1817</td><td>2</td><td>5.56</td><td>11.1</td><td></td></tr>
<tr><td>A202</td><td>Q355L110×10</td><td>8460</td><td>1</td><td>141.20</td><td>141.2</td><td></td><td>A256</td><td>Q355L90×8</td><td>1260</td><td>4</td><td>13.79</td><td>55.2</td><td></td></tr>
<tr><td>A203</td><td>Q355L110×10</td><td>3130</td><td>2</td><td>52.24</td><td>104.5</td><td></td><td>A257</td><td>Q355-20×389</td><td>480</td><td>1</td><td>29.39</td><td>29.4</td><td>火曲</td></tr>
<tr><td>A204</td><td>Q355L110×10</td><td>3130</td><td>2</td><td>52.24</td><td>104.5</td><td></td><td>A258</td><td>Q355-20×389</td><td>480</td><td>1</td><td>29.39</td><td>29.4</td><td>火曲</td></tr>
<tr><td>A205</td><td>Q355L125×8</td><td>8460</td><td>2</td><td>131.16</td><td>262.3</td><td></td><td>A259</td><td>-6×142</td><td>210</td><td>4</td><td>1.40</td><td>5.6</td><td></td></tr>
<tr><td>A206</td><td>L56×4</td><td>1050</td><td>4</td><td>3.62</td><td>14.5</td><td></td><td>A260</td><td>-6×142</td><td>210</td><td>4</td><td>1.40</td><td>5.6</td><td></td></tr>
<tr><td>A207</td><td>Q355L80×7</td><td>1397</td><td>2</td><td>11.91</td><td>23.8</td><td></td><td>A261</td><td>-6×220</td><td>335</td><td>4</td><td>3.47</td><td>13.9</td><td></td></tr>
<tr><td>A208</td><td>Q355L80×7</td><td>1397</td><td>2</td><td>11.91</td><td>23.8</td><td></td><td>A262</td><td>Q355-12×220</td><td>370</td><td>4</td><td>7.67</td><td>30.7</td><td></td></tr>
<tr><td>A209</td><td>Q355L80×7</td><td>1397</td><td>2</td><td>11.91</td><td>23.8</td><td>切角</td><td>A263</td><td>Q355-6×141</td><td>261</td><td>4</td><td>1.75</td><td>7.0</td><td></td></tr>
<tr><td>A210</td><td>Q355L80×7</td><td>1397</td><td>2</td><td>11.91</td><td>23.8</td><td>切角</td><td>A264</td><td>Q355-20×371</td><td>444</td><td>2</td><td>25.97</td><td>51.9</td><td>火曲</td></tr>
<tr><td>A211</td><td>Q355L80×7</td><td>1622</td><td>2</td><td>13.83</td><td>27.7</td><td></td><td>A265</td><td>Q355-20×371</td><td>444</td><td>2</td><td>25.97</td><td>51.9</td><td>火曲</td></tr>
<tr><td>A212</td><td>Q355L80×7</td><td>1622</td><td>2</td><td>13.83</td><td>27.7</td><td></td><td>A266</td><td>L56×4</td><td>1050</td><td>2</td><td>3.62</td><td>7.2</td><td></td></tr>
<tr><td>A213</td><td>Q355L80×7</td><td>1622</td><td>2</td><td>13.83</td><td>27.7</td><td>切角</td><td>A267</td><td>L50×4</td><td>1382</td><td>2</td><td>4.23</td><td>8.5</td><td></td></tr>
<tr><td>A214</td><td>Q355L80×7</td><td>1622</td><td>2</td><td>13.83</td><td>27.7</td><td>切角</td><td>A268</td><td>L50×4</td><td>1382</td><td>2</td><td>4.23</td><td>8.5</td><td></td></tr>
<tr><td>A215</td><td>Q355L80×7</td><td>1457</td><td>2</td><td>12.42</td><td>24.8</td><td></td><td>A269</td><td>L50×4</td><td>1612</td><td>2</td><td>4.93</td><td>9.9</td><td></td></tr>
<tr><td>A216</td><td>Q355L80×7</td><td>1457</td><td>2</td><td>12.42</td><td>24.8</td><td></td><td>A270</td><td>L50×4</td><td>1612</td><td>2</td><td>4.93</td><td>9.9</td><td></td></tr>
<tr><td>A217</td><td>Q355L80×7</td><td>1457</td><td>2</td><td>12.42</td><td>24.8</td><td>切角</td><td>A271</td><td>L50×4</td><td>1481</td><td>2</td><td>4.53</td><td>9.1</td><td></td></tr>
<tr><td>A218</td><td>Q355L80×7</td><td>1457</td><td>2</td><td>12.42</td><td>24.8</td><td>切角</td><td>A272</td><td>L50×4</td><td>1481</td><td>2</td><td>4.53</td><td>9.1</td><td></td></tr>
<tr><td>A219</td><td>Q355L80×7</td><td>1050</td><td>4</td><td>8.95</td><td>35.8</td><td></td><td>A273</td><td>L63×5</td><td>1050</td><td>2</td><td>5.06</td><td>10.1</td><td></td></tr>
<tr><td>A220</td><td>Q355L125×10</td><td>1367</td><td>8</td><td>26.15</td><td>209.2</td><td></td><td>A274</td><td>L50×4</td><td>1448</td><td>4</td><td>4.43</td><td>17.7</td><td></td></tr>
<tr><td>A221</td><td>Q355L110×7</td><td>1050</td><td>2</td><td>12.52</td><td>25.0</td><td>脚钉</td><td>A275</td><td>L63×5</td><td>1050</td><td>2</td><td>5.06</td><td>10.1</td><td></td></tr>
<tr><td>A222</td><td>Q355L110×7</td><td>1050</td><td>2</td><td>12.52</td><td>25.0</td><td></td><td>A276</td><td>-6×220</td><td>326</td><td>2</td><td>3.39</td><td>6.8</td><td></td></tr>
<tr><td>A223</td><td>Q355L80×6</td><td>2941</td><td>2</td><td>21.69</td><td>43.4</td><td>切角</td><td>A277</td><td>-6×220</td><td>290</td><td>4</td><td>3.00</td><td>12.0</td><td></td></tr>
<tr><td>A224</td><td>Q355L80×6</td><td>2941</td><td>2</td><td>21.69</td><td>43.4</td><td>切角</td><td>A278</td><td>-6×180</td><td>225</td><td>4</td><td>1.92</td><td>7.7</td><td></td></tr>
<tr><td>A225</td><td>L45×4</td><td>1394</td><td>4</td><td>3.81</td><td>15.3</td><td></td><td>A279</td><td>L45×4</td><td>1825</td><td>2</td><td>4.99</td><td>10.0</td><td></td></tr>
<tr><td>A226</td><td>L40×4</td><td>650</td><td>4</td><td>1.57</td><td>6.3</td><td></td><td>A280</td><td>L45×4</td><td>1825</td><td>2</td><td>4.99</td><td>10.0</td><td></td></tr>
<tr><td>A227</td><td>Q355-8×348</td><td>541</td><td>2</td><td>11.86</td><td>23.7</td><td>切角</td><td>A281</td><td>L45×4</td><td>1130</td><td>2</td><td>3.09</td><td>6.2</td><td></td></tr>
<tr><td>A228</td><td>Q355-8×343</td><td>541</td><td>2</td><td>11.69</td><td>23.4</td><td></td><td>A282</td><td>L45×4</td><td>1762</td><td>2</td><td>4.82</td><td>9.6</td><td></td></tr>
<tr><td>A229</td><td>Q355-8×210</td><td>340</td><td>8</td><td>4.49</td><td>36.0</td><td></td><td>A283</td><td>L45×4</td><td>1762</td><td>2</td><td>4.82</td><td>9.6</td><td>切角</td></tr>
<tr><td>A230</td><td>Q355-8×220</td><td>340</td><td>8</td><td>4.71</td><td>37.7</td><td>切角</td><td>A284</td><td>-6×123</td><td>134</td><td>4</td><td>0.78</td><td>3.1</td><td></td></tr>
<tr><td>A231</td><td>Q355-14×581</td><td>927</td><td>2</td><td>59.26</td><td>118.5</td><td>火曲;电焊</td><td>A285</td><td>-6×180</td><td>332</td><td>4</td><td>2.82</td><td>11.3</td><td></td></tr>
<tr><td>A232</td><td>Q355-14×581</td><td>927</td><td>2</td><td>59.26</td><td>118.5</td><td>火曲;电焊</td><td>A286</td><td>-6×125</td><td>132</td><td>4</td><td>0.79</td><td>3.1</td><td></td></tr>
<tr><td>A233</td><td>Q355-12×594</td><td>654</td><td>2</td><td>36.65</td><td>73.3</td><td>火曲</td><td>A287</td><td>L40×4</td><td>1580</td><td>2</td><td>3.83</td><td>7.7</td><td></td></tr>
<tr><td>A234</td><td>Q355-12×594</td><td>654</td><td>2</td><td>36.65</td><td>73.3</td><td>火曲</td><td>A288</td><td>L40×4</td><td>1580</td><td>2</td><td>3.83</td><td>7.7</td><td>压扁</td></tr>
<tr><td>A235</td><td>Q355-14×599</td><td>855</td><td>2</td><td>56.40</td><td>112.8</td><td>火曲；电焊</td><td>A289</td><td>-6×193</td><td>224</td><td>4</td><td>2.05</td><td>8.2</td><td></td></tr>
<tr><td>A236</td><td>Q355-14×599</td><td>855</td><td>2</td><td>56.40</td><td>112.8</td><td>火曲；电焊</td><td>A290</td><td>-6×116</td><td>362</td><td>4</td><td>1.99</td><td>8.0</td><td></td></tr>
<tr><td>A237</td><td>Q355-12×508</td><td>753</td><td>2</td><td>36.04</td><td>72.1</td><td>火曲</td><td>A291</td><td>L50×4</td><td>1598</td><td>4</td><td>4.89</td><td>19.6</td><td></td></tr>
<tr><td>A238</td><td>Q355-12×508</td><td>753</td><td>2</td><td>36.04</td><td>72.1</td><td>火曲</td><td>A292</td><td>-6×121</td><td>371</td><td>4</td><td>2.13</td><td>8.5</td><td></td></tr>
<tr><td>A239</td><td>Q355-12×264</td><td>614</td><td>2</td><td>15.34</td><td>30.7</td><td>火曲;卷边</td><td>A293</td><td>-6×119</td><td>371</td><td>4</td><td>2.10</td><td>8.4</td><td></td></tr>
<tr><td>A240</td><td>Q355-12×264</td><td>614</td><td>2</td><td>15.34</td><td>30.7</td><td>火曲;卷边</td><td>A294</td><td>L63×5</td><td>1513</td><td>4</td><td>7.30</td><td>29.2</td><td></td></tr>
<tr><td>A241</td><td>Q355L90×8</td><td>1260</td><td>2</td><td>13.79</td><td>27.6</td><td></td><td>A295</td><td>-6×171</td><td>371</td><td>4</td><td>3.00</td><td>12.0</td><td></td></tr>
<tr><td>A242</td><td>L50×4</td><td>1399</td><td>2</td><td>4.28</td><td>8.6</td><td></td><td>A296</td><td>-6×177</td><td>384</td><td>4</td><td>3.22</td><td>12.9</td><td></td></tr>
<tr><td>A243</td><td>L50×4</td><td>1399</td><td>2</td><td>4.28</td><td>8.6</td><td></td><td>A297</td><td>Q355-10×100</td><td>768</td><td>2</td><td>6.06</td><td>12.1</td><td>电焊</td></tr>
<tr><td>A244</td><td>L50×4</td><td>1612</td><td>2</td><td>4.93</td><td>9.9</td><td></td><td>A298</td><td>Q355-10×100</td><td>779</td><td>2</td><td>6.15</td><td>12.3</td><td>电焊</td></tr>
<tr><td>A245</td><td>L50×4</td><td>1612</td><td>2</td><td>4.93</td><td>9.9</td><td></td><td>A299</td><td>Q355-10×99</td><td>757</td><td>2</td><td>5.93</td><td>11.9</td><td>火曲;电焊</td></tr>
<tr><td>A246</td><td>L50×4</td><td>1496</td><td>2</td><td>4.58</td><td>9.2</td><td></td><td>A2-100</td><td>Q355-10×99</td><td>760</td><td>2</td><td>5.96</td><td>11.9</td><td>火曲;电焊</td></tr>
<tr><td>A247</td><td>L50×4</td><td>1496</td><td>2</td><td>4.58</td><td>9.2</td><td></td><td>A2-101</td><td>-12×60</td><td>60</td><td>12</td><td>0.34</td><td>4.1</td><td></td></tr>
<tr><td>A248</td><td>L63×5</td><td>1070</td><td>2</td><td>5.16</td><td>10.3</td><td></td><td>A2-102</td><td>-16×60</td><td>60</td><td>4</td><td>0.45</td><td>1.8</td><td></td></tr>
<tr><td>A249</td><td>L50×4</td><td>1482</td><td>2</td><td>4.53</td><td>9.1</td><td></td><td>A2-103</td><td>-18×50</td><td>50</td><td>4</td><td>0.35</td><td>1.4</td><td></td></tr>
<tr><td>A250</td><td>L50×4</td><td>1482</td><td>2</td><td>4.53</td><td>9.1</td><td></td><td>A2-104</td><td>-16×50</td><td>50</td><td>2</td><td>0.31</td><td>0.6</td><td></td></tr>
<tr><td>A251</td><td>L63×5</td><td>1070</td><td>2</td><td>5.16</td><td>10.3</td><td></td><td>A2-105</td><td>-10×50</td><td>50</td><td>2</td><td>0.20</td><td>0.4</td><td></td></tr>
<tr><td>A252</td><td>L50×4</td><td>1785</td><td>2</td><td>5.46</td><td>10.9</td><td></td><td>A2-106</td><td>-12×50</td><td>50</td><td>2</td><td>0.24</td><td>0.5</td><td></td></tr>
<tr><td>A253</td><td>L50×4</td><td>1785</td><td>2</td><td>5.46</td><td>10.9</td><td></td><td colspan="4">合计</td><td colspan="2">3226.9kg</td><td></td></tr>
<tr><td>A254</td><td>L50×4</td><td>1817</td><td>2</td><td>5.56</td><td>11.1</td><td></td><td></td><td></td><td></td><td></td><td></td><td></td><td></td></tr>
</table>

图 11-7 110-FC21D-JZY-07 110-FC21D-JZY 转角塔导线横担结构图 Ⓐ2（续）

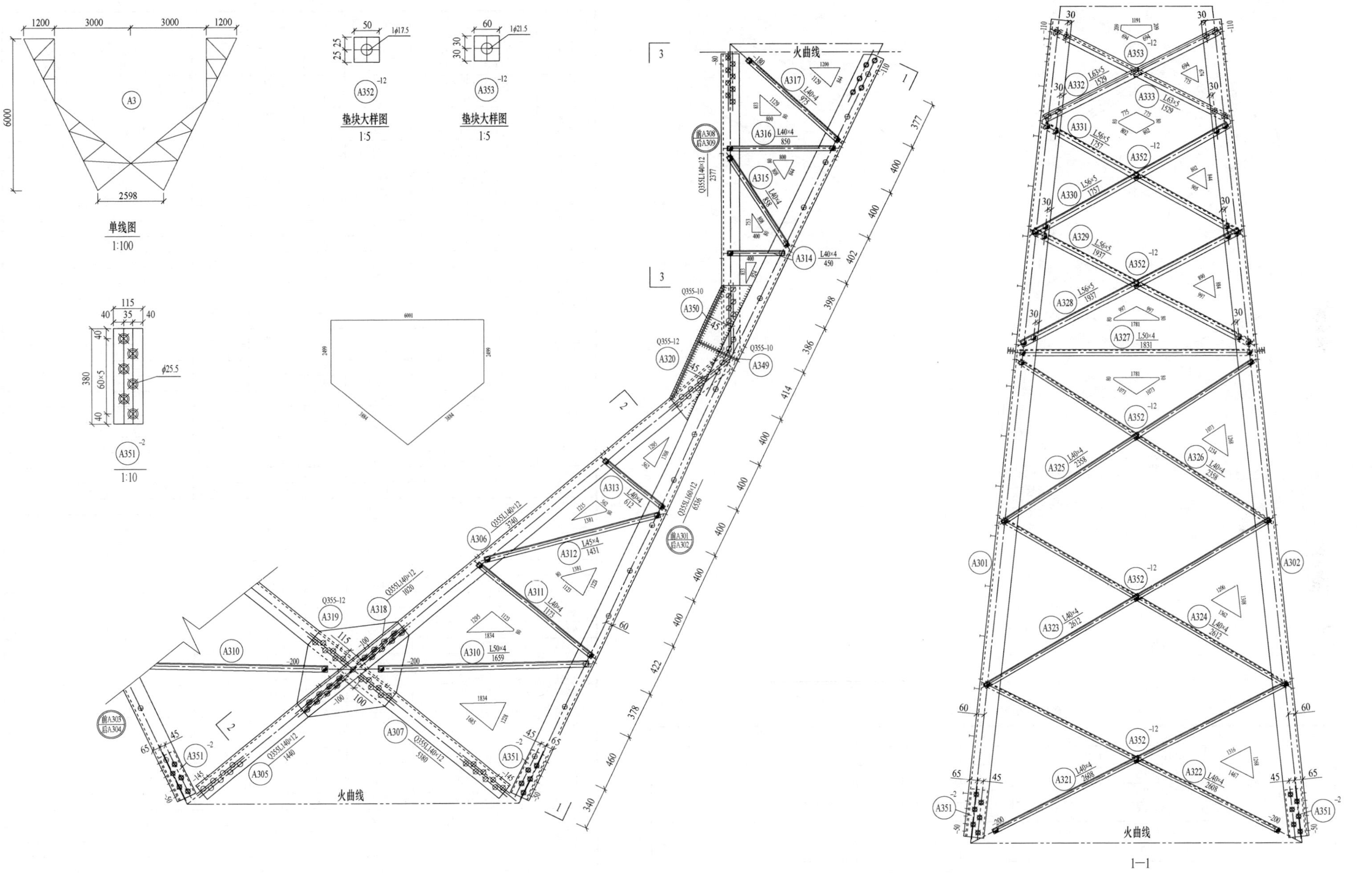

图 11-8 110-FC21D-JZY-08 110-FC21D-JZY 转角塔上下曲臂结构图 Ⓐ3

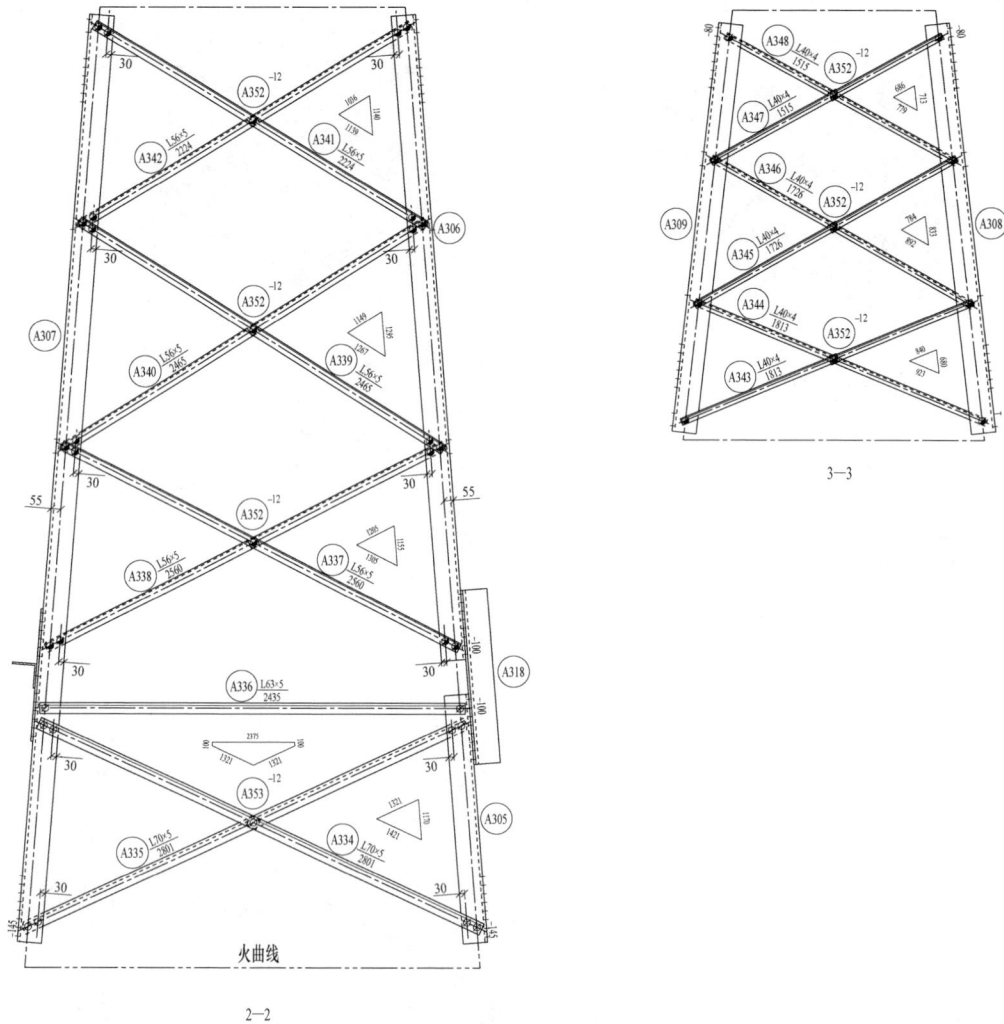

构 件 明 细 表

编号	规 格	长度（mm）	数量	重量（kg）一件	重量（kg）小计	备 注
A301	Q355L160×12	6536	1	192.10	192.1	切角，电焊，合角（87.1），脚钉
A302	Q355L160×12	6536	1	192.10	192.1	切角，电焊，合角（87.1）
A303	Q355L160×12	6536	1	192.10	192.1	切角，电焊，合角（87.1），脚钉
A304	Q355L160×12	6536	1	192.10	192.1	切角，电焊，合角（87.1）
A305	Q355L140×12	1440	2	36.75	73.5	开角（95.2）
A306	Q355L140×12	3740	2	95.45	190.9	切角，开角（95.2）
A307	Q355L140×12	5380	2	137.31	274.6	切角，开角（95.2）
A308	Q355L140×12	2377	2	60.67	121.3	切角，脚钉
A309	Q355L140×12	2377	2	60.67	121.3	切角，脚钉
A310	L50×4	1659	4	5.07	20.3	脚钉
A311	L40×4	1173	4	2.84	11.4	
A312	L45×4	1431	4	3.92	15.7	
A313	L40×4	612	4	1.48	5.9	
A314	L40×4	450	4	1.09	4.4	脚钉
A315	L40×4	858	4	2.08	8.3	
A316	L40×4	850	4	2.06	8.2	
A317	L40×4	975	4	2.36	9.4	
A318	Q355L140×12	1020	2	26.03	52.1	
A319	Q355-12×667	934	2	58.78	117.6	
A320	Q355-12×211	1188	4	23.71	94.8	电焊
A321	L40×4	2608	2	6.32	12.6	
A322	L40×4	2608	2	6.32	12.6	
A323	L40×4	2612	2	6.33	12.7	
A324	L40×4	2612	2	6.33	12.7	
A325	L40×4	2358	2	5.71	11.4	
A326	L40×4	2358	2	5.71	11.4	
A327	L50×4	1831	2	5.60	11.2	
A328	L56×5	1937	2	8.23	16.5	
A329	L56×5	1937	2	8.23	16.5	切角
A330	L56×5	1757	2	7.47	14.9	
A331	L56×5	1757	2	7.47	14.9	
A332	L63×5	1529	2	7.37	14.7	
A333	L63×5	1529	2	7.37	14.7	切角
A334	L70×5	2801	2	15.12	30.2	
A335	L70×5	2801	2	15.12	30.2	切角
A336	L63×5	2435	2	11.74	23.5	
A337	L56×5	2560	2	10.88	21.8	
A338	L56×5	2560	2	10.88	21.8	切角
A339	L56×5	2465	2	10.48	21.0	
A340	L56×5	2465	2	10.48	21.0	切角
A341	L56×5	2224	2	9.45	18.9	
A342	L56×5	2224	2	9.45	18.9	切角
A343	L40×4	1813	2	4.39	8.8	
A344	L40×4	1813	2	4.39	8.8	
A345	L40×4	1726	2	4.18	8.4	
A346	L40×4	1726	2	4.18	8.4	
A347	L40×4	1515	2	3.67	7.3	
A348	L40×4	1515	2	3.67	7.3	
A349	Q355-10×60	345	4	1.62	6.5	电焊
A350	Q355-10×60	989	4	4.66	18.6	电焊
A351	-2×125	380	8	0.75	6.0	
A352	-12×50	50	22	0.24	5.2	
A353	-12×60	60	4	0.34	1.4	
合计					2368.5kg	

螺栓、垫圈、脚钉明细表

名称	级别	规格	符号	数量	重量（kg）	备注
螺栓	6.8	M16×50	⊘	178	28.5	
		M20×55	⊘	126	37.2	
		M20×75	⊘	32	11.1	
		M20×85	⊘	2	0.7	
脚钉		M16×180	⊕	26	8.5	双帽
		M20×200	⊕	2	1.2	双帽
合计					87.2kg	

图 11-8　110-FC21D-JZY-08　110-FC21D-JZY转角塔上下曲臂结构图 Ⓐ3（续）

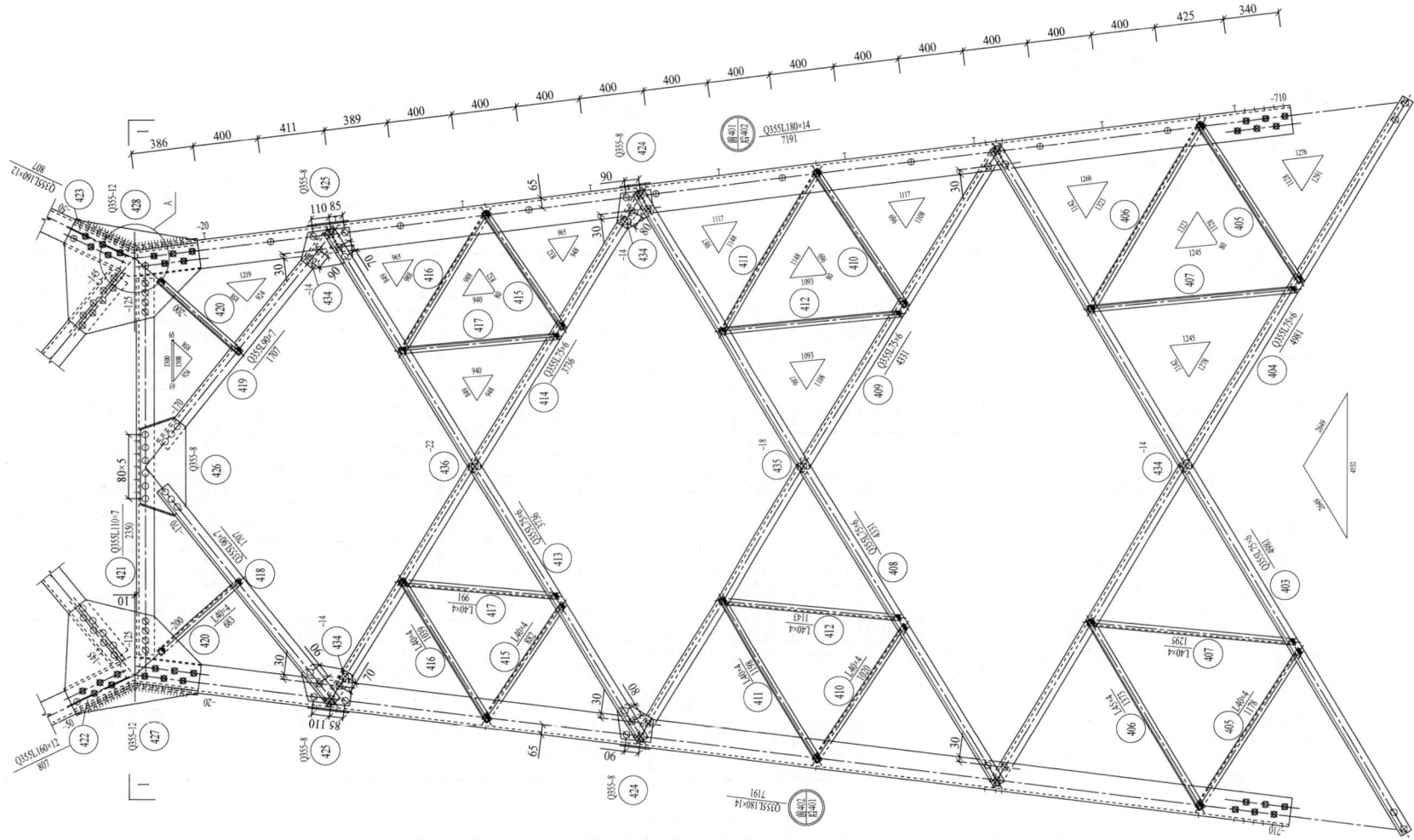

图 11-9　110-FC21D-JZY-09　110-FC21D-JZY 转角塔塔身结构图 ④

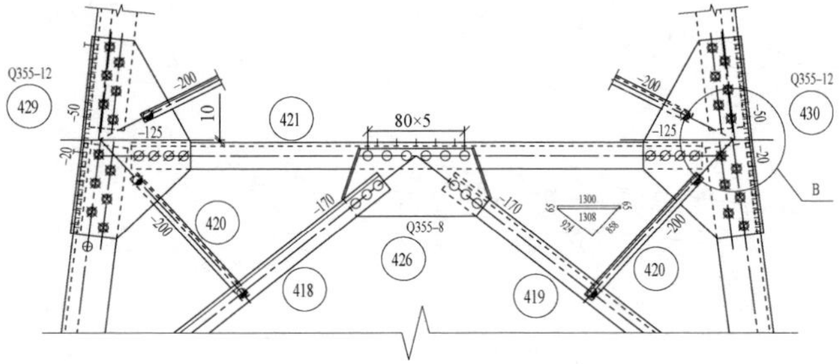

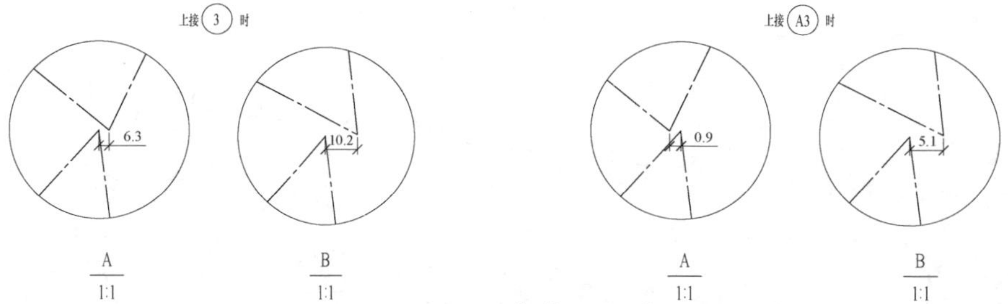

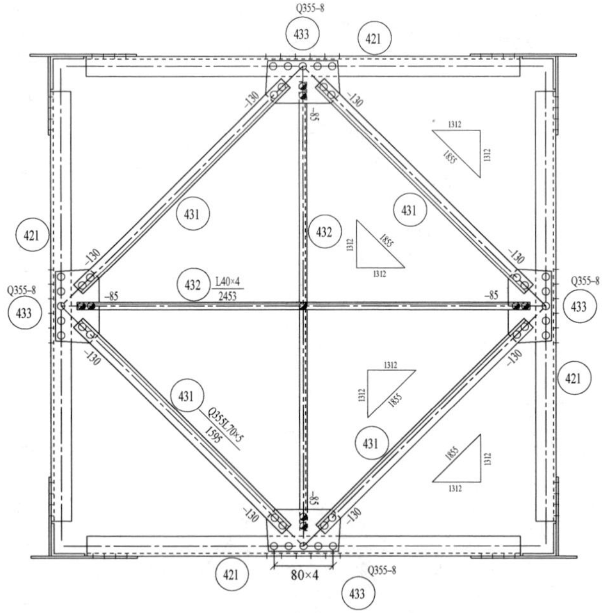

构件明细表

编号	规格	长度(mm)	数量	重量(kg) 一件	重量(kg) 小计	备注	编号	规格	长度(mm)	数量	重量(kg) 一件	重量(kg) 小计	备注
401	Q355L180×14	7191	2	276.01	552.0	脚钉	420	L40×4	683	8	1.65	13.2	
402	Q355L180×14	7191	2	276.01	552.0		421	Q355L110×7	2350	4	28.03	112.1	开角（97.1）
403	Q355L75×6	4981	4	34.39	137.6		422	Q355L160×12	807	2	23.72	47.4	制弯，铲背，脚钉
404	Q355L75×6	4981	4	34.39	137.6	切角	423	Q355L160×12	807	2	23.72	47.4	制弯，铲背，脚钉
405	L40×4	1178	8	2.85	22.8		424	Q355-8×224	233	8	3.29	26.3	
406	L45×4	1373	8	3.76	30.1		425	Q355-8×231	318	8	4.62	37.0	
407	L40×4	1295	8	3.14	25.1	切角	426	Q355-8×282	678	4	12.03	48.1	火曲；卷边
408	Q355L75×6	4331	4	29.91	119.6		427	Q355-12×692	862	2	56.29	112.6	火曲，电焊
409	Q355L75×6	4331	4	29.91	119.6	切角	428	Q355-12×692	862	2	56.29	112.6	火曲，电焊
410	L40×4	1020	8	2.47	19.8		429	Q355-12×447	798	2	33.63	67.3	火曲，电焊
411	L40×4	1198	8	2.90	23.2		430	Q355-12×447	798	2	33.63	67.3	火曲，电焊
412	L40×4	1143	8	2.77	22.1	切角	431	Q355L70×5	1595	4	8.61	34.4	
413	Q355L75×6	3736	4	25.80	103.2		432	L40×4	2453	2	5.94	11.9	
414	Q355L75×6	3736	4	25.80	103.2	切角	433	Q355-8×231	403	4	5.86	23.4	
415	L40×4	882	8	2.14	17.1		434	-14×60	60	16	0.40	6.3	
416	L40×4	1039	8	2.52	20.1		435	-18×60	60	4	0.51	2.0	
417	L40×4	991	8	2.40	19.2	切角	436	-22×60	60	4	0.62	2.5	
418	Q355L90×7	1707	4	16.48	65.9		合计					2928.2kg	
419	Q355L90×7	1707	4	16.48	65.9	切角							

螺栓、垫圈、脚钉明细表

名称	级别	规格	符号	数量	重量（kg）	备注
螺栓	6.8	M16×40	●	64	9.2	
		M16×50	●	61	9.8	
		M20×45	○	96	25.9	
		M20×55	⦰	104	30.7	
		M20×65	⊗	78	25.0	
	8.8	M24×75	⊗	92	49.4	
脚钉	6.8	M16×180		30	9.8	双帽
		M20×200		2	1.2	双帽
	8.8	M24×240		4	3.6	双帽
垫圈	Q235	-4（φ17.5）	规格×个数	2	0.1	
合计					164.7kg	

图 11-9　110-FC21D-JZY-09　110-FC21D-JZY 转角塔塔身结构图 ④（续）

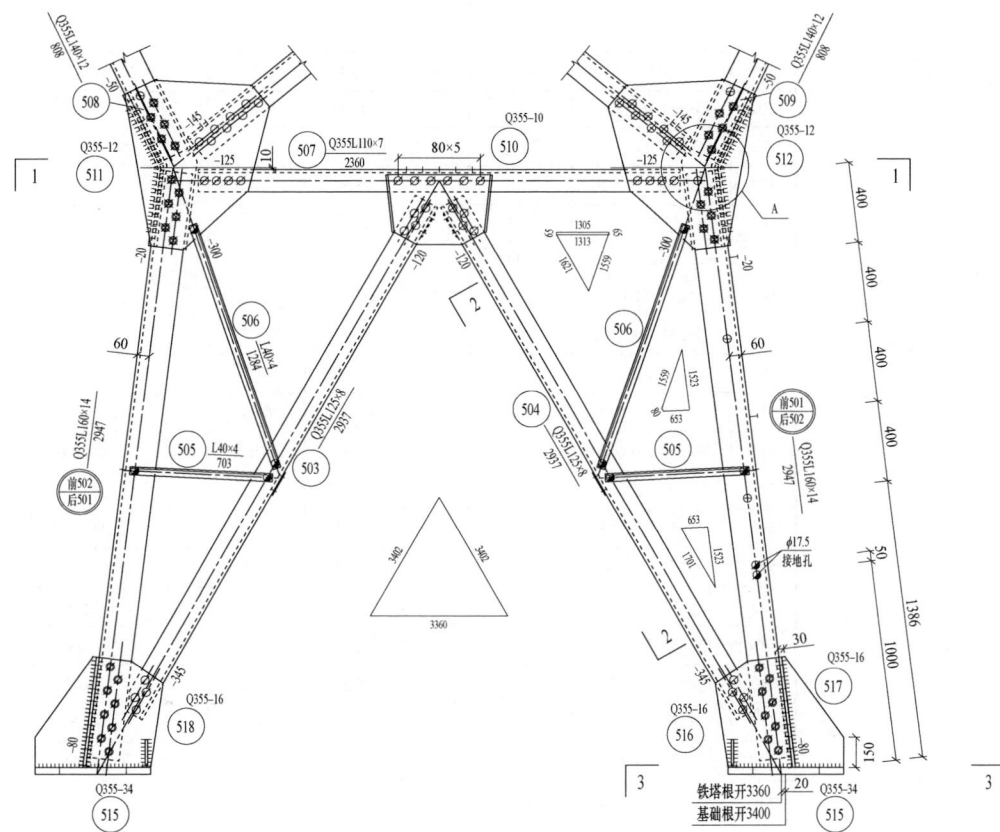

图 11－10 110－FC21D－JZY－10 110－FC21D－JZY 转角塔 9.0m 塔腿结构图 ⑤

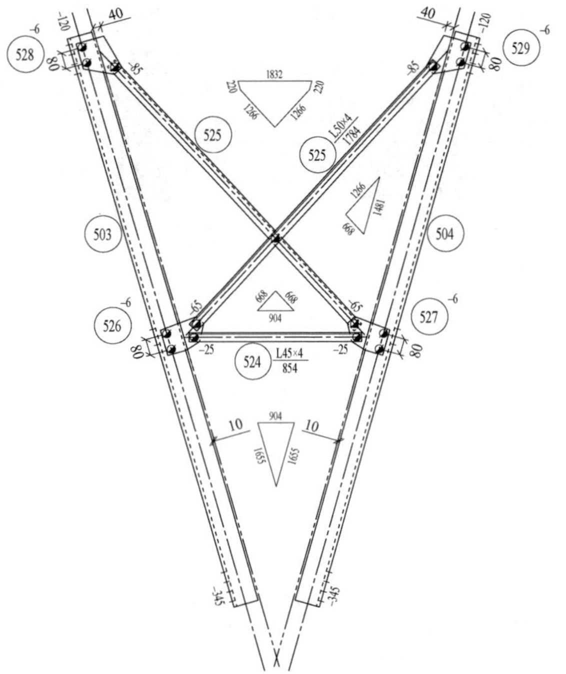

构件明细表

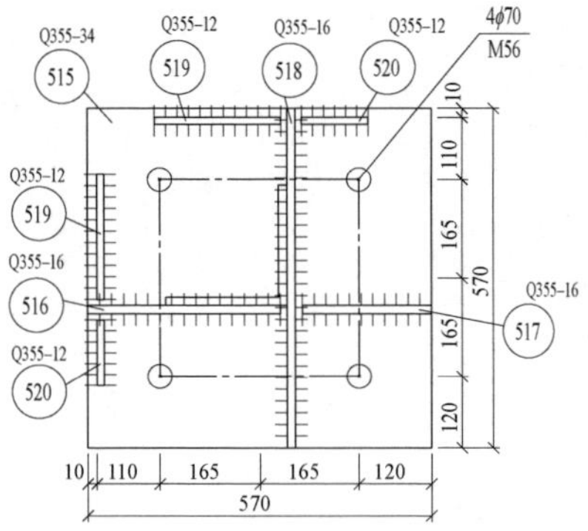

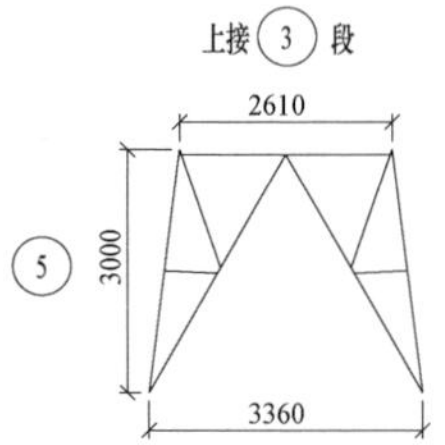

编号	规格	长度(mm)	数量	重量 (kg) 一件	重量 (kg) 小计	备注
501	Q355L160×14	2947	2	100.16	200.3	脚钉
502	Q355L160×14	2947	2	100.16	200.3	
503	Q355L125×8	2937	4	45.54	182.1	切角
504	Q355L125×8	2937	4	45.54	182.1	切角
505	L40×4	703	8	1.70	13.6	
506	L40×4	1284	8	3.11	24.9	
507	Q355L110×7	2360	4	28.15	112.6	开角（97.1）
508	Q355L140×12	808	2	20.62	41.2	制弯，铲背
509	Q355L140×12	808	2	20.62	41.2	制弯，铲背，脚钉
510	Q355-10×346	600	4	16.34	65.4	火曲；卷边
511	Q355-12×684	857	2	55.26	110.5	火曲，电焊
512	Q355-12×684	857	2	55.26	110.5	火曲，电焊
513	Q355-12×441	798	2	33.25	66.5	火曲，电焊
514	Q355-12×441	798	2	33.25	66.5	火曲，电焊
515	Q355-34×570	570	4	86.72	346.9	电焊
516	Q355-16×326	551	4	22.56	90.2	电焊
517	Q355-16×250	583	4	18.31	73.2	电焊
518	Q355-16×583	593	4	43.42	173.7	电焊
519	Q355-12×140	218	8	2.89	23.1	电焊
520	Q355-12×122	155	8	1.80	14.4	电焊
521	Q355L70×5	1595	4	8.61	34.4	
522	L40×4	2453	2	5.94	11.9	
523	Q355-8×231	403	4	5.86	23.4	
524	L45×4	854	4	2.34	9.3	
525	L50×4	1784	8	5.46	43.7	
526	-6×137	221	4	1.44	5.7	火曲
527	-6×137	221	4	1.44	5.7	火曲
528	-6×185	196	4	1.72	6.9	火曲
529	-6×185	196	4	1.72	6.9	火曲
合计					2287.1kg	

螺栓、垫圈、脚钉明细表

名称	级别	规格	符号	数量	重量 (kg)	备注
螺栓	6.8	M16×40	◖	53	7.6	
		M16×50	◖	52	8.3	
		M20×45	○	36	9.7	
		M20×55	⊘	152	44.8	
	8.8	M24×65	⊠	64	32.0	
		M24×75	⊠	94	50.5	
脚钉	6.8	M16×180	⊕—	8	2.6	双帽
	8.8	M24×240	⊕—	2	1.8	双帽
垫圈	Q235	-3（φ17.5）	规格×个数	10	0.1	
合计					157.4kg	

图 11－10　110－FC21D－JZY－10　110－FC21D－JZY 转角塔 9.0m 塔腿结构图 ⑤（续）

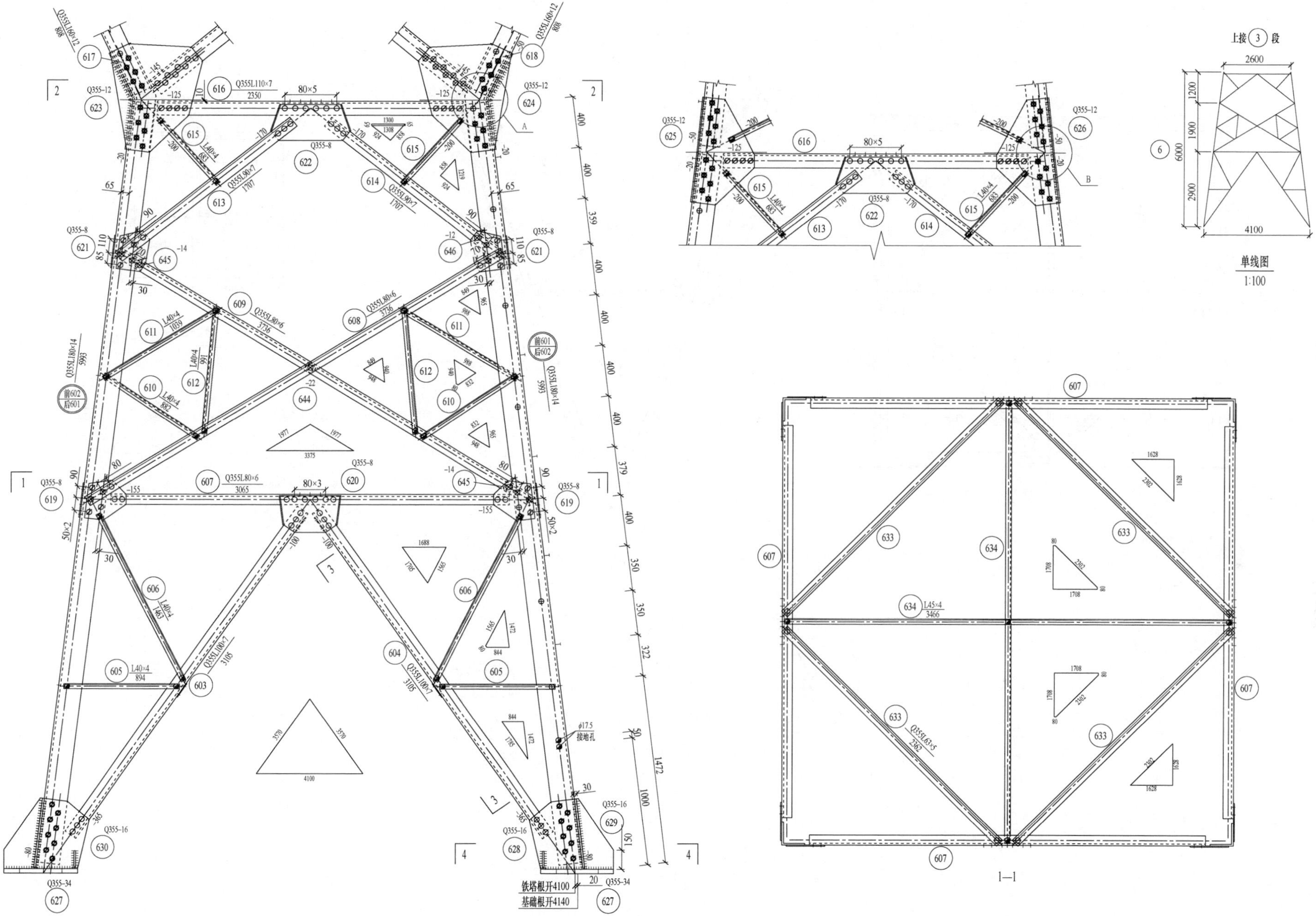

图 11−11　110−FC21D−JZY−11　110−FC21D−JZY 转角塔 12.0m 塔腿结构图 ⑥

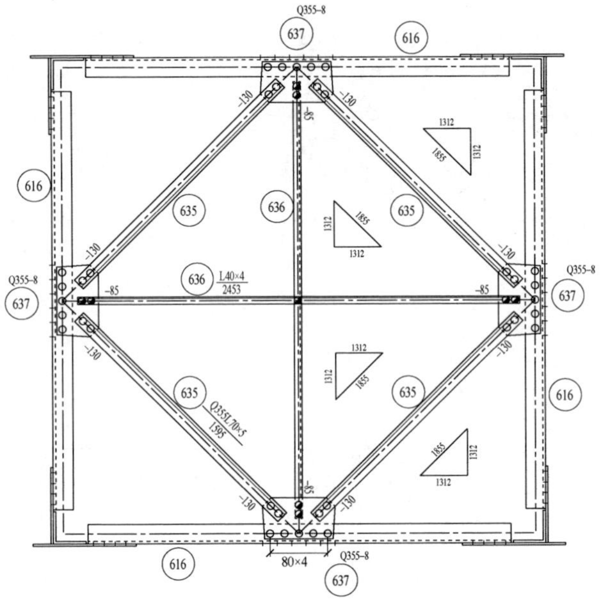

图 11-11　110-FC21D-JZY-11　110-FC21D-JZY 转角塔 12.0m 塔腿结构图 ⑥（续）

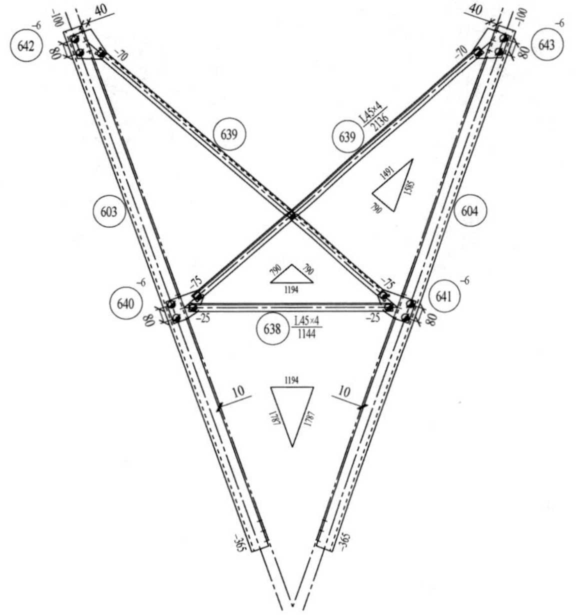

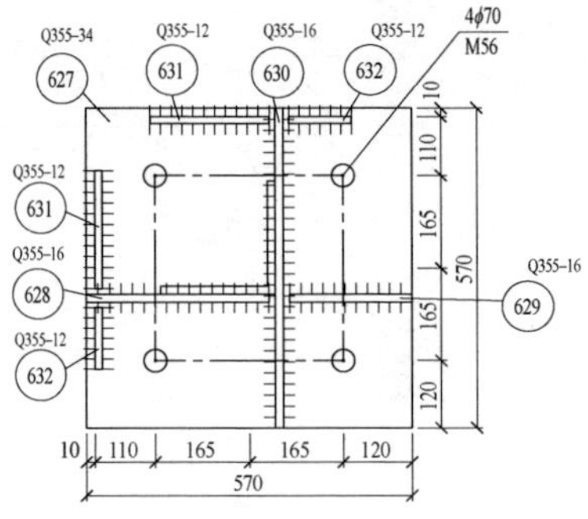

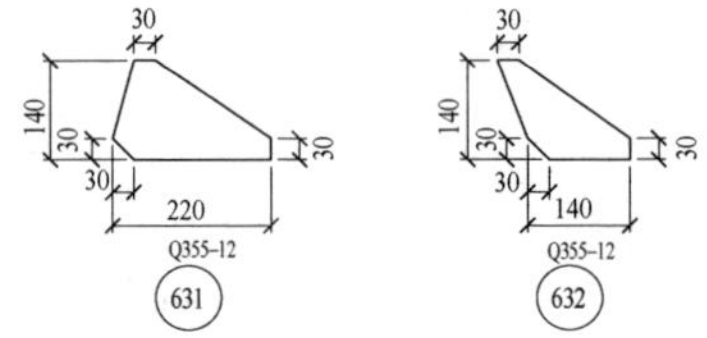

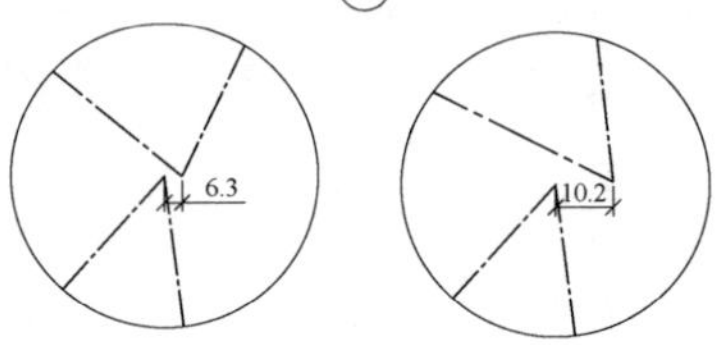

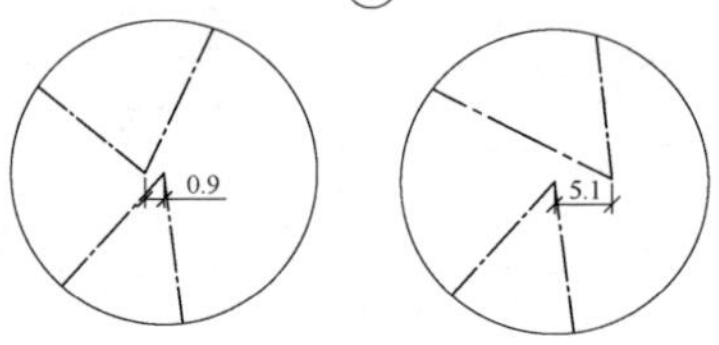

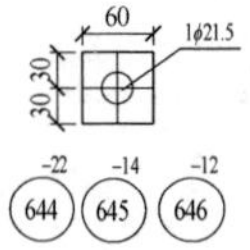

螺栓、垫圈、脚钉明细表

名称	级别	规格	符号	数量	重量（kg）	备注
螺栓	6.8	M16×40	◑	82	11.8	
		M16×50	◓	66	10.6	
		M16×60	⊠	8	1.4	
		M20×45	○	168	45.4	
		M20×55	∅	126	37.2	
		M20×65	⊠	54	17.3	
	8.8	M24×65	∅	64	32.0	
		M24×75	⊠	94	50.5	
脚钉	6.8	M16×180	⊖—	20	6.5	双帽
		M20×200	⊖—	4	2.5	双帽
	8.8	M24×240	⊖—	2	1.8	双帽
垫圈	Q235	−3（φ17.5）	规格×个数	12	0.1	
合计					217.1kg	

构 件 明 细 表

编号	规格	长度（mm）	数量	重量（kg）一件	重量（kg）小计	备注	编号	规格	长度（mm）	数量	重量（kg）一件	重量（kg）小计	备注
601	Q355L180×14	5993	2	230.03	460.1	脚钉	625	Q355−12×446	798	2	33.61	67.2	火曲，电焊
602	Q355L180×14	5993	2	230.03	460.1		626	Q355−12×446	798	2	33.61	67.2	火曲，电焊
603	Q355L100×7	3105	4	33.63	134.5		627	Q355−34×570	570	4	86.72	346.9	电焊
604	Q355L100×7	3105	4	33.63	134.5		628	Q355−16×363	552	4	25.17	100.7	电焊
605	L40×4	894	8	2.17	17.3		629	Q355−16×245	583	4	17.94	71.8	电焊
606	L40×4	1463	8	3.54	28.3		630	Q355−16×553	659	4	45.77	183.1	电焊
607	Q355L80×6	3065	4	22.61	90.4	开角（97.1）	631	Q355−12×140	218	8	2.89	23.1	电焊
608	Q355L80×6	3736	4	27.56	110.2		632	Q355−12×122	155	8	1.80	14.4	电焊
609	Q355L80×6	3736	4	27.56	110.2		633	Q355L63×5	2362	4	11.39	45.6	
610	L40×4	882	8	2.14	17.1		634	L45×4	3466	2	9.48	19.0	
611	L40×4	1039	8	2.52	20.1		635	Q355L70×5	1595	4	8.61	34.4	
612	L40×4	991	8	2.40	19.2		636	L40×4	2453	2	5.94	11.9	
613	Q355L90×7	1707	4	16.48	65.9		637	Q355−8×231	403	4	5.86	23.4	
614	Q355L90×7	1707	4	16.48	65.9		638	L45×4	1144	4	3.13	12.5	
615	L40×4	683	8	1.65	13.2		639	L45×4	2136	8	5.84	46.8	
616	Q355L110×7	2350	4	28.03	112.1	开角（97.1）	640	−6×130	212	4	1.31	5.2	火曲
617	Q355L160×12	808	2	23.75	47.5	制弯，铲背	641	−6×130	212	4	1.31	5.2	火曲
618	Q355L160×12	808	2	23.75	47.5	制弯，铲背，脚钉	642	−6×166	180	4	1.41	5.7	火曲
619	Q355−8×307	318	8	6.16	49.3		643	−6×166	180	4	1.41	5.7	火曲
620	Q355−8×287	560	4	10.14	40.6	火曲，卷边	644	−22×60	60	4	0.62	2.5	
621	Q355−8×231	318	8	4.63	37.1		645	−14×60	60	8	0.40	3.2	
622	Q355−8×282	678	4	12.03	48.1	火曲，卷边	646	−12×60	60	4	0.34	1.4	
623	Q355−12×684	862	2	55.58	111.2	火曲，电焊	合计					3448.5kg	
624	Q355−12×684	862	2	55.58	111.2	火曲，电焊							

图 11−11　110−FC21D−JZY−11　110−FC21D−JZY 转角塔 12.0m 塔腿结构图 ⑥（续）

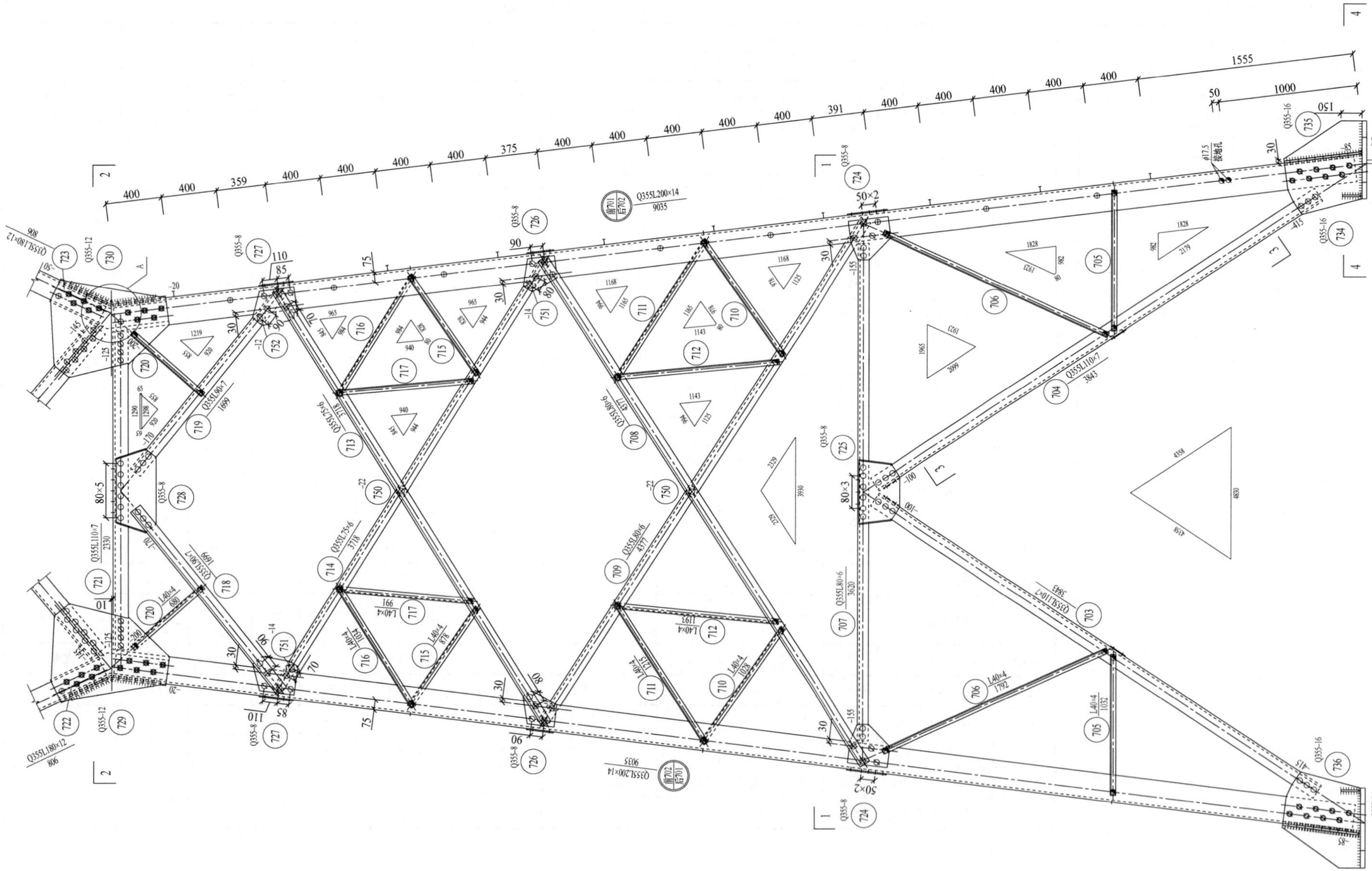

图 11-12　110-FC21D-JZY-12　110-FC21D-JZY 转角塔 15.0m 塔腿结构图 ⑦

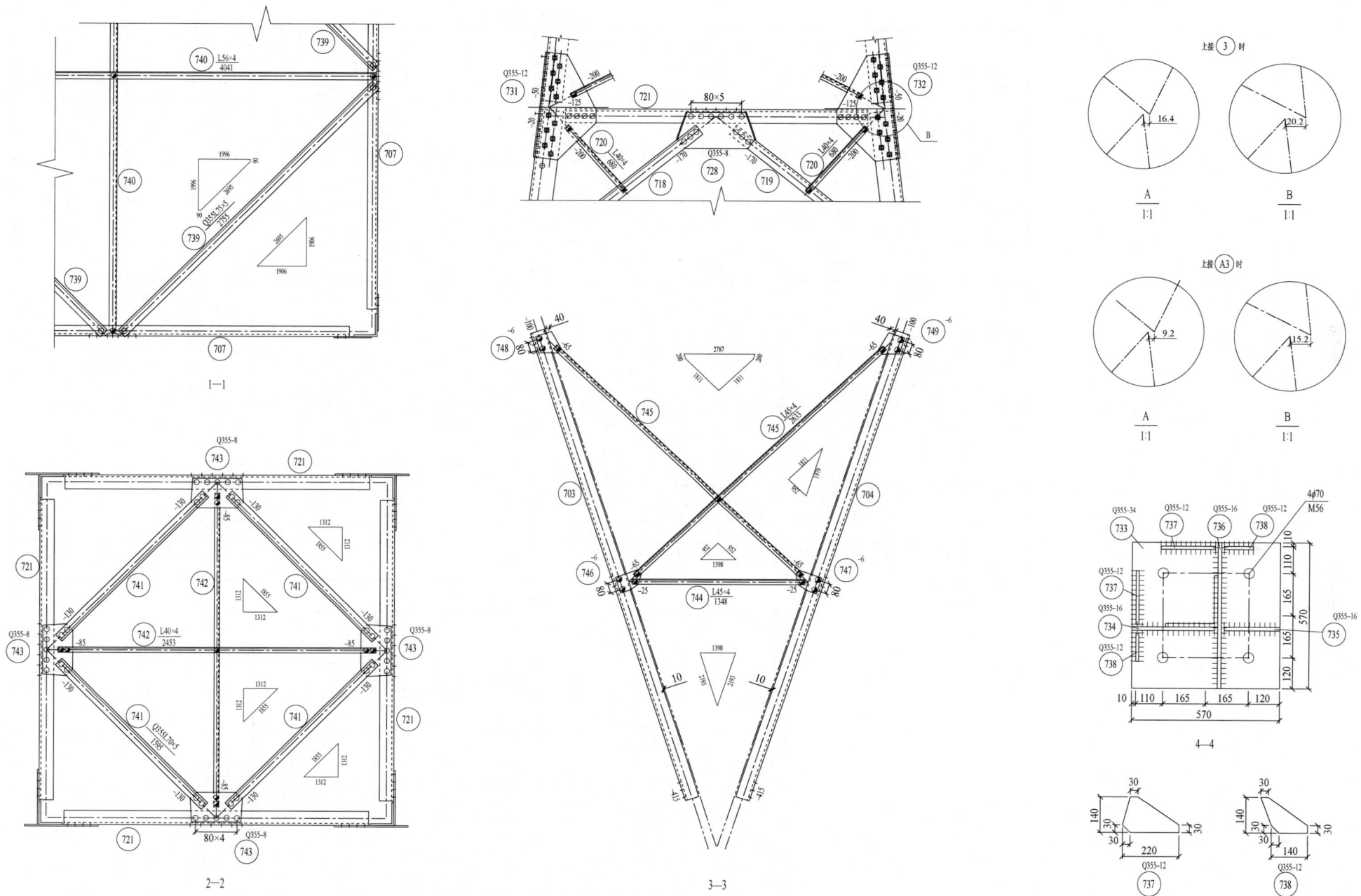

图 11-12　110-FC21D-JZY-12　110-FC21D-JZY 转角塔 15.0m 塔腿结构图 ⑦（续）

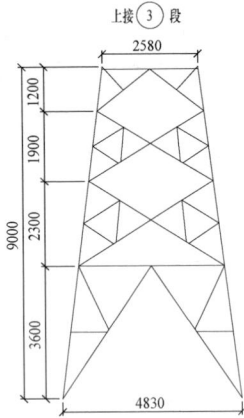

单线图
1:100

垫块大样图
1:5

构 件 明 细 表

编号	规格	长度(mm)	数量	一件	小计	备注	编号	规格	长度(mm)	数量	一件	小计	备注
701	Q355L200×14	9035	2	387.55	775.1	脚钉	728	Q355-8×282	678	4	12.05	48.2	火曲;卷边
702	Q355L200×14	9035	2	387.55	775.1		729	Q355-12×708	834	2	55.74	111.5	火曲,电焊
703	Q355L110×7	3843	4	45.84	183.4		730	Q355-12×708	834	2	55.74	111.5	火曲,电焊
704	Q355L110×7	3843	4	45.84	183.4		731	Q355-12×456	797	2	34.33	68.7	火曲,电焊
705	L40×4	1032	8	2.50	20.0		732	Q355-12×456	797	2	34.33	68.7	火曲,电焊
706	L40×4	1792	8	4.34	34.7		733	Q355-34×570	570	4	86.72	346.9	电焊
707	Q355L80×6	3640	4	26.85	107.4	开角（97.1）	734	Q355-16×389	558	4	27.26	109.0	电焊
708	Q355L80×6	4377	4	32.28	129.1	脚钉	735	Q355-16×240	589	4	17.75	71.0	电焊
709	Q355L80×6	4377	4	32.28	129.1		736	Q355-16×589	644	4	47.64	190.6	电焊
710	L40×4	1028	8	2.49	19.9		737	Q355-12×140	218	8	2.89	23.1	电焊
711	L40×4	1215	8	2.94	23.5		738	Q355-12×122	155	8	1.80	14.4	电焊
712	L40×4	1193	8	2.89	23.1		739	Q355L75×5	2755	4	16.03	64.1	
713	Q355L75×6	3718	4	25.67	102.7		740	L56×4	4041	2	13.93	27.9	
714	Q355L75×6	3718	4	25.67	102.7		741	Q355L70×5	1595	4	8.61	34.4	
715	L40×4	878	8	2.13	17.0		742	L40×4	2453	2	5.94	11.9	
716	L40×4	1034	8	2.50	20.0		743	Q355-8×231	403	4	5.86	23.4	
717	L40×4	991	8	2.40	19.2		744	L45×4	1348	4	3.69	14.8	
718	Q355L90×7	1699	4	16.41	65.6		745	L45×4	2633	8	7.20	57.6	
719	Q355L90×7	1699	4	16.41	65.6		746	-6×130	205	4	1.26	5.0	火曲
720	L40×4	680	8	1.65	13.2		747	-6×130	205	4	1.26	5.0	火曲
721	Q355L110×7	2330	4	27.79	111.2	开角（97.1）	748	-6×165	175	4	1.36	5.5	火曲
722	Q355L180×12	806	2	26.73	53.5	制弯,铲背	749	-6×165	175	4	1.36	5.5	火曲
723	Q355L180×12	806	2	26.73	53.5	制弯,铲背,脚钉	750	-22×60	60	8	0.62	5.0	
724	Q355-8×287	297	8	5.37	43.0		751	-14×60	60	8	0.40	3.2	
725	Q355-8×293	560	4	10.34	41.4	火曲;卷边	752	-12×60	60	4	0.34	1.4	
726	Q355-8×244	249	8	3.82	30.6		合计					4613.2kg	
727	Q355-8×250	331	8	5.23	41.9								

螺栓、垫圈、脚钉明细表

名称	级别	规格	符号	数量	重量(kg)	备注
螺栓	6.8	M16×40		98	14.1	
		M16×50		84	13.4	
		M16×60		8	1.4	
		M20×45	○	168	45.4	
		M20×55	∅	126	37.2	
		M20×65	⊠	80	25.6	
	8.8	M24×65	∅	64	32.0	
		M24×75	⊠	94	50.5	
脚钉	6.8	M16×180		32	10.4	双帽
		M20×200		6	3.7	双帽
	8.8	M24×240		2	1.8	双帽
垫圈	Q235	-3（φ17.5）	规格×个数	12	0.1	
合计					235.6kg	

图 11-12 110-FC21D-JZY-12 110-FC21D-JZY 转角塔 15.0m 塔腿结构图 ⑦（续）

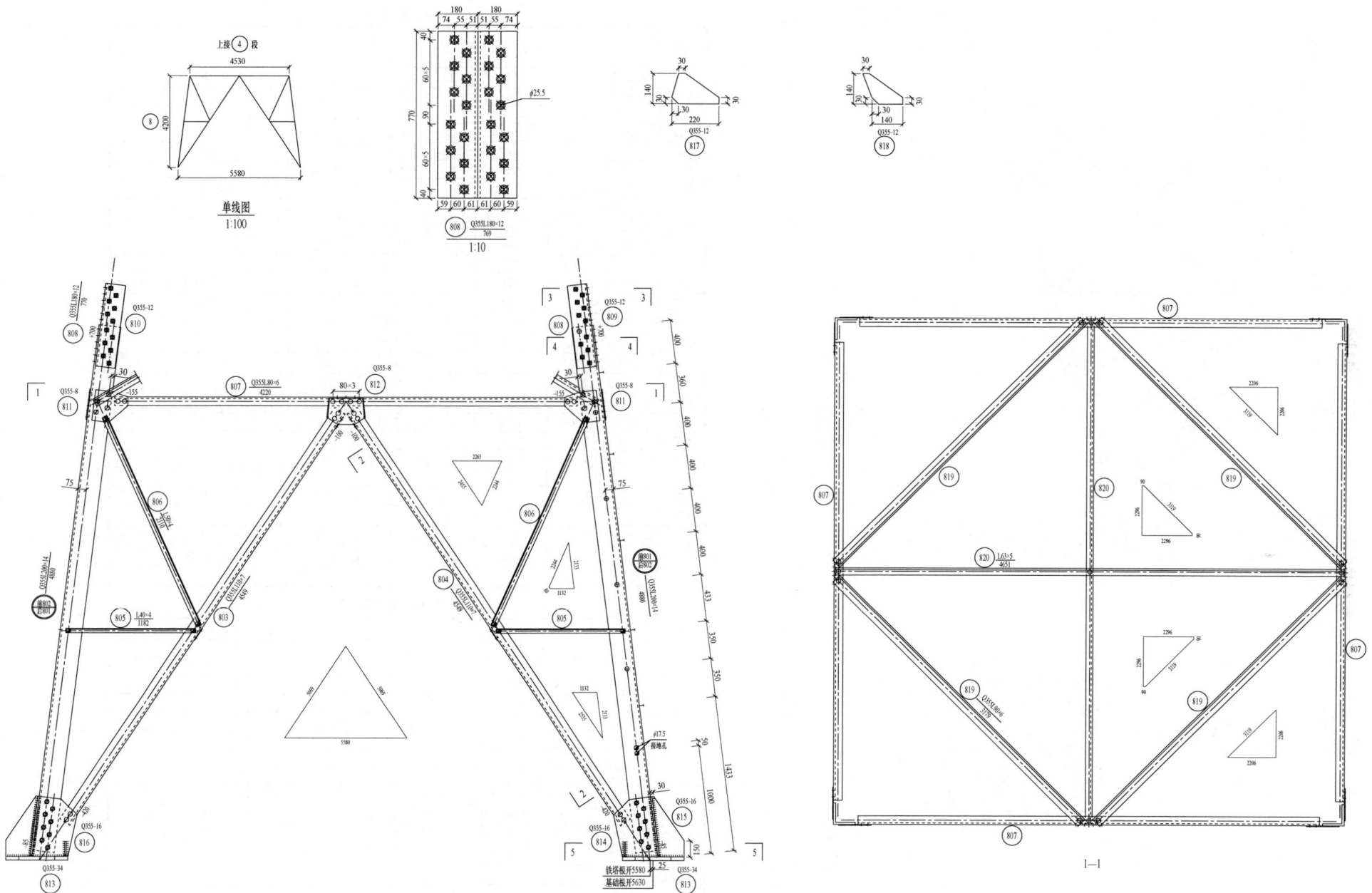

图 11-13　110-FC21D-JZY-13　110-FC21D-JZY 转角塔 18.0m 塔腿结构图 ⑧

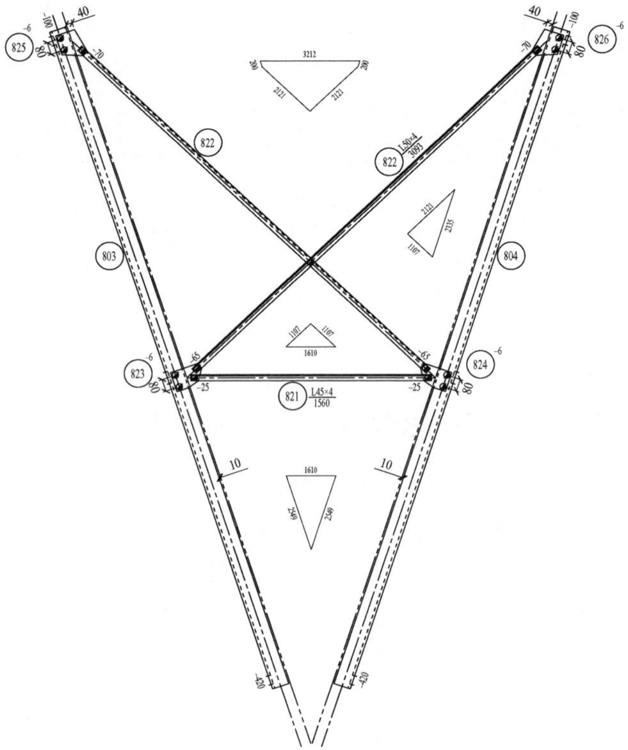

2—2

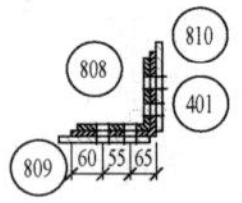

3—3 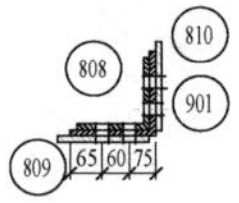　　4—4

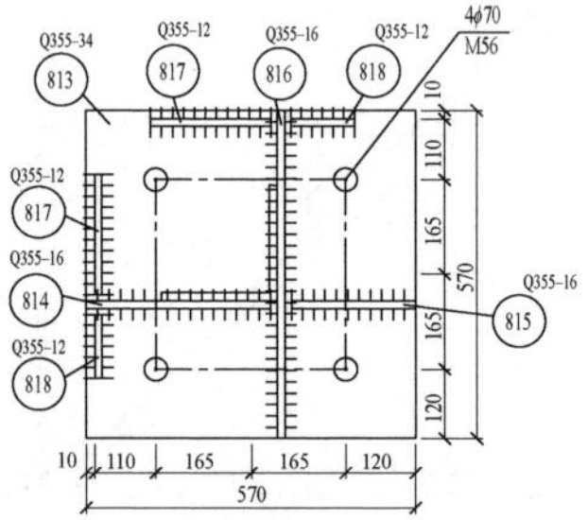

5—5

构件明细表

编号	规格	长度(mm)	数量	重量(kg) 一件	重量(kg) 小计	备注
801	Q355L200×14	4880	2	209.32	418.6	脚钉
802	Q355L200×14	4880	2	209.32	418.6	
803	Q355L110×7	4549	4	54.26	217.0	
804	Q355L110×7	4549	4	54.26	217.0	
805	L40×4	1182	8	2.86	22.9	
806	L50×4	2110	8	6.45	51.6	
807	Q355L80×6	4220	4	31.13	124.5	开角（97.1）
808	Q355L180×12	769	4	25.50	102.0	铲背，脚钉
809	Q355−12×180	768	4	13.04	52.1	
810	Q355−12×180	768	4	13.04	52.1	
811	Q355−8×286	307	8	5.54	44.3	
812	Q355−8×243	428	4	6.57	26.3	火曲；卷边
813	Q355−34×570	570	4	86.72	346.9	电焊
814	Q355−16×362	558	4	25.37	101.5	电焊
815	Q355−16×240	589	4	17.75	71.0	电焊
816	Q355−16×589	619	4	45.79	183.2	电焊
817	−12×140	218	8	2.89	23.1	电焊
818	−12×122	155	8	1.80	14.4	电焊
819	Q355L90×6	3179	4	26.54	106.2	
820	L63×5	4651	2	22.43	44.9	
821	L45×4	1560	4	4.27	17.1	
822	L50×4	3093	8	9.46	75.7	
823	−6×132	210	4	1.31	5.2	火曲
824	−6×132	210	4	1.31	5.2	火曲
825	−6×171	182	4	1.47	5.9	火曲
826	−6×171	182	4	1.47	5.9	火曲
合计					2753.2kg	

螺栓、垫圈、脚钉明细表

名称	级别	规格	符号	数量	重量（kg）	备注
螺栓	6.8	M16×40		44	6.3	
		M16×50		38	6.1	
		M16×60		8	1.4	
		M20×45		61	16.5	
		M20×55		30	8.8	
		M20×65		16	5.1	
	8.8	M24×65		64	32.0	
		M24×75		94	50.5	
脚钉	6.8	M16×180		14	4.5	双帽
		M20×200		2	1.2	双帽
	8.8	M24×240		2	1.8	双帽
垫圈	Q235	−3（φ17.5）	规格×个数	10	0.1	
合计					134.3kg	

图 11−13　110−FC21D−JZY−13　110−FC21D−JZY 转角塔 18.0m 塔腿结构图 ⑧（续）

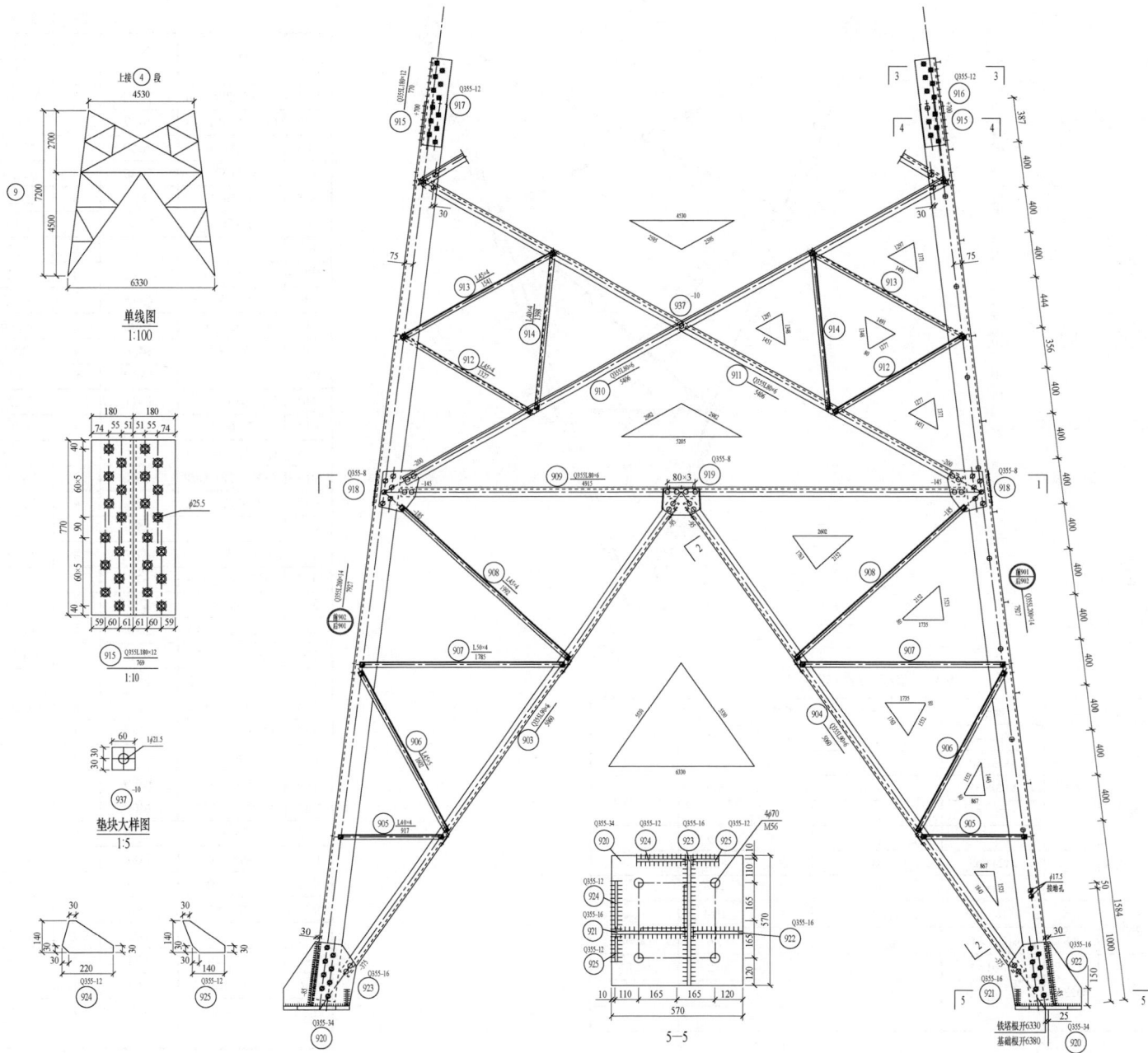

图 11-14 110-FC21D-JZY-14 110-FC21D-JZY 转角塔 21.0m 塔腿结构图 ⑨

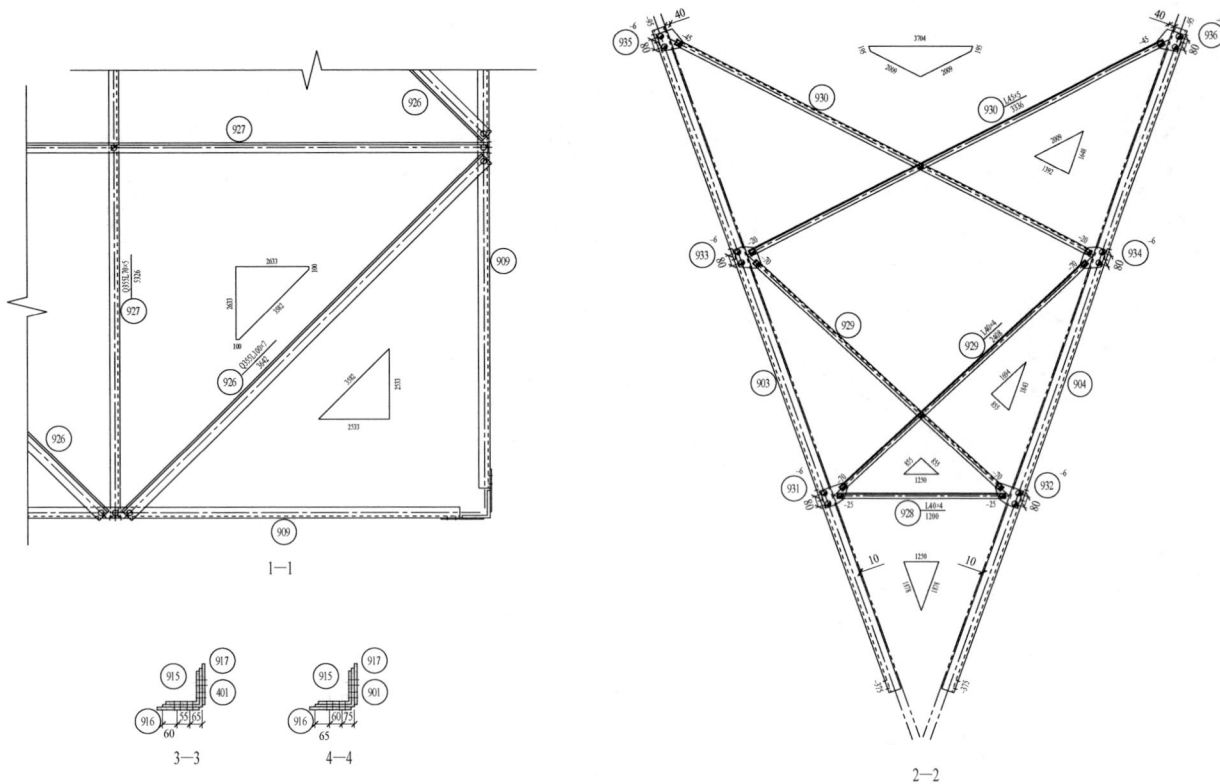

构 件 明 细 表

编号	规 格	长度（mm）	数量	重量（kg）一件	重量（kg）小计	备 注
901	Q355L200×14	7927	2	340.02	680.0	脚钉
902	Q355L200×14	7927	2	340.02	680.0	
903	Q355L90×6	5060	4	42.25	169.0	
904	Q355L90×6	5060	4	42.25	169.0	
905	L40×4	917	8	2.22	17.8	
906	L45×5	1602	8	5.40	43.2	
907	L50×4	1785	8	5.46	43.7	
908	L45×4	1992	8	5.45	43.6	
909	Q355L80×6	4915	4	36.25	145.0	开角（97.1）
910	Q355L80×6	5406	4	39.87	159.5	
911	Q355L80×6	5406	4	39.87	159.5	切角
912	L45×4	1327	8	3.63	29.0	
913	L45×4	1541	8	4.22	33.7	
914	L40×4	1398	8	3.39	27.1	切角
915	Q355L180×12	769	4	25.50	102.0	铲背，脚钉
916	Q355-12×180	768	4	13.04	52.1	
917	Q355-12×180	768	4	13.04	52.1	
918	Q355-8×311	374	8	7.34	58.7	
919	Q355-8×232	416	4	6.07	24.3	火曲；卷边
920	Q355-34×570	570	4	86.72	346.9	电焊
921	Q355-16×344	558	4	24.11	96.4	电焊
922	Q355-16×240	589	4	17.75	71.0	电焊
923	Q355-16×559	630	4	44.23	176.9	电焊
924	Q355-12×140	218	8	2.89	23.1	电焊
925	Q355-12×122	155	8	1.80	14.4	电焊
926	Q355L100×7	3642	4	39.44	157.8	
927	Q355L70×5	5326	2	28.74	57.5	
928	L40×4	1200	4	2.91	11.6	
929	L40×4	2408	8	5.83	46.7	
930	L45×5	3336	8	11.24	89.9	
931	−6×130	200	4	1.24	4.9	火曲
932	−6×130	200	4	1.24	4.9	火曲
933	−6×155	180	4	1.32	5.3	火曲
934	−6×155	180	4	1.32	5.3	火曲
935	−6×149	164	4	1.15	4.6	火曲
936	−6×149	164	4	1.15	4.6	火曲
937	−10×60	60	4	0.28	1.1	
合计					3812.2kg	

螺栓、垫圈、脚钉明细表

名称	级别	规格	符号	数量	重量（kg）	备注
螺栓	6.8	M16×40	◓	144	20.7	
		M16×50	◓	46	7.4	
		M20×45	○	76	20.5	
		M20×55	⊘	85	25.1	
		M20×65	⊠	8	2.6	
	8.8	M24×65	⊘	64	32.0	
		M24×75	⊠	92	49.4	
脚钉	6.8	M16×180	⊕—	32	10.4	双帽
	8.8	M24×240	⊕—	4	3.6	双帽
垫圈	Q235	−3(Φ17.5)	规格×个数	16	0.2	
		−3(Φ22)		2	0.1	
合计				172.0kg		

图 11－14 110－FC21D－JZY－14 110－FC21D－JZY 转角塔 21.0m 塔腿结构图 ⑨（续）

·150· 110kV 输电线路钻越塔标准化设计图集 钻越塔加工图

		110-FC21S-JZY 图纸目录		
序号	图号	图名	张数	备注
1	110-FC21S-JZY-01	110-FC21S-JZY 转角塔总图	1	
2	110-FC21S-JZY-02	110-FC21S-JZY 转角塔材料汇总表（一）	1	
3	110-FC21S-JZY-03	110-FC21S-JZY 转角塔材料汇总表（二）	1	
4	110-FC21S-JZY-04	110-FC21S-JZY 转角塔地线支架结构图 ①	1	0°～40° 塔头
5	110-FC21S-JZY-05	110-FC21S-JZY 转角塔地线横担结构图 ②	1	0°～40° 塔头
6	110-FC21S-JZY-06	110-FC21S-JZY 转角塔导线横担结构图 ③	1	0°～40° 塔头
7	110-FC21S-JZY-07	110-FC21S-JZY 转角塔导线支架结构图 ④	1	0°～40° 塔头
8	110-FC21S-JZY-08	110-FC21S-JZY 转角塔导线横担结构图 ⑤	1	0°～40° 塔头
9	110-FC21S-JZY-09	110-FC21S-JZY 转角塔导线横担结构图 ⑥	1	0°～40° 塔头
10	110-FC21S-JZY-10	110-FC21S-JZY 转角塔地线支架结构图 Ⓐ1	1	40°～90° 塔头
11	110-FC21S-JZY-11	110-FC21S-JZY 转角塔导线横担结构图 Ⓐ2	1	40°～90° 塔头
12	110-FC21S-JZY-12	110-FC21S-JZY 转角塔导线支架结构图 Ⓐ3	1	40°～90° 塔头
13	110-FC21S-JZY-13	110-FC21S-JZY 转角塔导线横担结构图 Ⓐ4	1	40°～90° 塔头
14	110-FC21S-JZY-14	110-FC21S-JZY 转角塔导线支架结构图 Ⓐ5	1	40°～90° 塔头
15	110-FC21S-JZY-15	110-FC21S-JZY 转角塔导线横担结构图 Ⓐ6	1	40°～90° 塔头
16	110-FC21S-JZY-16	110-FC21S-JZY 转角塔塔身结构图 ⑦	1	
17	110-FC21S-JZY-17	110-FC21S-JZY 转角塔塔身结构图 ⑧	1	
18	110-FC21S-JZY-18	110-FC21S-JZY 转角塔 9.0m 塔腿结构图 ⑨	1	
19	110-FC21S-JZY-19	110-FC21S-JZY 转角塔 12.0m 塔腿结构图 ⑩	1	
20	110-FC21S-JZY-20	110-FC21S-JZY 转角塔 15.0m 塔腿结构图 ⑪	1	
21	110-FC21S-JZY-21	110-FC21S-JZY 转角塔 18.0m 塔腿结构图 ⑫	1	
22	110-FC21S-JZY-22	110-FC21S-JZY 转角塔 21.0m 塔腿结构图 ⑬	1	

110-FC21S-JZY-00　110-FC21S-JZY 转角塔图纸目录

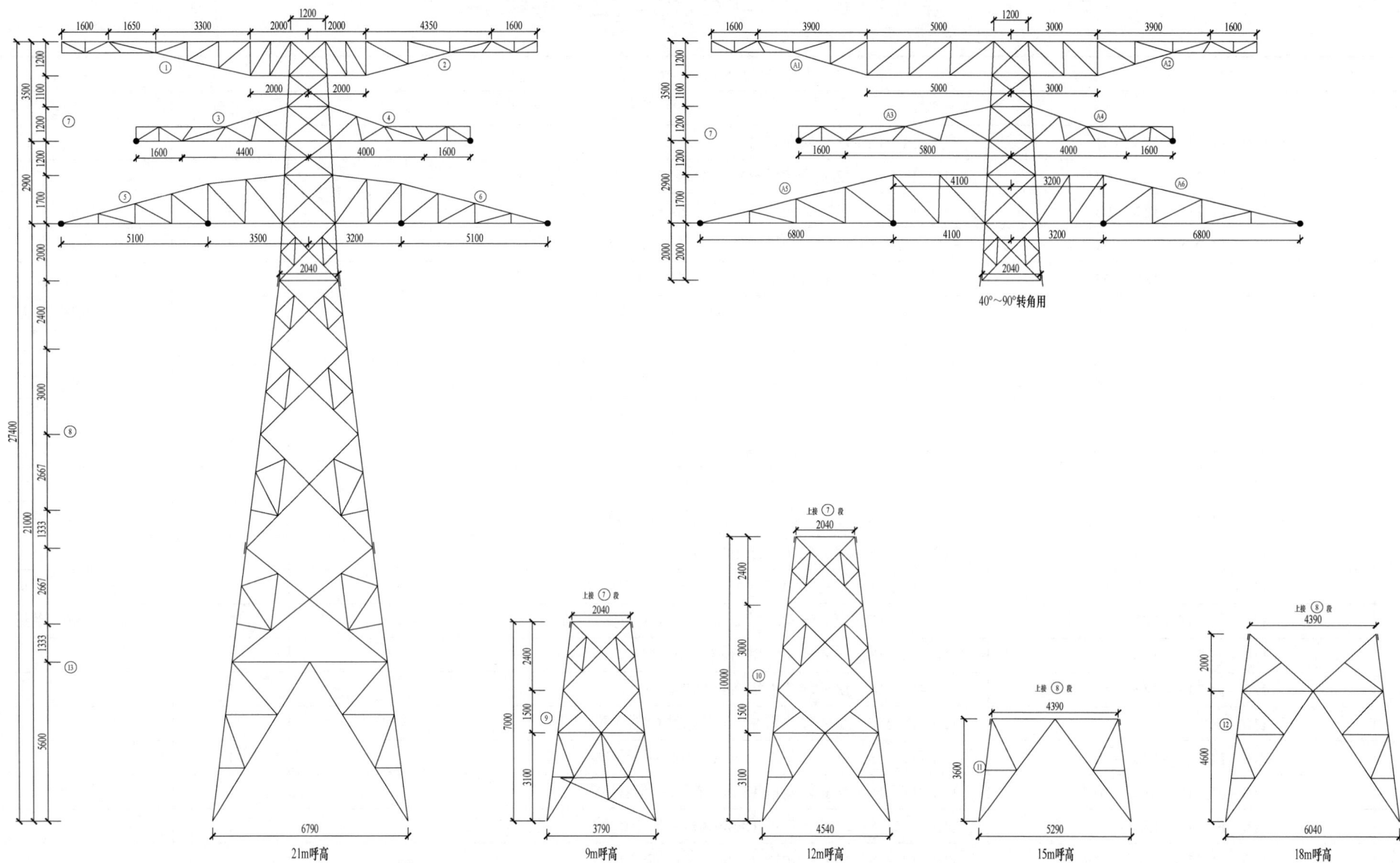

图 12-1 110-FC21S-JZY-01 110-FC21S-JZY 转角塔总图

40°~90°转角用

21m呼高

9m呼高

12m呼高

15m呼高

18m呼高

上接⑦段

上接⑧段

材料汇总表

材料	材质	规格	段号 1	2	3	4	5	6	7	8	9	10	11	12	13	呼高 9m	12m	15m	18m	21m
角钢	Q420	L200×20												1783.0	2511.0				1783.0	2511.0
		L200×18											949.0					949.0		
		L200×16								1698.2	1362.8	1956.0				1362.8	1956.0	1698.2	1698.2	1698.2
		L180×16											134.1	134.1	134.1			134.1	134.1	134.1
		L180×14								121.4	121.4	121.4				121.4	121.4	121.4	121.4	121.4
		L140×10				335.9										335.9	335.9	335.9	335.9	335.9
		L125×10					287.6	646.2								933.8	933.8	933.8	933.8	933.8
		L125×8		167.1			70.3									237.4	237.4	237.4	237.4	237.4
		小计		167.1		335.9	357.9	646.2		1819.6	1484.3	2077.4	1083.1	1917.1	2645.2	2991.4	3584.6	4409.8	5243.8	5971.9
	Q355	L160×12							754.6							754.6	754.6	754.6	754.6	754.6
		L160×10									609.1					609.1				
		L125×10							106.4	484.5	774.9	1002.2	620.6			881.3	1108.6	1211.6	590.9	590.9
		L125×8								1239.3				612.5	743.0	1239.3		1851.8		1982.3
		L110×8			93.3	220.0			182.9			701.0				496.2	1197.2	496.2	496.2	496.2
		L110×7							257.0					273.8	583.2	257.0	257.0	257.0	530.8	840.2
		L100×10					77.6									77.6	77.6	77.6	77.6	77.6
		L100×7	174.5	161.5			105.0	105.9	65.8		118.0	150.5	177.6	199.3	383.7	730.7	763.2	790.3	812.0	996.4
		L90×8	29.1				73.8	74.2								177.0	177.0	177.0	177.0	177.0
		L90×7	24.4	81.6	57.0	54.6			200.6	68.4	68.4	68.4				486.5	486.5	486.5	486.5	486.5
		L90×6	79.1	43.1				28.1	109.8					113.7		260.0	260.0	260.0	373.7	260.0
		L80×6	46.2		20.3	21.2	53.6	25.4					90.8			166.8	166.8	257.6	166.8	166.8
		L75×6		40.6												40.6	40.6	40.6	40.6	40.6
		L75×5							66.7							66.7	66.7	66.7	66.7	66.7
		L70×6			11.0	5.7										16.7	16.7	16.7	16.7	16.7
		L70×5		14.2	9.2	8.3									59.2	31.7	31.7	31.7	31.7	90.9
		L63×5	8.9	8.9	4.3	4.5								48.1		26.5	26.5	26.5	74.6	26.5
		小计	362.0	349.8	195.0	314.3	310.0	233.6	1743.8	1792.1	1570.4	1922.1	889.0	1247.4	1769.2	5079.0	5430.7	6189.7	6548.1	7069.9
	Q235	L90×6							37.4							37.4	37.4	37.4	37.4	37.4
		L75×5					25.9									25.9	25.9	25.9	25.9	25.9
		L70×6				5.7										5.7	5.7	5.7	5.7	5.7
		L70×5						23.4				56.9				23.4	80.4	23.4	23.4	23.4
		L63×5	9.5		9.7	8.9	112.3	162.9						161.0	183.0	303.4	303.4	303.4	464.4	486.3
		L56×5	6.3					35.5	32.4	48.9	60.5				65.4	123.1	123.1	183.6	183.6	249.0
		L56×4	16.5	28.4	64.1	69.2	24.5				28.9		30.9			231.7	202.8	233.7	202.8	202.8
		L50×5		5.5												5.5	5.5	5.5	5.5	5.5
		L50×4	90.1	66.8	5.6				20.5		17.4	41.0		46.8	176.2	200.4	224.0	183.0	229.8	359.2
		L45×5			10.8					57.4		26.7	30.9	84.4	32.5	10.8	37.5	99.1	152.6	100.7
		L45×4	22.1	17.7	58.7	43.9	9.0	9.0		87.1	17.0	27.4	119.6		44.3	177.3	187.6	367.0	247.4	291.7
		L40×4	93.9	85.8	21.1	32.9	56.9	56.9	49.1	118.0	180.6	229.1		84.6	64.1	577.3	625.7	514.6	599.3	578.7
		小计	238.3	204.2	159.2	160.7	275.0	284.7	155.9	323.0	243.9	381.1	181.3	376.9	565.5	1721.8	1859.0	1982.2	2177.8	2366.4
钢板	Q420	−16											139.3	139.3	139.3	139.3	139.3	139.3	139.3	139.3
		−14							303.4	451.7	451.2					754.7	303.4	755.1	755.1	755.1
		−12					45.8	70.9	184.9							301.7	301.7	301.7	301.7	301.7
		−10			36.7			27.0	180.8							244.5	244.5	244.5	244.5	244.5
		−8	11.2	11.0												22.3	22.3	22.3	22.3	22.3
		小计	11.2	11.0	36.7		45.8	98.0	669.1	451.7	451.2		139.3	139.3	139.3	1323.1	871.9	1462.8	1462.8	1462.8
	Q355	−42								646.2	646.2	646.2	646.2	646.2	646.2	646.2	646.2	646.2	646.2	646.2
		−22								619.6	611.0								619.6	611.0
		−20			67.5	64.7	145.6	147.2		578.9	519.8	501.4				1004.0	944.8	926.5	425.1	425.1
		−18								108.7	108.7	108.7	108.7	108.7	108.7	108.7	108.7	108.7	108.7	108.7
		−14							181.8			451.7				181.8	633.4	181.8	181.8	181.8

图 12-2　110-FC21S-JZY-02　110-FC21S-JZY 转角塔材料汇总表（一）

材料汇总表

材料	材质	规格	1	2	3	4	5	6	7	8	9	10	11	12	13	9m	12m	15m	18m	21m
钢板	Q355	-12	20.9	20.6			48.2		187.5		280.8	282.8	65.6			558.1	560.1	342.9	277.3	277.3
		-10	11.0			33.6			149.2	174.9		112.4	73.8	199.0	149.2	193.8	306.2	442.5	567.7	517.9
		-8	60.3	76.2	39.0	27.2	6.0	17.5	245.9		53.7	45.0		56.3	100.3	525.8	517.1	472.1	528.4	572.4
		-6	7.4	7.4	10.3	9.2										34.3	34.3	34.3	34.3	34.3
		小计	99.7	104.2	116.8	134.7	199.8	164.7	764.4	174.9	1668.3	2166.6	1395.7	1629.8	1615.5	3252.6	3750.9	3154.9	3389.0	3374.7
	Q235	-26							5.8		2.9						2.9	5.8	5.8	5.8
		-18				1.0				2.0		2.0		10.0	10.0	1.0	3.1	3.1	13.1	13.1
		-16				0.3	2.7			15.7		9.0	5.2			3.0	12.1	24.0	18.7	18.7
		-14			1.9	1.9	0.8	0.4	2.8	4.6	4.6	4.6				12.4	12.4	12.4	12.4	12.4
		-12	1.7	1.4	0.7	0.7	0.2	0.3	1.4		3.9	2.7				10.4	9.2	6.5	6.5	6.5
		-10						0.2	1.1		1.1					2.4	1.3	1.3	1.3	1.3
		-8				10.3										10.3	10.3	10.3	10.3	10.3
		-6	42.1	25.0	40.0	42.1	13.7	32.6	62.2		24.2	22.6	23.4	33.9	34.5	281.9	280.2	281.1	291.5	292.1
		-4												13.4	13.4				13.4	13.4
		-2												6.7				6.7		
		小计	43.8	26.4	42.6	54.9	16.0	36.3	67.4	28.2	33.9	43.9	35.4	57.3	57.8	321.4	331.4	351.1	373.0	373.5
螺栓	6.8	M16×40	13.1	10.5	7.1	6.5	1.6	1.2	7.5	5.2	8.8	11.1	4.8	11.5	11.5	56.3	58.6	57.5	64.2	64.2
		M16×50	15.5	13.9	17.1	18.1	9.9	6.4	21.3	10.4	14.2	14.2	7.7	7.7	10.2	116.4	116.4	120.3	120.3	122.8
		M16×60			0.2	0.2	0.9	0.7		4.2	2.8	4.2	2.5		2.5	4.8	6.2	8.7	6.2	8.7
		小计	28.6	24.4	24.4	24.8	12.4	8.3	28.8	19.8	25.8	29.5	15.0	19.2	24.2	177.5	181.2	186.5	190.7	195.7
	6.8	M20×45	19.4	22.7	12.4	14.6	4.6	8.6	57.5		6.5	6.5	2.2	14.3	20.5	146.3	146.3	142.0	154.1	160.3
		M20×55	4.7	1.2	14.7	12.4	28.0	38.9	264.9	28.3	51.9	69.0	21.2	37.8	29.8	416.7	433.8	414.3	430.9	422.9
		M20×65					1.3	4.5	1.9	44.2	15.0	43.5	14.7	34.6	41.6	22.7	51.2	66.6	86.5	93.5
		M20×75							31.8	26.6	35.3	8.3	13.8	13.8		26.6	35.3	40.1	45.6	45.6
		M20×85								3.0	3.0					3.0	3.0			
		小计	24.1	23.9	27.1	27.0	33.9	52.0	324.3	104.3	103.0	157.3	46.4	100.5	105.7	615.3	669.6	663.0	717.1	722.3
	8.8	M24×65							44.0	24.0	37.0	24.0				81.0	68.0	68.0	68.0	68.0
		M24×75							2.1		53.2	34.4	33.3			55.3	36.5	35.4	2.1	2.1
		M24×85								26.4	23.5	26.4		36.7	36.7	23.5	26.4	26.4	63.1	63.1
		M24×95											57.4	57.4	56.2			57.4	57.4	56.2
		小计							46.1	50.4	113.7	84.8	90.7	94.1	92.9	159.8	130.9	187.2	190.6	189.4
	6.8	M16×60（双帽）	0.4	0.4												0.8	0.8	0.8	0.8	0.8
		M16×70（双帽）			0.9	0.9										1.8	1.8	1.8	1.8	1.8
		M20×70（双帽）	4.6	4.6			4.6	4.6								18.4	18.4	18.4	18.4	18.4
		M20×80（双帽）			9.9	9.9	19.8	19.8								59.4	59.4	59.4	59.4	59.4
		小计	5.0	5.0	10.8	10.8	24.4	24.4								80.4	80.4	80.4	80.4	80.4
		螺栓合计	57.7	53.3	62.3	62.6	70.7	84.7	399.2	174.5	242.5	271.6	152.1	213.8	222.8	1033.0	1062.1	1117.1	1178.8	1187.8
脚钉	6.8	M16×180							6.5	11.0	8.5	11.7	3.3	8.5	11.7	15.0	18.2	20.8	26.0	29.2
		M20×200							12.4	3.7		4.9	1.2	2.5	3.7	12.4	17.3	17.3	18.6	19.8
	8.8	M24×240								1.8	3.6	1.8	3.6	1.8	3.6	3.6	1.8	5.4	3.6	5.4
		小计							18.9	16.5	12.1	18.4	8.1	12.8	19.0	31.0	37.3	43.5	48.2	54.4
垫圈	Q235	-3（φ17.5）	0.4	0.4	0.2	0.2	0.1	0.1	0.1	0.1	0.1	0.1	0.1	0.2	0.2	1.6	1.6	1.7	1.8	1.8
		-4（φ17.5）	0.2	0.2	0.6	0.7	0.2	0.2							0.1	2.1	2.1	2.1	2.1	2.2
		-3（φ22）				0.1								0.1		0.1	0.1	0.1	0.2	0.1
		-4（φ22）			0.2	0.7	0.5									1.4	1.4	1.4	1.4	1.4
		小计	0.6	0.6	0.8	0.9	0.5	1.1	0.6	0.1	0.1	0.1	0.1	0.3	0.3	5.2	5.2	5.3	5.5	5.5
合计（kg）			813.3	749.6	780.7	728.2	1253.7	1260.9	4465.6	4780.6	5706.6	6881.2	3884.1	5594.7	7034.5	15758.5	16933.0	18716.5	20427.1	21866.9

图 12-2 110-FC21S-JZY-02 110-FC21S-JZY 转角塔材料汇总表（一）（续）

			材料汇总表																	
材料	材质	规格	段号													呼高				
			A1	A2	A3	A4	A5	A6	7	8	9	10	11	12	13	9m	12m	15m	18m	21m
角钢	Q420	L200×20												1783.0	2511.0				1783.0	2511.0
		L200×18											949.0					949.0		
		L200×16								1698.2	1362.8	1956.0				1362.8	1956.0	1698.2	1698.2	1698.2
		L180×16											134.1	134.1	134.1			134.1	134.1	134.1
		L180×14								121.4	121.4	121.4				121.4	121.4	121.4	121.4	121.4
		L160×12					594.6									594.6	594.6	594.6	594.6	594.6
		L140×10			291.8											291.8	291.8	291.8	291.8	291.8
		L125×10						438.1	646.2							1084.3	1084.3	1084.3	1084.3	1084.3
		L125×8	145.9		142.2		97.2											385.3	385.3	385.3
		小计	145.9		434.0		691.8	438.1	646.2	1819.6	1484.3	2077.4	1083.1	1917.1	2645.2	3840.3	4433.4	5258.7	6092.7	6820.8
	Q355	L160×12							754.6							754.6	754.6	754.6	754.6	754.6
		L160×10									609.1					609.1				
		L125×10							106.4	484.5	774.9	1002.2	620.6			881.3	1108.6	1211.6	590.9	590.9
		L125×8								1239.3				612.5	743.0			1239.3	1851.8	1982.3
		L110×8					175.0		182.9			701.0				357.9	1058.9	357.9	357.9	357.9
		L110×7	238.7			74.9		157.0	257.0					273.8	583.2	727.6	727.6	727.6	1001.4	1310.8
		L100×8				122.5										122.5	122.5	122.5	122.5	122.5
		L100×7		222.2			93.5	80.6	65.8		118.0	150.5	177.6	199.3	383.7	580.2	612.6	639.7	661.4	845.8
		L90×8	29.2				73.3	74.2								176.7	176.7	176.7	176.7	176.7
		L90×7			64.7				200.6	68.4	68.4	68.4				333.7	333.7	333.7	333.7	333.7
		L90×6	63.1	85.7		47.2			109.8					113.7		305.8	305.8	305.8	419.5	305.8
		L80×6			20.5	21.4							90.8			41.9	41.9	132.7	41.9	41.9
		L75×6				12.2										12.2	12.2	12.2	12.2	12.2
		L75×5						20.4	66.7							87.1	87.1	87.1	87.1	87.1
		L70×6	35.9	35.7	10.9											82.5	82.5	82.5	82.5	82.5
		L70×5		12.6	9.2	8.2		17.8							59.2	47.8	47.8	47.8	47.8	107.0
		L63×5	8.9	8.9	4.2	4.5	17.0							48.1		43.5	43.5	43.5	91.6	43.5
		L45×4				48.1										48.1	48.1	48.1	48.1	48.1
		L40×4				16.4										16.4	16.4	16.4	16.4	16.4
		小计	375.8	365.2	109.5	355.4	358.8	349.9	1743.8	1792.1	1570.4	1922.1	889.0	1247.4	1769.2	5228.9	5580.6	6339.6	6698.0	7219.8
	Q235	L90×6							37.4							37.4	37.4	37.4	37.4	37.4
		L75×6					32.9									32.9	32.9	32.9	32.9	32.9
		L75×5	14.0													14.0	14.0	14.0	14.0	14.0
		L70×5					24.8	23.3				36.9				48.2	105.1	48.2	48.2	48.2
		L63×5			12.7	8.9	161.8	160.3						161.0	183.0	343.8	343.8	343.8	504.8	526.7
		L56×5	23.5	5.9				20.2	48.9	60.5					65.4	98.5	98.5	158.9	158.9	224.4
		L56×4	56.9	58.6	70.8	69.5	30.9	14.5			28.9		30.9			330.1	301.2	332.1	301.2	301.2
		L50×5	18.9													18.9	18.9	18.9	18.9	18.9
		L50×4	78.5	68.7	25.5		11.9	11.9	20.5		17.4	41.0	46.8		176.2	234.3	258.0	217.0	263.8	393.1
		L45×5								57.4		26.7	30.9	84.4	32.5		26.7	88.3	141.8	89.9
		L45×4			39.2	6.4	9.9	9.9	87.1	17.0	27.4	119.6			44.3	82.3	92.6	272.0	152.4	196.7
		L40×4	94.9	84.1	28.5	7.2	48.9	48.8	49.1	118.0	180.6	229.1		84.6	64.1	542.0	590.4	479.3	564.0	543.4
		小计	286.6	217.3	176.7	92.0	321.1	289.0	155.9	323.0	243.9	381.1	181.3	376.9	565.5	1782.3	1919.5	2042.7	2238.3	2426.9
钢板	Q420	−16											139.3	139.3	139.3			139.3	139.3	139.3
		−14					64.7		303.4	451.7	451.2					819.4	368.1	819.8	819.8	819.8
		−12			58.3			110.6	184.9							353.9	353.9	353.9	353.9	353.9
		−10					22.8		180.8							203.5	203.5	203.5	203.5	203.5
		−8	27.3	10.4												37.7	37.7	37.7	37.7	37.7
		小计	27.3	10.4	58.3		87.5	110.6	669.1	451.7	451.2			139.3	139.3	1414.5	963.2	1554.2	1554.2	1554.2
	Q355	−42							646.2	646.2	646.2		646.2		646.2	646.2	646.2	646.2	646.2	646.2
		−22												619.6	611.0				619.6	611.0
		−20								578.9	519.8	501.4				578.9	519.8	501.4		

图 12-3 110-FC21S-JZY-03 110-FC21S-JZY 转角塔材料汇总表（二）

材料汇总表

材料	材质	规格	段号													呼高				
			A1	A2	A3	A4	A5	A6	7	8	9	10	11	12	13	9m	12m	15m	18m	21m
钢板	Q355	−18								108.7	108.7	108.7	108.7	108.7	108.7	108.7	108.7	108.7	108.7	108.7
		−16			53.3	51.1	111.4	114.3								330.1	330.1	330.1	330.1	330.1
		−14							181.8			451.7				181.8	633.4	181.8	181.8	181.8
		−12	18.5	17.9					187.5		280.8	282.8	65.6			504.8	506.8	289.6	224.0	224.0
		−10	10.5				23.7		149.2	174.9		112.4	73.8	199.0	149.2	183.4	295.8	432.0	557.3	507.5
		−8	46.4	67.7	32.0	65.6	14.3	21.4	245.9		53.7	45.0		56.3	100.3	547.1	538.4	493.4	549.7	593.7
		−6	7.8	4.2	22.1	9.2		3.3								46.6	46.6	46.6	46.6	46.6
		小计	83.2	89.8	107.4	126.0	149.4	139.1	764.4	174.9	1668.3	2166.6	1395.7	1629.8	1615.5	3127.6	3625.9	3029.9	3264.0	3249.7
	Q235	−26							5.8		2.9						2.9	5.8	5.8	5.8
		−18								2.0		2.0	10.0	10.0			2.0	2.0	12.0	12.0
		−16				1.2				15.7		9.0	5.2			1.2	10.3	22.2	16.9	16.9
		−14			0.5	1.4	1.6		2.8	4.6	4.6	4.6				10.9	10.9	10.9	10.9	10.9
		−12	0.5	1.4	1.0	1.2	1.0	0.9	1.4		3.9	2.7				11.3	10.1	7.4	7.4	7.4
		−10			0.2	0.2	0.5	0.2	1.1		1.1					3.3	2.2	2.2	2.2	2.2
		−6	31.0	36.2	24.1	41.0	9.3	18.5	62.2		24.2	22.6	23.4	33.9	34.5	246.4	244.7	245.6	256.1	256.6
		−4												13.4	13.4				13.4	13.4
		−2	0.7												6.7	0.7	0.7	7.4	0.7	0.7
		小计	32.1	37.7	25.8	43.7	12.4	20.8	67.4	28.2	33.9	43.9	35.4	57.3	57.8	273.8	283.8	303.5	325.4	326.0
螺栓	6.8	M16×40	12.8	12.5	4.6	8.5	1.2	1.2	7.5	5.2	8.8	11.1	4.8	11.5	11.5	57.1	59.4	58.3	65.0	65.0
		M16×50	13.8	12.6	17.1	16.0	5.4	5.9	21.3	10.4	14.2	14.2	7.7	7.7	10.2	106.3	106.3	110.2	110.2	112.7
		M16×60	0.7					0.2		4.2	2.8	4.2	2.5		2.5	3.7	5.1	7.6	5.1	7.6
		小计	27.3	25.1	21.7	24.5	6.6	7.3	28.8	19.8	25.8	29.5	15.0	19.2	24.2	167.1	170.8	176.1	180.3	185.3
	6.8	M20×45	13.0	22.7	11.9	20.5	6.2	13.0	57.5		6.5	6.5	2.2	14.3	20.5	151.3	151.3	147.0	159.1	165.5
		M20×55	11.2	1.2	15.9	5.9	31.0	42.5	264.9	28.3	51.9	69.0	21.2	37.8	29.8	424.5	441.6	422.1	438.7	430.7
		M20×65			1.3		8.3	1.9	1.9	44.2	15.0	43.5	14.7	34.6	41.6	28.4	56.9	72.3	92.2	99.2
		M20×75							31.8	26.6	35.3	8.3	13.8	13.8		26.6	35.3	40.1	45.6	45.6
		M20×85								3.0	3.0					3.0	3.0			
		小计	24.2	23.9	29.1	26.4	45.5	57.4	324.3	104.3	103.0	157.3	46.4	100.5	105.7	633.8	688.1	681.5	735.6	740.8
	8.8	M24×65							44.0	24.0	37.0	24.0				81.0	68.0	68.0	68.0	68.0
		M24×75							2.1		53.2	34.4	33.3			55.3	36.5	35.4	2.1	2.1
		M24×85								26.4	23.5	26.4		36.7	36.7	23.5	26.4	26.4	63.1	63.1
		M24×95											57.4	57.4	56.2			57.4	57.4	56.2
		小计							46.1	50.4	113.7	84.8	90.7	94.1	92.9	159.8	130.9	187.2	190.6	189.4
	6.8	M16×60（双帽）	0.2	0.4	0.8	0.8										2.2	2.2	2.2	2.2	2.2
		M20×70（双帽）	4.6	4.6	4.6	9.3	13.9	13.9								50.9	50.9	50.9	50.9	50.9
		M20×80（双帽）			4.9		9.9	9.9								24.7	24.7	24.7	24.7	24.7
		小计	4.8	5.0	10.3	10.1	23.8	23.8								77.8	77.8	77.8	77.8	77.8
		螺栓合计	56.3	54.0	61.1	61.0	75.9	88.5	399.2	174.5	242.5	271.6	152.1	213.8	222.8	1038.5	1067.6	1122.6	1184.3	1193.3
脚钉	6.8	M16×180							6.5	11.0	8.5	11.7	3.3	8.5	11.7	15.0	18.2	20.8	26.0	29.2
		M20×200							12.4	3.7		4.9	1.2	2.5	3.7	12.4	17.3	17.3	18.6	19.8
	8.8	M24×240							1.8	3.6	1.8	3.6	1.8	3.6	3.6	3.6	1.8	5.4	3.6	5.4
		小计							18.9	16.5	12.1	18.4	8.1	12.8	19.0	31.0	37.3	43.5	48.2	54.4
垫圈	Q235	−3（φ17.5）	0.3	0.4	0.1	0.2		0.1	0.1	0.1	0.1	0.1	0.1	0.2	0.2	1.3	1.3	1.4	1.5	1.5
		−4（φ17.5）	0.3	0.2	0.3	0.6	0.1	0.1							0.1	1.6	1.6	1.6	1.6	1.7
		−3（φ22）				0.1								0.1		0.1	0.1	0.1	0.2	0.1
		−4（φ22）				0.2	0.2	0.5								0.9	0.9	0.9	0.9	0.9
		小计	0.6	0.6	0.4	0.8	0.4	0.4	0.6	0.1	0.1	0.1	0.1	0.3	0.3	3.9	3.9	4.0	4.2	4.2
合计（kg）			1007.8	775.0	973.2	678.8	1697.2	1436.4	4465.6	4780.6	5706.6	6881.2	3884.1	5594.7	7034.5	16740.7	17915.2	19698.7	21409.3	22849.1

图 12−3　110−FC21S−JZY−03　110−FC21S−JZY 转角塔材料汇总表（二）（续）

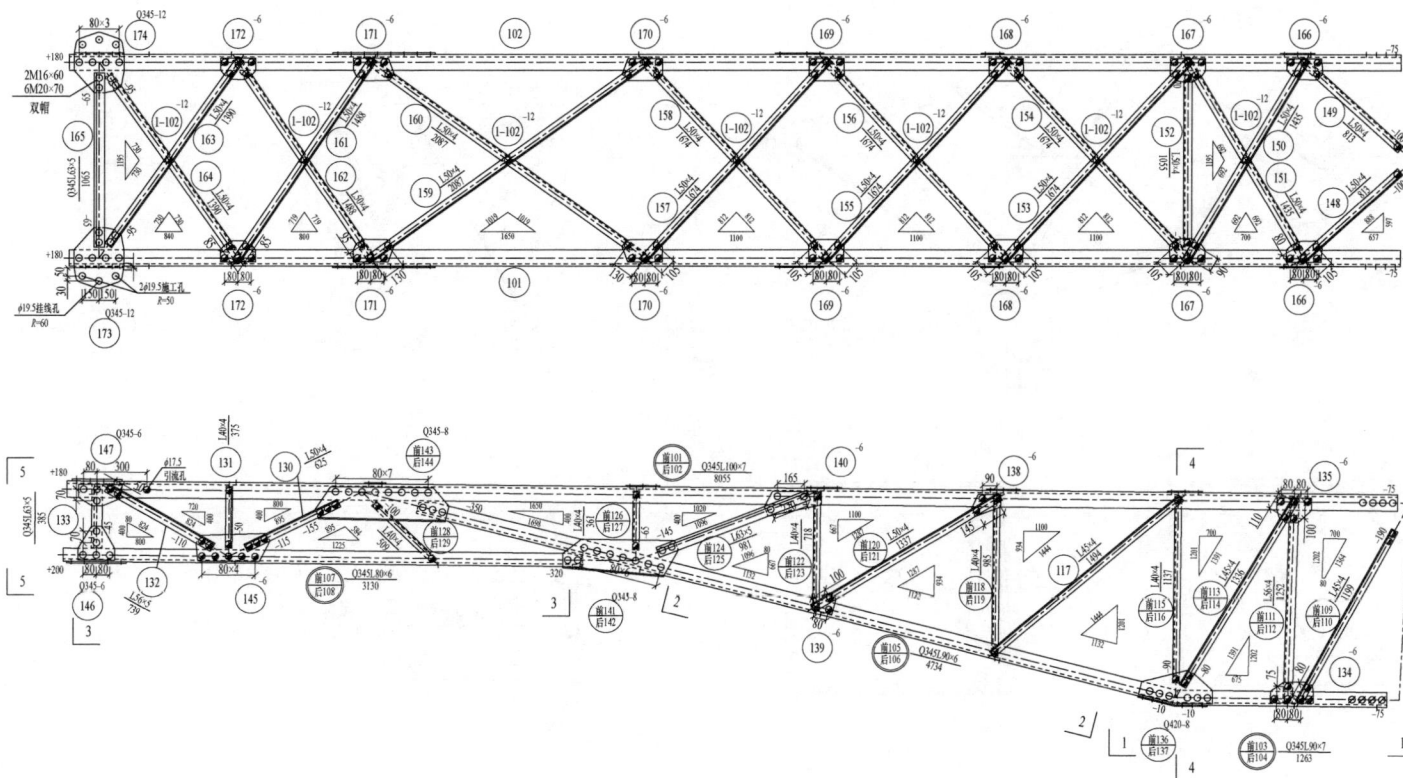

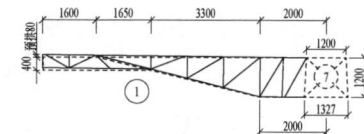

单线图
1:100

垫块大样图
1:5

图 12-4   110-FC21S-JZY-04   110-FC21S-JZY 转角塔地线支架结构图 ①

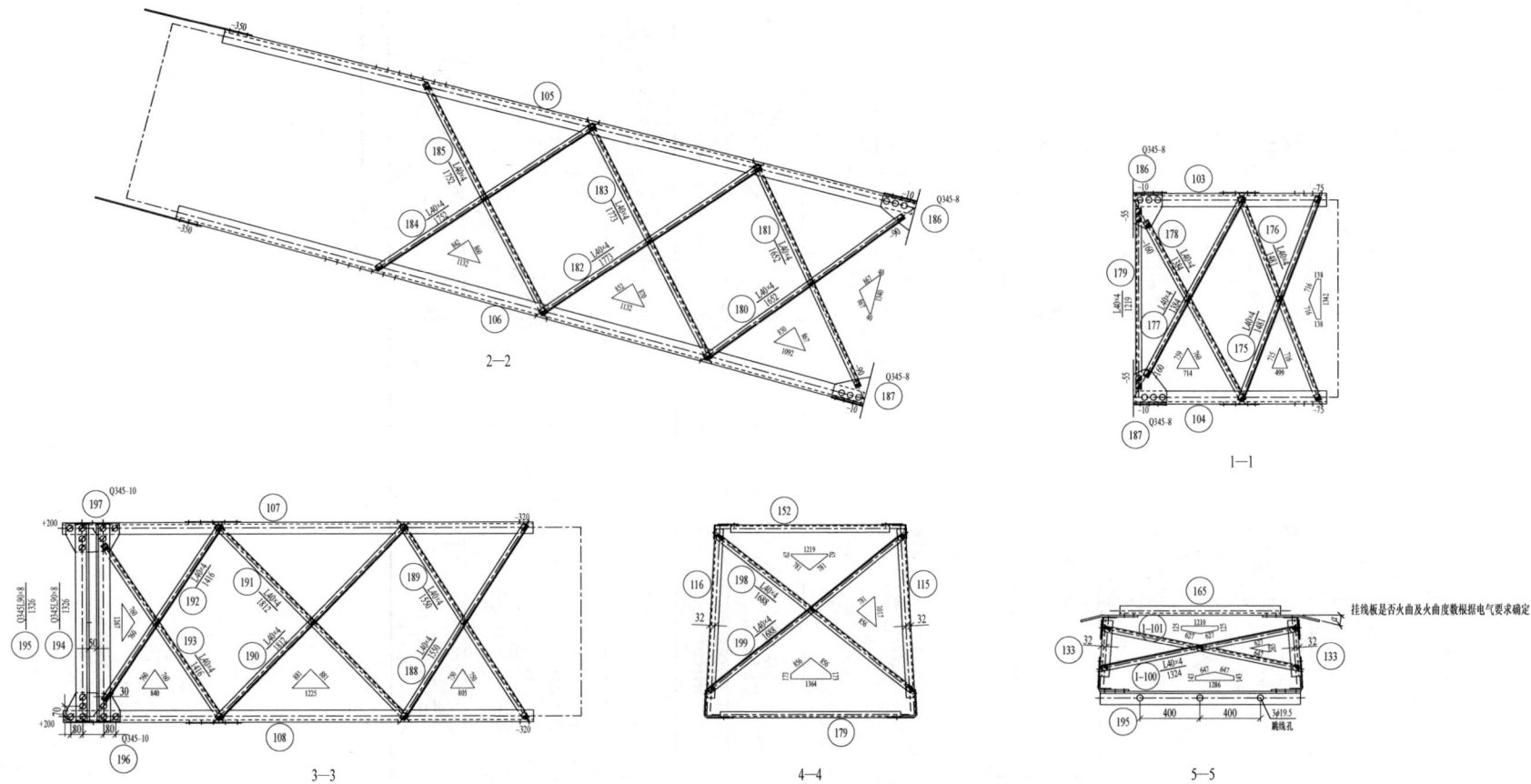

图 12-4　110-FC21S-JZY-04　110-FC21S-JZY 转角塔地线支架结构图 ①（续）

螺栓、垫圈、脚钉明细表

名称	级别	规格	符号	数量	重量(kg)	备注
螺栓	6.8	M16×40	●	91	13.1	
		M16×50	●	98	15.7	
		M16×60	○	4	0.2	双帽
		M20×45	○	72	19.4	
		M20×55	∅	16	4.7	
		M20×70	⊘	12	4.6	双帽
垫圈	Q235	-3(φ17.5)	规格×个数	38	0.4	
		-4(φ17.5)		9	0.2	
合计					58.3kg	

构 件 明 细 表

编号	规格	长度(mm)	数量	重量(kg) 一件	小计	备注	编号	规格	长度(mm)	数量	重量(kg) 一件	小计	备注
101	Q345L100×7	8055	1	87.24	87.2	开角(93.0)	153	L50×4	1674	1	5.12	5.1	
102	Q345L100×7	8055	1	87.24	87.2	开角(93.0)	154	L50×4	1674	1	5.12	5.1	
103	Q345L90×7	1263	1	12.20	12.2	合角(87.0)	155	L50×4	1674	1	5.12	5.1	
104	Q345L90×7	1263	1	12.20	12.2	合角(87.0)	156	L50×4	1674	1	5.12	5.1	
105	Q345L90×6	4734	1	39.53	39.5	切角,合角(87.1)	157	L50×4	1674	1	5.12	5.1	
106	Q345L90×6	4734	1	39.53	39.5	切角,合角(87.1)	158	L50×4	1674	1	5.12	5.1	
107	Q345L80×6	3130	1	23.09	23.1	切角,合角(87.0)	159	L50×4	2087	1	6.38	6.4	
108	Q345L80×6	3130	1	23.09	23.1	切角,合角(87.0)	160	L50×4	2087	1	6.38	6.4	
109	L45×4	1199	1	3.28	3.3		161	L50×4	1488	1	4.55	4.6	
110	L45×4	1199	1	3.28	3.3		162	L50×4	1488	1	4.55	4.6	
111	L56×4	1252	1	4.31	4.3		163	L50×4	1390	1	4.25	4.3	
112	L56×4	1252	1	4.31	4.3		164	L50×4	1390	1	4.25	4.3	切角
113	L45×4	1336	1	3.66	3.7		165	Q345L63×5	1065	1	5.14	5.1	
114	L45×4	1336	1	3.66	3.7		166	-6×131	217	2	1.35	2.7	
115	L56×4	1137	1	3.92	3.9		167	-6×145	211	2	1.44	2.9	
116	L56×4	1137	1	3.92	3.9		168	-6×137	212	2	1.38	2.8	
117	L45×4	1494	2	4.09	8.2		169	-6×137	212	2	1.38	2.8	
118	L40×4	985	1	2.39	2.4		170	-6×137	246	2	1.60	3.2	
119	L40×4	985	1	2.39	2.4		171	-6×138	245	2	1.60	3.2	
120	L50×4	1337	1	4.09	4.1		172	-6×130	210	2	1.29	2.6	
121	L50×4	1337	1	4.09	4.1		173	Q345-12×300	370	1	10.47	10.5	火曲;电焊
122	L40×4	718	1	1.74	1.7		174	Q345-12×300	370	1	10.47	10.5	火曲;电焊
123	L40×4	718	1	1.74	1.7		175	L40×4	1481	1	3.59	3.6	
124	L63×5	981	1	4.73	4.7		176	L40×4	1481	1	3.59	3.6	
125	L63×5	981	1	4.73	4.7		177	L40×4	1383	1	3.35	3.3	
126	L40×4	361	1	0.87	0.9		178	L40×4	1383	1	3.35	3.3	切角
127	L40×4	361	1	0.87	0.9		179	L40×4	1229	1	2.98	3.0	
128	L40×4	509	1	1.23	1.2	切角	180	L40×4	1652	1	4.00	4.0	
129	L40×4	509	1	1.23	1.2	切角	181	L40×4	1652	1	4.00	4.0	
130	L50×4	625	2	1.91	3.8		182	L40×4	1773	1	4.29	4.3	
131	L40×4	375	2	0.91	1.8		183	L40×4	1773	1	4.29	4.3	
132	L56×5	739	2	3.14	6.3		184	L40×4	1752	1	4.24	4.2	
133	Q345L63×5	385	2	1.86	3.7		185	L40×4	1752	1	4.24	4.2	
134	-6×128	259	2	1.57	3.1		186	Q345-8×229	421	1	6.07	6.1	火曲
135	-6×152	210	2	1.51	3.0		187	Q345-8×229	421	1	6.07	6.1	火曲
136	Q420-8×202	442	1	5.61	5.6		188	L40×4	1550	1	3.75	3.8	
137	Q420-8×202	442	1	5.61	5.6		189	L40×4	1550	1	3.75	3.8	切角
138	-6×119	203	2	1.15	2.3		190	L40×4	1812	1	4.39	4.4	
139	-6×130	131	2	0.81	1.6		191	L40×4	1812	1	4.39	4.4	切角
140	-6×142	360	2	2.43	4.9		192	L40×4	1416	1	3.43	3.4	
141	Q345-8×261	698	1	11.48	11.5	火曲;卷边	193	L40×4	1416	1	3.43	3.4	切角
142	Q345-8×261	698	1	11.48	11.5	火曲;卷边	194	Q345L90×8	1327	1	14.53	14.5	
143	Q345-8×247	809	1	12.59	12.6	火曲;卷边	195	Q345L90×8	1327	1	14.53	14.5	
144	Q345-8×247	809	1	12.59	12.6	火曲;卷边	196	Q345-10×195	360	1	5.51	5.5	
145	-6×169	445	2	3.55	7.1		197	Q345-10×195	360	1	5.51	5.5	
146	Q345-6×204	220	2	2.12	4.2		198	L40×4	1688	1	4.09	4.1	切角
147	Q345-6×130	259	2	1.59	3.2		199	L40×4	1688	1	4.09	4.1	
148	L50×4	813	1	2.49	2.5		1-100	L40×4	1324	1	3.21	3.2	
149	L50×4	813	1	2.49	2.5		1-101	L40×4	1324	1	3.21	3.2	切角
150	L50×4	1435	1	4.39	4.4		1-102	-12×50	50	7	0.24	1.6	
151	L50×4	1435	1	4.39	4.4		合计					754.9kg	
152	L50×4	1055	1	3.23	3.2								

图 12-4 110-FC21S-JZY-04 110-FC21S-JZY 转角塔地线支架结构图 ①（续）

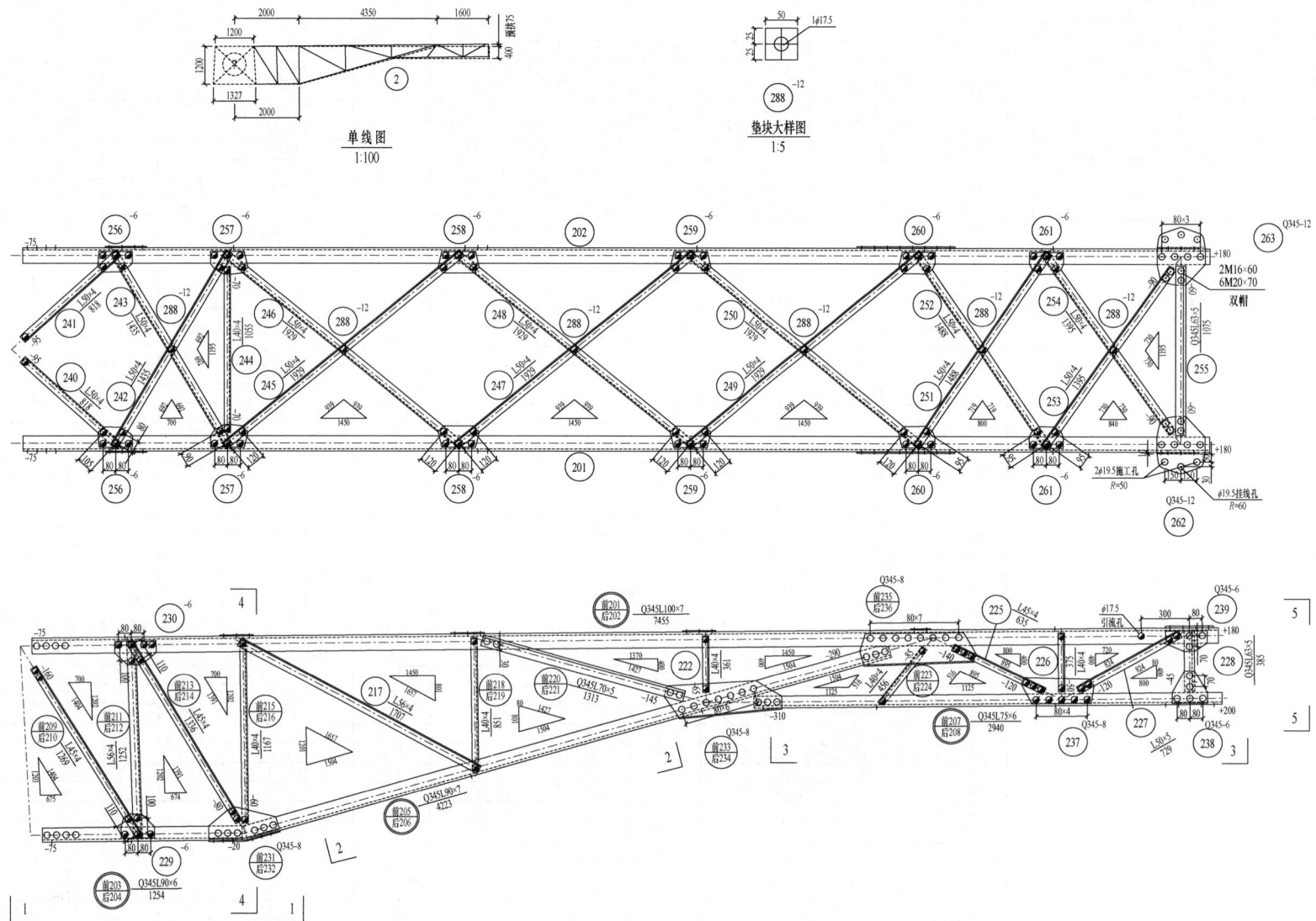

图 12−5　110−FC21S−JZY−05　110−FC21S−JZY 转角塔地线支架结构图 ②

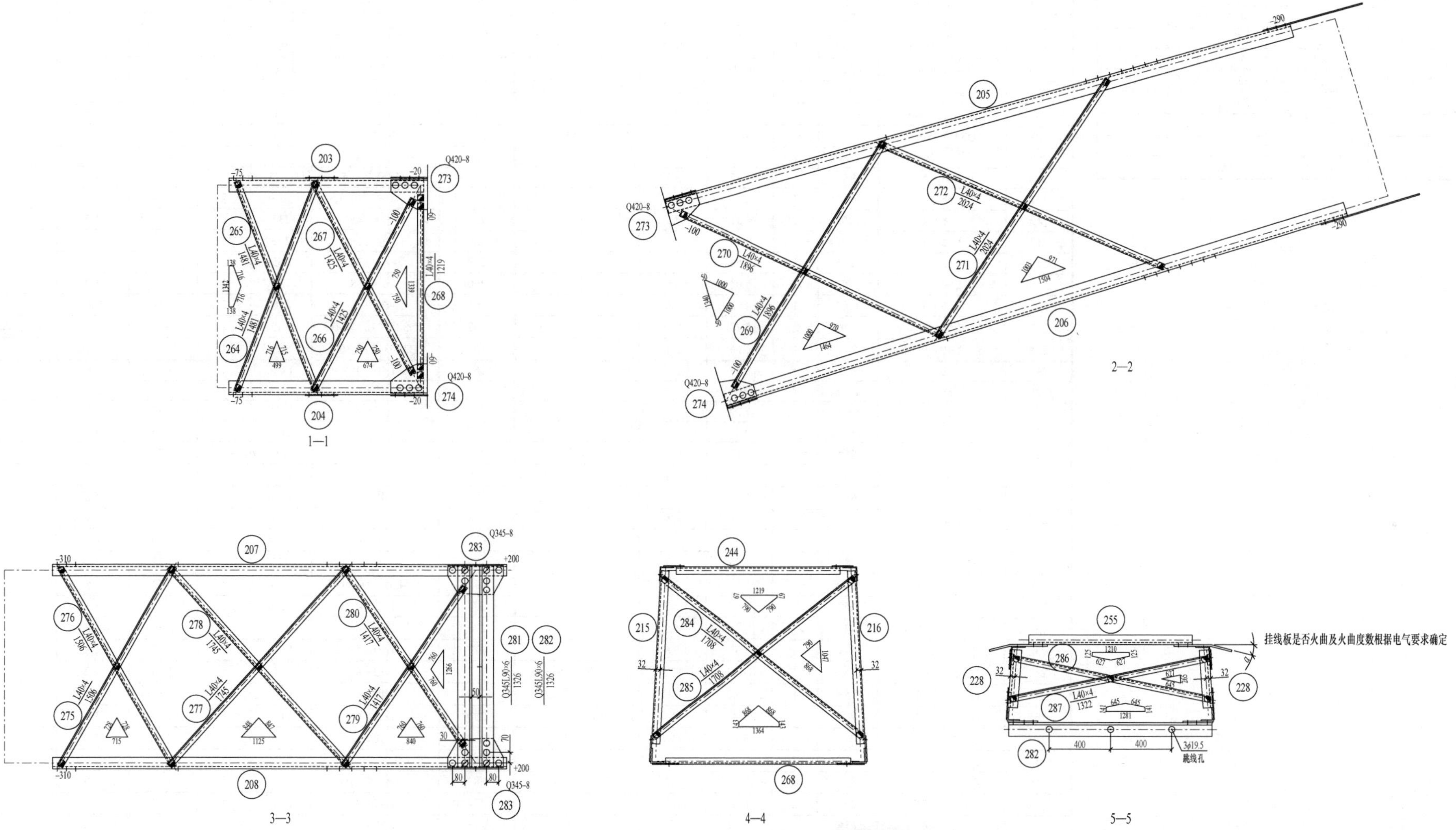

图 12-5 110-FC21S-JZY-05 110-FC21S-JZY 转角塔地线支架结构图 ②（续）

螺栓、垫圈、脚钉明细表

名称	级别	规格	符号	数量	重量(kg)	备注
螺栓	6.8	M16×40	◑	73	10.5	
		M16×50	◑	87	13.9	
		M16×60	○	4	0.4	双帽
		M20×45	○	84	22.7	
		M20×55	∅	4	1.2	
		M20×70	○	12	4.6	双帽
垫圈	Q235	−3(φ17.5)	规格×个数	34	0.4	
		−4(φ17.5)	↗	7	0.2	
合计					53.9kg	

构 件 明 细 表

编号	规格	长度(mm)	数量	重量(kg) 一件	重量(kg) 小计	备注	编号	规格	长度(mm)	数量	重量(kg) 一件	重量(kg) 小计	备注
201	Q345L100×7	7455	1	80.74	80.7	开角(93.0)	246	L50×4	1929	1	5.90	5.9	
202	Q345L100×7	7455	1	80.74	80.7	开角(93.0)	247	L50×4	1929	1	5.90	5.9	
203	Q345L90×6	1254	1	10.47	10.5	合角(87.0)	248	L50×4	1929	1	5.90	5.9	
204	Q345L90×6	1254	1	10.47	10.5	合角(87.0)	249	L50×4	1929	1	5.90	5.9	
205	Q345L90×7	4223	1	40.78	40.8	切角，合角(87.1)	250	L50×4	1929	1	5.90	5.9	
206	Q345L90×7	4223	1	40.78	40.8	切角，合角(87.1)	251	L50×4	1488	1	4.55	4.6	
207	Q345L75×6	2940	1	20.30	20.3	切角	252	L50×4	1488	1	4.55	4.6	
208	Q345L75×6	2940	1	20.30	20.3	切角	253	L50×4	1395	1	4.27	4.3	切角
209	L45×4	1269	1	3.47	3.5		254	L50×4	1395	1	4.27	4.3	
210	L45×4	1269	1	3.47	3.5		255	Q345L63×5	1075	1	5.18	5.2	
211	L56×4	1252	1	4.31	4.3		256	−6×130	217	2	1.34	2.7	
212	L56×4	1252	1	4.31	4.3		257	−6×145	232	2	1.59	3.2	
213	L45×4	1336	1	3.66	3.7		258	−6×136	255	2	1.64	3.3	
214	L45×4	1336	1	3.66	3.7		259	−6×136	255	2	1.64	3.3	
215	L56×4	1167	1	4.02	4.0		260	−6×138	232	2	1.52	3.0	
216	L56×4	1167	1	4.02	4.0		261	−6×138	210	2	1.37	2.7	
217	L56×4	1707	2	5.88	11.8		262	Q345−12×300	365	1	10.32	10.3	火曲；电焊
218	L40×4	851	1	2.06	2.1		263	Q345−12×300	365	1	10.32	10.3	火曲；电焊
219	L40×4	851	1	2.06	2.1		264	L40×4	1481	1	3.59	3.6	
220	Q345L70×5	1313	1	7.09	7.1		265	L40×4	1481	1	3.59	3.6	
221	Q345L70×5	1313	1	7.09	7.1		266	L40×4	1425	1	3.45	3.5	
222	L40×4	361	2	0.87	1.7		267	L40×4	1425	1	3.45	3.5	
223	L40×4	456	1	1.10	1.1	切角	268	L40×4	1219	1	2.95	3.0	
224	L40×4	456	1	1.10	1.1	切角	269	L40×4	1896	1	4.59	4.6	
225	L45×4	635	2	1.74	3.5		270	L40×4	1896	1	4.59	4.6	切角
226	L40×4	375	2	0.91	1.8		271	L40×4	2024	1	4.90	4.9	
227	L50×5	729	2	2.75	5.5		272	L40×4	2024	1	4.90	4.9	切角
228	Q345L63×5	385	2	1.86	3.7		273	Q420−8×193	453	1	5.52	5.5	火曲
229	−6×152	210	2	1.51	3.0		274	Q420−8×193	453	1	5.52	5.5	火曲
230	−6×152	260	2	1.87	3.7		275	L40×4	1506	1	3.65	3.6	
231	Q345−8×202	441	1	5.61	5.6		276	L40×4	1506	1	3.65	3.6	切角
232	Q345−8×202	441	1	5.61	5.6		277	L40×4	1745	1	4.23	4.2	
233	Q345−8×254	753	1	12.03	12.0	火曲；卷边	278	L40×4	1745	1	4.23	4.2	切角
234	Q345−8×254	753	1	12.03	12.0	火曲；卷边	279	L40×4	1417	1	3.43	3.4	
235	Q345−8×248	733	1	11.43	11.4	火曲；卷边	280	L40×4	1417	1	3.43	3.4	切角
236	Q345−8×248	733	1	11.43	11.4	火曲；卷边	281	Q345L90×6	1326	1	11.07	11.1	
237	Q345−8×164	456	2	4.72	9.4		282	Q345L90×6	1326	1	11.07	11.1	
238	Q345−6×204	220	2	2.12	4.2		283	Q345−8×190	360	2	4.30	8.6	
239	Q345−6×130	258	2	1.58	3.2		284	L40×4	1708	1	4.14	4.1	切角
240	L50×4	818	1	2.50	2.5	切角	285	L40×4	1708	1	4.14	4.1	
241	L50×4	818	1	2.50	2.5		286	L40×4	1322	1	3.20	3.2	切角
242	L50×4	1435	1	4.39	4.4		287	L40×4	1322	1	3.20	3.2	
243	L50×4	1435	1	4.39	4.4		288	−12×50	50	6	0.24	1.4	
244	L40×4	1055	1	2.56	2.6								
245	L50×4	1929	1	5.90	5.9		合计					695.7kg	

图 12−5 110−FC21S−JZY−05 110−FC21S−JZY 转角塔地线支架结构图 ②（续）

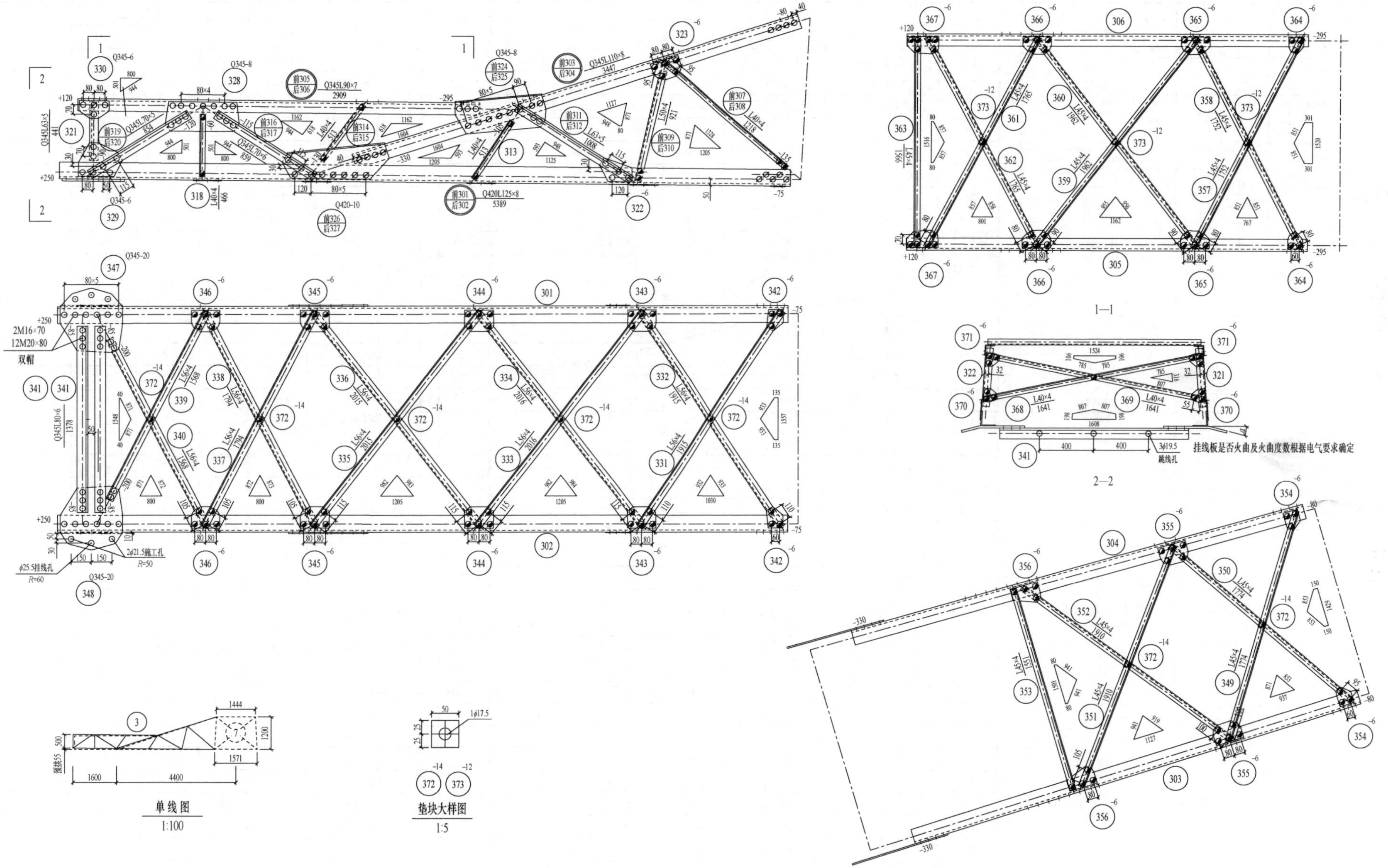

图 12-6　110-FC21S-JZY-06　110-FC21S-JZY 转角塔导线横担结构图 ③

螺栓、垫圈、脚钉明细表

名称	级别	规格	符号	数量	重量（kg）	备注
螺栓	6.8	M16×40	◑	49	7.1	
		M16×50	◐	107	17.1	
		M16×60	◙	1	0.2	
		M16×70	⊙	4	0.9	双帽
		M20×45	○	46	12.4	
		M20×55	⊘	50	14.8	
		M20×80	◯	24	9.9	双帽
垫圈	Q235	−3（φ17.5）	规格×个数	14	0.2	
		−4（φ17.5）		32	0.6	
合计					63.2kg	

构 件 明 细 表

编号	规格	长度（mm）	数量	重量（kg）一件	重量（kg）小计	备注	编号	规格	长度（mm）	数量	重量（kg）一件	重量（kg）小计	备注
301	Q420L125×8	5389	1	83.55	83.6	合角（87.0）	338	L56×4	1794	1	6.18	6.2	切角
302	Q420L125×8	5389	1	83.55	83.6	合角（87.0）	339	L56×4	1568	1	5.40	5.4	切角
303	Q345L110×8	3447	1	46.64	46.6	切角，开角（92.9）	340	L56×4	1568	1	5.40	5.4	切角
304	Q345L110×8	3447	1	46.64	46.6	切角，开角（92.9）	341	Q345L80×6	1378	2	10.16	20.3	
305	Q345L90×7	2949	1	28.48	28.5	切角，开角（93.0）	342	−6×122	157	2	0.91	1.8	
306	Q345L90×7	2949	1	28.48	28.5	切角，开角（93.0）	343	−6×158	212	2	1.59	3.2	
307	L40×4	1218	1	2.95	2.9		344	−6×157	215	2	1.61	3.2	
308	L40×4	1218	1	2.95	2.9		345	−6×158	212	2	1.59	3.2	
309	L50×4	921	1	2.82	2.8	切角	346	−6×158	210	2	1.57	3.1	
310	L50×4	921	1	2.82	2.8	切角	347	Q345−20×463	466	1	33.95	34.0	火曲
311	L63×5	1008	1	4.86	4.9		348	Q345−20×458	466	1	33.59	33.6	火曲
312	L63×5	1008	1	4.86	4.9		349	L45×4	1774	1	4.85	4.9	
313	L40×4	513	2	1.24	2.5		350	L45×4	1774	1	4.85	4.9	
314	L40×4	513	1	1.24	1.2	切角	351	L45×4	1910	1	5.23	5.2	
315	L40×4	513	1	1.24	1.2	切角	352	L45×4	1910	1	5.23	5.2	
316	Q345L70×6	859	1	5.50	5.5		353	L45×4	1551	1	4.24	4.2	
317	Q345L70×6	859	1	5.50	5.5		354	−6×110	143	2	0.75	1.5	
318	L40×4	466	2	1.13	2.3		355	−6×146	210	2	1.45	2.9	
319	Q345L70×5	854	1	4.61	4.6		356	−6×140	210	2	1.39	2.8	
320	Q345L70×5	854	1	4.61	4.6		357	L45×4	1752	1	4.79	4.8	
321	Q345L63×5	441	2	2.13	4.3		358	L45×4	1752	1	4.79	4.8	切角
322	−6×157	269	2	2.01	4.0		359	L45×4	1962	1	5.37	5.4	
323	−6×146	210	2	1.45	2.9		360	L45×4	1962	1	5.37	5.4	切角
324	Q345−8×288	664	1	12.05	12.0	火曲；卷边	361	L45×4	1765	1	4.83	4.8	
325	Q345−8×288	664	1	12.05	12.0	火曲；卷边	362	L45×4	1765	1	4.83	4.8	切角
326	Q420−10×299	780	1	18.36	18.4	火曲；卷边	363	L45×4	1566	1	4.28	4.3	
327	Q420−10×299	780	1	18.36	18.4	火曲；卷边	364	−6×110	129	2	0.67	1.3	
328	Q345−8×218	541	2	7.44	14.9		365	−6×130	210	2	1.29	2.6	
329	Q345−6×249	323	2	3.81	7.6		366	−6×129	210	2	1.28	2.6	
330	Q345−6×130	220	2	1.35	2.7		367	−6×128	230	2	1.39	2.8	
331	L56×4	1915	1	6.60	6.6		368	L40×4	1642	1	3.98	4.0	
332	L56×4	1915	1	6.60	6.6	切角	369	L40×4	1642	1	3.98	4.0	切角
333	L56×4	2016	1	6.95	6.9		370	−6×100	112	2	0.53	1.1	
334	L56×4	2016	1	6.95	6.9	切角	371	−6×100	111	2	0.53	1.1	
335	L56×4	2015	1	6.94	6.9		372	−14×50	50	7	0.27	1.9	
336	L56×4	2015	1	6.94	6.9	切角	373	−12×50	50	3	0.24	0.7	
337	L56×4	1794	1	6.18	6.2		合计					717.6kg	

图 12−6 110−FC21S−JZY−06 110−FC21S−JZY 转角塔导线横担结构图 ③（续）

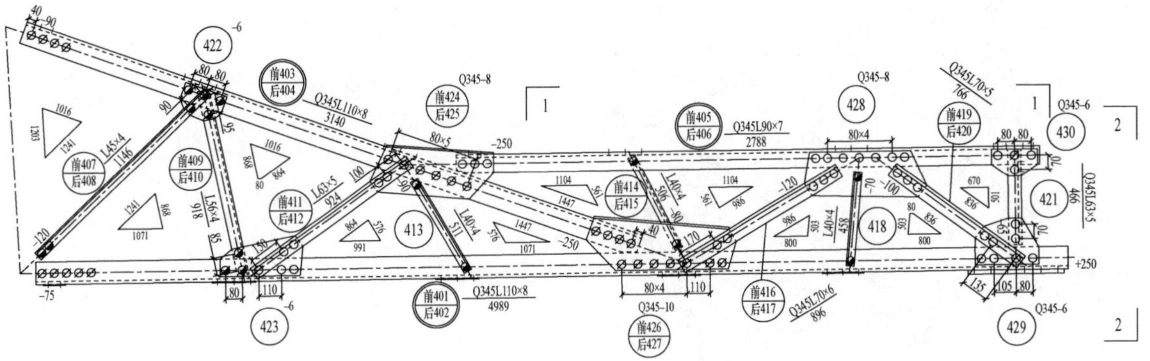

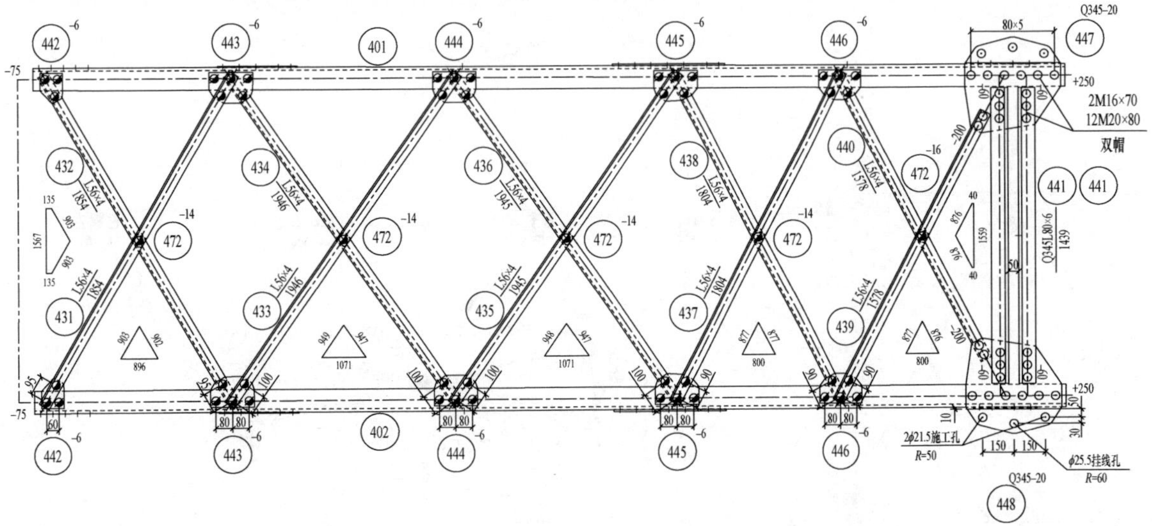

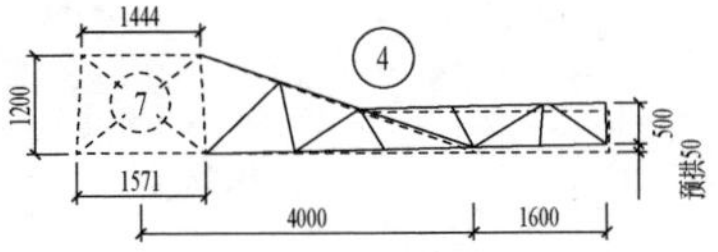

图 12-7　110-FC21S-JZY-07　110-FC21S-JZY 转角塔导线横担结构图 ④

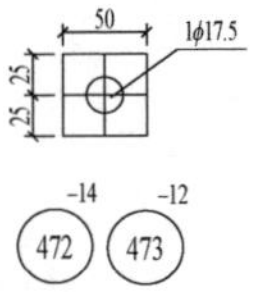

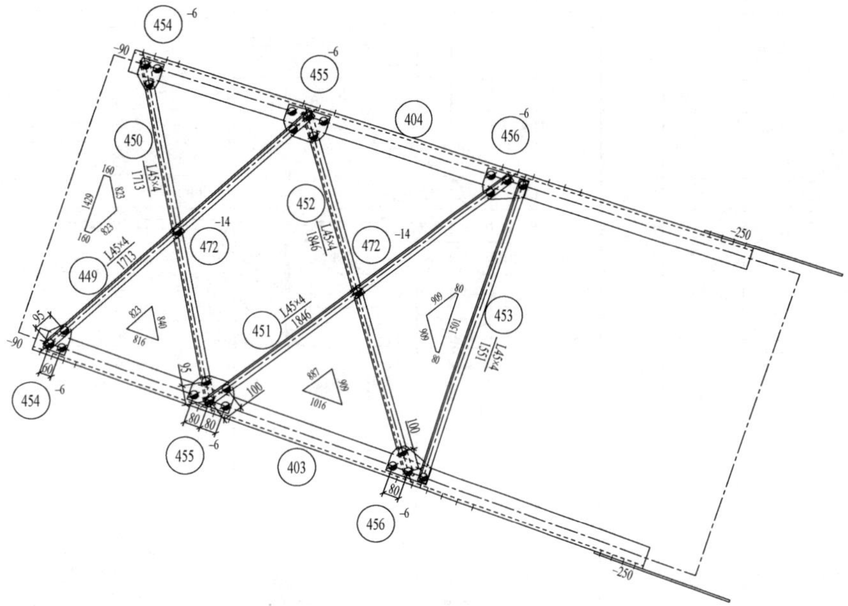

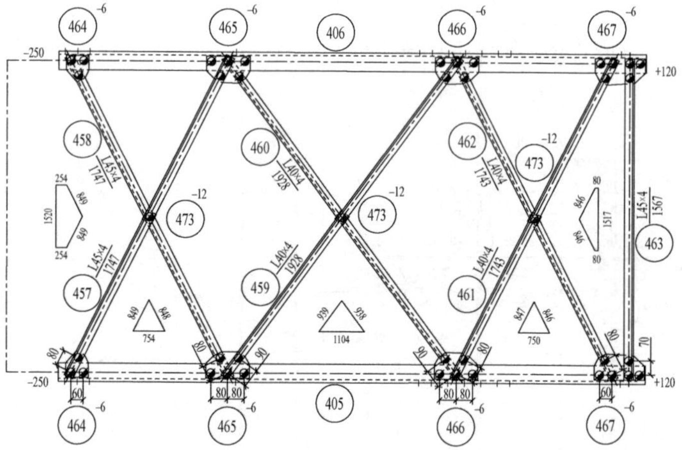

図 12-7　110-FC21S-JZY-07　110-FC21S-JZY 转角塔导线横担结构图 ④（续）

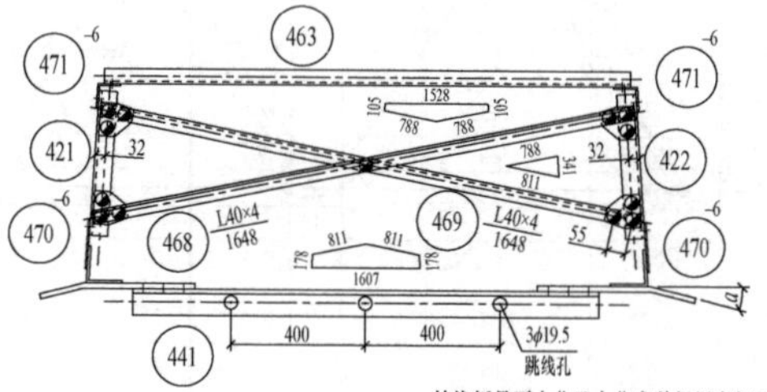

螺栓、垫圈、脚钉明细表

名称	级别	规格	符号	数量	重量（kg）	备注
螺栓	6.8	M16×40	◑	45	6.5	
		M16×50	◑	113	18.1	
		M16×60	⊠	1	0.2	
		M16×70	○	4	0.9	双帽
		M20×45	○	54	14.6	
		M20×55	∅	42	12.4	
		M20×80	○	24	9.9	双帽
垫圈	Q235	−3（φ17.5）	规格×个数	14	0.2	
		−4（φ17.5）		36	0.7	
合计					63.5kg	

构 件 明 细 表

编号	规格	长度（mm）	数量	重量（kg）一件	重量（kg）小计	备注	编号	规格	长度（mm）	数量	重量（kg）一件	重量（kg）小计	备注
401	Q345L110×8	4989	1	67.51	67.5	合角（87.0）	438	L56×4	1804	1	6.22	6.2	
402	Q345L110×8	4989	1	67.51	67.5	合角（87.0）	439	L56×4	1578	1	5.44	5.4	切角
403	Q345L110×8	3140	1	42.49	42.5	切角，开角（92.9）	440	L56×4	1578	1	5.44	5.4	
404	Q345L110×8	3140	1	42.49	42.5	切角，开角（92.9）	441	Q345L80×6	1439	2	10.61	21.2	
405	Q345L90×7	2828	1	27.31	27.3	切角，开角（93.0）	442	−6×110	148	2	0.77	1.5	
406	Q345L90×7	2828	1	27.31	27.3	切角，开角（93.0）	443	−6×148	210	2	1.47	2.9	
407	L45×4	1146	1	3.14	3.1		444	−6×148	210	2	1.47	2.9	
408	L45×4	1146	1	3.14	3.1		445	−6×148	210	2	1.47	2.9	
409	L56×4	918	1	3.16	3.2	切角	446	−6×145	210	2	1.44	2.9	
410	L56×4	918	1	3.16	3.2	切角	447	Q345−20×437	470	1	32.37	32.4	火曲
411	L63×5	924	1	4.46	4.5		448	Q345−20×437	470	1	32.37	32.4	火曲
412	L63×5	924	1	4.46	4.5		449	L45×4	1713	1	4.69	4.7	
413	L40×4	511	2	1.24	2.5		450	L45×4	1713	1	4.69	4.7	
414	L40×4	506	1	1.23	1.2		451	L45×4	1846	1	5.05	5.1	
415	L40×4	506	1	1.23	1.2		452	L45×4	1846	1	5.05	5.1	
416	Q345L70×6	896	1	5.74	5.7		453	L45×4	1551	1	4.24	4.2	
417	L70×6	896	1	5.74	5.7		454	−6×110	146	2	0.76	1.5	
418	L40×4	458	2	1.11	2.2		455	−6×146	210	2	1.45	2.9	
419	Q345L70×5	766	1	4.13	4.1		456	−6×139	210	2	1.38	2.9	
420	Q345L70×5	766	1	4.13	4.1		457	L45×4	1747	1	4.78	4.8	
421	Q345L63×5	466	2	2.25	4.5		458	L45×4	1747	1	4.78	4.8	切角
422	−6×146	210	2	1.45	2.9		459	L40×4	1928	1	4.67	4.7	
423	−6×193	399	2	3.64	7.3		460	L40×4	1928	1	4.67	4.7	切角
424	Q345−8×277	588	1	10.25	10.3	火曲；卷边	461	L40×4	1743	1	4.22	4.2	
425	−8×277	588	1	10.25	10.3	火曲；卷边	462	L40×4	1743	1	4.22	4.2	
426	Q345−10×293	728	1	16.80	16.8	火曲；卷边	463	L45×4	1567	1	4.29	4.3	
427	Q345−10×293	728	1	16.80	16.8	火曲；卷边	464	−6×110	129	2	0.67	1.3	
428	Q345−8×224	601	2	8.49	17.0		465	−6×129	210	2	1.28	2.6	
429	Q345−6×224	305	2	3.23	6.5		466	−6×129	210	2	1.28	2.6	
430	Q345−6×130	220	2	1.35	2.7		467	−6×128	240	2	1.45	2.9	
431	L56×4	1854	1	6.39	6.4	切角	468	L40×4	1649	1	3.99	4.0	
432	L56×4	1854	1	6.39	6.4		469	L40×4	1649	1	3.99	4.0	切角
433	L56×4	1946	1	6.71	6.7		470	−6×100	112	2	0.53	1.1	
434	L56×4	1946	1	6.71	6.7		471	−6×100	112	2	0.53	1.1	
435	L56×4	1945	1	6.70	6.7		472	−14×50	50	7	0.27	1.9	
436	L56×4	1945	1	6.70	6.7		473	−12×50	50	3	0.24	0.7	
437	L56×4	1804	1	6.22	6.2		合计					664.8kg	

图 12−7　110−FC21S−JZY−07　110−FC21S−JZY 转角塔导线横担结构图 ④（续）

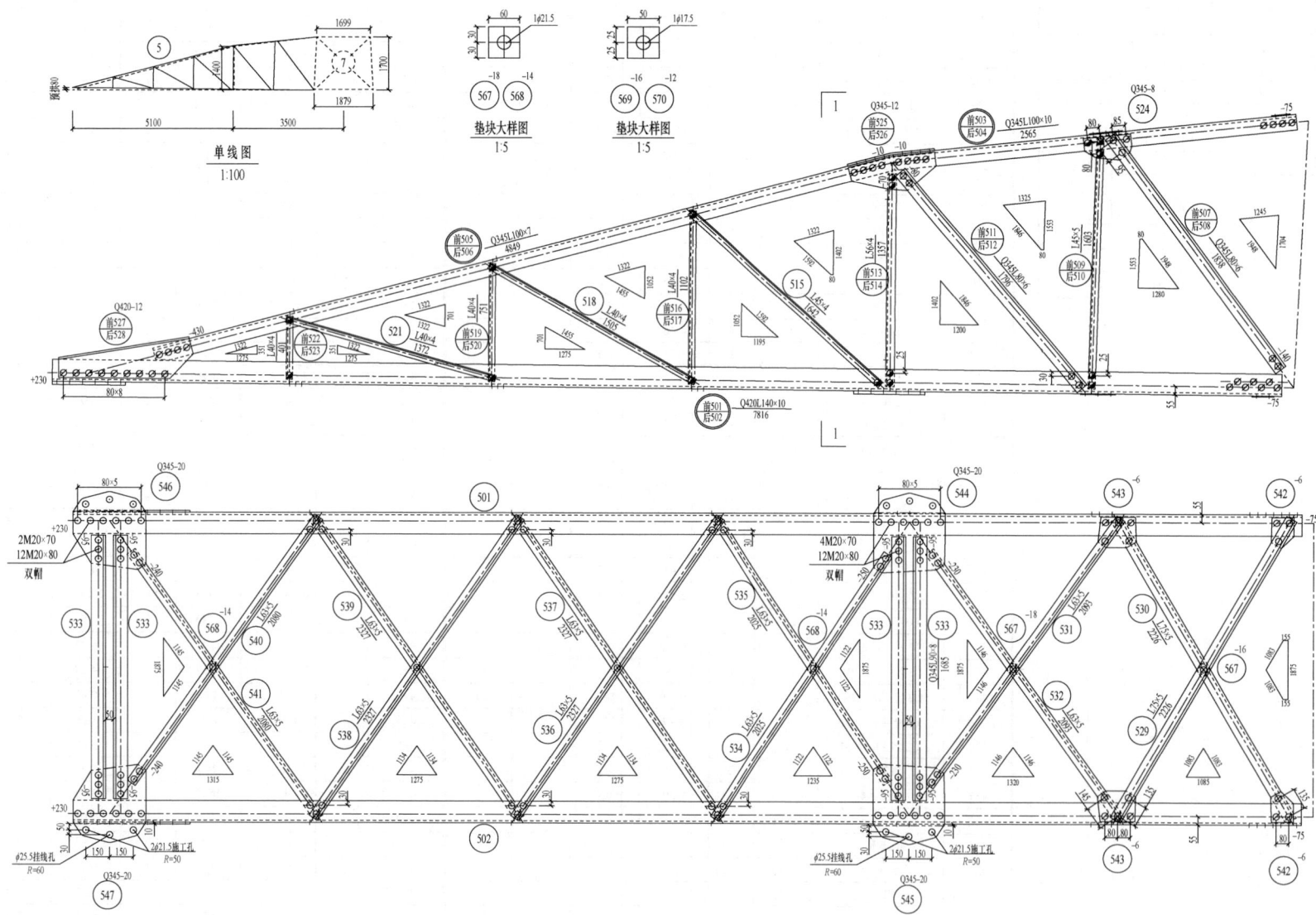

图 12-8 110-FC21S-JZY-08 110-FC21S-JZY 转角塔导线横担结构图 ⑤

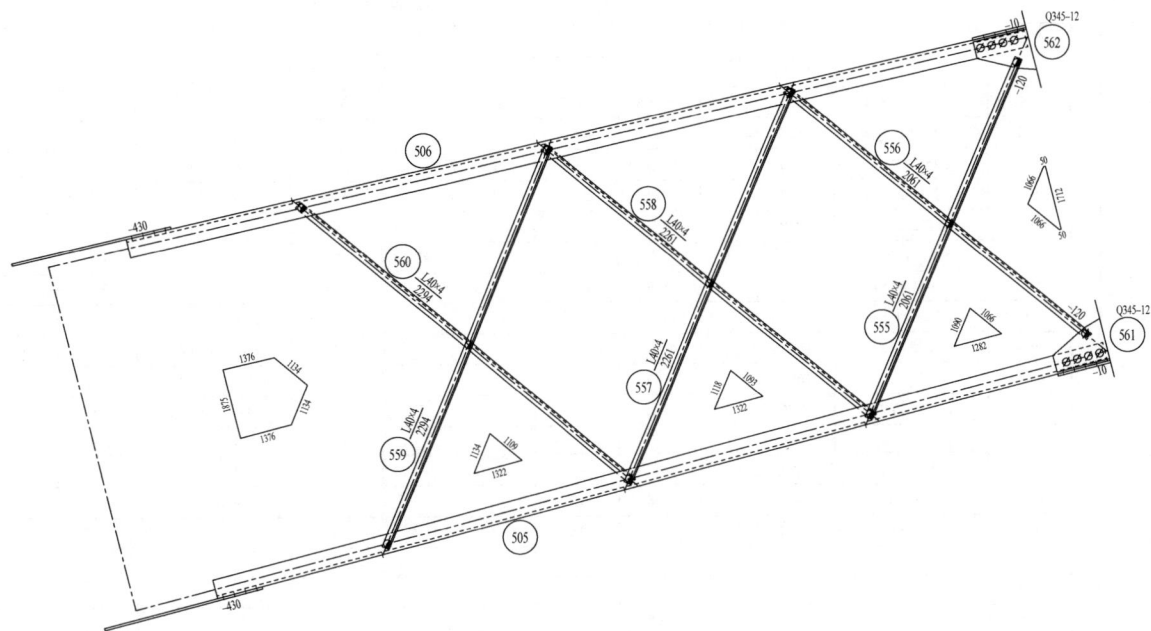

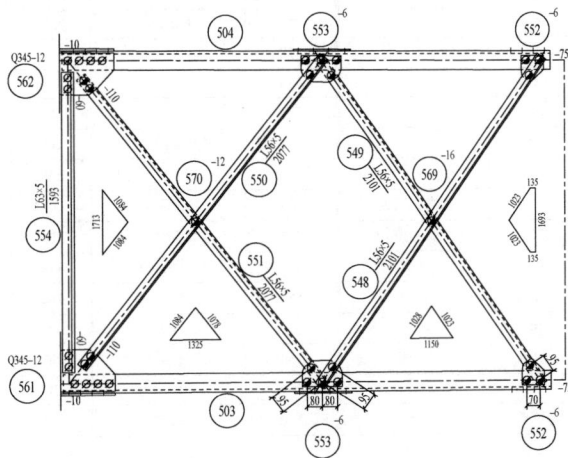

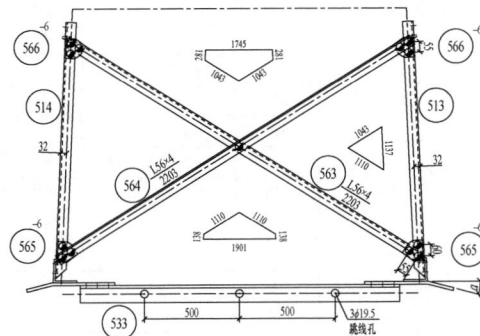

图 12-8 110-FC21S-JZY-08 110-FC21S-JZY 转角塔导线横担结构图 ⑤（续）

螺栓、垫圈、脚钉明细表

名称	级别	规格	符号	数量	重量(kg)	备注
螺栓	6.8	M16×40	◑	11	1.6	
		M16×50	◑	62	9.9	
		M16×60	▨	5	0.9	
		M20×45	○	17	4.6	
		M20×55	⊘	95	28.0	
		M20×65	⊗	4	1.3	
		M20×70	○	12	4.6	双帽
		M20×80	○	48	19.8	双帽
垫圈	Q235	−3(φ17.5)	规格×个数	4	0.1	
		−4(φ17.5)		16	0.2	
		−4(φ22)		10	0.2	
合计					71.2kg	

构 件 明 细 表

编号	规格	长度(mm)	数量	重量(kg) 一件	重量(kg) 小计	备注	编号	规格	长度(mm)	数量	重量(kg) 一件	重量(kg) 小计	备注
501	Q420L140×10	7816	1	167.95	168.0	合角(87.0)	537	L63×5	2327	1	11.22	11.2	切角
502	Q420L140×10	7816	1	167.95	168.0	合角(87.0)	538	L63×5	2327	1	11.22	11.2	
503	Q345L100×10	2565	1	38.78	38.8	开角(93.0)	539	L63×5	2327	1	11.22	11.2	切角
504	Q345L100×10	2565	1	38.78	38.8	开角(93.0)	540	L63×5	2080	1	10.03	10.0	切角
505	Q345L100×7	4849	1	52.51	52.5	切角, 开角(93.2)	541	L63×5	2080	1	10.03	10.0	切角
506	Q345L100×7	4849	1	52.51	52.5	切角, 开角(93.2)	542	−6×144	196	2	1.34	2.7	
507	Q345L80×6	1838	1	13.56	13.6		543	−6×196	243	2	2.25	4.5	
508	Q345L80×6	1838	1	13.56	13.6		544	Q345−20×460	509	1	36.83	36.8	火曲
509	L45×5	1603	1	5.40	5.4		545	Q345−20×460	509	1	36.83	36.8	火曲
510	L45×5	1603	1	5.40	5.4		546	Q345−20×460	497	1	35.99	36.0	火曲
511	Q345L80×6	1796	1	13.25	13.2		547	Q345−20×460	497	1	35.99	36.0	火曲
512	Q345L80×6	1796	1	13.25	13.2		548	L56×5	2101	1	8.93	8.9	
513	L56×4	1357	1	4.68	4.7	切角	549	L56×5	2101	1	8.93	8.9	切角
514	L56×4	1357	1	4.68	4.7	切角	550	L56×5	2077	1	8.83	8.8	
515	L45×4	1642	2	4.49	9.0		551	L56×5	2077	1	8.83	8.8	切角
516	L40×4	1102	1	2.67	2.7		552	−6×120	140	2	0.79	1.6	
517	L40×4	1102	1	2.67	2.7		553	−6×139	210	2	1.38	2.8	
518	L40×4	1505	2	3.65	7.3		554	L63×5	1593	1	7.68	7.7	
519	L40×4	751	1	1.82	1.8		555	L40×4	2061	1	4.99	5.0	
520	L40×4	751	1	1.82	1.8		556	L40×4	2061	1	4.99	5.0	切角
521	L40×4	1372	2	3.32	6.6		557	L40×4	2261	1	5.48	5.5	
522	L40×4	401	1	0.97	1.0		558	L40×4	2261	1	5.48	5.5	切角
523	L40×4	401	1	0.97	1.0		559	L40×4	2294	1	5.56	5.6	
524	Q345−8×158	299	2	2.98	6.0		560	L40×4	2294	1	5.56	5.6	切角
525	Q345−12×228	562	1	12.09	12.1		561	Q345−12×223	569	1	11.99	12.0	火曲
526	Q345−12×228	562	1	12.09	12.1		562	Q345−12×223	569	1	11.99	12.0	火曲
527	Q420−12×281	864	1	22.91	22.9	火曲；卷边	563	L56×4	2204	1	7.59	7.6	切角
528	Q420−12×281	864	1	22.91	22.9	火曲；卷边	564	L56×4	2204	1	7.59	7.6	
529	L75×5	2226	1	12.95	13.0	切角	565	−6×106	110	2	0.55	1.1	
530	L75×5	2226	1	12.95	13.0	切角	566	−6×104	105	2	0.52	1.0	
531	L63×5	2093	1	10.09	10.1	切角	567	−18×60	60	2	0.51	1.0	
532	L63×5	2093	1	10.09	10.1	切角	568	−14×60	60	2	0.40	0.8	
533	Q345L90×8	1685	4	18.44	73.8		569	−16×50	50	1	0.31	0.3	
534	L63×5	2025	1	9.76	9.8	切角	570	−12×50	50	1	0.24	0.2	
535	L63×5	2025	1	9.76	9.8	切角	合计					1182.8kg	
536	L63×5	2327	1	11.22	11.2								

图 12−8 110−FC21S−JZY−08 110−FC21S−JZY 转角塔导线横担结构图 ⑤（续）

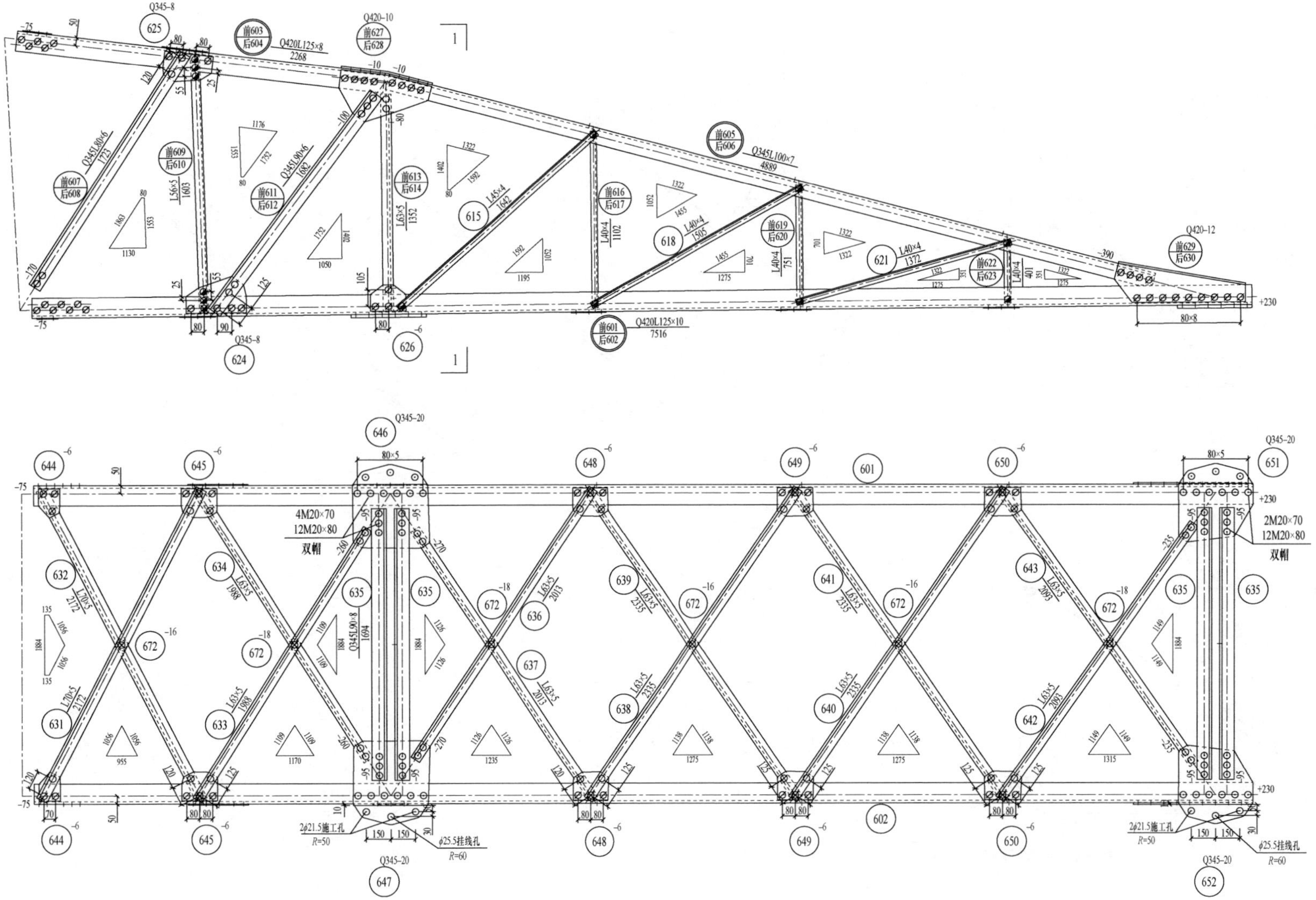

图 12-9　110-FC21S-JZY-09　110-FC21S-JZY 转角塔导线横担结构图 ⑥

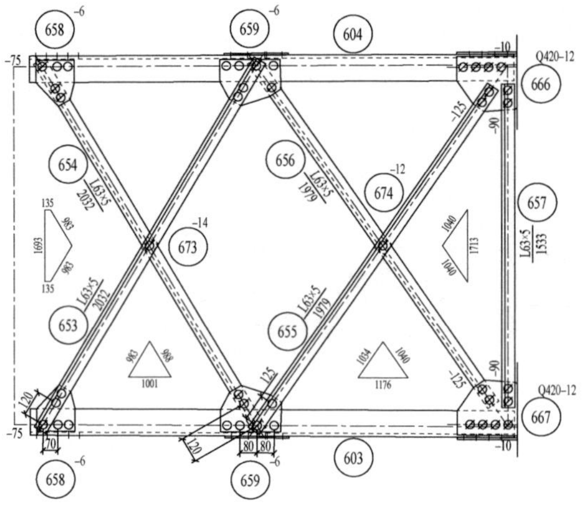

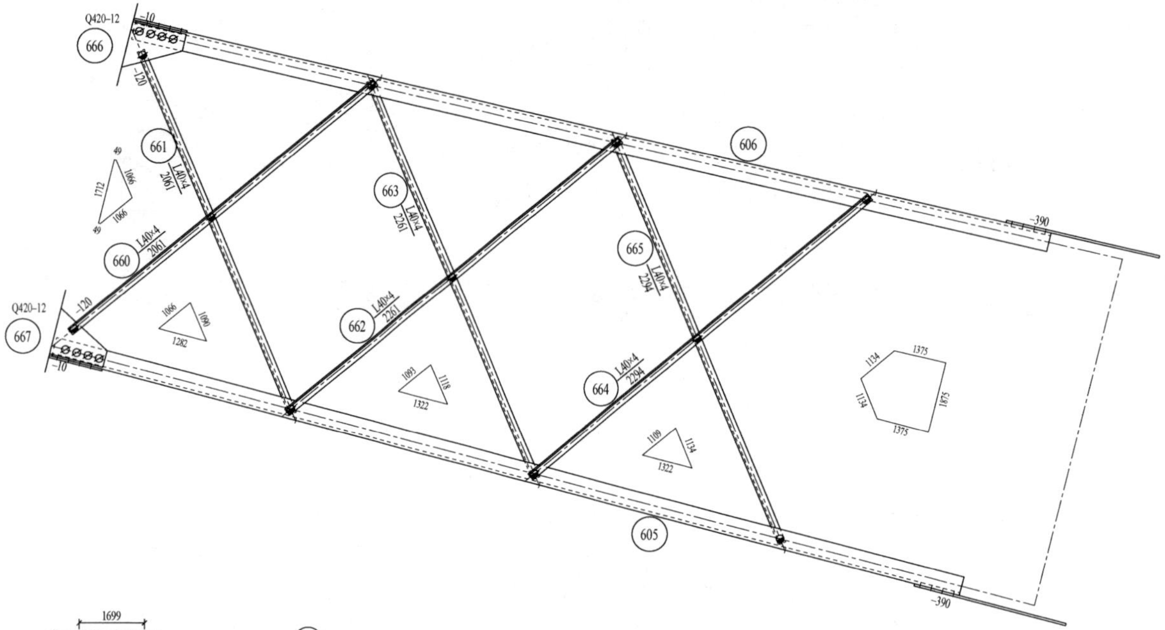

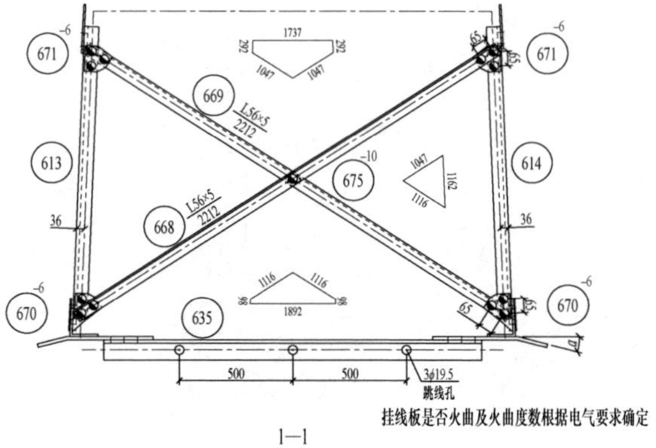

图 12-9　110-FC21S-JZY-09　110-FC21S-JZY 转角塔导线横担结构图 ⑥（续）

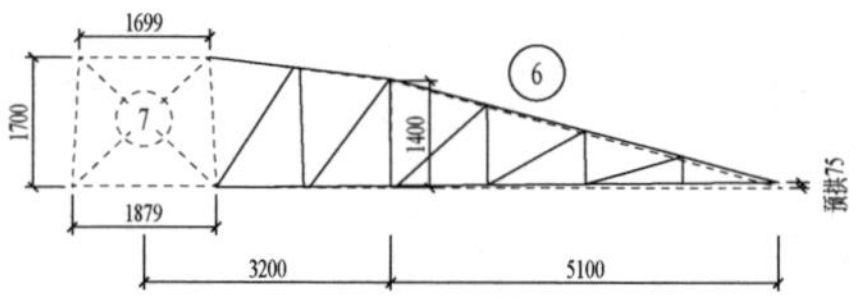

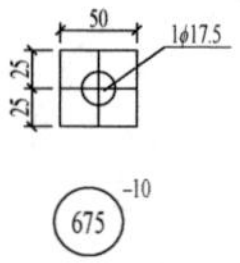

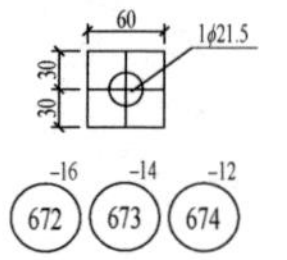

螺栓、垫圈、脚钉明细表

名称	级别	规格	符号	数量	重量(kg)	备注
螺栓	6.8	M16×40	◑	8	1.2	
		M16×50	◐	40	6.4	
		M16×60	▣	4	0.7	
		M20×45	○	32	8.6	
		M20×55	⊘	132	38.9	
		M20×65	⊗	14	4.5	
		M20×70	○	12	4.6	双帽
		M20×80	○	48	19.8	双帽
垫圈	Q235	−3（φ17.5）		4	0.1	
		−4（φ17.5）	规格×个数	12	0.2	
		−3（φ22）	╱	2	0.1	
		−4（φ22）		30	0.7	
合计					85.8kg	

构 件 明 细 表

编号	规格	长度(mm)	数量	一件	小计	备注	编号	规格	长度(mm)	数量	一件	小计	备注
601	Q420L125×10	7516	1	143.80	143.8	合角（87.0）	639	L63×5	2335	1	11.26	11.3	切角
602	Q420L125×10	7516	1	143.80	143.8	合角（87.0）	640	L63×5	2335	1	11.26	11.3	
603	Q420L125×8	2268	1	35.16	35.2	开角（93.0）	641	L63×5	2335	1	11.26	11.3	切角
604	Q420L125×8	2268	1	35.16	35.2	开角（93.0）	642	L63×5	2093	1	10.09	10.1	切角
605	Q345L100×7	4889	1	52.95	52.9	切角，开角（93.1）	643	L63×5	2093	1	10.09	10.1	切角
606	Q345L100×7	4889	1	52.95	52.9	切角，开角（93.1）	644	−6×130	179	2	1.10	2.2	
607	Q345L80×6	1723	1	12.71	12.7		645	−6×179	220	2	1.86	3.7	
608	Q345L80×6	1723	1	12.71	12.7		646	Q345−20×467	523	1	38.39	38.4	火曲
609	L56×5	1603	1	6.81	6.8		647	Q345−20×467	523	1	38.39	38.4	火曲
610	L56×5	1603	1	6.81	6.8		648	−6×175	224	2	1.85	3.7	
611	Q345L90×6	1682	1	14.04	14.0		649	−6×176	225	2	1.88	3.8	
612	Q345L90×6	1682	1	14.04	14.0		650	−6×176	227	2	1.90	3.8	
613	L63×5	1352	1	6.52	6.5	切角	651	Q345−20×459	487	1	35.19	35.2	火曲
614	L63×5	1352	1	6.52	6.5	切角	652	Q345−20×459	487	1	35.19	35.2	火曲
615	L45×4	1642	2	4.49	9.0		653	L63×5	2032	1	9.80	9.8	
616	L40×4	1102	1	2.67	2.7		654	L63×5	2032	1	9.80	9.8	切角
617	L40×4	1102	1	2.67	2.7		655	L63×5	1979	1	9.54	9.5	
618	L40×4	1505	2	3.65	7.3		656	L63×5	1979	1	9.54	9.5	切角
619	L40×4	751	1	1.82	1.8		657	L63×5	1533	1	7.39	7.4	
620	L40×4	751	1	1.82	1.8		658	−6×180	217	2	1.85	3.7	
621	L40×4	1372	2	3.32	6.6		659	−6×218	284	2	2.93	5.9	
622	L40×4	401	1	0.97	1.0		660	L40×4	2061	1	4.99	5.0	
623	L40×4	401	1	0.97	1.0		661	L40×4	2061	1	4.99	5.0	切角
624	Q345−8×229	370	2	5.32	10.6		662	L40×4	2261	1	5.48	5.5	
625	Q345−8×182	299	2	3.44	6.9		663	L40×4	2261	1	5.48	5.5	切角
626	−6×165	215	2	1.67	3.3		664	L40×4	2294	1	5.56	5.6	
627	Q420−10×305	562	1	13.52	13.5		665	L40×4	2294	1	5.56	5.6	切角
628	Q420−10×305	562	1	13.52	13.5		666	Q420−12×260	569	1	13.98	14.0	火曲
629	Q420−12×276	824	1	21.48	21.5	火曲；卷边	667	Q420−12×260	569	1	13.98	14.0	火曲
630	Q420−12×276	824	1	21.48	21.5	火曲；卷边	668	L56×5	2212	1	9.40	9.4	切角
631	L70×5	2172	1	11.72	11.7	切角	669	L56×5	2212	1	9.40	9.4	切角
632	L70×5	2172	1	11.72	11.7	切角	670	−6×115	118	2	0.64	1.3	
633	L63×5	1988	1	9.59	9.6	切角	671	−6×115	116	2	0.63	1.3	
634	L63×5	1988	1	9.59	9.6	切角	672	−16×60	60	6	0.45	2.7	
635	Q345L90×8	1694	4	18.54	74.2		673	−14×60	60	1	0.40	0.4	
636	L63×5	2013	1	9.71	9.7		674	−12×60	60	1	0.34	0.3	
637	L63×5	2013	1	9.71	9.7	切角	675	−10×50	50	1	0.20	0.2	
638	L63×5	2335	1	11.26	11.3		合计					1175.3kg	

图 12－9　110－FC21S－JZY－09　110－FC21S－JZY 转角塔导线横担结构图 ⑥（续）

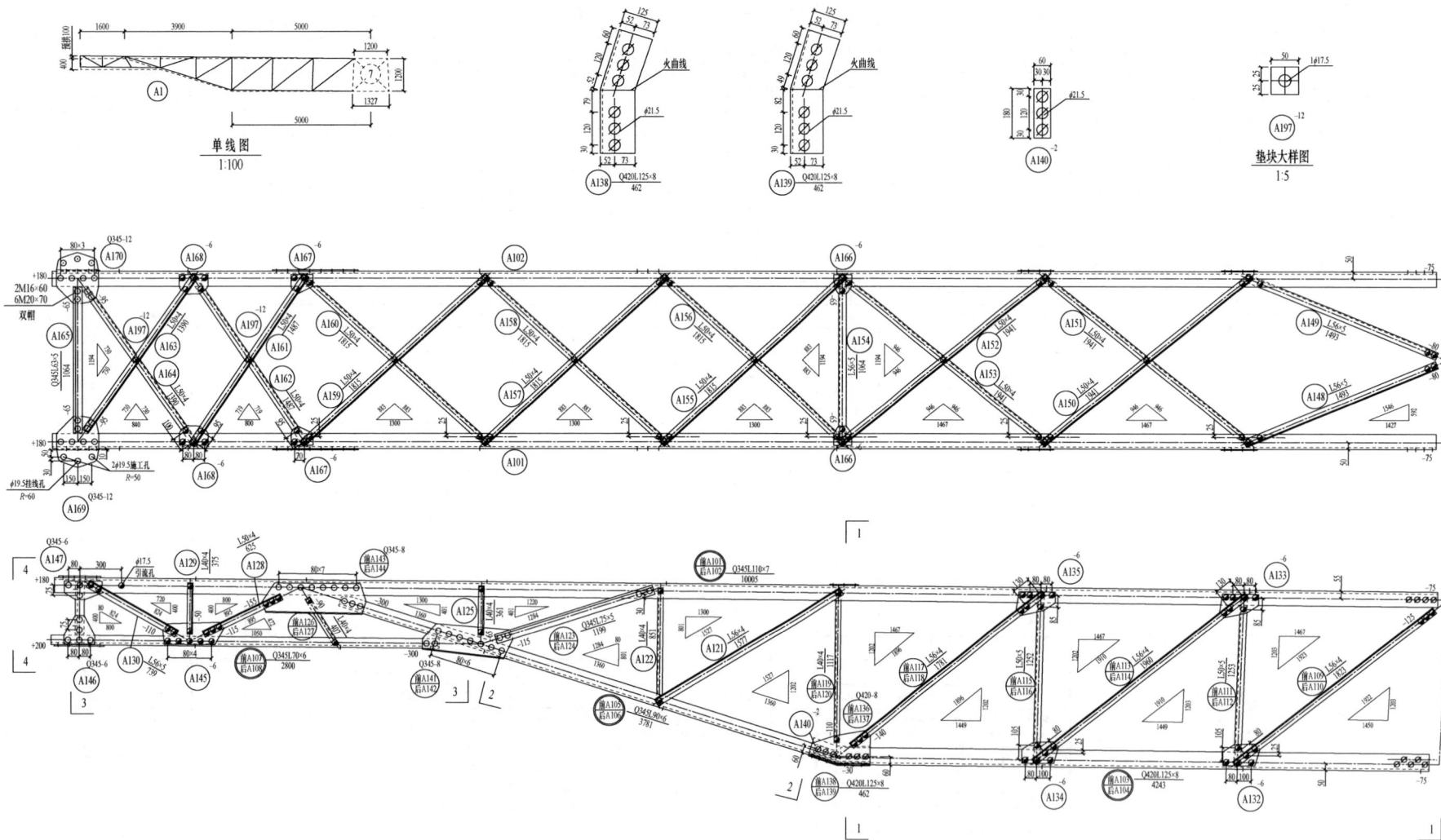

图 12-10 110-FC21S-JZY-10 110-FC21S-JZY 转角塔地线支架结构图 Ⓐ1

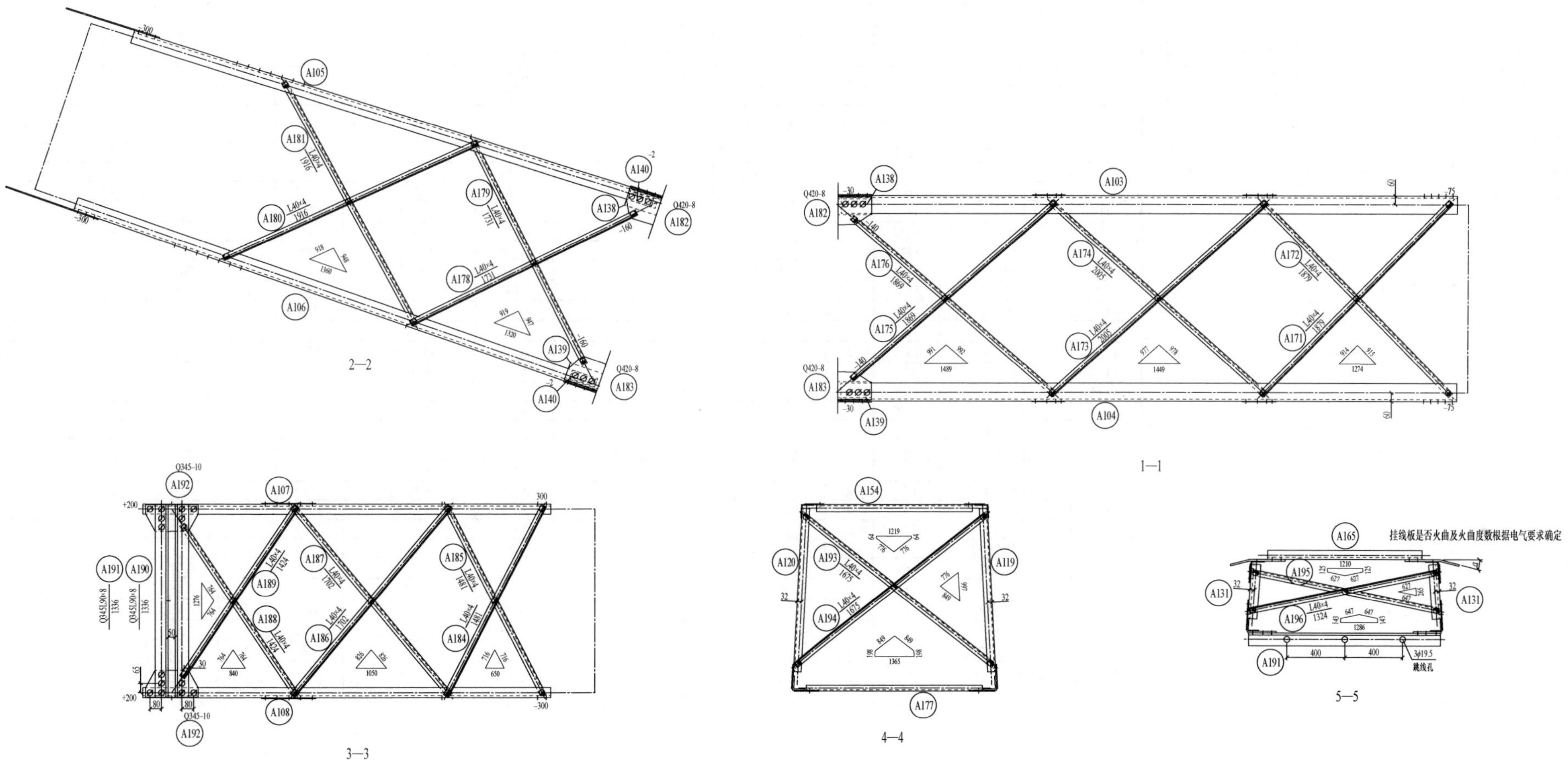

图 12-10　110-FC21S-JZY-10　110-FC21S-JZY 转角塔地线支架结构图　Ⓐ（续）

螺栓、垫圈、脚钉明细表

名称	级别	规格	符号	数量	重量(kg)	备注
螺栓	6.8	M16×40	◑	89	12.8	
		M16×50	◑	86	13.8	
		M16×60	◪	4	0.7	
		M16×60	○	4	0.2	双帽
		M20×45	○	48	13.0	
		M20×55	⊘	38	11.2	
		M20×70	○	12	4.6	双帽
垫圈	Q235	-3(φ17.5)	规格×个数	24	0.3	
		-4(φ17.5)		23	0.3	
合计					56.9kg	

构 件 明 细 表

编号	规格	长度(mm)	数量	重量(kg) 一件	小计	备注
A101	Q345L110×7	10005	1	119.34	119.3	开角(93.0)
A102	Q345L110×7	10005	1	119.34	119.3	开角(93.0)
A103	Q420L125×8	4243	1	65.78	65.8	合角(87.0)
A104	Q420L125×8	4243	1	65.78	65.8	合角(87.0)
A105	Q345L90×6	3781	1	31.57	31.6	切角,合角(87.2)
A106	Q345L90×6	3781	1	31.57	31.6	切角,合角(87.2)
A107	Q345L70×6	2800	1	17.94	17.9	
A108	Q345L70×6	2800	1	17.94	17.9	
A109	L56×4	1823	1	6.28	6.3	
A110	L56×4	1823	1	6.28	6.3	
A111	L50×5	1253	1	4.72	4.7	
A112	L50×5	1253	1	4.72	4.7	
A113	L56×4	1960	1	6.75	6.8	
A114	L56×4	1960	1	6.75	6.8	
A115	L50×5	1252	1	4.72	4.7	
A116	L50×5	1252	1	4.72	4.7	
A117	L56×4	1781	1	6.14	6.1	
A118	L56×4	1781	1	6.14	6.1	
A119	L56×4	1117	1	3.85	3.8	
A120	L56×4	1117	1	3.85	3.8	
A121	L56×4	1577	2	5.43	10.9	
A122	L40×4	851	2	2.06	4.1	
A123	L75×5	1199	1	6.98	7.0	
A124	L75×5	1199	1	6.98	7.0	
A125	L40×4	361	1	0.87	1.7	
A126	L40×4	407	1	0.99	1.0	切角
A127	L40×4	407	1	0.99	1.0	切角
A128	L50×4	625	2	1.91	3.8	
A129	L40×4	375	2	0.91	1.8	
A130	L56×5	739	2	3.14	6.3	
A131	Q345L63×5	385	2	1.86	3.7	
A132	-6×162	266	2	2.04	4.1	
A133	-6×175	281	2	2.33	4.7	
A134	-6×162	265	2	2.04	4.1	
A135	-6×176	281	2	2.34	4.7	
A136	Q420-8×245	453	1	6.98	7.0	
A137	Q420-8×245	453	1	6.98	7.0	
A138	Q420L125×8	462	1	7.16	7.2	制弯,合角(87.0),铲背
A139	Q420L125×8	462	1	7.16	7.2	制弯,合角(87.2),铲背
A140	-2×60	180	4	0.17	0.7	
A141	Q345-8×260	653	1	10.67	10.7	火曲;卷边
A142	Q345-8×260	653	1	10.67	10.7	火曲;卷边
A143	Q345-8×264	755	1	12.54	12.5	火曲;卷边
A144	Q345-8×264	755	1	12.54	12.5	火曲;卷边
A145	-6×164	445	2	3.45	6.9	
A146	Q345-6×209	220	2	2.18	4.4	
A147	Q345-6×135	268	2	1.71	3.4	
A148	L56×5	1493	1	6.35	6.3	
A149	L56×5	1493	1	6.35	6.3	
A150	L50×4	1941	1	5.94	5.9	
A151	L50×4	1941	1	5.94	5.9	
A152	L50×4	1941	1	5.94	5.9	
A153	L50×4	1941	1	5.94	5.9	
A154	L56×5	1064	1	4.52	4.5	
A155	L50×4	1815	1	5.55	5.6	
A156	L50×4	1815	1	5.55	5.6	
A157	L50×4	1815	1	5.55	5.6	
A158	L50×4	1815	1	5.55	5.6	
A159	L50×4	1815	1	5.55	5.6	
A160	L50×4	1815	1	5.55	5.6	
A161	L50×4	1487	1	4.55	4.5	
A162	L50×4	1487	1	4.55	4.5	
A163	L50×4	1390	1	4.25	4.3	
A164	L50×4	1390	1	4.25	4.3	切角
A165	Q345L63×5	1064	1	5.13	5.1	
A166	-6×131	140	2	0.86	1.7	
A167	-6×138	158	2	1.03	2.1	
A168	-6×141	210	2	1.40	2.8	
A169	Q345-12×292	336	1	9.27	9.3	火曲
A170	Q345-12×292	336	1	9.27	9.3	火曲
A171	L40×4	1879	1	4.55	4.6	
A172	L40×4	1879	1	4.55	4.6	
A173	L40×4	2005	1	4.86	4.9	
A174	L40×4	2005	1	4.86	4.9	
A175	L40×4	1869	1	4.53	4.5	
A176	L40×4	1869	1	4.53	4.5	切角
A177	L40×4	1150	1	2.79	2.8	
A178	L40×4	1731	1	4.19	4.2	
A179	L40×4	1731	1	4.19	4.2	
A180	L40×4	1916	1	4.64	4.6	
A181	L40×4	1916	1	4.64	4.6	
A182	Q420-8×228	465	1	6.68	6.7	火曲
A183	Q420-8×228	465	1	6.68	6.7	火曲
A184	L40×4	1481	1	3.59	3.6	
A185	L40×4	1481	1	3.59	3.6	切角
A186	L40×4	1702	1	4.12	4.1	
A187	L40×4	1702	1	4.12	4.1	切角
A188	L40×4	1424	1	3.45	3.4	
A189	L40×4	1424	1	3.45	3.4	切角
A190	Q345L90×8	1336	1	14.62	14.6	
A191	Q345L90×8	1336	1	14.62	14.6	
A192	Q345-10×185	360	2	5.23	10.5	
A193	L40×4	1675	1	4.06	4.1	切角
A194	L40×4	1675	1	4.06	4.1	切角
A195	L40×4	1324	1	3.21	3.2	切角
A196	L40×4	1324	1	3.21	3.2	
A197	-12×50	50	2	0.24	0.5	
合计					951.1kg	

图 12-10　110-FC21S-JZY-10　110-FC21S-JZY 转角塔地线支架结构图　Ⓐ1（续）

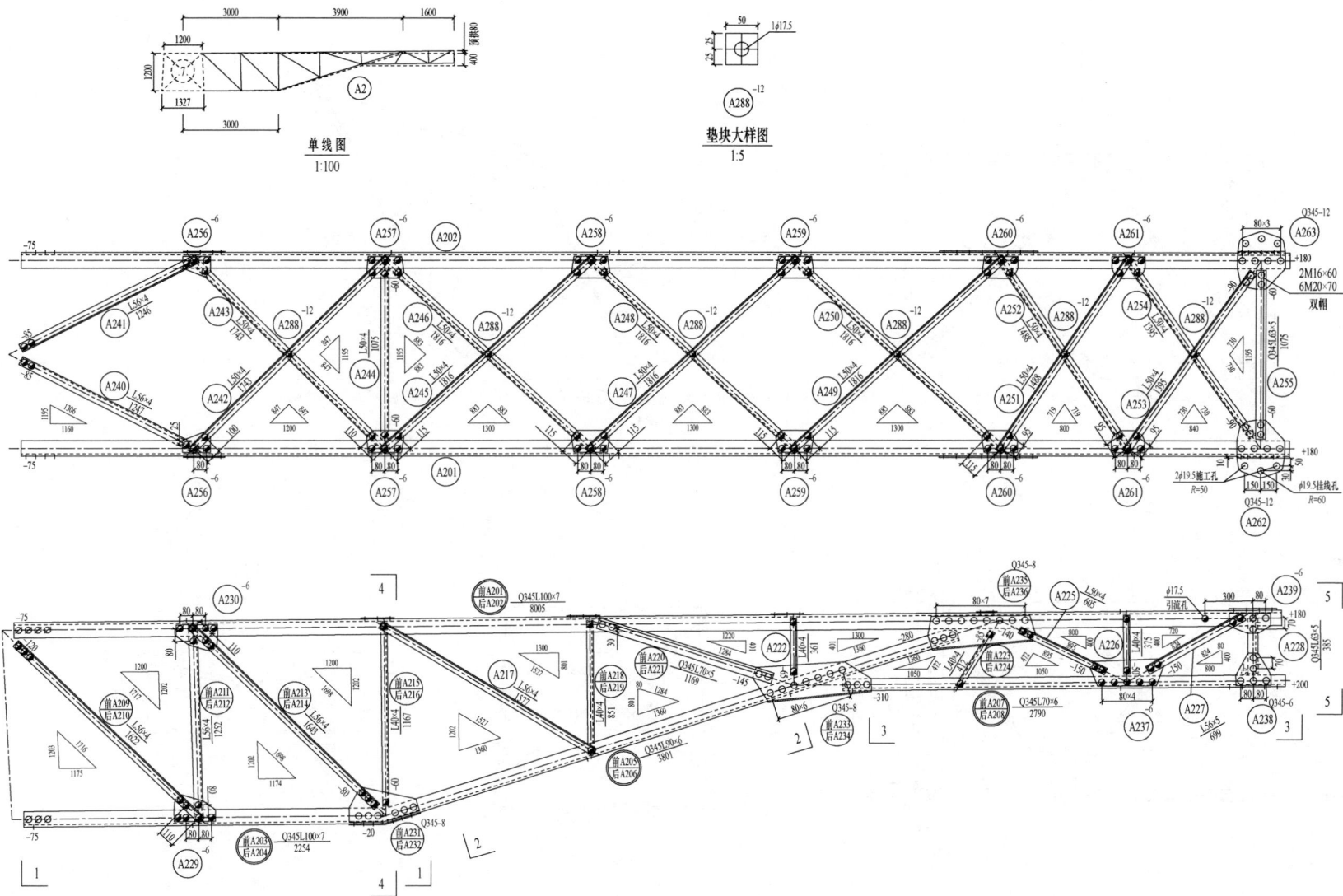

图 12-11 110-FC21S-JZY-11 110-FC21S-JZY 转角塔地线支架结构图 Ⓐ2

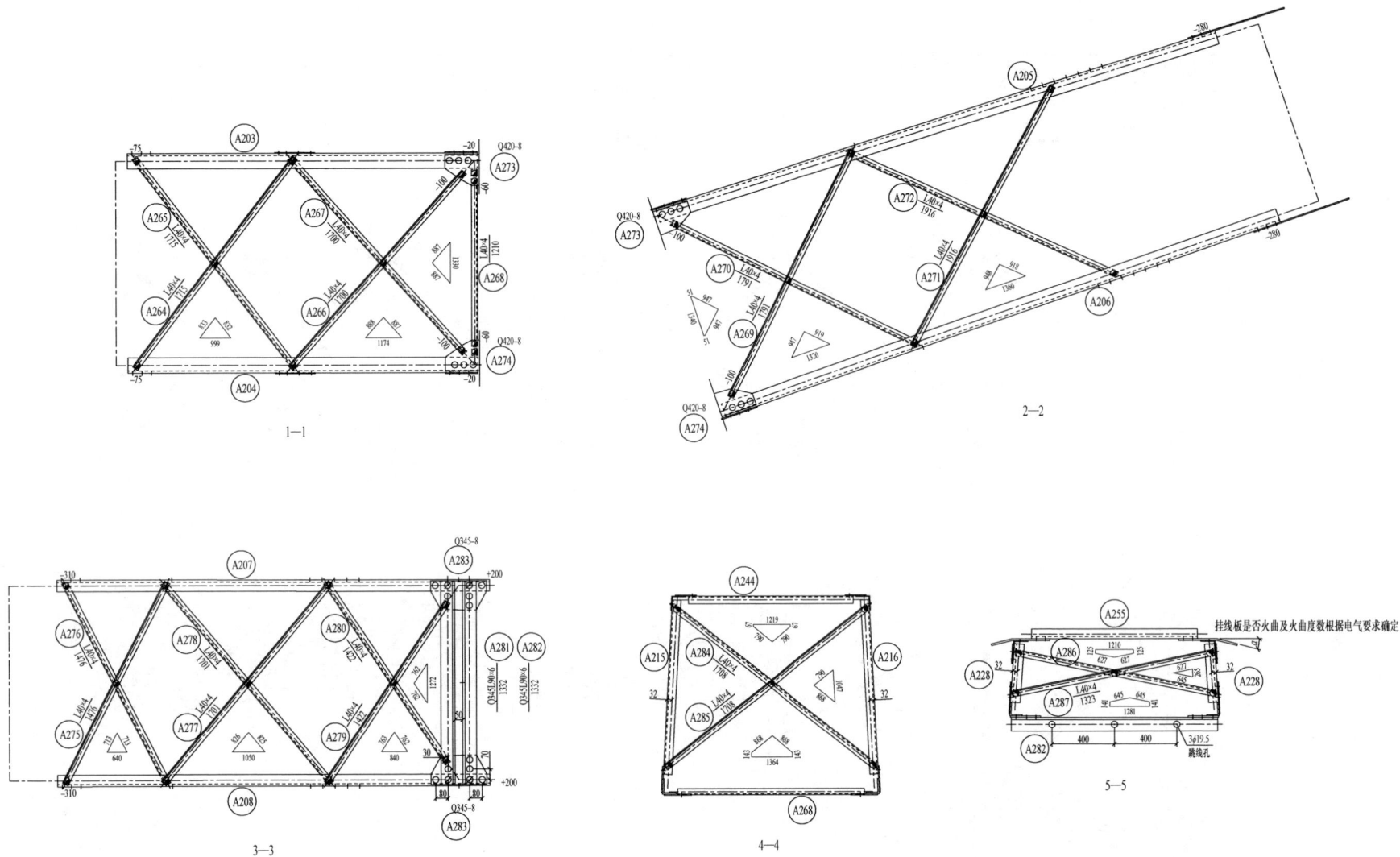

图 12−11　110−FC21S−JZY−11　110−FC21S−JZY 转角塔地线支架结构图　Ⓐ2（续）

名称	级别	规格	符号	数量	重量(kg)	备注
螺栓	6.8	M16×40	◖	87	12.5	
		M16×50	◖	79	12.6	
		M16×60	○	4	0.4	双帽
		M20×45	○	84	22.7	
		M20×55	∅	4	1.2	
		M20×70	○	12	4.6	双帽
垫圈	Q235	−3(φ17.5)	规格×个数	34	0.4	
		−4(φ17.5)		7	0.2	
合计					54.6kg	

编号	规格	长度(mm)	数量	重量(kg) 一件	重量(kg) 小计	备注	编号	规格	长度(mm)	数量	重量(kg) 一件	重量(kg) 小计	备注
A201	Q345L100×7	8005	1	86.69	86.7	开角(93.0)	A246	L50×4	1816	1	5.56	5.6	
A202	Q345L100×7	8005	1	86.69	86.7	开角(93.0)	A247	L50×4	1816	1	5.56	5.6	
A203	Q345L100×7	2254	1	24.41	24.4	合角(87.0)	A248	L50×4	1816	1	5.56	5.6	
A204	Q345L100×7	2254	1	24.41	24.4	合角(87.0)	A249	L50×4	1816	1	5.56	5.6	
A205	Q345L90×6	3801	1	31.74	31.7	切角,合角(87.2)	A250	L50×4	1816	1	5.56	5.6	
A206	Q345L90×6	3801	1	31.74	31.7	切角,合角(87.2)	A251	L50×4	1488	1	4.55	4.6	
A207	Q345L70×6	2790	1	17.87	17.9		A252	L50×4	1488	1	4.55	4.6	
A208	Q345L70×6	2790	1	17.87	17.9		A253	L50×4	1395	1	4.27	4.3	切角
A209	L56×4	1622	1	5.59	5.6		A254	L50×4	1395	1	4.27	4.3	
A210	L56×4	1622	1	5.59	5.6		A255	Q345L63×5	1075	1	5.18	5.2	
A211	L56×4	1252	1	4.31	4.3		A256	−6×130	175	2	1.08	2.2	
A212	L56×4	1252	1	4.31	4.3		A257	−6×138	233	2	1.52	3.0	
A213	L56×4	1643	1	5.66	5.7		A258	−6×138	239	2	1.56	3.1	
A214	L56×4	1643	1	5.66	5.7		A259	−6×138	239	2	1.56	3.1	
A215	L56×4	1167	1	4.02	4.0		A260	−6×138	224	2	1.47	2.9	
A216	L56×4	1167	1	4.02	4.0		A261	−6×138	210	2	1.37	2.7	
A217	L56×4	1577	2	5.43	10.9		A262	Q345−12×288	330	1	8.96	9.0	火曲
A218	L40×4	851	1	2.06	2.1		A263	Q345−12×288	330	1	8.96	9.0	火曲
A219	L40×4	851	1	2.06	2.1		A264	L40×4	1715	1	4.15	4.2	
A220	Q345L70×5	1169	1	6.31	6.3		A265	L40×4	1715	1	4.15	4.2	
A221	Q345L70×5	1169	1	6.31	6.3		A266	L40×4	1700	1	4.12	4.1	
A222	L40×4	361	2	0.87	1.7		A267	L40×4	1700	1	4.12	4.1	
A223	L40×4	412	1	1.00	1.0	切角	A268	L40×4	1210	1	2.93	2.9	切角
A224	L40×4	412	1	1.00	1.0	切角	A269	L40×4	1791	1	4.34	4.3	
A225	L50×4	605	2	1.85	3.7		A270	L40×4	1791	1	4.34	4.3	
A226	L40×4	375	2	0.91	1.8		A271	L40×4	1916	1	4.64	4.6	
A227	L56×5	699	2	2.97	5.9		A272	L40×4	1916	1	4.64	4.6	
A228	Q345L63×5	385	2	1.86	3.7		A273	Q420−8×164	455	1	4.72	4.7	火曲
A229	−6×174	260	2	2.14	4.3		A274	Q420−8×198	455	1	5.68	5.7	火曲
A230	−6×175	260	2	2.15	4.3		A275	L40×4	1476	1	3.57	3.6	
A231	Q345−8×222	441	1	6.16	6.2		A276	L40×4	1476	1	3.57	3.6	切角
A232	Q345−8×222	441	1	6.16	6.2		A277	L40×4	1701	1	4.12	4.1	
A233	Q345−8×267	750	1	12.60	12.6	火曲;卷边	A278	L40×4	1701	1	4.12	4.1	切角
A234	Q345−8×267	750	1	12.60	12.6	火曲;卷边	A279	L40×4	1422	1	3.44	3.4	
A235	Q345−8×257	678	1	10.97	11.0	火曲;卷边	A280	L40×4	1422	1	3.44	3.4	切角
A236	Q345−8×257	678	1	10.97	11.0	火曲;卷边	A281	Q345L90×6	1332	1	11.12	11.1	
A237	−6×167	466	2	3.68	7.4		A282	Q345L90×6	1332	1	11.12	11.1	
A238	Q345−6×204	220	2	2.12	4.2		A283	Q345−8×181	360	2	4.11	8.2	
A239	−6×130	258	2	1.59	3.2		A284	L40×4	1708	1	4.14	4.1	切角
A240	L56×4	1247	1	4.30	4.3	切角	A285	L40×4	1708	1	4.14	4.1	切角
A241	L56×4	1246	1	4.29	4.3		A286	L40×4	1323	1	3.20	3.2	切角
A242	L50×4	1743	1	5.33	5.3		A287	L40×4	1323	1	3.20	3.2	
A243	L50×4	1743	1	5.33	5.3	切角	A288	−12×50	50	6	0.24	1.4	
A244	L50×4	1075	1	3.29	3.3		合计					720.5kg	
A245	L50×4	1816	1	5.56	5.6								

图 12−11　110−FC21S−JZY−11　110−FC21S−JZY 转角塔地线支架结构图　Ⓐ2（续）

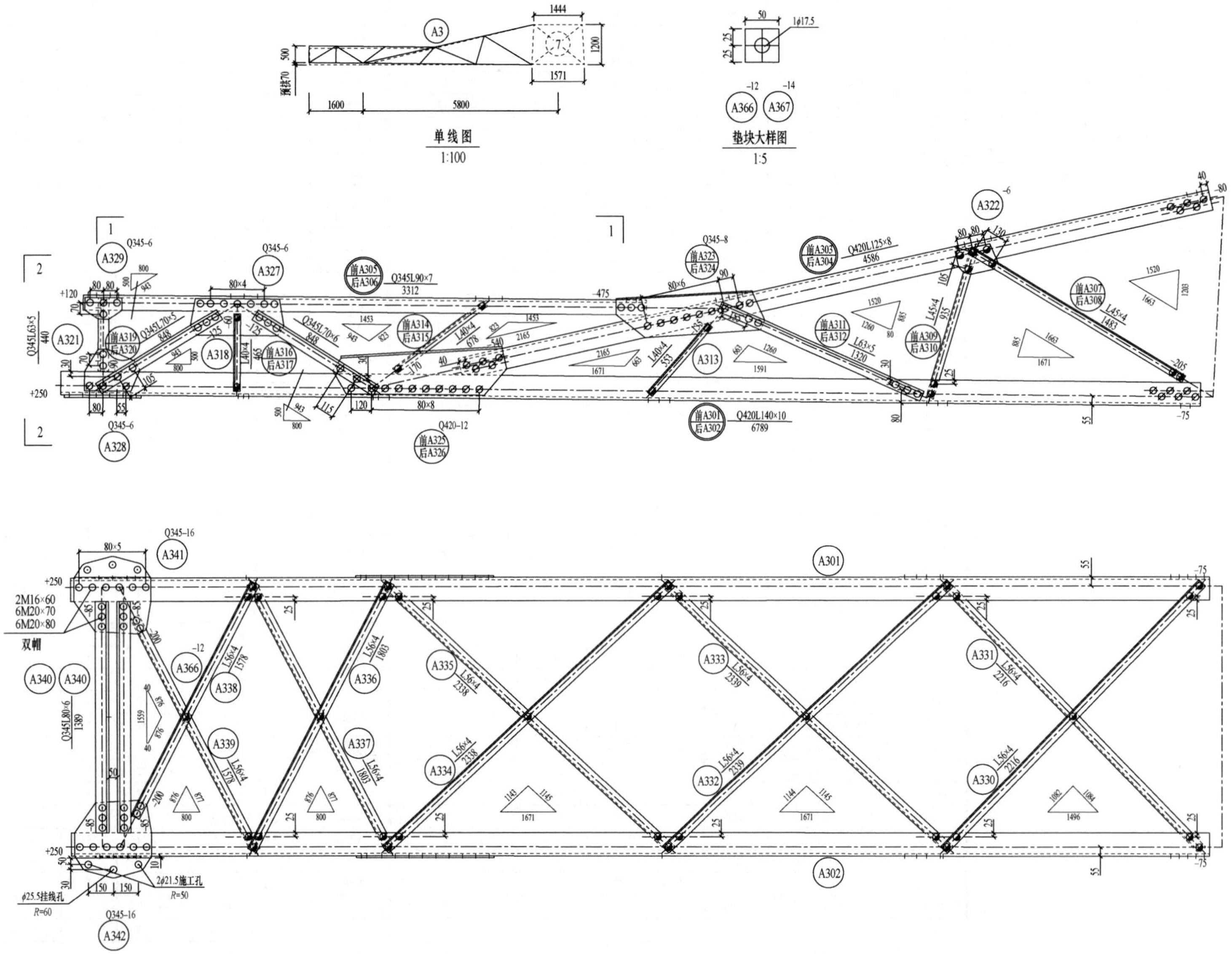

图 12-12 110-FC21S-JZY-12 110-FC21S-JZY 转角塔导线横担结构图 A3

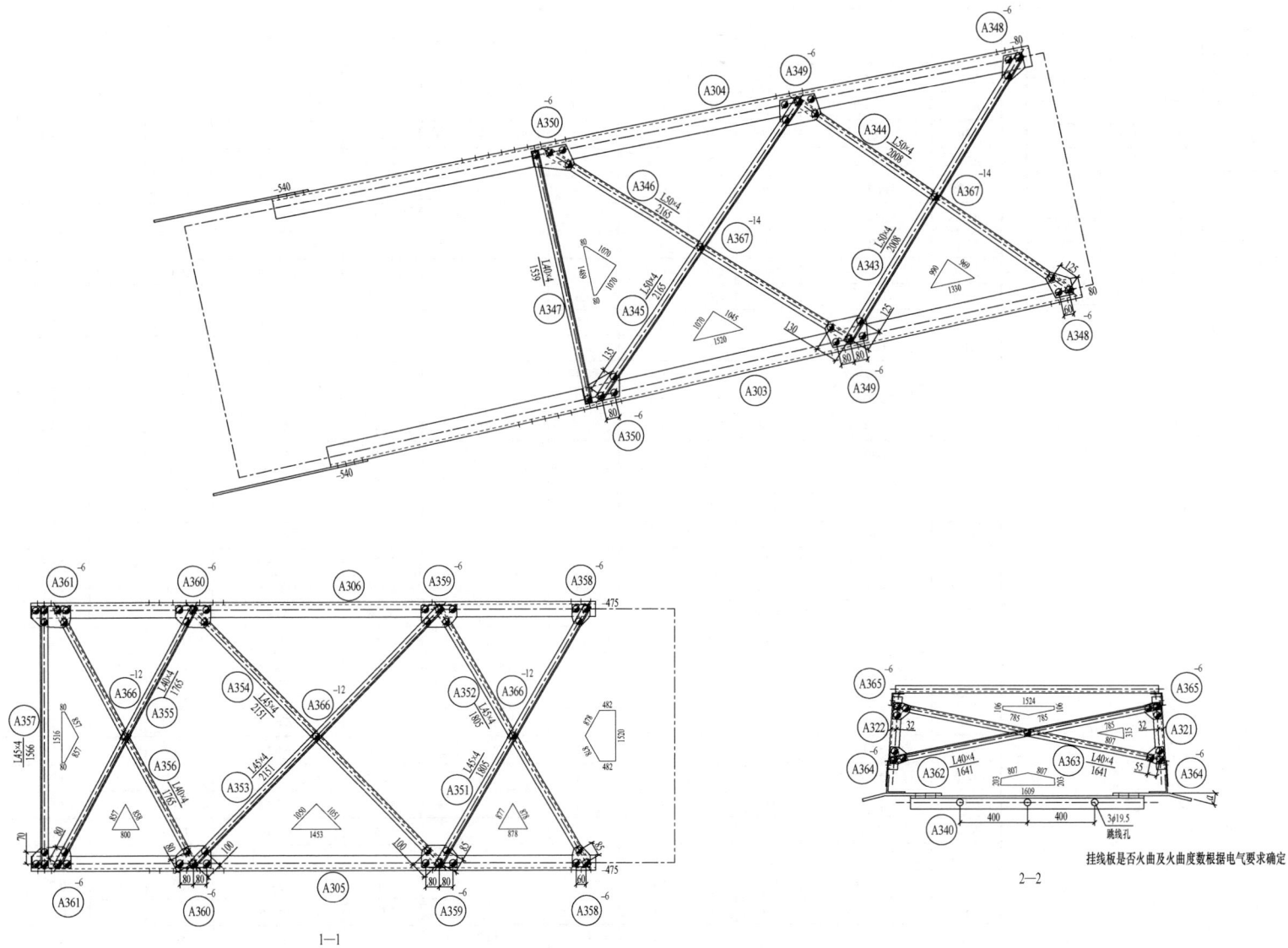

图 12-12　110-FC21S-JZY-12　110-FC21S-JZY 转角塔导线横担结构图　Ⓐ₃（续）

螺栓、垫圈、脚钉明细表

名称	级别	规格	符号	数量	重量（kg）	备注
螺栓	6.8	M16×40	◒	32	4.6	
		M16×50	◒	107	17.1	
		M16×60	○	4	0.8	双帽
		M20×45	○	44	11.9	
		M20×55	∅	54	15.9	
		M20×65	⊗	4	1.3	
		M20×70	○	12	4.6	双帽
		M20×80	○	12	4.9	双帽
垫圈	Q235	−3（φ17.5）	规格×个数	12	0.1	
		−4（φ17.5）		24	0.3	
合计					61.5kg	

构 件 明 细 表

编号	规格	长度(mm)	数量	重量(kg) 一件	重量(kg) 小计	备注	编号	规格	长度(mm)	数量	重量(kg) 一件	重量(kg) 小计	备注
A301	Q420L140×10	6789	1	145.88	145.9	合角（87.0）	A336	L56×4	1803	1	6.21	6.2	
A302	Q420L140×10	6789	1	145.88	145.9	合角（87.0）	A337	L56×4	1803	1	6.21	6.2	切角
A303	Q420L125×8	4586	1	71.10	71.1	切角，开角（93.0）	A338	L56×4	1578	1	5.44	5.4	切角
A304	Q420L125×8	4586	1	71.10	71.1	切角，开角（93.0）	A339	L56×4	1578	1	5.44	5.4	切角
A305	Q345L90×7	3352	1	32.37	32.4	开角（93.0）	A340	Q345L80×6	1389	2	10.25	20.5	
A306	Q345L90×7	3352	1	32.37	32.4	开角（93.0）	A341	Q345−16×454	467	1	26.66	26.7	火曲
A307	L45×4	1483	1	4.06	4.1		A342	Q345−16×454	467	1	26.66	26.7	火曲
A308	L45×4	1483	1	4.06	4.1		A343	L50×4	2008	1	6.14	6.1	
A309	L45×4	935	1	2.56	2.6		A344	L50×4	2008	1	6.14	6.1	
A310	L45×4	935	1	2.56	2.6		A345	L50×4	2165	1	6.62	6.6	
A311	L63×5	1320	1	6.37	6.4		A346	L50×4	2165	1	6.62	6.6	
A312	L63×5	1320	1	6.37	6.4		A347	L40×4	1539	1	3.73	3.7	
A313	L40×4	553	2	1.34	2.7		A348	−6×144	158	2	1.07	2.1	
A314	L40×4	678	1	1.64	1.6	切角	A349	−6×156	249	2	1.84	3.7	
A315	L40×4	678	1	1.64	1.6	切角	A350	−6×153	238	2	1.72	3.4	
A316	Q345L70×6	848	1	5.43	5.4		A351	L45×4	1805	1	4.94	4.9	
A317	Q345L70×6	848	1	5.43	5.4		A352	L45×4	1805	1	4.94	4.9	切角
A318	L40×4	465	2	1.13	2.3		A353	L45×4	2151	1	5.89	5.9	
A319	Q345L70×5	848	1	4.58	4.6		A354	L45×4	2151	1	5.89	5.9	切角
A320	Q345L70×5	848	1	4.58	4.6		A355	L40×4	1765	1	4.27	4.3	
A321	Q345L63×5	440	2	2.12	4.2		A356	L40×4	1765	1	4.27	4.3	
A322	−6×154	232	2	1.69	3.4		A357	L45×4	1566	1	4.28	4.3	
A323	Q345−8×287	888	1	16.02	16.0	火曲；卷边	A358	−6×110	131	2	0.68	1.4	
A324	Q345−8×287	888	1	16.02	16.0	火曲；卷边	A359	−6×131	210	2	1.30	2.6	
A325	Q420−12×315	982	1	29.17	29.2	火曲；卷边	A360	−6×130	210	2	1.29	2.6	
A326	Q420−12×315	982	1	29.17	29.2	火曲；卷边	A361	−6×127	230	2	1.38	2.8	
A327	Q345−6×221	554	2	5.78	11.6		A362	L40×4	1642	1	3.98	4.0	
A328	Q345−6×249	331	2	3.90	7.8		A363	L40×4	1642	1	3.98	4.0	切角
A329	Q345−6×130	220	2	1.35	2.7		A364	−6×100	112	2	0.53	1.1	
A330	L56×4	2216	1	7.64	7.6		A365	−6×100	111	2	0.53	1.1	
A331	L56×4	2216	1	7.64	7.6	切角	A366	−12×50	50	4	0.24	0.9	
A332	L56×4	2339	1	8.06	8.1		A367	−14×50	50	2	0.27	0.5	
A333	L56×4	2339	1	8.06	8.1	切角	A368	−10×50	50	1	0.20	0.2	
A334	L56×4	2338	1	8.06	8.1		合计					912.0kg	
A335	L56×4	2338	1	8.06	8.1	切角							

图 12−12　110−FC21S−JZY−12　110−FC21S−JZY 转角塔导线横担结构图　Ⓐ3（续）

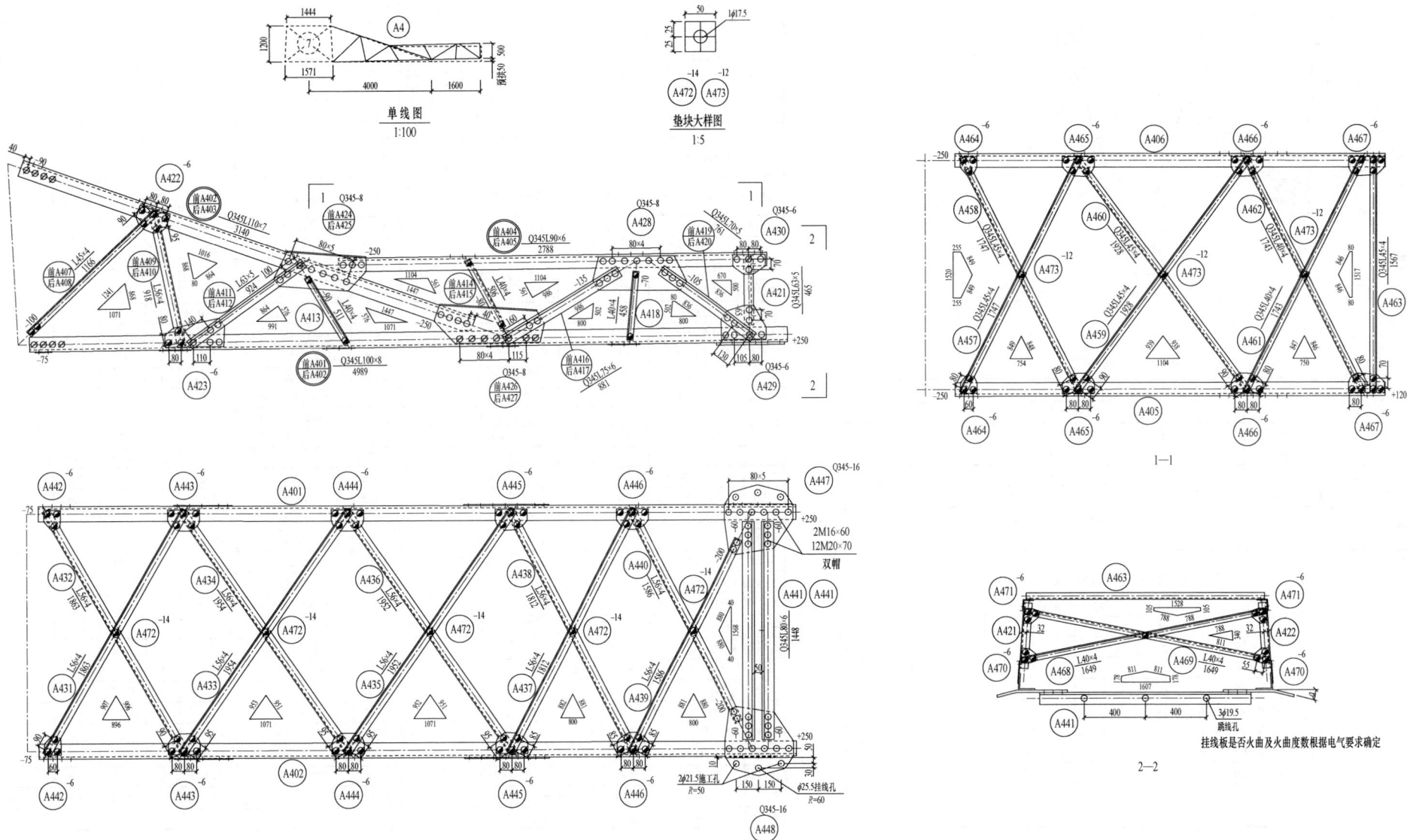

图 12−13 110−FC21S−JZY−13 110−FC21S−JZY 转角塔导线横担结构图 Ⓐ4

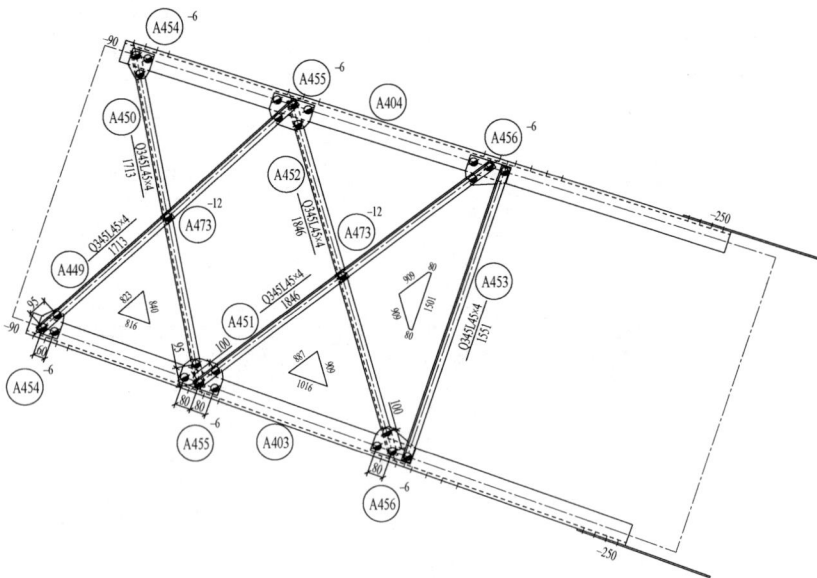

构 件 明 细 表

编号	规格	长度（mm）	数量	重量（kg）一件	重量（kg）小计	备注	编号	规格	长度（mm）	数量	重量（kg）一件	重量（kg）小计	备注
A401	Q345L100×8	4989	1	61.24	61.2	合角（87.0）	A436	L56×4	1952	1	6.73	6.7	切角
A402	Q345L100×8	4989	1	61.24	61.2	合角（87.0）	A437	L56×4	1812	1	6.24	6.2	
A403	Q345L110×7	3140	1	37.45	37.5	切角,开角（92.9）	A438	L56×4	1812	1	6.24	6.2	切角
A404	Q345L110×7	3140	1	37.45	37.5	切角,开角（92.9）	A439	L56×4	1586	1	5.47	5.5	切角
A405	Q345L90×6	2828	1	23.61	23.6	切角,开角（93.0）	A440	L56×4	1586	1	5.47	5.5	切角
A406	Q345L90×6	2828	1	23.61	23.6	切角,开角（93.0）	A441	Q345L80×6	1448	2	10.68	21.4	
A407	L45×4	1166	1	3.19	3.2		A442	−6×110	138	2	0.72	1.4	
A408	L45×4	1166	1	3.19	3.2		A443	−6×139	210	2	1.38	2.8	
A409	L56×4	918	1	3.16	3.2	切角	A444	−6×139	210	2	1.38	2.8	
A410	L56×4	918	1	3.16	3.2	切角	A445	−6×139	210	2	1.38	2.8	
A411	L63×5	924	1	4.46	4.5		A446	−6×135	210	2	1.34	2.7	
A412	L63×5	924	1	4.46	4.5		A447	Q345−16×433	469	1	25.57	25.6	火曲
A413	L40×4	511	2	1.24	2.5		A448	Q345−16×433	469	1	25.57	25.6	火曲
A414	L40×4	506	1	1.23	1.2		A449	Q345L45×4	1713	1	4.69	4.7	
A415	L40×4	506	1	1.23	1.2		A450	Q345L45×4	1713	1	4.69	4.7	
A416	Q345L75×6	881	1	6.08	6.1		A451	Q345L45×4	1846	1	5.05	5.1	
A417	Q345L75×6	881	1	6.08	6.1		A452	Q345L45×4	1846	1	5.05	5.1	
A418	L40×4	458	2	1.11	2.2		A453	Q345L45×4	1551	1	4.24	4.2	
A419	Q345L70×5	761	1	4.11	4.1		A454	−6×110	146	2	0.76	1.5	
A420	Q345L70×5	761	1	4.11	4.1		A455	−6×146	210	2	1.45	2.9	
A421	Q345L63×5	465	2	2.24	4.5		A456	−6×139	210	2	1.38	2.8	
A422	−6×146	210	2	1.45	2.9		A457	Q345L45×4	1747	1	4.78	4.8	
A423	−6×187	391	2	3.46	6.9		A458	Q345L45×4	1747	1	4.78	4.8	
A424	Q345−8×279	597	1	10.49	10.5	火曲;卷边	A459	Q345L45×4	1928	1	5.28	5.3	
A425	Q345−8×279	597	1	10.49	10.5	火曲;卷边	A460	Q345L45×4	1928	1	5.28	5.3	切角
A426	Q345−8×296	722	1	13.44	13.4	火曲;卷边	A461	Q345L40×4	1743	1	4.22	4.2	
A427	Q345−8×296	722	1	13.44	13.4	火曲;卷边	A462	Q345L40×4	1743	1	4.22	4.2	
A428	Q345−8×227	620	2	8.88	17.8		A463	Q345L45×4	1567	1	4.29	4.3	
A429	Q345−6×224	307	2	3.26	6.5		A464	−6×110	129	2	0.67	1.3	
A430	Q345−6×130	220	2	1.35	2.7		A465	−6×131	210	2	1.30	2.6	
A431	L56×4	1863	1	6.42	6.4	切角	A466	−6×130	210	2	1.30	2.6	
A432	L56×4	1863	1	6.42	6.4	切角	A467	−6×128	240	2	1.45	2.9	
A433	L56×4	1954	1	6.73	6.7		A468	Q345L40×4	1650	1	4.00	4.0	
A434	L56×4	1954	1	6.73	6.7	切角	A469	Q345L40×4	1650	1	4.00	4.0	切角
A435	L56×4	1952	1	6.73	6.7								

构 件 明 细 表

编号	规格	长度（mm）	数量	重量（kg）一件	重量（kg）小计	备注
A470	−6×100	112	2	0.53	1.1	
A471	−6×100	112	2	0.53	1.1	
A472	−14×50	50	5	0.27	1.4	
A473	−12×50	50	5	0.24	1.2	
A474	−10×50	50	1	0.20	0.2	
合计					617.4kg	

螺栓、垫圈、脚钉明细表

名称	级别	规格	符号	数量	重量（kg）	备注
螺栓	6.8	M16×40	◓	59	8.5	
		M16×50	◒	100	16.0	
		M16×60	○	4	0.8	双帽
		M20×45	○	76	20.5	
		M20×55	⊘	20	5.9	
		M20×70	○	24	9.3	双帽
垫圈	Q235	−3（φ17.5）	规格×个数	26	0.2	
		−4（φ17.5）		24	0.6	
合计					61.8kg	

图 12−13　110−FC21S−JZY−13　110−FC21S−JZY 转角塔导线横担结构图 Ⓐ④（续）

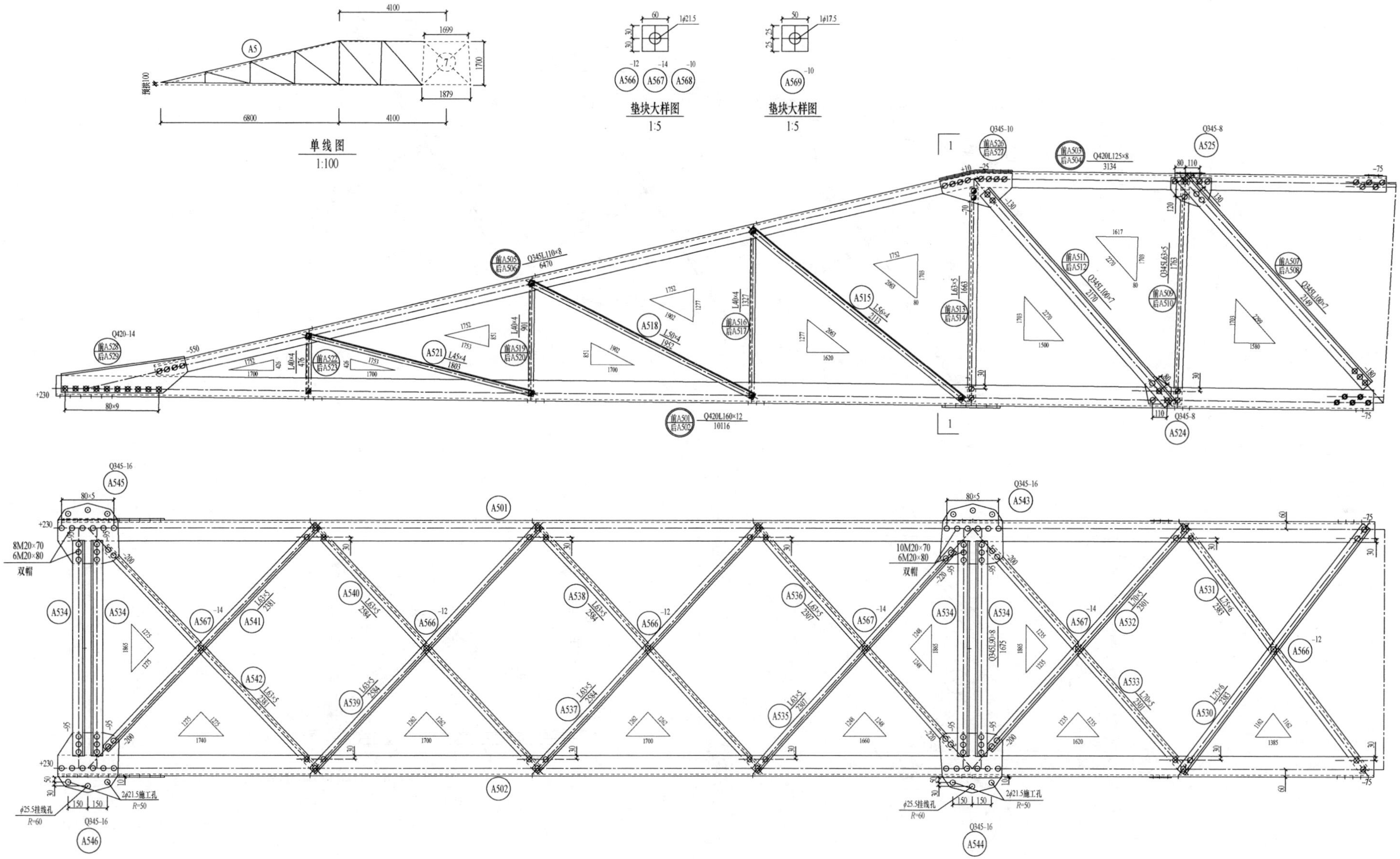

图 12-14　110-FC21S-JZY-14　110-FC21S-JZY 转角塔导线横担结构图 (A5)

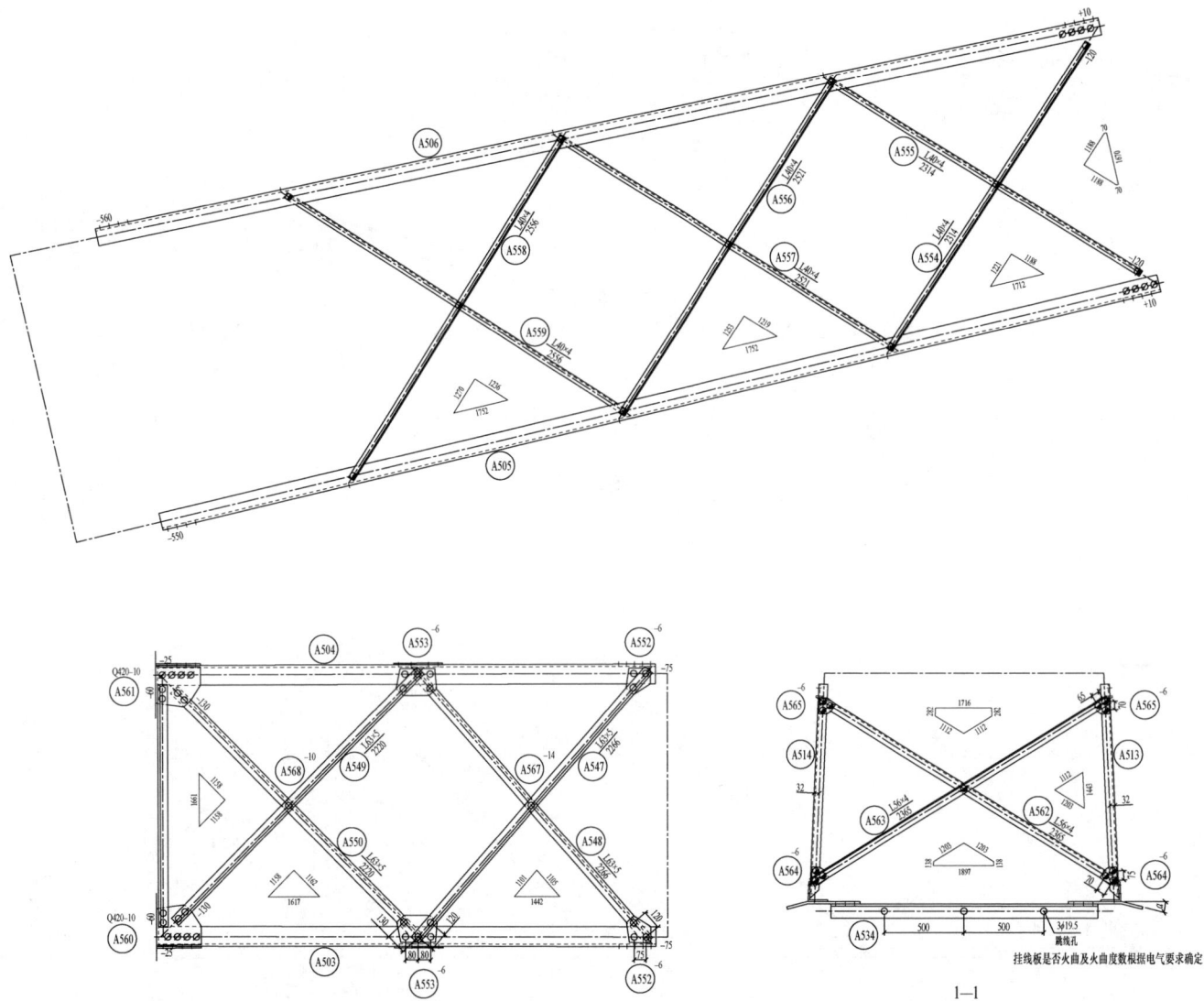

图 12-14 110-FC21S-JZY-14 110-FC21S-JZY 转角塔导线横担结构图 Ⓐ⑤（续）

螺 栓、垫 圈、脚 钉 明 细 表

名称	级别	规格	符号	数量	重量（kg）	备注
螺栓	6.8	M16×40	◑	8	1.2	
		M16×50	◐	34	5.4	
		M20×45	○	23	6.2	
		M20×55	∅	105	31.0	
		M20×65	⊗	26	8.3	
		M20×70	○	36	13.9	双帽
		M20×80	○	24	9.9	双帽
垫圈	Q235	−4（φ17.5）	规格×个数	8	0.1	
		−3（φ22）		2	0.1	
		−4（φ22）		8	0.2	
合计					76.3kg	

构 件 明 细 表

编号	规格	长度(mm)	数量	重量（kg）一件	重量（kg）小计	备注	编号	规格	长度(mm)	数量	重量（kg）一件	重量（kg）小计	备注
A501	Q420L160×12	10116	1	297.32	297.3	合角(87.0)	A536	L63×5	2307	1	11.12	11.1	切角
A502	Q420L160×12	10116	1	297.32	297.3	合角(87.0)	A537	L63×5	2584	1	12.46	12.5	
A503	Q420L125×8	3134	1	48.59	48.6	开角(93.0)	A538	L63×5	2584	1	12.46	12.5	切角
A504	Q420L125×8	3134	1	48.59	48.6	开角(93.0)	A539	L63×5	2584	1	12.46	12.5	
A505	Q345L110×8	6470	1	87.55	87.6	切角,开角(93.0)	A540	L63×5	2584	1	12.46	12.5	切角
A506	Q345L110×8	6460	1	87.42	87.4	切角,开角(93.0)	A541	L63×5	2381	1	11.48	11.5	切角
A507	Q345L100×7	2149	1	23.27	23.3		A542	L63×5	2381	1	11.48	11.5	切角
A508	Q345L100×7	2149	1	23.27	23.3		A543	Q345−16×463	486	1	28.33	28.3	火曲
A509	Q345L63×5	1763	1	8.50	8.5		A544	Q345−16×463	486	1	28.33	28.3	火曲
A510	Q345L63×5	1763	1	8.50	8.5		A545	Q345−16×465	467	1	27.36	27.4	火曲
A511	Q345L100×7	2170	1	23.50	23.5		A546	Q345−16×465	467	1	27.36	27.4	火曲
A512	Q345L100×7	2170	1	23.50	23.5		A547	L63×5	2266	1	10.93	10.9	
A513	L63×5	1663	1	8.02	8.0	切角	A548	L63×5	2266	1	10.93	10.9	切角
A514	L63×5	1663	1	8.02	8.0	切角	A549	L63×5	2220	1	10.70	10.7	
A515	L56×4	2113	2	7.28	14.6		A550	L63×5	2220	1	10.70	10.7	切角
A516	L40×4	1327	1	3.21	3.2		A551	L63×5	1541	1	7.43	7.4	
A517	L40×4	1327	1	3.21	3.2		A552	−6×153	167	2	1.21	2.4	
A518	L50×4	1952	2	5.97	11.9		A553	−6×170	255	2	2.06	4.1	
A519	L40×4	901	1	2.18	2.2		A554	L40×4	2314	1	5.60	5.6	
A520	L40×4	901	1	2.18	2.2		A555	L40×4	2314	1	5.60	5.6	
A521	L45×4	1803	2	4.93	9.9		A556	L40×4	2521	1	6.11	6.1	
A522	L40×4	476	1	1.15	1.2		A557	L40×4	2521	1	6.11	6.1	
A523	L40×4	476	1	1.15	1.2		A558	L40×4	2556	1	6.19	6.2	
A524	Q345−8×201	215	2	2.73	5.5		A559	L40×4	2556	1	6.19	6.2	
A525	Q345−8×226	310	2	4.41	8.8		A560	Q420−10×253	572	1	11.38	11.4	火曲
A526	Q345−10×270	558	1	11.86	11.9		A561	Q420−10×253	572	1	11.38	11.4	火曲
A527	Q345−10×270	558	1	11.86	11.9		A562	L56×4	2365	1	8.15	8.1	切角
A528	Q420−14×297	984	1	32.14	32.1	火曲;卷边	A563	L56×4	2365	1	8.15	8.1	切角
A529	Q420−14×297	994	1	32.55	32.5	火曲;卷边	A564	−6×118	125	2	0.70	1.4	
A530	L75×6	2383	1	16.45	16.5	切角	A565	−6×118	120	2	0.67	1.3	
A531	L75×6	2383	1	16.45	16.5	切角	A566	−12×60	60	3	0.34	1.0	
A532	L70×5	2301	1	12.42	12.4	切角	A567	−14×60	60	4	0.40	1.6	
A533	L70×5	2301	1	12.42	12.4	切角	A568	−10×60	60	1	0.28	0.3	
A534	Q345L90×8	1675	4	18.33	73.3		A569	−10×50	50	1	0.20	0.2	
A535	L63×5	2307	1	11.12	11.1		合计					1621.1kg	

图 12−14　110−FC21S−JZY−14　110−FC21S−JZY 转角塔导线横担结构图 Ⓐ5（续）

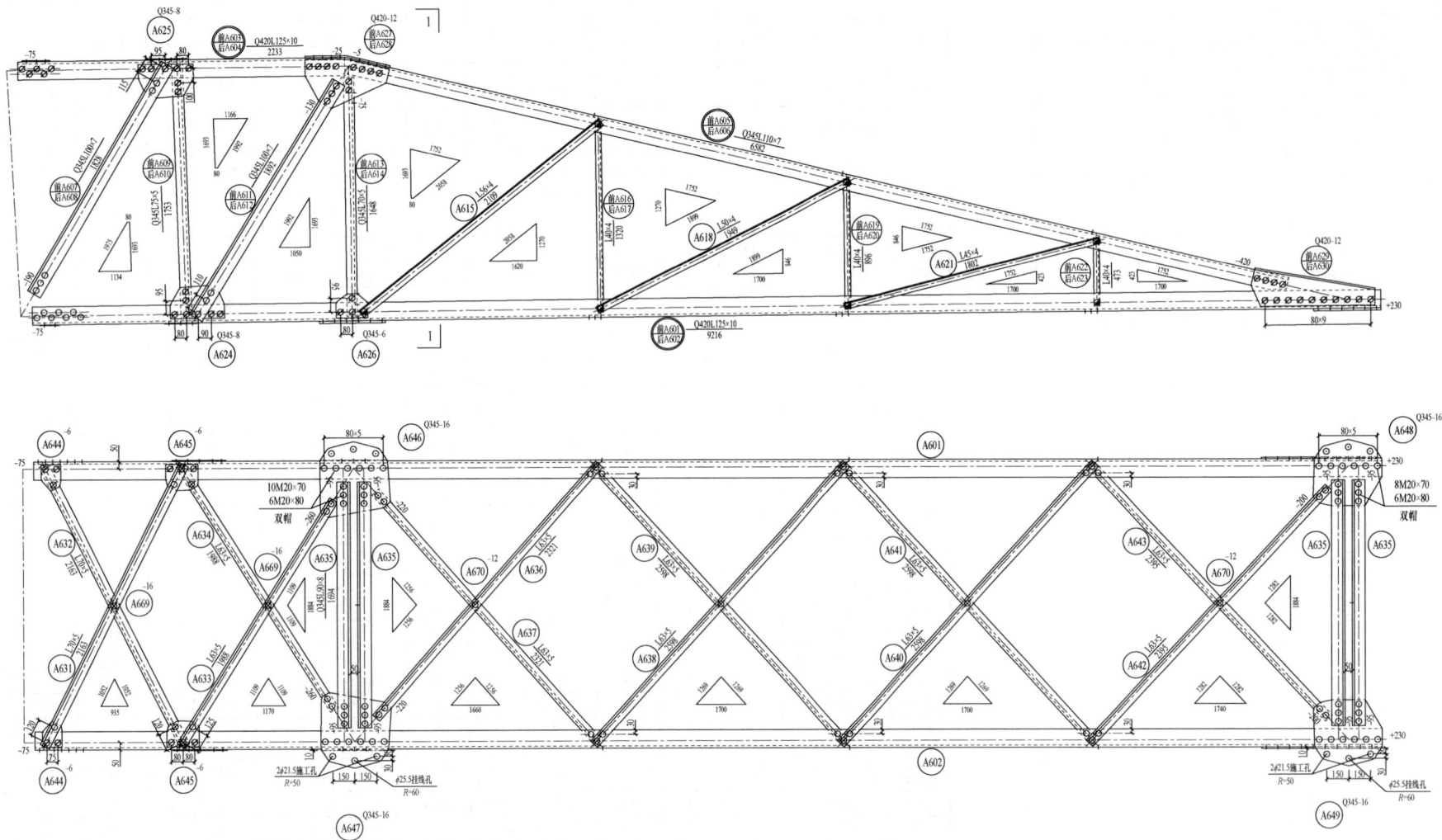

图 12-15 **110-FC21S-JZY-15** **110-FC21S-JZY 转角塔导线横担结构图** Ⓐ6

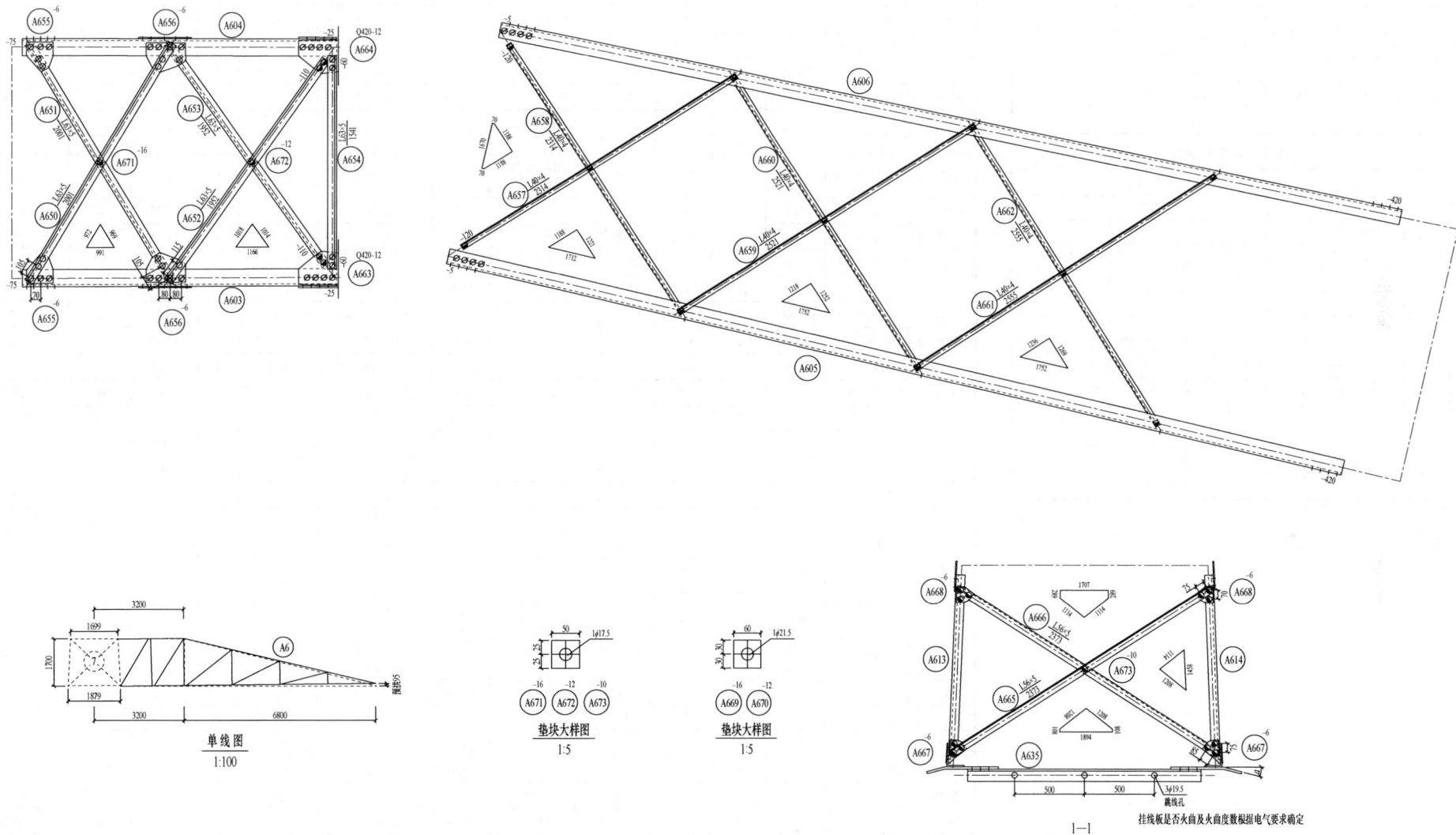

图 12-15 110-FC21S-JZY-15 110-FC21S-JZY 转角塔导线横担结构图 Ⓐ6（续）

构 件 明 细 表

编号	规格	长度(mm)	数量	一件	小计	备注
A670	−12×60	60	2	0.34	0.7	
A671	−16×50	50	1	0.31	0.3	
A672	−12×50	50	1	0.24	0.2	
A673	−10×50	50	1	0.20	0.2	
合计				1347.2kg		

螺栓、垫圈、脚钉明细表

名称	级别	规格	符号	数量	重量(kg)	备注
螺栓	6.8	M16×40	●	8	1.2	
		M16×50	◑	37	5.9	
		M16×60	⊠	1	0.2	
		M20×45	○	48	13.0	
		M20×55	∅	144	42.5	
		M20×65	⊠	6	1.9	
		M20×70	○	36	13.9	双帽
		M20×80	○	24	9.9	双帽
垫圈	Q235	−3(φ17.5)	规格·个数	4	0.1	
		−4(φ17.5)		4	0.1	
		−4(φ22)		40	0.2	
合计					88.9kg	

构 件 明 细 表

编号	规格	长度(mm)	数量	一件	小计	备注	编号	规格	长度(mm)	数量	一件	小计	备注
A601	Q420L125×10	9216	1	176.33	176.3	合角(87.0)	A636	L63×5	2321	1	11.19	11.2	
A602	Q420L125×10	9216	1	176.33	176.3	合角(87.0)	A637	L63×5	2321	1	11.19	11.2	切角
A603	Q420L125×10	2233	1	42.72	42.7	开角(93.0)	A638	L63×5	2598	1	12.53	12.5	
A604	Q420L125×10	2233	1	42.72	42.7	开角(93.0)	A639	L63×5	2598	1	12.53	12.5	切角
A605	Q345L110×7	6582	1	78.51	78.5	切角,开角(93.1)	A640	L63×5	2598	1	12.53	12.5	
A606	Q345L110×7	6582	1	78.51	78.5	切角,开角(93.1)	A641	L63×5	2598	1	12.53	12.5	切角
A607	Q345L100×7	1828	1	19.80	19.8		A642	L63×5	2395	1	11.55	11.5	切角
A608	Q345L100×7	1828	1	19.80	19.8		A643	L63×5	2395	1	11.55	11.5	切角
A609	Q345L75×5	1753	1	10.20	10.2	切角	A644	−6×135	179	2	1.14	2.3	
A610	Q345L75×5	1753	1	10.20	10.2	切角	A645	−6×179	220	2	1.86	3.7	
A611	Q345L100×7	1892	1	20.49	20.5		A646	Q345−16×479	506	1	30.48	30.5	火曲
A612	Q345L100×7	1892	1	20.49	20.5		A647	Q345−16×479	506	1	30.48	30.5	火曲
A613	Q345L70×5	1648	1	8.89	8.9	切角	A648	Q345−16×457	464	1	26.67	26.7	火曲
A614	Q345L70×5	1648	1	8.89	8.9	切角	A649	Q345−16×457	464	1	26.67	26.7	火曲
A615	L56×4	2109	2	7.27	14.5		A650	L63×5	2001	1	9.65	9.6	
A616	L40×4	1320	1	3.20	3.2		A651	L63×5	2001	1	9.65	9.6	切角
A617	L40×4	1320	1	3.20	3.2		A652	L63×5	1952	1	9.41	9.4	切角
A618	L50×4	1949	2	5.96	11.9		A653	L63×5	1952	1	9.41	9.4	切角
A619	L40×4	896	1	2.17	2.2		A654	L63×5	1541	1	7.43	7.4	
A620	L40×4	896	1	2.17	2.2		A655	−6×190	217	2	1.95	3.9	
A621	L45×4	1802	2	4.93	9.9		A656	−6×214	280	2	2.84	5.7	
A622	L40×4	473	1	1.15	1.1		A657	L40×4	2314	1	5.60	5.6	
A623	L40×4	473	1	1.15	1.1		A658	L40×4	2314	1	5.60	5.6	
A624	Q345−8×226	370	2	5.26	10.5		A659	L40×4	2521	1	6.11	6.1	
A625	Q345−8×231	375	2	5.45	10.9		A660	L40×4	2521	1	6.11	6.1	
A626	Q345−6×165	215	2	1.67	3.3		A661	L40×4	2555	1	6.19	6.2	
A627	Q420−12×339	572	1	18.33	18.3		A662	L40×4	2555	1	6.19	6.2	
A628	Q420−12×339	572	1	18.33	18.3		A663	Q420−12×242	587	1	13.41	13.4	火曲
A629	Q420−12×292	856	1	23.57	23.6	火曲;卷边	A664	Q420−12×242	587	1	13.42	13.4	火曲
A630	Q420−12×292	856	1	23.57	23.6	火曲;卷边	A665	L56×5	2371	1	10.08	10.1	切角
A631	L70×5	2163	1	11.67	11.7	切角	A666	L56×5	2371	1	10.08	10.1	切角
A632	L70×5	2163	1	11.67	11.7	切角	A667	−6×125	125	2	0.74	1.5	
A633	L63×5	1988	1	9.59	9.6	切角	A668	−6×120	126	2	0.71	1.4	
A634	L63×5	1988	1	9.59	9.6	切角	A669	−16×60	60	2	0.45	0.9	
A635	Q345L90×8	1694	4	18.54	74.2								

图 12−15　110−FC21S−JZY−15　110−FC21S−JZY 转角塔导线横担结构图 Ⓐ6（续）

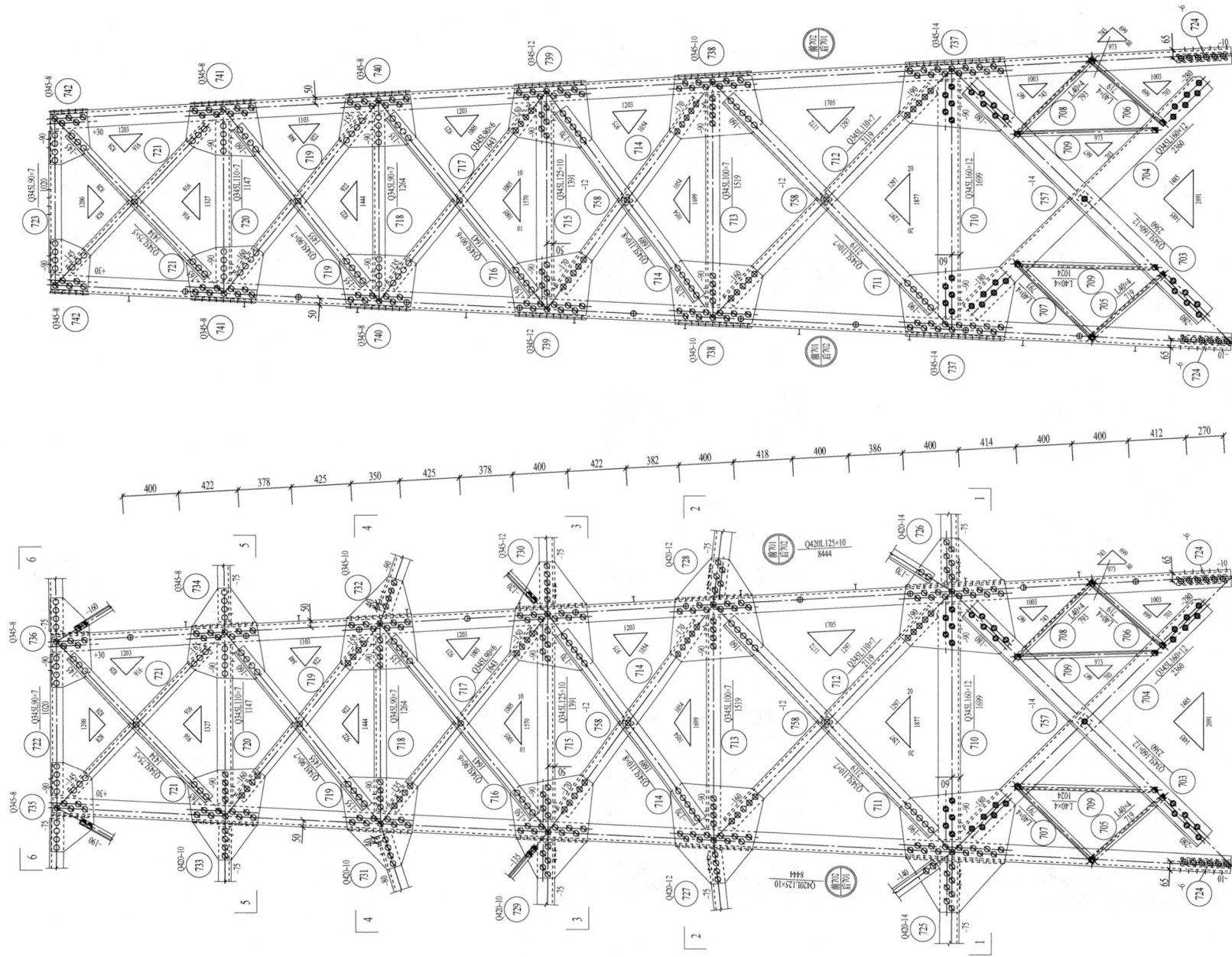

图 12-16　110-FC21S-JZY-16　110-FC21S-JZY 转角塔塔身结构图 ⑦

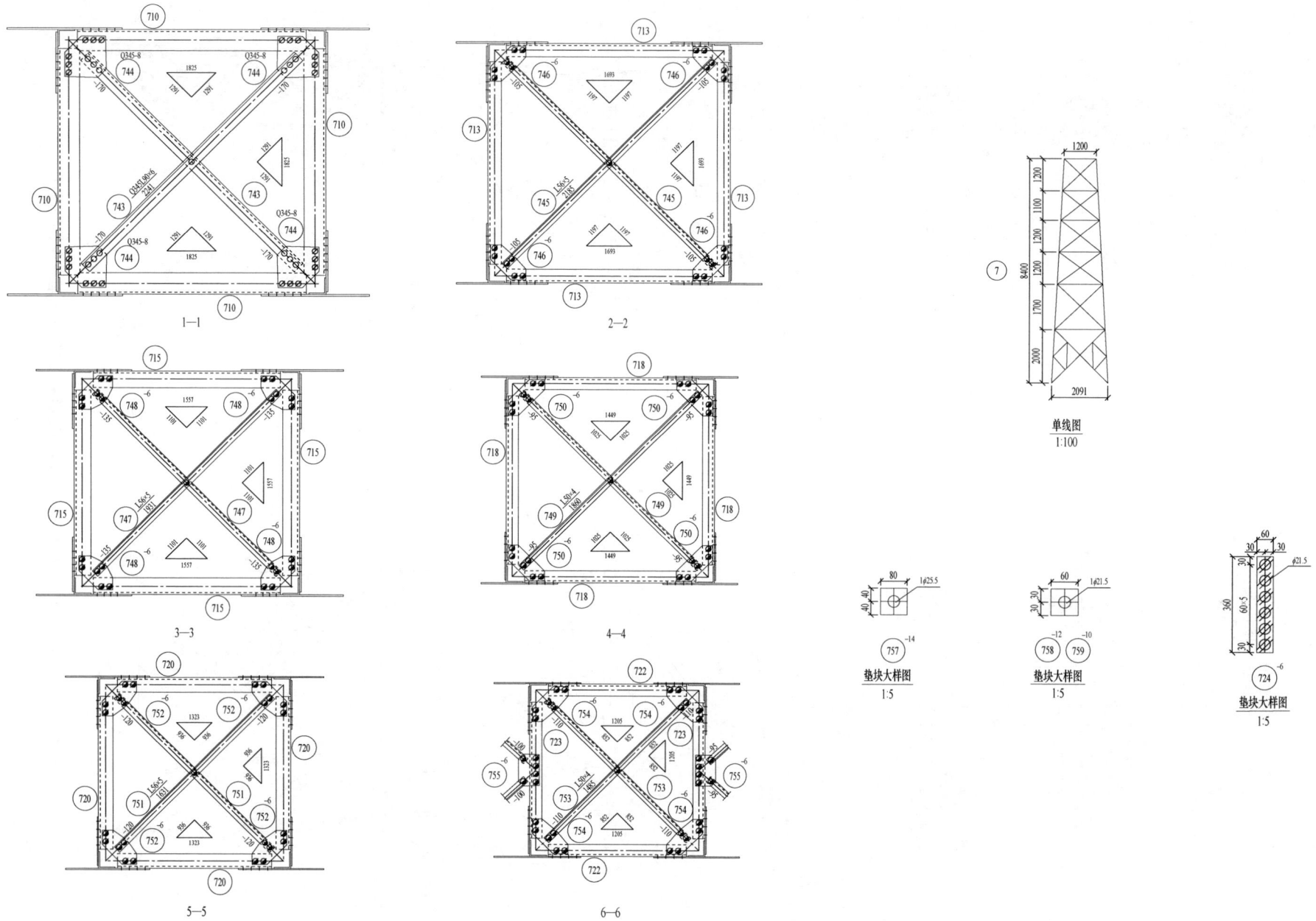

图 12–16 110–FC21S–JZY–16 110–FC21S–JZY 转角塔塔身结构图 ⑦（续）

螺栓、垫圈、脚钉明细表

名称	级别	规格	符号	数量	重量（kg）	备注
螺栓	6.8	M16×40	◑	52	7.5	
		M16×50	◑	133	21.3	
		M20×45	○	213	57.5	
		M20×55	⊘	898	264.9	
螺栓	6.8	M20×65	⊠	6	1.9	
	8.8	M24×65	⊘	88	44.0	
		M24×75	⊠	4	2.1	
脚钉	6.8	M16×180	⊙—	20	6.5	双帽
		M20×200	⊙—	20	12.4	双帽
垫圈	Q235	−3（φ17.5）	规格×个数	10	0.1	
		−4（φ22）		24	0.5	
合计					418.7kg	

构 件 明 细 表

编号	规格	长度（mm）	数量	重量（kg）一件	重量（kg）小计	备注	编号	规格	长度（mm）	数量	重量（kg）一件	重量（kg）小计	备注
701	Q420L125×10	8444	2	161.56	323.1		731	Q420−10×549	660	2	28.50	57.0	
702	Q420L125×10	8444	2	161.56	323.1		732	Q345−10×549	666	2	28.78	57.6	
703	Q345L160×12	2360	4	69.36	277.5		733	Q420−10×551	648	2	28.09	56.2	
704	Q345L160×12	2360	4	69.36	277.5	切角	734	Q345−8×551	648	2	22.48	45.0	
705	L40×4	719	4	1.74	7.0	切角	735	Q345−8×305	645	2	12.38	24.8	
706	L40×4	719	4	1.74	7.0		736	Q345−8×287	645	2	11.65	23.3	
707	L40×4	793	4	1.92	7.7		737	Q345−14×498	829	4	45.44	181.8	
708	L40×4	793	4	1.92	7.7	切角	738	Q345−10×428	681	4	22.91	91.6	
709	L40×4	1024	8	2.48	19.8		739	Q345−12×453	596	4	25.46	101.8	
710	Q345L160×12	1699	4	49.94	199.7	切角，合角（87.0）	740	Q345−8×361	550	4	12.50	50.0	
711	Q345L110×7	2119	4	25.28	101.1		741	Q345−8×381	545	4	13.08	52.3	
712	Q345L110×7	2119	4	25.28	101.1	切角	742	Q345−8×291	361	4	6.63	26.5	
713	Q345L100×7	1519	4	16.45	65.8	开角（93.0）	743	L90×6	2241	2	18.71	37.4	
714	Q345L110×8	1689	8	22.86	182.8		744	Q345−8×309	310	4	6.02	24.1	
715	Q345L125×10	1391	4	26.61	106.5	合角（87.0）	745	L56×5	2185	2	9.29	18.6	
716	Q345L90×6	1643	4	13.72	54.9		746	−6×139	371	4	2.44	9.8	
717	Q345L90×6	1643	4	13.72	54.9	切角	747	L56×5	1931	2	8.21	16.4	
718	Q345L90×7	1264	4	12.21	48.8	开角（93.0）	748	−6×169	357	4	2.85	11.4	
719	Q345L90×7	1455	8	14.05	112.4		749	L50×4	1860	2	5.69	11.4	
720	Q345L110×7	1147	4	13.68	54.7	合角（87.0）	750	−6×132	381	4	2.38	9.5	
721	Q345L75×5	1434	8	8.34	66.7		751	L56×5	1631	2	6.93	13.9	
722	Q345L90×7	1020	2	9.85	19.7	开角（93.0）	752	−6×150	364	4	2.59	10.4	
723	Q345L90×7	1020	2	9.85	19.7	开角（93.0）	753	L50×4	1485	2	4.54	9.1	
724	−6×60	360	8	1.02	8.1		754	−6×137	371	4	2.40	9.6	
725	Q420−14×830	856	2	78.15	156.3		755	−6×152	238	1	1.72	1.7	
726	Q420−14×806	830	2	73.56	147.1		756	−6×149	232	1	1.63	1.6	
727	Q420−12×681	710	2	45.61	91.2		757	−14×80	80	4	0.70	2.8	
728	Q420−12×681	729	2	46.85	93.7		758	−12×60	60	4	0.34	1.4	
729	Q420−10×604	711	2	33.79	67.6		759	−10×60	60	4	0.28	1.1	
730	Q345−12×604	752	2	42.84	85.7			合计				4047.0kg	

图 12−16 110−FC21S−JZY−16 110−FC21S−JZY 转角塔塔身结构图 ⑦（续）

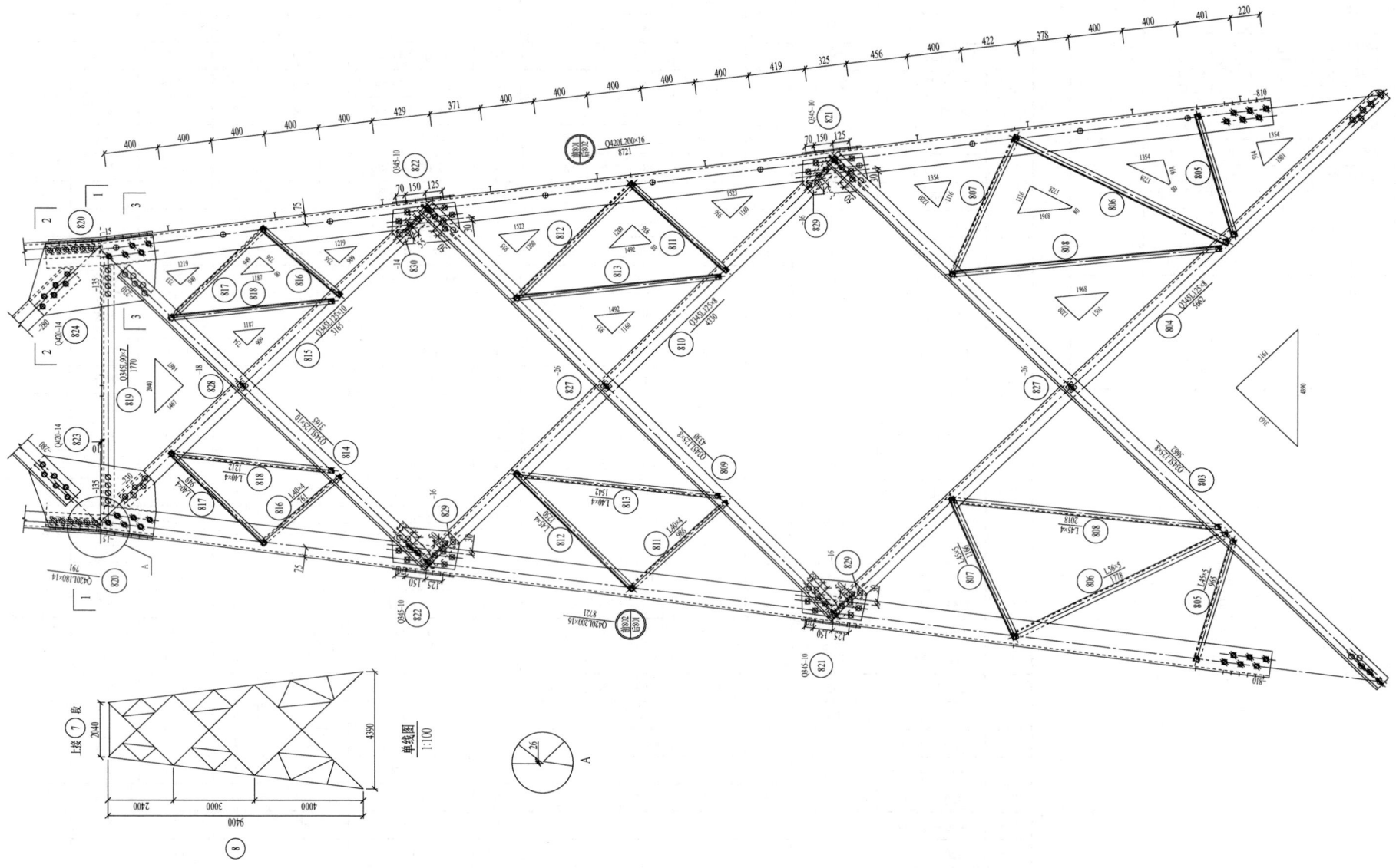

图 12-17   110-FC21S-JZY-17   110-FC21S-JZY 转角塔塔身结构图 ⑧

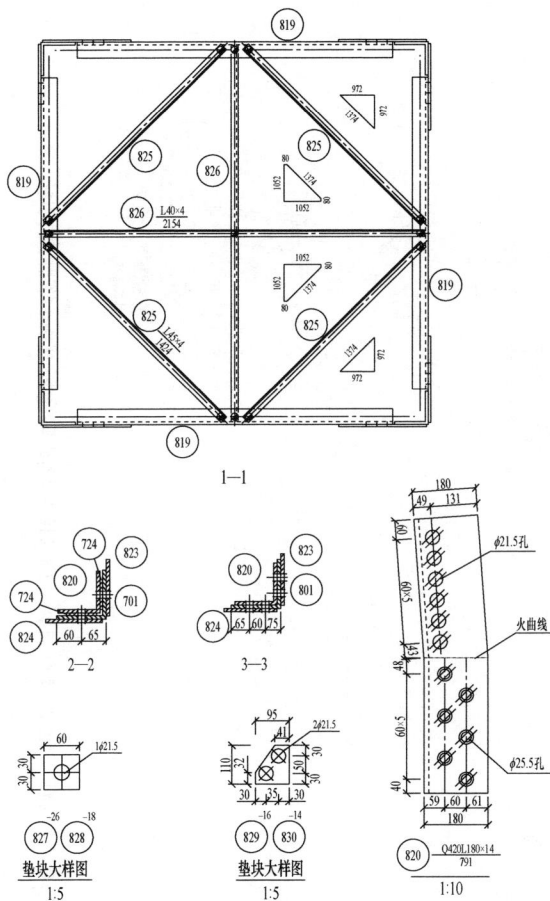

螺栓、垫圈、脚钉明细表

名称	级别	规格	符号	数量	重量（kg）	备注
螺栓	6.8	M16×40	◐	36	5.2	
		M16×50	◑	65	10.4	
		M16×60	⊠	24	4.2	
		M20×55	∅	96	28.3	
		M20×65	⊠	138	44.2	
		M20×75	∅	92	31.8	
	8.8	M24×65	∅	48	24.0	
		M24×85	∅	46	26.4	
脚钉	6.8	M16×180	⊕——┤	34	11.1	双帽
		M20×200	⊕——┤	6	3.7	双帽
	8.8	M24×240	⊕——┤	2	1.8	双帽
垫圈	Q235	−3（φ17.5）	规格×个数	2	0.1	
合计					191.2kg	

构件明细表

编号	规格	长度（mm）	数量	重量（kg）一件	重量（kg）小计	备注
801	Q420L200×16	8721	2	424.54	849.1	脚钉
802	Q420L200×16	8721	2	424.54	849.1	脚钉
803	Q345L125×8	5662	4	87.78	351.1	
804	Q345L125×8	5662	4	87.78	351.1	切角
805	L45×5	964	8	3.25	26.0	
806	L56×5	1778	8	7.56	60.5	
807	L45×5	1166	8	3.93	31.4	
808	L45×4	2018	8	5.52	44.2	
809	Q345L125×8	4330	4	67.13	268.5	切角，脚钉
810	Q345L125×8	4330	4	67.13	268.5	切角
811	L40×4	986	8	2.39	19.1	
812	L45×4	1250	8	3.42	27.4	
813	L40×4	1542	8	3.73	29.9	
814	Q345L125×10	3165	4	60.56	242.2	切角
815	Q345L125×10	3165	4	60.56	242.2	切角
816	L40×4	786	8	1.90	15.2	
817	L40×4	1000	8	2.42	19.4	
818	L40×4	1237	8	3.00	24.0	
819	Q345L90×7	1770	4	17.09	68.4	开角（97.1）
820	Q420L180×14	791	4	30.36	121.4	制弯，铲背，脚钉
821	Q345−10×279	497	8	10.92	87.3	
822	Q345−10×279	498	8	10.94	87.5	
823	Q420−14×532	962	4	56.35	225.4	火曲
824	Q420−14×534	962	4	56.57	226.3	火曲
825	L45×4	1424	4	3.90	15.6	
826	L40×4	2154	2	5.22	10.4	
827	−26×60	60	8	0.73	5.9	
828	−18×60	60	4	0.51	2.0	
829	−16×95	110	12	1.31	15.7	
830	−14×95	110	4	1.15	4.6	
合计					4589.4kg	

图 12−17　110−FC21S−JZY−17　110−FC21S−JZY 转角塔塔身结构图 ⑧（续）

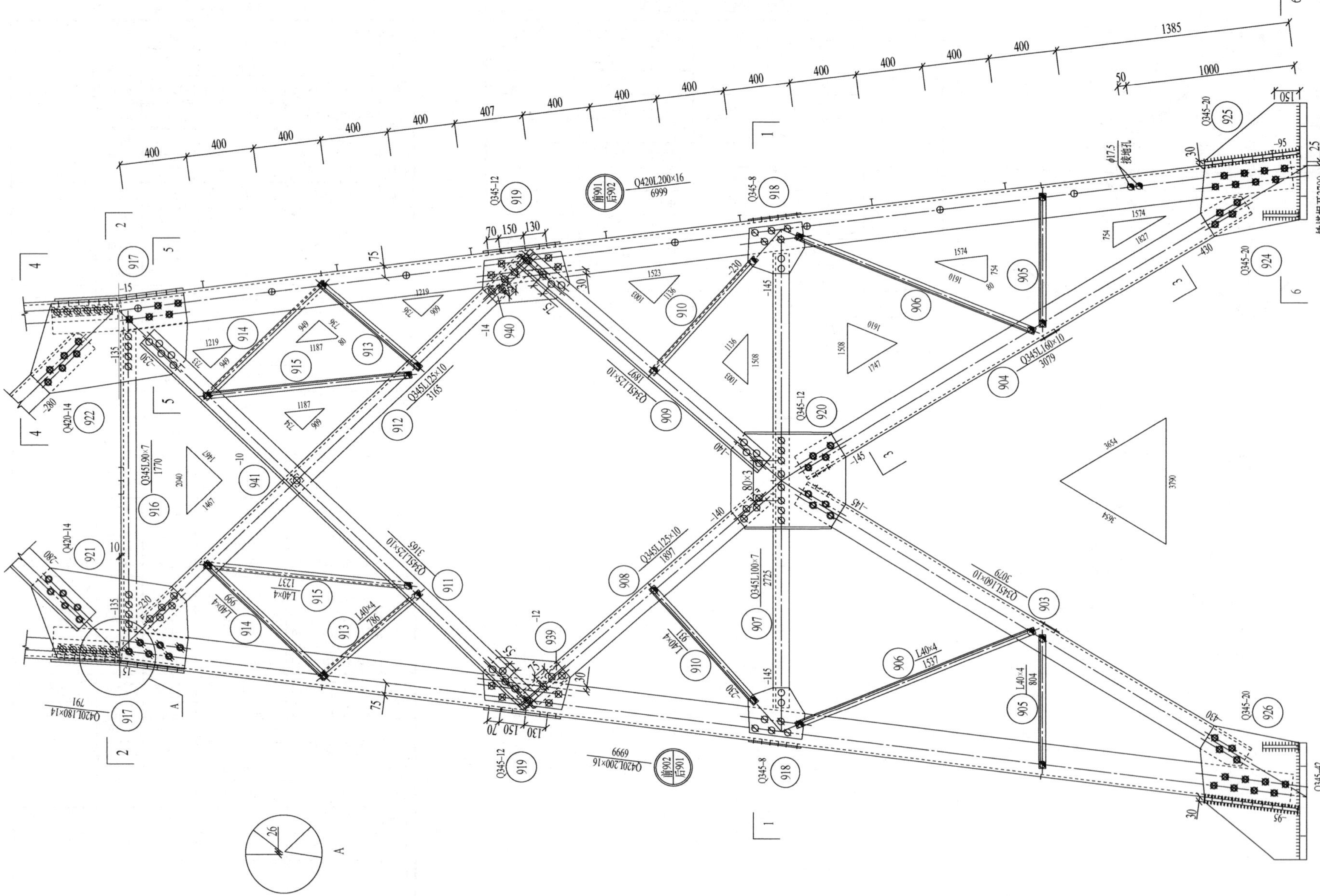

图 12-18　110-FC21S-JZY-18　110-FC21S-JZY 转角塔 9.0m 塔腿结构图 ⑨

110kV 输电线路钻越塔标准化设计图集　钻越塔加工图

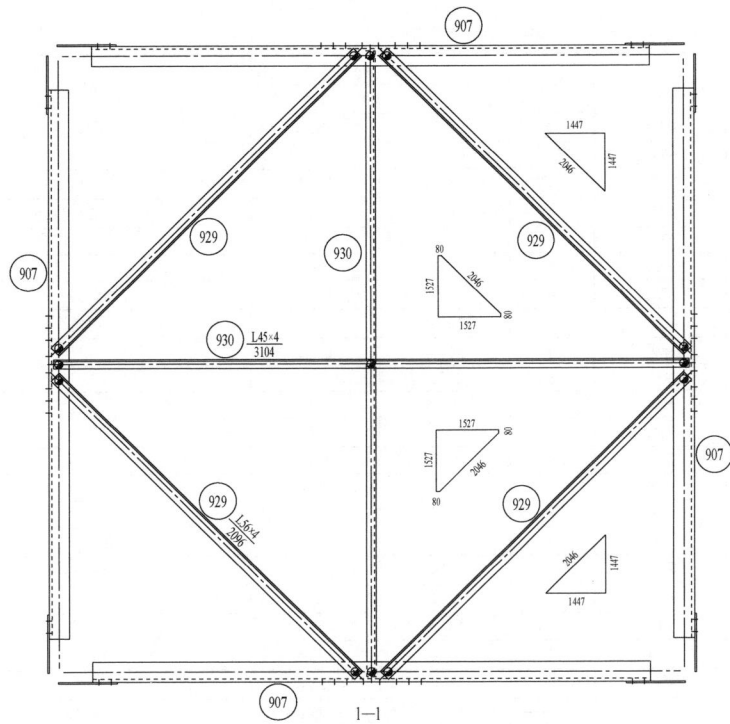

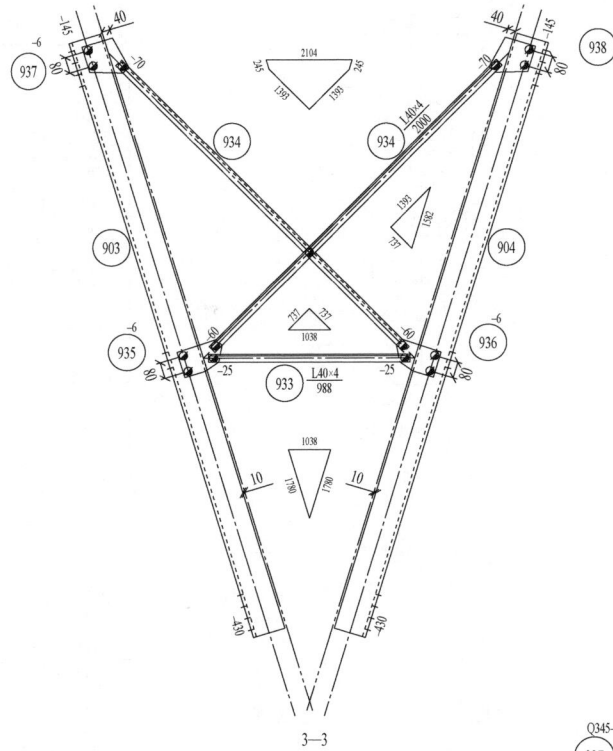

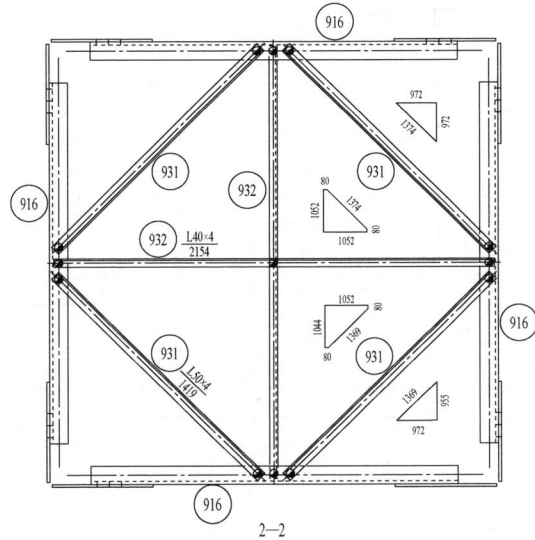

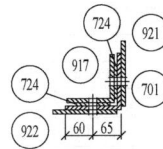

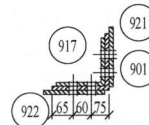

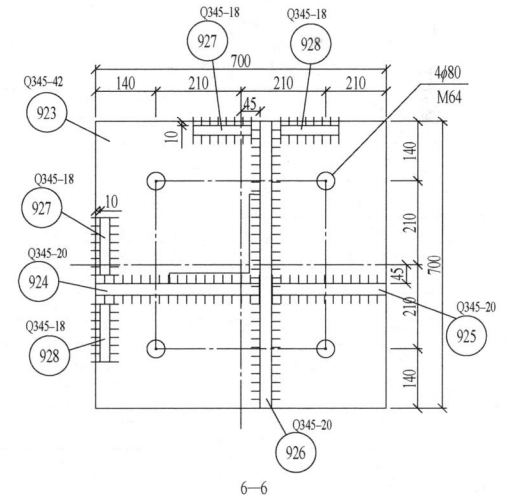

图 12−18　110−FC21S−JZY−18　110−FC21S−JZY 转角塔 9.0m 塔腿结构图 ⑨（续）

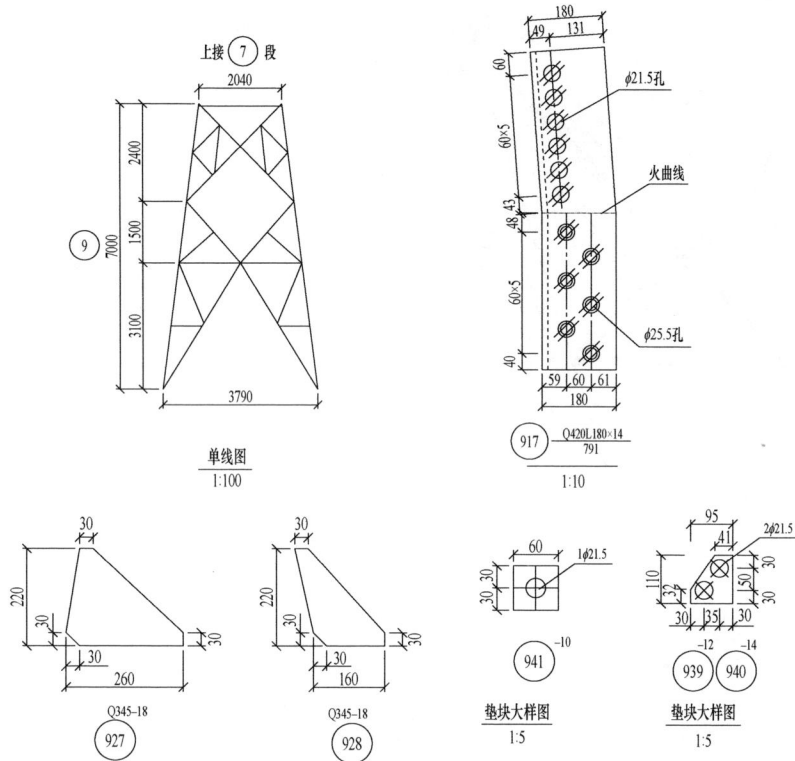

单线图
1:100

Q420L180×14
917
791
1:10

垫块大样图
1:5

垫块大样图
1:5

941 -10

939 940

Q345-18
927

Q345-18
928

构 件 明 细 表

编号	规格	长度（mm）	数量	重量（kg） 一件	重量（kg） 小计	备注
901	Q420L200×16	6999	2	340.71	681.4	脚钉
902	Q420L200×16	6999	2	340.71	681.4	
903	Q345L160×10	3079	4	76.14	304.6	切角
904	Q345L160×10	3079	4	76.14	304.6	切角
905	L40×4	804	8	1.95	15.6	
906	L40×4	1537	8	3.72	29.8	
907	Q345L100×7	2725	4	29.51	118.0	开角（97.1）
908	Q345L125×10	1897	4	36.30	145.2	切角
909	Q345L125×10	1897	4	36.30	145.2	
910	L40×4	931	8	2.25	18.0	
911	Q345L125×10	3165	4	60.56	242.2	
912	Q345L125×10	3165	4	60.56	242.2	切角
913	L40×4	786	8	1.90	15.2	
914	L40×4	1000	8	2.42	19.4	
915	L40×4	1237	8	3.00	24.0	
916	Q345L90×7	1770	4	17.09	68.4	开角（97.1）
917	Q420L180×14	791	4	30.36	121.4	制弯，铲背，脚钉
918	Q345-8×299	357	8	6.71	53.7	
919	Q345-12×280	517	8	13.68	109.5	
920	Q345-12×658	690	4	42.84	171.4	火曲；卷边
921	Q420-14×532	962	4	56.35	225.4	火曲
922	Q420-14×534	962	4	56.46	225.8	火曲
923	Q345-42×700	700	4	161.55	646.2	电焊
924	Q345-20×429	627	4	42.28	169.1	电焊
925	Q345-20×300	601	4	28.31	113.3	电焊
926	Q345-20×589	801	4	74.13	296.5	电焊
927	Q345-18×220	258	8	8.04	64.4	电焊
928	Q345-18×162	241	8	5.55	44.4	电焊
929	L56×4	2096	4	7.22	28.9	
930	L45×4	3104	2	8.49	17.0	
931	L50×4	1419	4	4.34	17.4	
932	L40×4	2154	2	5.22	10.4	
933	L40×4	988	4	2.39	9.6	
934	L40×4	2000	8	4.84	38.8	
935	-6×132	225	4	1.41	5.6	火曲
936	-6×132	225	4	1.41	5.6	火曲
937	-6×180	190	4	1.62	6.5	火曲
938	-6×180	190	4	1.62	6.5	火曲
939	-12×95	110	4	0.98	3.9	
940	-14×95	110	4	1.15	4.6	
941	-10×60	60	4	0.28	1.1	
合计					5452.2kg	

螺栓、垫圈、脚钉明细表

名称	级别	规格	符号	数量	重量（kg）	备注
螺栓	6.8	M16×40		61	8.8	
		M16×50		89	14.2	
		M16×60		16	2.8	
		M20×45		24	6.5	
		M20×55		176	51.9	
		M20×65		47	15.0	
		M20×75		77	26.6	
		M20×85		8	3.0	
	8.8	M24×65		74	37.0	
		M24×75		99	53.2	
		M24×85		41	23.5	
脚钉	6.8	M16×180		26	8.5	双帽
	8.8	M24×240		4	3.6	双帽
垫圈	Q235	-3（φ17.5）		12	0.1	规格×个数
合计					254.7kg	

图 12-18 110-FC21S-JZY-18 110-FC21S-JZY 转角塔 9.0m 塔腿结构图 ⑨（续）

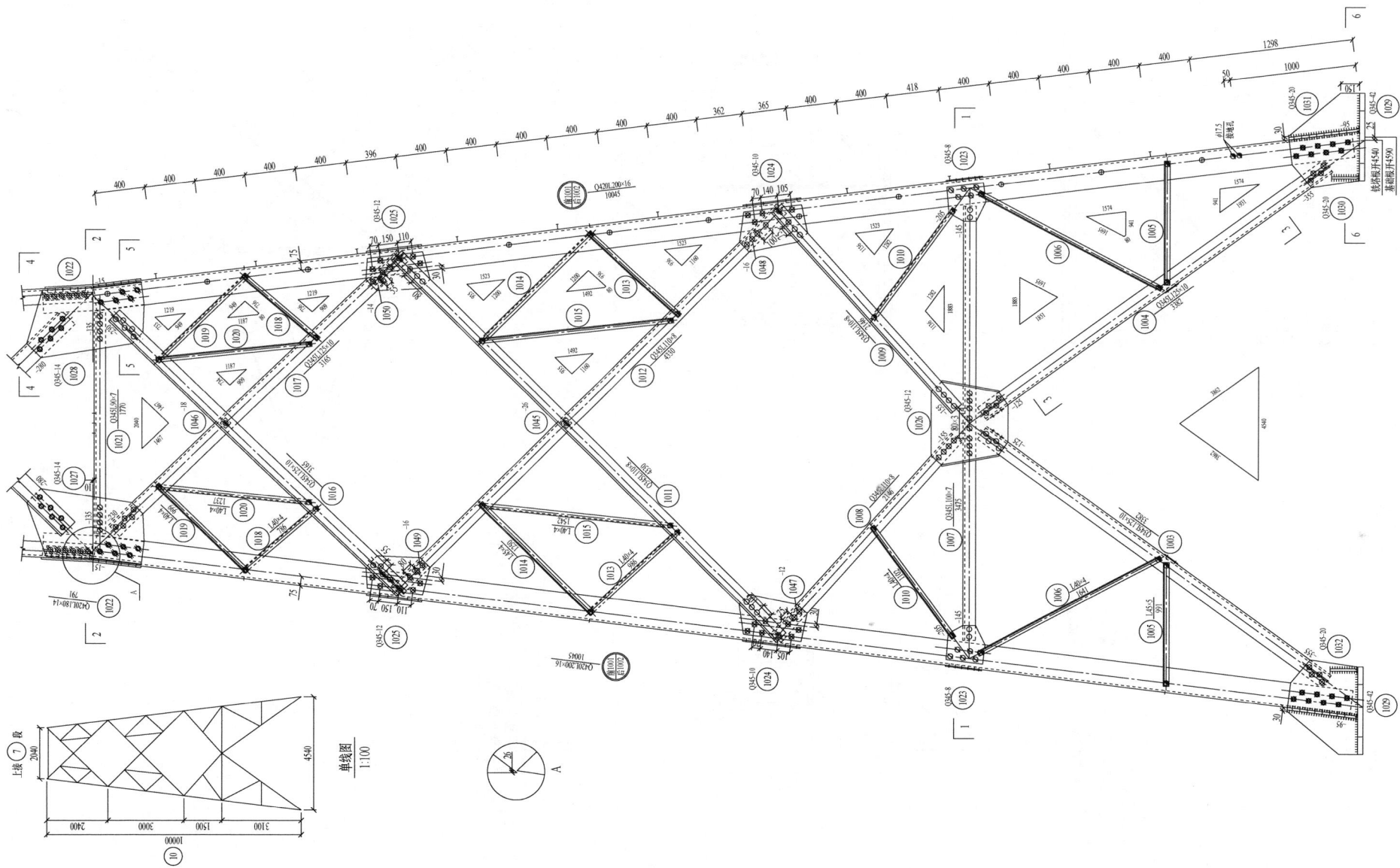

图 12-19　110-FC21S-JZY-19　110-FC21S-JZY 转角塔 12.0m 塔腿结构图 ⑩

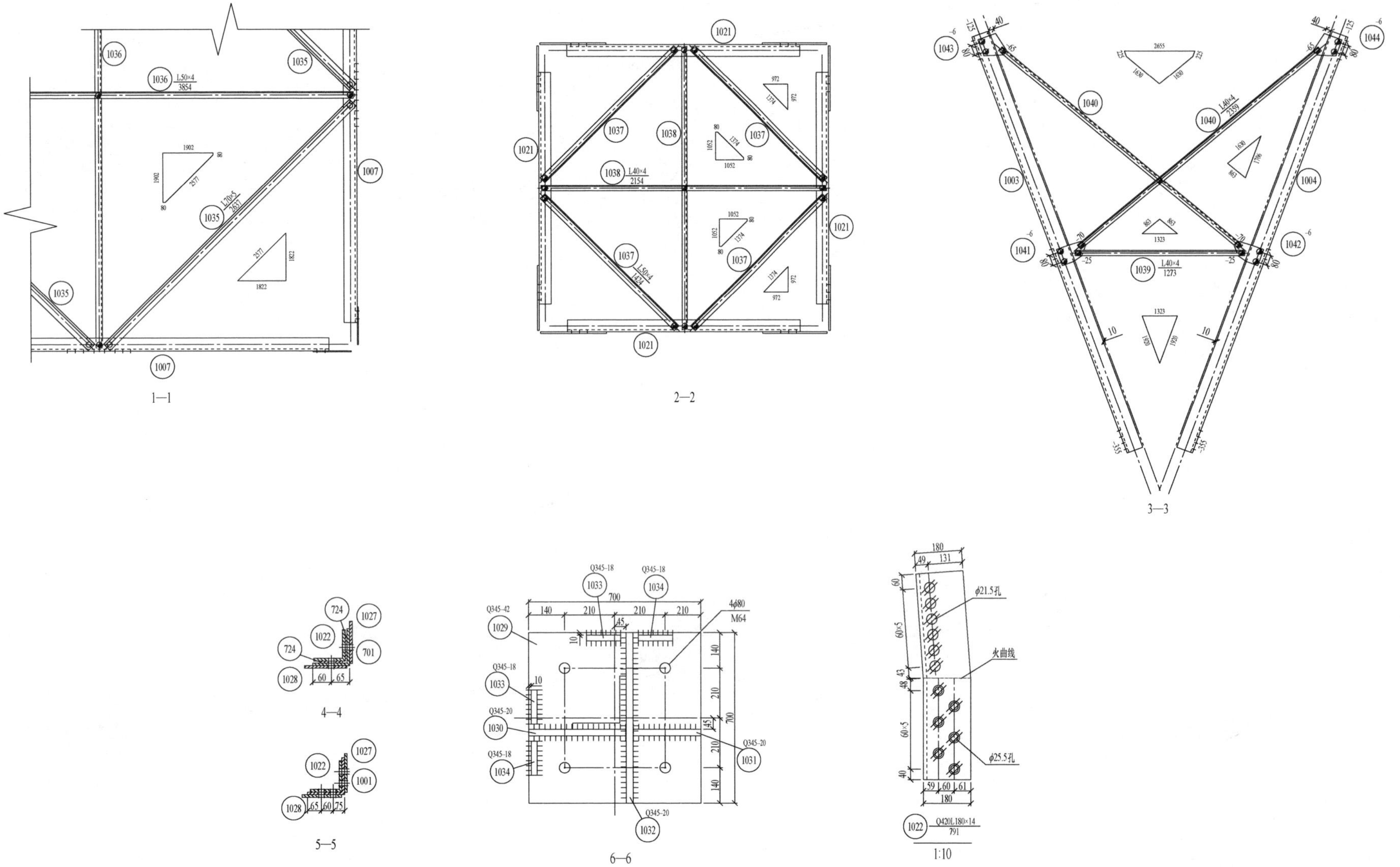

图 12−19　110−FC21S−JZY−19　110−FC21S−JZY 转角塔 12.0m 塔腿结构图 ⑩（续）

垫块大样图 1:5 (1045)(1046)

垫块大样图 1:5 (1050)

垫块大样图 1:5 (1047)

(1033) Q345-18

(1034) Q345-18

构 件 明 细 表

编号	规格	长度（mm）	数量	重量（kg） 一件	重量（kg） 小计	备注
1001	Q420L200×16	10045	2	488.99	978.0	脚钉
1002	Q420L200×16	10045	2	488.99	978.0	
1003	Q345L125×10	3382	4	64.71	258.8	切角
1004	Q345L125×10	3382	4	64.71	258.8	切角
1005	L45×5	991	8	3.34	26.7	
1006	L40×4	1641	8	3.97	31.8	
1007	Q345L100×7	3475	4	37.63	150.5	开角（97.1）
1008	Q345L110×8	2146	4	29.04	116.2	
1009	Q345L110×8	2146	4	29.04	116.2	
1010	L40×4	1102	8	2.67	21.4	
1011	Q345L110×8	4330	4	58.59	234.4	
1012	Q345L110×8	4330	4	58.59	234.4	
1013	L40×4	986	8	2.39	19.1	
1014	L45×4	1251	8	3.42	27.4	
1015	L40×4	1542	8	3.73	29.9	
1016	Q345L125×10	3165	4	60.56	242.2	
1017	Q345L125×10	3165	4	60.56	242.2	
1018	L40×4	786	8	1.90	15.2	
1019	L40×4	1000	8	2.42	19.4	
1020	L40×4	1237	8	3.00	24.0	
1021	Q345L90×7	1770	4	17.09	68.4	开角（97.1）
1022	Q420L180×14	791	4	30.36	121.4	制弯，铲背，脚钉
1023	Q345-8×299	299	8	5.63	45.1	
1024	Q345-10×321	557	8	14.05	112.4	
1025	Q345-12×292	502	8	13.87	111.0	
1026	Q345-12×610	747	4	42.96	171.9	火曲；卷边
1027	Q345-14×532	962	4	56.35	225.4	火曲
1028	Q345-14×534	962	4	56.57	226.3	火曲
1029	Q345-42×700	700	4	161.55	646.2	电焊
1030	Q345-20×399	560	4	35.14	140.6	电焊
1031	Q345-20×300	599	4	28.22	112.9	电焊
1032	Q345-20×561	755	4	66.58	266.3	电焊
1033	Q345-18×220	258	8	8.04	64.4	电焊
1034	Q345-18×162	241	8	5.55	44.4	电焊
1035	L70×5	2637	4	14.23	56.9	
1036	L50×4	3854	2	11.79	23.6	
1037	L50×4	1424	4	4.36	17.4	
1038	L40×4	2154	2	5.22	10.4	
1039	L40×4	1273	4	3.08	12.3	
1040	L40×4	2359	8	5.71	45.7	
1041	-6×130	221	4	1.36	5.4	火曲
1042	-6×130	221	4	1.36	5.4	火曲
1043	-6×174	176	4	1.46	5.8	火曲
1044	-6×174	176	4	1.46	5.8	火曲
1045	-26×60	60	4	0.73	2.9	
1046	-18×60	60	4	0.51	2.0	
1047	-12×60	120	4	0.68	2.7	
1048	-16×60	180	4	1.36	5.4	
1049	-16×60	120	4	0.90	3.6	
1050	-14×95	110	4	1.15	4.6	
合计					6591.2kg	

螺栓、垫圈、脚钉明细表

名称	级别	规格	符号	数量	重量（kg）	备注
螺栓	6.8	M16×40	◑	77	11.1	
		M16×50	◐	89	14.2	
		M16×60	▨	24	4.2	
		M20×45	○	24	6.5	
		M20×55	∅	234	69.0	
		M20×65	⊠	136	43.5	
		M20×75	⌀	102	35.3	
		M20×85	⌀	8	3.0	
	8.8	M24×65	∅	48	24.0	
		M24×75	▨	64	34.4	
		M24×85	⌀	46	26.4	
脚钉	6.8	M16×180	⊕—	36	11.7	双帽
		M20×200	⊕—	8	4.9	双帽
	8.8	M24×240	⊕—	2	1.8	双帽
垫圈	Q235	-3（φ17.5）	规格×个数	12	0.1	
合计					290.1kg	

图 12-19 110-FC21S-JZY-19 110-FC21S-JZY 转角塔 12.0m 塔腿结构图 ⑩（续）

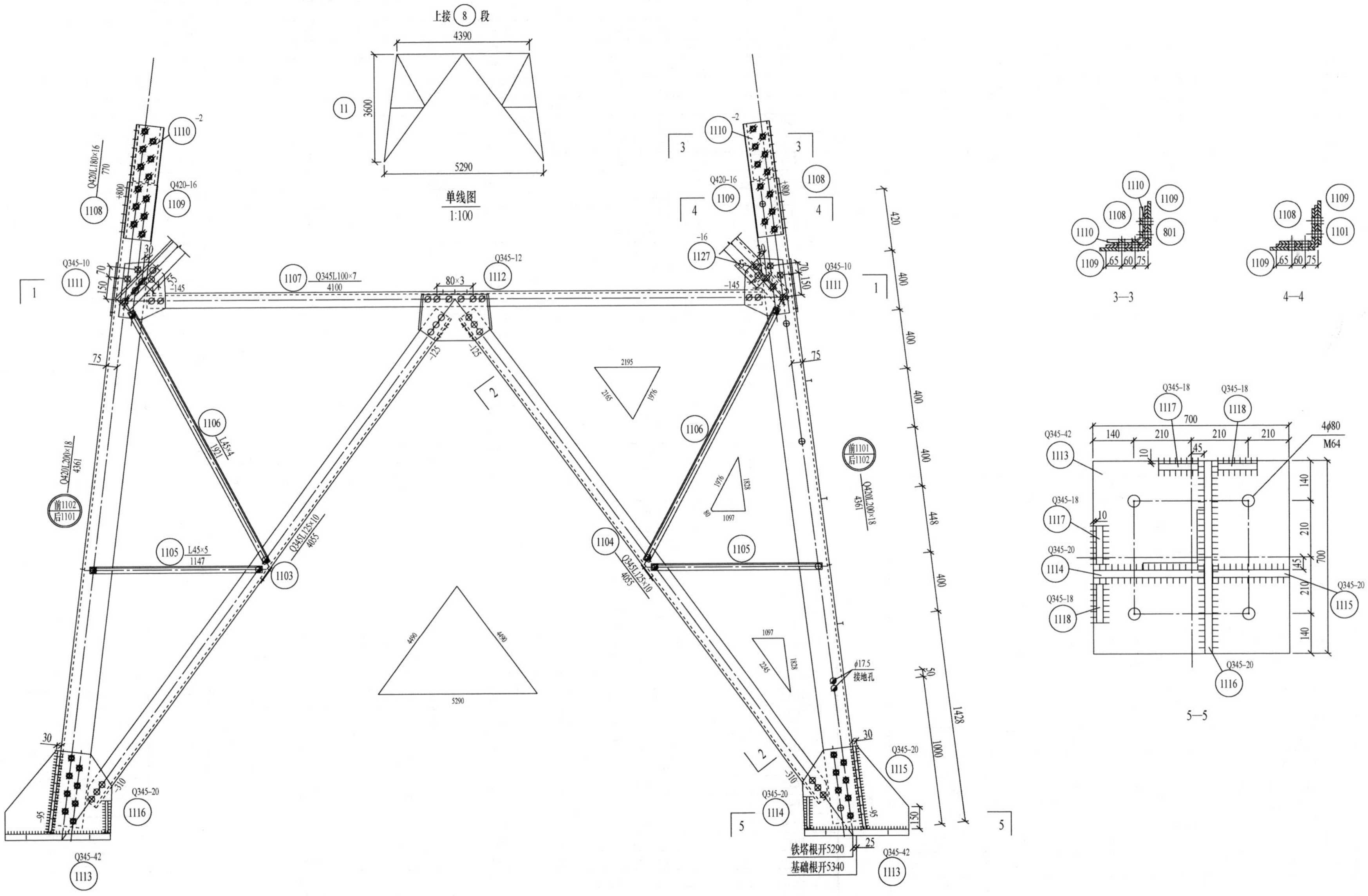

图 12-20　110-FC21S-JZY-20　110-FC21S-JZY 转角塔 15.0m 塔腿结构图 ⑪

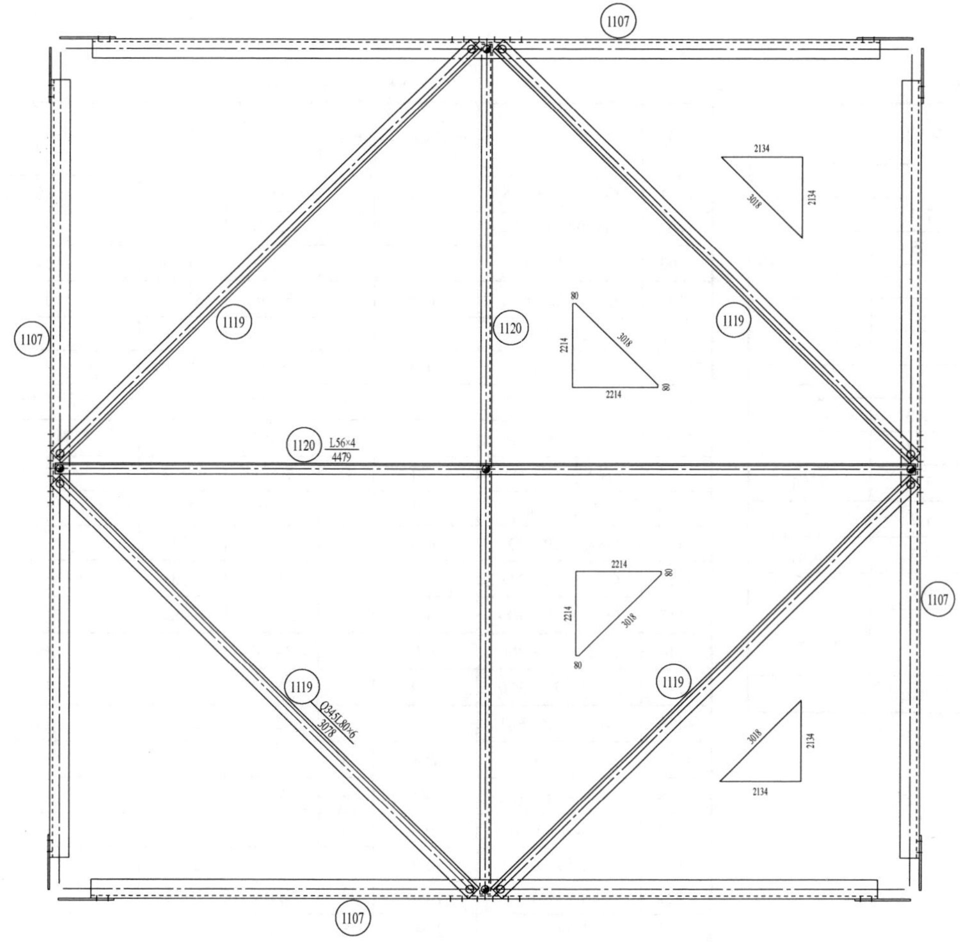

1—1

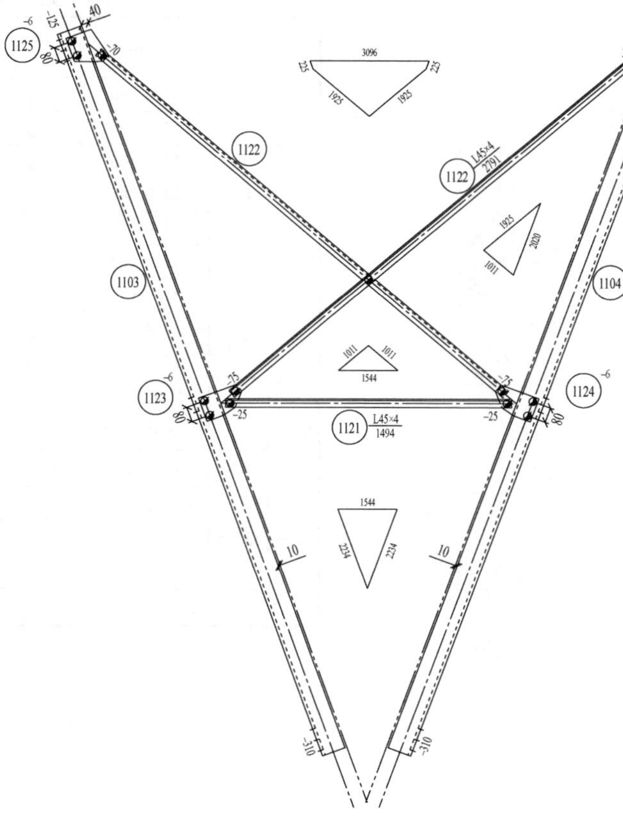

2—2

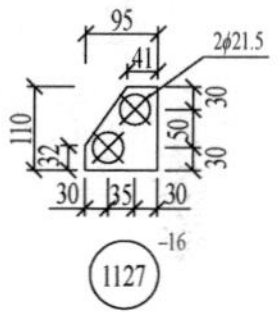

墊块大样图
1:5

图 12-20　110-FC21S-JZY-20　110-FC21S-JZY 转角塔 15.0m 塔腿结构图 ⑪（续）

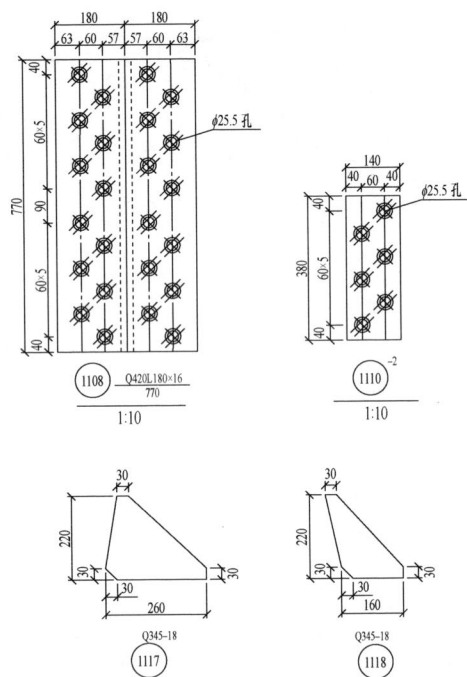

螺栓、垫圈、脚钉明细表

名称	级别	规格	符号	数量	重量（kg）	备注
螺栓	6.8	M16×40	◑	33	4.8	
		M16×50	◓	48	7.7	
		M16×60	▨	14	2.5	
		M20×45	○	8	2.2	
		M20×55	∅	72	21.2	
		M20×65	⊠	46	14.7	
		M20×75	∅	24	8.3	
	8.8	M24×75	▨	62	33.3	
		M24×95	▨	94	57.4	
脚钉	6.8	M16×180	⊕——┤	10	3.3	双帽
		M20×200	⊕——	2	1.2	双帽
	8.8	M24×240	⊕——┤	4	3.6	双帽
垫圈	Q235	−3（φ17.5）	规格×个数	10	0.1	
合计					160.3kg	

构件明细表

编号	规格	长度（mm）	数量	重量（kg）一件	重量（kg）小计	备注
1101	Q420L200×18	4361	2	237.24	474.5	脚钉
1102	Q420L200×18	4361	2	237.24	474.5	
1103	Q345L125×10	4055	4	77.58	310.3	切角
1104	Q345L125×10	4055	4	77.58	310.3	切角
1105	L45×5	1147	8	3.86	30.9	
1106	L45×4	1921	8	5.26	42.0	
1107	Q345L100×7	4100	4	44.40	177.6	开角（97.1）
1108	Q420L180×16	770	4	33.53	134.1	铲背，脚钉
1109	Q420−16×180	770	8	17.41	139.3	
1110	−2×140	380	8	0.84	6.7	
1111	Q345−10×299	392	8	9.22	73.8	
1112	Q345−12×311	558	4	16.40	65.6	火曲；卷边
1113	Q345−42×700	700	4	161.55	646.2	电焊
1114	Q345−20×390	560	4	34.38	137.5	电焊
1115	Q345−20×300	599	4	28.22	112.9	电焊
1116	Q345−20×561	712	4	62.75	251.0	电焊
1117	Q345−18×220	258	8	8.04	64.4	电焊
1118	Q345−18×162	241	8	5.55	44.4	电焊
1119	Q345L80×6	3078	4	22.70	90.8	
1120	L56×4	4479	2	15.43	30.9	
1121	L45×4	1494	4	4.09	16.4	
1122	L45×4	2791	8	7.64	61.1	
1123	−6×130	227	4	1.39	5.6	火曲
1124	−6×130	227	4	1.39	5.6	火曲
1125	−6×180	181	4	1.54	6.2	火曲
1126	−6×180	181	4	1.54	6.2	火曲
1127	−16×95	110	4	1.31	5.3	
合计					3724.1kg	

图 12−20　110−FC21S−JZY−20　110−FC21S−JZY 转角塔 15.0m 塔腿结构图 ⑪（续）

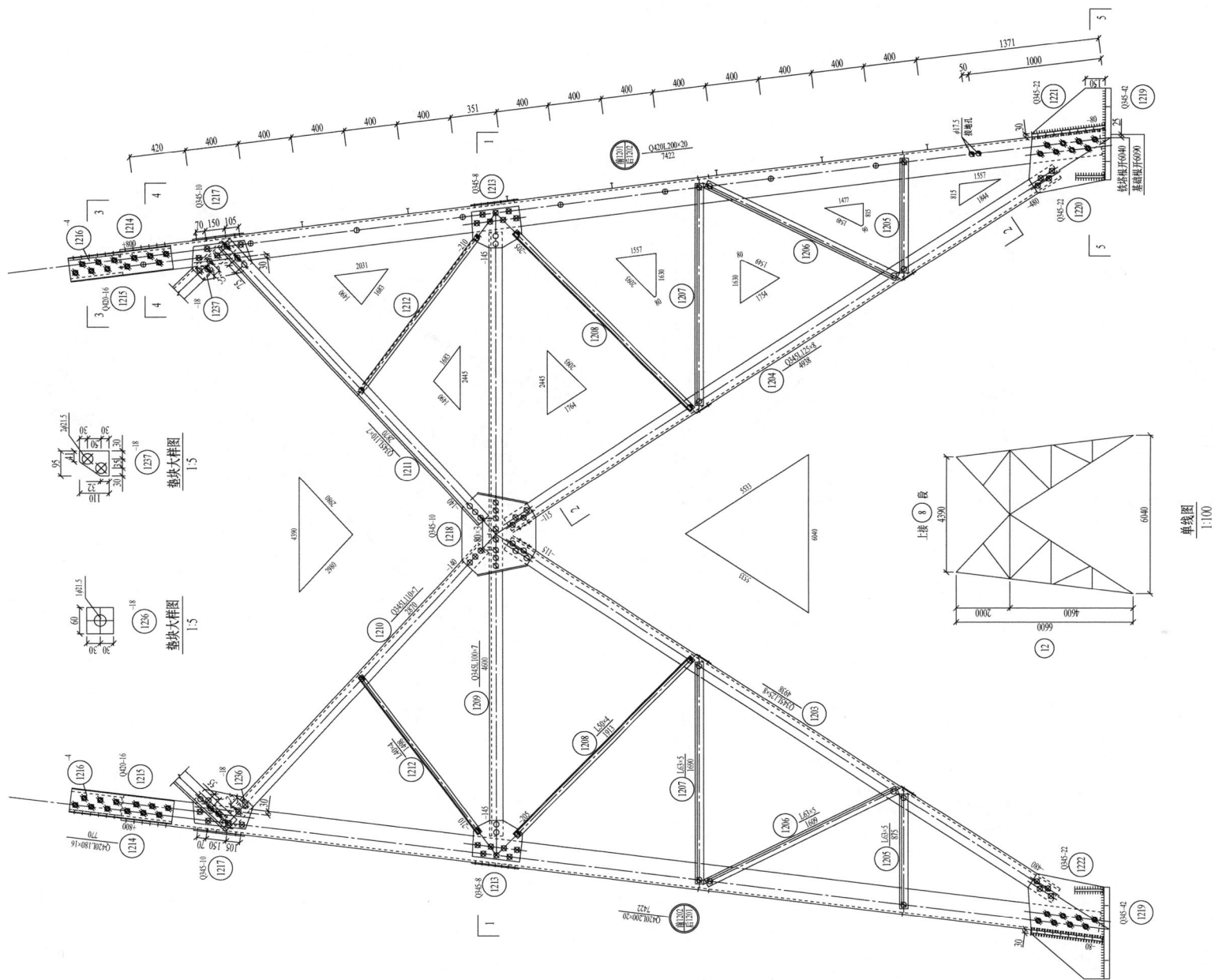

图 12-21　110-FC21S-JZY-21　110-FC21S-JZY 转角塔 18.0m 塔腿结构图 ⑫

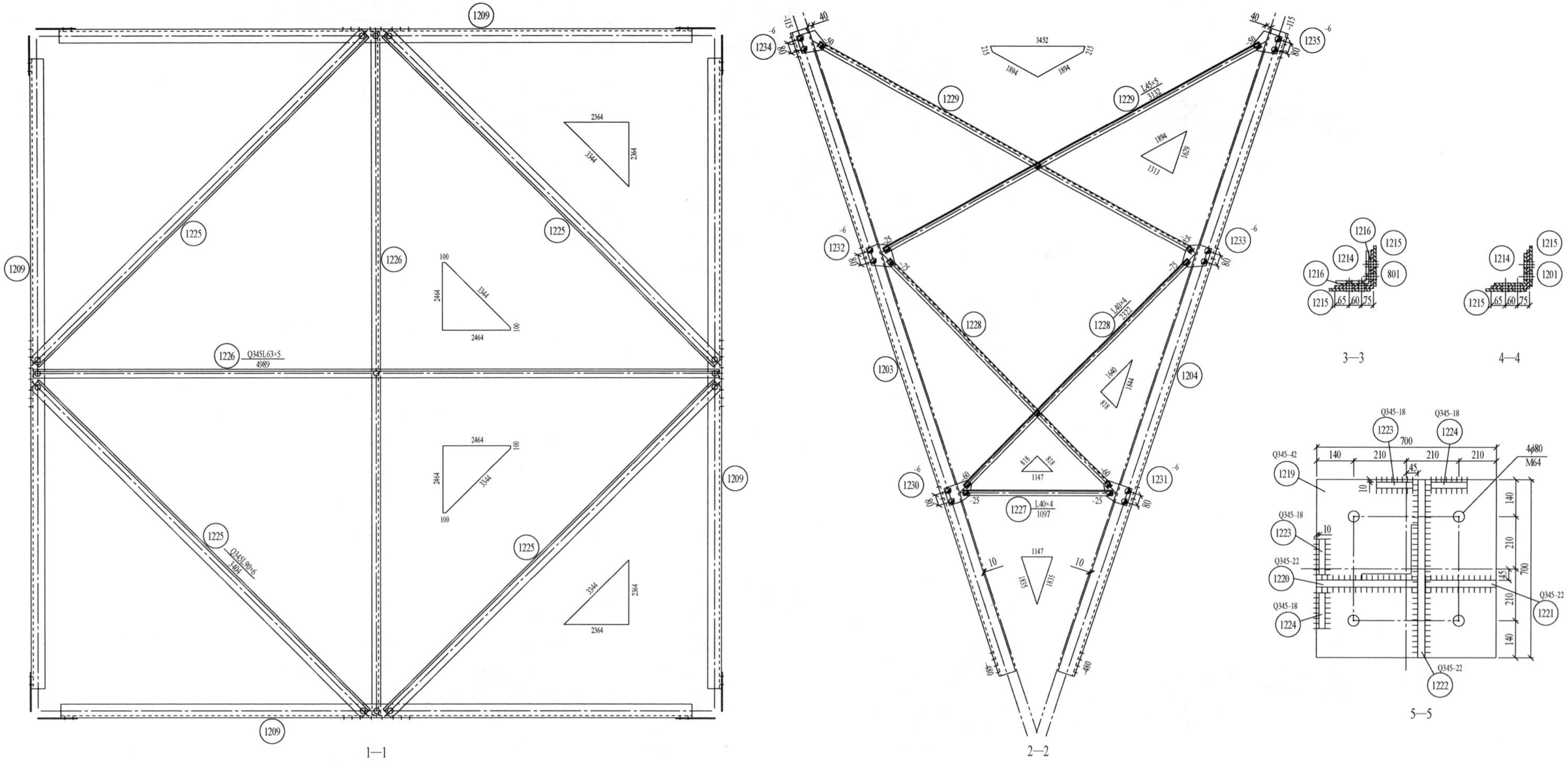

图 12−21　110−FC21S−JZY−21　110−FC21S−JZY 转角塔 18.0m 塔腿结构图 ⑫（续）

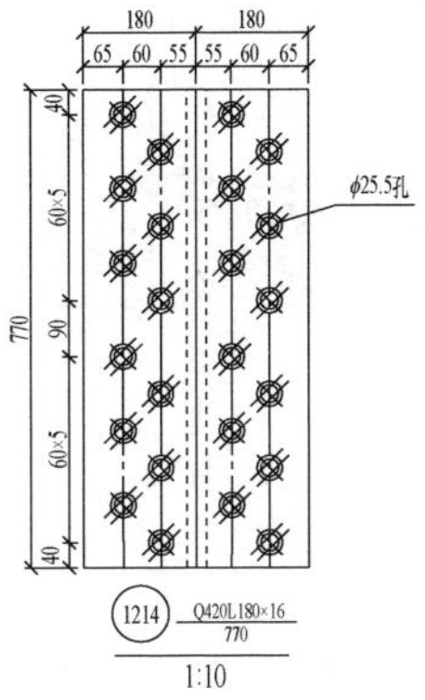

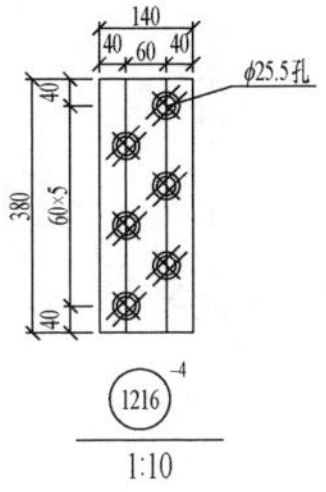

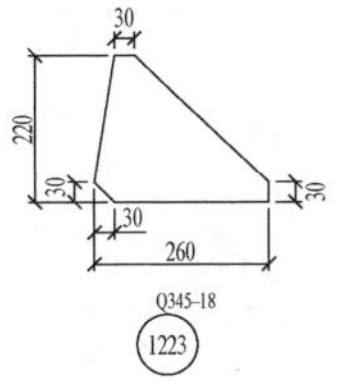

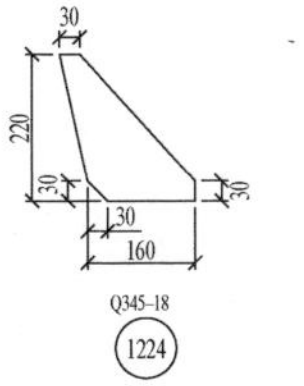

螺栓、垫圈、脚钉明细表

名称	级别	规格	符号	数量	重量（kg）	备注
螺栓	6.8	M16×40	⦁	80	11.5	
		M16×50	⦁	48	7.7	
		M20×45	○	53	14.3	
		M20×55	∅	128	37.8	
		M20×65	⊠	108	34.6	
		M20×75	∅	40	13.8	
	8.8	M24×85	∅	64	36.7	
		M24×95	⊗	94	57.4	
脚钉	6.8	M16×180	⊕—	26	8.5	双帽
		M20×200	⊕—	4	2.5	双帽
	8.8	M24×240	⊕—	2	1.8	双帽
垫圈	Q235	−3（φ17.5）	规格×个数	16	0.2	
		−3（φ22）		2	0.1	
合计					226.9kg	

构 件 明 细 表

编号	规格	长度（mm）	数量	重量（kg）一件	重量（kg）小计	备注	编号	规格	长度（mm）	数量	重量（kg）一件	重量（kg）小计	备注
1201	Q420L200×20	7422	2	445.74	891.5	脚钉	1220	Q345−22×430	613	4	45.61	182.4	电焊
1202	Q420L200×20	7422	2	445.74	891.5		1221	Q345−22×298	585	4	30.14	120.5	电焊
1203	Q345L125×8	4938	4	76.56	306.2		1222	Q345−22×571	802	4	79.14	316.5	电焊
1204	Q345L125×8	4938	4	76.56	306.2		1223	Q345−18×220	258	8	8.04	64.4	电焊
1205	L63×5	875	8	4.22	33.8		1224	Q345−18×162	241	8	5.55	44.4	电焊
1206	L63×5	1609	8	7.76	62.1		1225	Q345L90×6	3404	4	28.42	113.7	
1207	L63×5	1690	8	8.15	65.2		1226	Q345L63×5	4989	2	24.06	48.1	
1208	L50×4	1913	8	5.85	46.8		1227	L40×4	1097	4	2.66	10.6	
1209	Q345L100×7	4600	4	49.82	199.3	开角（97.1）	1228	L40×4	2322	8	5.62	45.0	
1210	Q345L110×7	2870	4	34.23	136.9	切角	1229	L45×5	3132	8	10.55	84.4	
1211	Q345L110×7	2870	4	34.23	136.9		1230	−6×131	210	4	1.31	5.2	火曲
1212	L40×4	1498	8	3.63	29.0		1231	−6×131	210	4	1.31	5.2	火曲
1213	Q345−8×299	374	8	7.04	56.3		1232	−6×180	185	4	1.58	6.3	火曲
1214	Q420L180×16	770	4	33.53	134.1	铲背，脚钉	1233	−6×180	185	4	1.58	6.3	火曲
1215	Q420−16×180	770	8	17.41	139.3		1234	−6×153	187	4	1.35	5.4	火曲
1216	−4×140	380	8	1.67	13.4		1235	−6×153	187	4	1.35	5.4	火曲
1217	Q345−10×266	454	8	9.50	76.0		1236	−18×60	60	8	0.51	4.1	
1218	Q345−10×562	697	4	30.76	123.1	火曲；卷边	1237	−18×95	110	4	1.48	5.9	
1219	Q345−42×700	700	4	161.55	646.2	电焊	合计					5367.6kg	

图 12−21　110−FC21S−JZY−21　110−FC21S−JZY 转角塔 18.0m 塔腿结构图 ⑫（续）

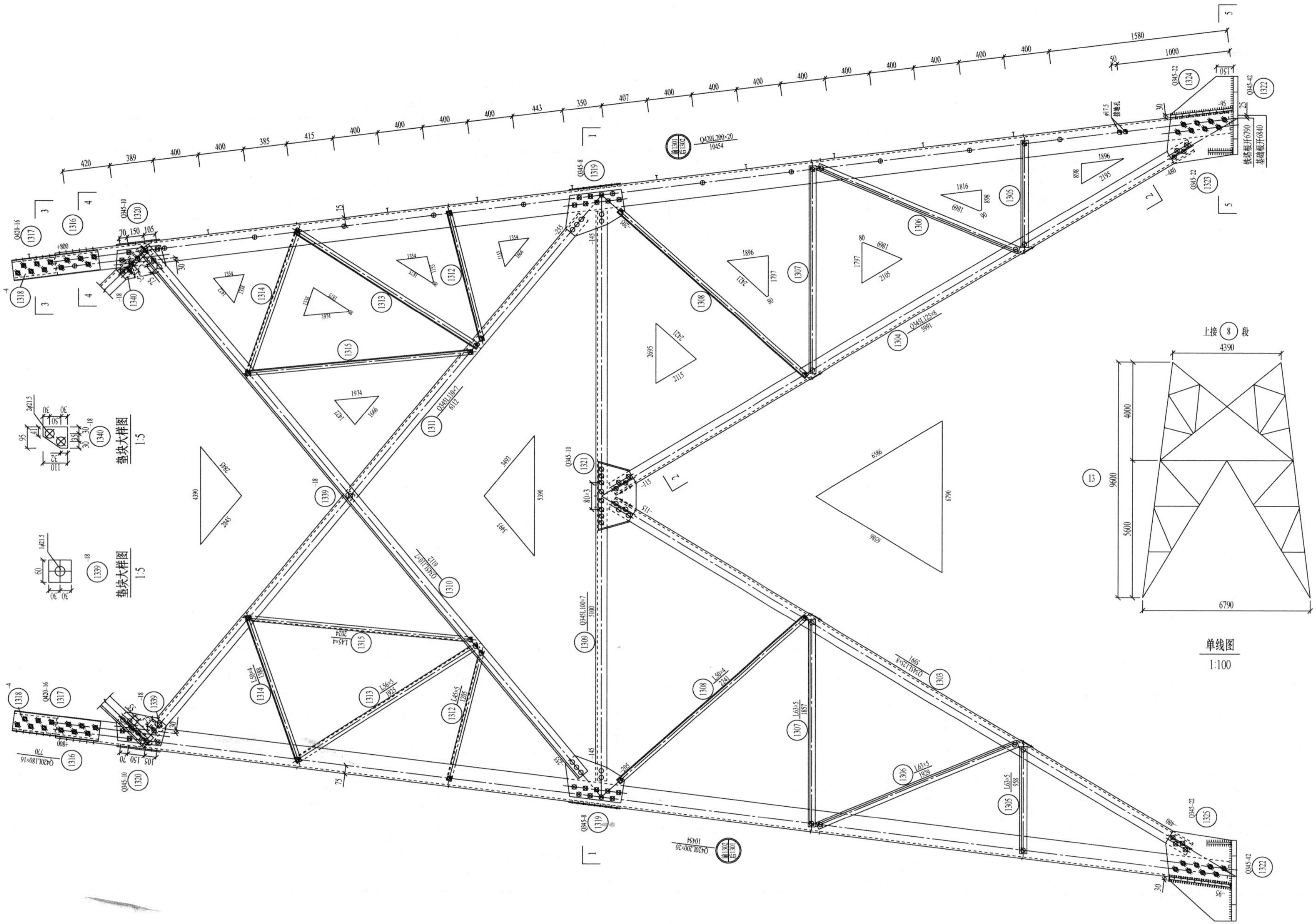
垫块大样图
1:5
垫块大样图
1:5
上接 8 段
单线图
1:100
铁塔根开6790
基础根开6840

图 12-22 110-FC21S-JZY-22 110-FC21S-JZY 转角塔 21.0m 塔腿结构图 ⑬

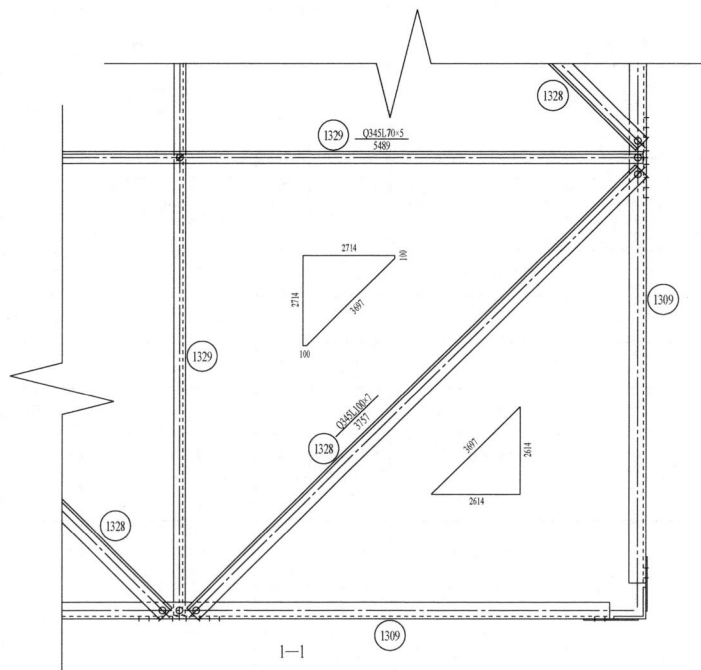

1—1

3—3　　4—4

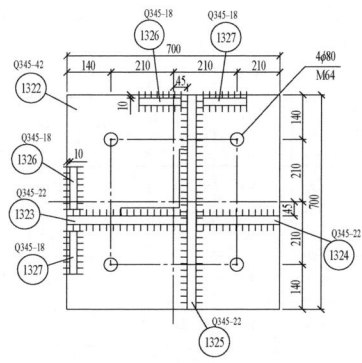

5—5

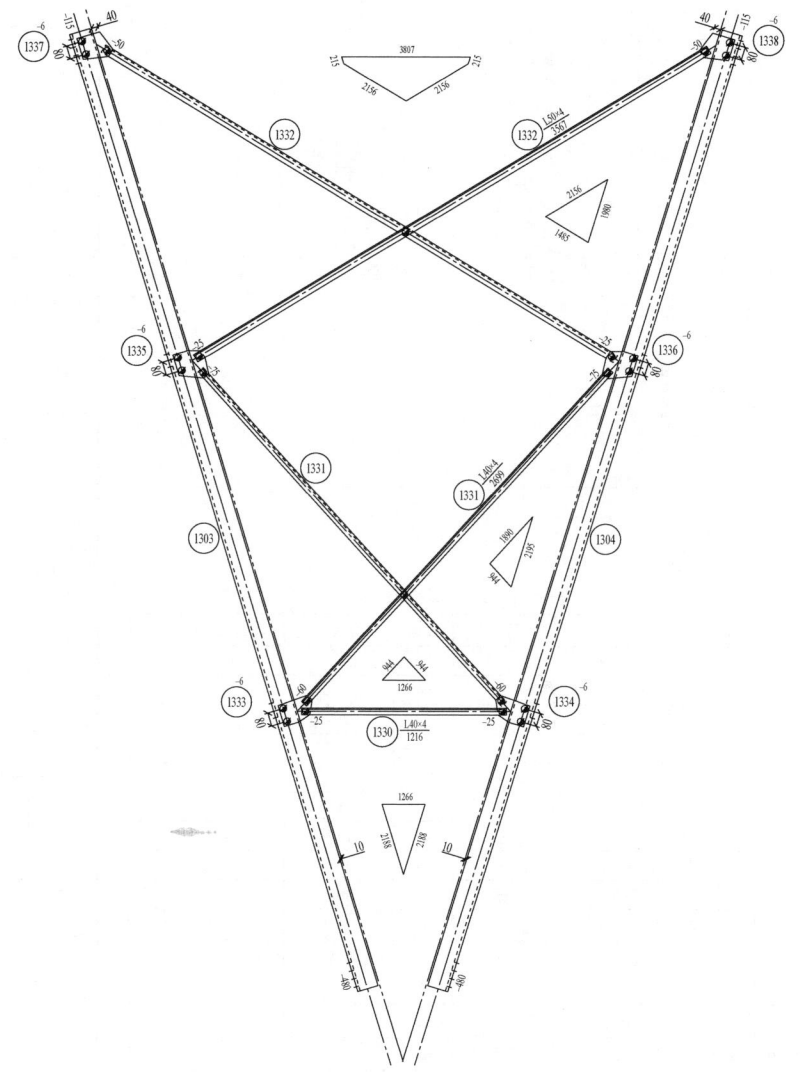

2—2

图 12－22　110－FC21S－JZY－22　110－FC21S－JZY 转角塔 21.0m 塔腿结构图 ⑬（续）

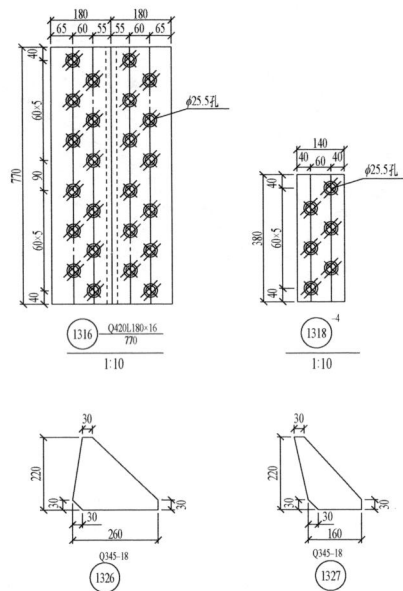

螺栓、垫圈、脚钉明细表

名称	级别	规格	符号	数量	重量（kg）	备注
螺栓	6.8	M16×40		80	11.5	
		M16×50		64	10.2	
		M16×60		14	2.5	
		M20×45	○	76	20.5	
		M20×55	∅	101	29.8	
		M20×65	⊠	130	41.6	
		M20×75	∅	40	13.8	
	8.8	M24×85	∅	64	36.7	
		M24×95	∅	92	56.2	
脚钉	6.8	M16×180	⊕——	36	11.7	双帽
		M20×200	⊕——	6	3.7	双帽
	8.8	M24×240	⊕——	4	3.6	双帽
垫圈	Q235	−3（φ17.5）	规格×个数	16	0.2	
		−3（φ22）		2	0.1	
合计					242.1kg	

构 件 明 细 表

编号	规格	长度(mm)	数量	重量(kg) 一件	重量(kg) 小计	备注	编号	规格	长度(mm)	数量	重量(kg) 一件	重量(kg) 小计	备注
1301	Q420L200×20	10454	2	627.76	1255.5	脚钉	1322	Q345−42×700	700	4	161.55	646.2	电焊
1302	Q420L200×20	10454	2	627.76	1255.5		1323	Q345−22×408	622	4	43.91	175.7	电焊
1303	Q345L125×8	5991	4	92.88	371.5		1324	Q345−22×298	585	4	30.15	120.6	电焊
1304	Q345L125×8	5991	4	92.88	371.5		1325	Q345−22×582	782	4	78.69	314.8	电焊
1305	L63×5	958	8	4.62	37.0		1326	Q345−18×220	258	8	8.04	64.4	电焊
1306	L63×5	1929	8	9.30	74.4		1327	Q345−18×162	241	8	5.55	44.4	电焊
1307	L63×5	1857	8	8.95	71.6		1328	Q345L100×7	3757	4	40.69	162.8	
1308	L50×4	2241	8	6.86	54.8		1329	Q345L70×5	5489	2	29.62	59.2	
1309	Q345L100×7	5100	4	55.23	220.9	开角(97.1)	1330	L40×4	1216	4	2.95	11.8	
1310	Q345L110×7	6112	4	72.90	291.6		1331	L40×4	2699	8	6.54	52.3	
1311	Q345L110×7	6112	4	72.90	291.6	切角	1332	L50×4	3567	8	10.91	87.3	
1312	L45×5	1205	8	4.06	32.5		1333	−6×134	211	4	1.34	5.3	火曲
1313	L56×5	1925	8	8.18	65.5		1334	−6×134	211	4	1.34	5.3	火曲
1314	L50×4	1388	8	4.25	34.0		1335	−6×181	186	4	1.59	6.4	火曲
1315	L45×4	2024	8	5.54	44.3		1336	−6×181	186	4	1.59	6.4	火曲
1316	Q420L180×16	770	4	33.53	134.1	铲背，脚钉	1337	−6×156	187	4	1.38	5.5	火曲
1317	Q420−16×180	770	8	17.41	139.3		1338	−6×156	187	4	1.38	5.5	火曲
1318	−4×140	380	8	1.67	13.4		1339	−18×60	60	8	0.51	4.1	
1319	Q345−8×368	541	8	12.54	100.3		1340	−18×95	110	4	1.48	5.9	
1320	Q345−10×266	444	8	9.28	74.2		合计					6792.4kg	
1321	Q345−10×339	703	4	18.75	75.0	火曲；卷边							

图 12－22 110－FC21S－JZY－22   110－FC21S－JZY 转角塔 21.0m 塔腿结构图 ⑬（续）